Klimatechnik

Grundlagen und Anwendungen

der Luftkonditionierung

Von

Harald Loewer

Springer-Verlag Berlin Heidelberg New York 1968

Dr.-Ing. HARALD LOEWER

Beratender Ingenieur VBI
Karlsruhe

ISBN-13: 978-3-642-95071-1   e-ISBN-13: 978-3-642-95070-4
DOI: 10.1007/978-3-642-95070-4

Vorwort

Die Schaffung bestimmter, vom Zustand der Umgebung unabhängiger klimatischer Verhältnisse innerhalb geschlossener Räume ist heute kein technisches Problem mehr. Für die Klimatisierung stehen mit den technischen Verfahren zur Heizung, Kühlung, Lufterneuerung, Entstaubung, Be- und Entfeuchtung ausreichende Mittel und Möglichkeiten zur Verfügung. Wenn die Behaglichkeit in den verschiedensten Aufenthaltsräumen allerdings bislang noch manche Wünsche offen läßt und installierte klimatechnische Anlagen nicht immer zur Zufriedenheit der Benutzer arbeiten, so liegt das vor allem daran, daß die gegebenen Möglichkeiten entweder zu wenig bekannt sind oder nicht richtig eingesetzt werden.

Mit den steigenden Anforderungen an die Klimatechnik und mit der wachsenden Bedeutung, die dieses Fachgebiet auch im europäischen Raum gewonnen hat, hat die Fachliteratur — insbesondere im deutschsprachigen Raum — nicht Schritt gehalten. Wichtige und interessante Veröffentlichungen über Einzelprobleme sind nur verstreut in den zahlreichen Fachzeitschriften zu finden, zusammenfassende Buchveröffentlichungen befassen sich fast ausschließlich mit Teilgebieten der Klimatechnik. Es fehlt bislang eine umfassende Gesamtdarstellung, die im Rahmen eines normalen Fachbuches die Problematik dieses Fachgebietes aufzeigt und so weit auf Einzelheiten eingeht, wie es zum Verständnis der Zusammenhänge erforderlich ist.

Mit dem vorliegenden Buch wird versucht, diese Lücke zu schließen. Es soll sowohl den Studenten als auch den praktisch tätigen Ingenieur in das Fachgebiet „Klimatechnik" einführen und ihnen die theoretischen Grundlagen und praktischen Mittel für Projektierung und Bau klimatechnischer Anlagen aufzeigen. Dabei wurde besonderer Wert darauf gelegt, die Klimatechnik als Technik der Luftkonditionierung mit allen ihren Verfahren insgesamt zu betrachten und abzuhandeln. Dieser Forderung entsprechend wurde der Stoff geordnet und die Kapiteleinteilung gewählt.

Im ersten Kapitel werden die wichtigsten theoretischen Grundlagen der Klimatechnik in einer dem Gesamtumfang des Buches angepaßten Form dargestellt. Diese Zusammenstellung gibt gleichzeitig einen Überblick über die für die Bearbeitung des Fachgebietes „Klimatechnik“ erforderlichen Grundlagenkenntnisse.

Der zweite Abschnitt behandelt die Projektierung klimatechnischer Anlagen. Dabei werden in erster Linie Berechnungsverfahren angegeben zur Ermittlung der erforderlichen Anlagenleistungen und zur Dimensionierung einzelner Anlagenteile. Daneben werden die allgemein in der Klimatechnik üblichen Anlagentypen mit ihren besonderen Eigenschaften beschrieben. Auf die für die Projektierung klimatechnischer Anlagen wichtige Frage der Wärme- und Kälteversorgung wird ebenfalls in diesem Abschnitt in allgemeiner Form eingegangen.

Das dritte Kapitel behandelt die Erfordernisse und Ansprüche der wichtigsten und charakteristischen Raum- und Gebäudearten (Wohngebäude, Schulen, Krankenhäuser, Bürogebäude, Fahrzeuge) an die Klimatechnik. Dabei wird im wesentlichen dem derzeitigen Stand mitteleuropäischer Bedürfnisse Rechnung getragen. Spezielle Anlagentypen, die für den Einsatz in einzelnen Gebäudearten entwickelt bzw. hierfür weiterentwickelt wurden, werden jeweils bei der betreffenden Gebäudeart eingehend beschrieben. Dieser Abschnitt erhebt keinen Anspruch auf Vollständigkeit, da die Behandlung einiger wichtiger Einsatzgebiete der Klimatechnik, insbesondere die Industrieklimatisierung, aus Platzgründen zunächst zurückgestellt werden mußte.

Bei der Wahl der Formelzeichen und Einheiten wurde soweit wie möglich nach den neuesten Normen und internationalen Empfehlungen verfahren. Beispielsweise erhält danach bereits die spezifische Enthalpie das international gebräuchliche Zeichen h (statt i). Die in dem Kapitel „Theoretische Grundlagen“ aufgeführten Zahlenwerte werden in den Dimensionen des internationalen Einheitensystems angegeben. Um den Übergang zu diesem zu erleichtern, erscheinen – wo erforderlich – wichtige Zahlenwerte in den Einheiten dieses Systems und in den bisher verwendeten (kcal, kp, atm, Torr) nebeneinander. Bei den Ausführungen in den Kapiteln 2 und 3 wird aus praktischen Erwägungen noch darauf verzichtet, die Einheiten der internationalen Einheiten einzuführen. Hier werden die bisher in der Praxis gebräuchlichen Einheiten weiterverwendet. Das gilt insbesondere für die Einheit Kilokalorie. Eine Änderung kann hier erst dann erfolgen, wenn die Einheiten des internationalen Einheitensystems auch in der Praxis ausreichend bekannt und eingeführt sind.

Das Buch sollte einen Umfang haben, der eine gute Ausstattung zu einem nicht zu hohen Preis ermöglicht. Diese Forderung schloß die ausführliche Behandlung des gesamten einschlägigen Schrifttums von vornherein aus. Um dem Leser dennoch ein weitergehendes Studium spezieller Probleme zu ermöglichen, werden die zusammenfassenden Darstellungen durch möglichst viele Literaturhinweise ergänzt.

Es wurde versucht, die Beschreibungen von Anlagen und deren Bauelemente durch eine möglichst große Zahl von Abbildungen zu ergänzen. Die dabei veröffentlichten Darstellungen bestimmter Fabrikate stellen kein Werturteil über diese und gegenüber anderen Fabrikaten dar. Für die Überlassung von technischen Unterlagen und Bildvorlagen sei den betreffenden Firmen bestens gedankt.

Besonderer Dank gebührt dem Verlag für die angenehme Zusammenarbeit bei der Herstellung des Buches und für das verständnisvolle Eingehen auf die Wünsche des Autors.

Karlsruhe, im April 1968

H. Loewer

Inhaltsverzeichnis

2. Berechnung und Entwurf klimatechnischer Anlagen

3. Klimatechnische Anlagen in verschiedenen Raum- und Gebäudearten

Historische Entwicklung
und gegenwärtige Bedeutung der Klimatechnik

Die Klimatechnik umfaßt als technisches Fachgebiet alle bekannten und zur Anwendung geeigneten technischen Verfahren, die eine Beeinflussung der klimatischen Umgebungszustände durch Änderung von Temperatur, Druck, Feuchtigkeit, Geschwindigkeit und Zusammensetzung der Raumluft und durch Änderung der Temperatur der Raumumgrenzungsflächen ermöglichen. Diese Beeinflussung der klimatischen Umgebungszustände kann erwünscht sein, um entweder ein optimales Wohlbefinden der in einem Raum befindlichen Menschen zu erreichen oder die Lagerung, Verarbeitung und Untersuchung von Materialien unter bestimmten Klimabedingungen durchführen zu können.

Die bekanntesten, das Gesamtgebiet der Klimatechnik heute beherrschenden Verfahren sind Heizung, Kühlung, Lüftung, Entstaubung, Be- und Entfeuchtung. Hierzu gehören zahlreiche Techniken, die die Entwicklung der modernen Klimatechnik wesentlich beeinflußt haben und ohne die keines der genannten Klimatisierungsverfahren in seiner heutigen technischen Anwendung vorstellbar ist. Sie sind deshalb, wie die Thermodynamik, die Strömungstechnik, die Meßtechnik, die Regelungstechnik und die Akustik, integrierende Bestandteile der modernen Klimatechnik geworden, mit denen jeder nicht nur handwerksmäßig arbeitende Klimatechniker vertraut sein muß.

Die *Heizungstechnik* stellt in historischer Sicht wohl das bedeutendste und zeitlich längste Kapitel der Klimatechnik dar. Der Gebrauch des Feuers war bereits dem vorgeschichtlichen Menschen bekannt und von diesem zur Anlegung von Herdstellen verwendet worden. Bis zum Beginn des technischen Zeitalters in der zweiten Hälfte des 19. Jahrhunderts war die Heizung praktisch das einzige bekannte klimatechnische Verfahren – von vereinzelten Ausnahmen abgesehen, die Versuche einer weitergehenden Klimatisierung schon sehr früh erkennen lassen (vgl. S. 4) –, das in einer laufend verbesserten Technik zur Erwärmung der menschlichen Behausungen und Wohnungen eingesetzt wurde.

Bis etwa zum Beginn dieser Zeitrechnung wurde die Heizungstechnik wesentlich von dem frei brennenden Feuer und einer primitiven Form der Einzelofenheizung beherrscht. Als der Urahn aller Stubenöfen ist dabei der Lehmofen zu betrachten, der in Gräbern der Bronzezeit (2000 v. Chr.) gefunden wurde. Schon sehr früh suchten die Menschen nach einer Heizungsart, die sie von der Belästigung durch Rauch und Gase befreien könnte. Ergebnisse dieser Bemühungen waren die ersten Zentralheizungen, die römische Hypokaustenheizung[1] und die chine-

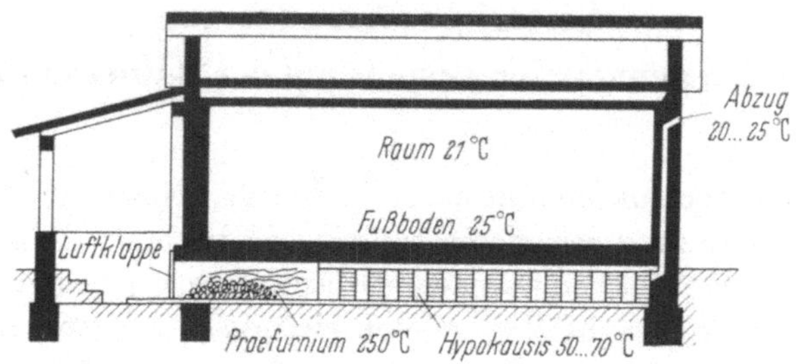

Abb. 1 Schematische Darstellung einer Hypokaustenheizung.

sische Kangheizung. Bei der Hypokaustenheizung (Abb. 1) wurde der Feuerraum (Fornax) von einem außerhalb des Hauses gelegenen Heizraum aus geheizt. Die heißen Abgase zogen durch einen Kanal in einen unter dem Fußboden des zu beheizenden Raumes liegenden Hohlraum (Hypokaustum) und verließen an der gegenüberliegenden Seite die Anlage. Diese für damalige Begriffe hervorragende Heizungsanlage konnte als reine Fußbodenheizung und als kombinierte Boden- und Wandheizung angelegt werden. Sie wurde etwa seit dem 1. Jahrhundert v. Chr. im römischen Reich und seinen nördlichen Provinzen in verschiedenen Ausführungen zur Beheizung von Badehäusern, Burgen, Kasernen und Wohnhäusern begüterter Bürger eingesetzt[2]. – Die chinesische Kangheizung[3] war eine der altrömischen Hypokaustenheizung ähnliche Feuerungsanlage mit Vorfeuerung und großem Wärmespeicher. Sie wurde in mehreren Ausführungsarten bereits einige Jahrhunderte vor Christus im Fernen Osten, insbesondere in Nordchina und Tibet angewandt. Besonders interessant ist die Tatsache, daß die Chinesen in Verbindung mit der zentralen Wohnraumbeheizung teilweise bereits eine Luftbefeuchtung anwendeten, indem sie mit Wasser gefüllte Gefäße und Schalen in den Zimmern aufstellten.

Unabhängig von diesen frühen, auf Einzelfälle beschränkte Anwendungen zentraler Heizungsanlagen blieben Herdfeuer und Einzelofen-

---

[1] Die aus dem Griechischen stammende Bezeichnung Hypokauste setzt sich zusammen aus hypo = von unten und kauein = brennen. Es bedeutet soviel wie Heizen von unten her.

[2] SEELMEYER, G.: Die Anfänge der Haustechnik im Altertum. Haustechn. Rundschau 53 (1954) S. 131–132. – Zur Entwicklungsgeschichte der Heiztechnik bis 1900. Heiz.-Lüft.-Haustechn. 7 (1956), Nr. 4, S. 57–60.

[3] FABER, A.: Raumheizung im alten China. Ges.-Ing. 64 (1941) S. 512–514.

heizung weiterhin in der Raumheizung dominierend. Dabei waren es auch die Römer, die die erste Verbesserung der alten Herdfeuer mit der Entwicklung von metallenen Kohlenpfannen und der Verbrennung von Holzkohle einführten[4]. Dadurch konnte zwar eine rauchfreie Verbrennung in den bewohnten Räumen erreicht werden, die Gefahr der Kohlenoxydvergiftung bestand aber weiter. Wesentliche Änderungen traten erst im Mittelalter mit der Erfindung des Kamins (10. bis 12. Jahrhundert) und des Ofens mit Rauchgasabführung durch den Schornstein ein. Die ersten Öfen dieser Art wurden im frühen Mittelalter aus gebrannten Hohlziegeln oder aus Lehm gebaut[5]. Diese wurden im 13. bis 14. Jahrhundert zu dem noch heute verbreiteten Kachelofen verbessert. Die ersten eisernen Öfen waren im 15. Jahrhundert aus reichlich verzierten Gußplatten zusammengeschraubte Kästen. Später wurden die Öfen durch Formgebung, Temperatur- und Zugregelung laufend verbessert. Als Stufen dieser Entwicklung seien nur der runde Mantelofen (Wien 1830), der amerikanische Sparofen

Abb. 2 Holländischer Sechs-Platten-Zugofen mit Feuertür und Rauchrohranschluß (nach A. Faber[6]).

von Stewart (1838), der von Meidinger entwickelte erste eiserne Füllofen (Karlsruhe 1870) und der irische Dauerbrandofen (1877 in Deutschland eingeführt) genannt.

Die Entwicklung der modernen Zentralheizung begann etwa 1750 in England mit der Verwendung des Dampfes zu Heizzwecken. Dabei wird berichtet, daß J. Watt, der Pionier der Dampfmaschine, um 1770 Hochdruckdampf und später auch Abdampf zur Beheizung seiner Fabrikräume und seines Wohnhauses benutzt habe. Als Heizkörper wurden dabei glatte Rohre, Rippenrohre und Rohrschlangen verwendet. In Deutschland wurde Niederdruckdampf etwa 100 Jahre später zuerst von Bechem

---

[4] Krell, O.: Altrömische Heizungen, München: Oldenbourg 1901.

[5] Seelmeyer, G.: Wärme-, Warmwasser- und Dampfversorgung im Mittelalter. Ges.-Ing. 73 (1952) S. 364–367.

[6] Faber, A.: Entwicklungsstufen der häuslichen Heizung, München: Oldenbourg-Verlag 1957.

1*

eingeführt. In den USA wurden etwa ab 1870 gußeiserne Heizkessel und ab 1880 gußeiserne Radiatoren hergestellt. Die ersten gußeisernen Gliederkessel wurden in Deutschland 1892 von STREBEL gebaut.

Die Warmwasserheizung gilt als eine französische Erfindung, die von dem Ingenieur BONNEMAIN zur Beheizung von Brutkästen für Hühnereier entwickelt und 1777 der französischen Akademie im Modell vorgeführt wurde. In Deutschland wurden die ersten Warmwasserheizungen zur Beheizung von Gewächshäusern 1834, einer Schule 1864 und des Berliner Rathauses 1867 installiert. Die Heißwasserheizung mit Wassertemperaturen über 100 °C wurde 1831 in England von PERKINS erfunden und später auch auf dem Kontinent als Perkins-Heizung bekannt.

Der Gedanke der Fernwärmeversorgung zur Beheizung von Gebäuden wurde erstmalig 1884 an der Technischen Hochschule Berlin und später 1904 in Dresden bei der Beheizung von Museen, Theater und einem Schloß verwirklicht.

Eine elektrische Heizeinrichtung wurde erstmalig in einer amerikanischen Patentschrift aus dem Jahre 1859 erwähnt. 1885 wurden in Paris erste Versuche zur elektrischen Beheizung von Eisenbahnwagen vorgenommen und bereits im Jahr 1892 wurde das Kaiserliche Schloß in Berlin von Siemens mit elektrischen Heizöfen ausgestattet.

Um die Jahrhundertwende überschlagen sich die Ereignisse in der Entwicklung der modernen Heizungstechnik als Vorläuferin der heutigen *Klimatechnik*, die durch Einführung weiterer Luftbehandlungsverfahren, insbesondere der *Luftkühlung* und *Luftbefeuchtung*, ebenfalls um diese Zeit begründet wird. Vereinzelte Versuche, die Raumluft durch Anwendung anderer Verfahren neben der Heizung zu verbessern, wurden zwar schon früher unternommen. In diesem Zusammenhang sei erwähnt, daß bereits der römische Kaiser AVITUS zur Sommerzeit in seinem Garten Berge von Schnee anhäufen ließ, um einen erfrischend kühlen Wind genießen zu können. LEONARDO DA VINCI hatte sich bereits mit der Lüftung eines Bergwerkes beschäftigt. 1845 entwickelte der amerikanische Arzt J. GORRIE eine

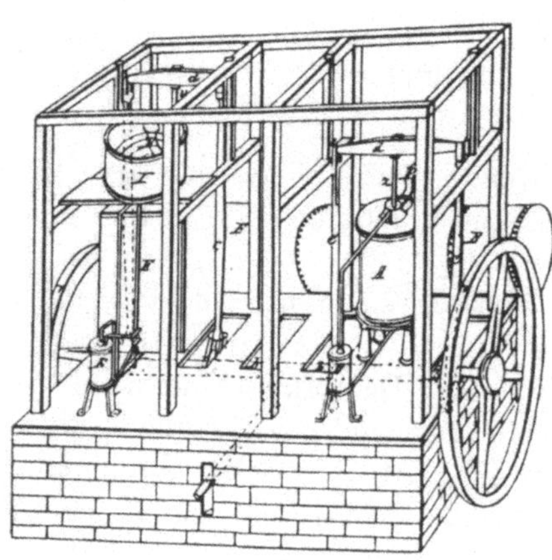

Abb. 3 Die erste Kältemaschine für den Einsatz in der Klimatechnik von Dr. J. GORRIE (nach WOOLRICH-WOOLRICH[7]).

____

[7] WOOLRICH-WOOLRICH: Air Conditioning, New York: The Ronald Press Company 1957.

Kaltluftmaschine (Abb. 3) ausschließlich für die Kühlung seiner Krankenräume. In Europa befaßten sich ebenfalls um die Mitte des 19. Jahrhunderts der Schotte C. PIAZZI SMITH und der Franzose F. CARRÉ mit
den Möglichkeiten der Kühlung von Wohn- und Aufenthaltsräumen mit
Hilfe von Kaltluftmaschinen.

Wesentlich zu der um 1900 beginnenden Entwicklung einer modernen
Klimatechnik haben erste wissenschaftliche Untersuchungen über den
Einfluß von Raumlufttemperatur und -feuchtigkeit auf den Menschen
und auf die Verarbeitung bestimmter Materialien beigetragen (vgl. hierzu
die Veröffentlichung von SPRENGER[8]). Stark beteiligt waren dabei die
Hygieniker, u.a. M. v. PETTENKOFER (1818–1901), der Begründer der
wissenschaftlichen Hygiene[8a]. Durch die Arbeiten von H. RIETSCHEL
(1847–1914), dem ersten Ordinarius des 1885 an der Technischen Hochschule Berlin gegründeten Lehrstuhles für Heizung und Lüftung, wurde
die Heizungs- und Lüftungstechnik in Deutschland zu einer wissenschaftlichen Disziplin erhoben. RIETSCHEL stellte erstmals grundlegende For-
schungen über klimatechnische Einrichtungen an, die er in seinem „Leitfaden zum Berechnen und Entwerfen von Lüftungs- und Heizungsanlagen" zusammenfaßte. Die ersten klimatechnischen Anlagen im Zeichen dieser Entwicklung waren in Deutschland die um 1890 in das
Reichstagsgebäude in Berlin eingebaute Anlage, bei der außer der Kühlung und Entfeuchtung bereits alle klimatechnischen Verfahren angewendet wurden, eine 1894 von der Gesellschaft für Lindes Eismaschi-
nen in Frankfurt a.M. gebaute Wohnraumkühlanlage und eine für das
Fernsprechamt Hamburg 1904 gelieferte Anlage mit der Aufgabe, den
Raumluftzustand auf 23 °C und 70 % relative Feuchtigkeit zu halten.
Eine wesentliche Voraussetzung für die Entwicklung der Lüftungstechnik war die Tatsache, daß auch etwa um diese Zeit die Elektrotechnik leistungsfähige Elektromotoren zum Antrieb der Ventilatoren
zur Verfügung stellte. Die Luftbefeuchtung erfolgte anfangs durch große,
dampfbeheizte Wasserwannen.

Parallel dazu beschäftigte sich in den Vereinigten Staaten von Amerika
W. H. CARRIER (1876–1950), der allgemein als Vater der modernen Klimatechnik gilt, als erster wissenschaftlich mit den Eigenschaften feuchter
Luft und stellte psychrometrische Diagramme auf. 1902 erhielt CARRIER
den Auftrag, eine Luftaufbereitungsanlage für eine Druckerei in Brooklyn
zu bauen, die den Mehrfarbendruck unabhängig von den jahreszeitlichen
und täglichen Schwankungen in der Luftfeuchtigkeit machen sollte.
CARRIER löste diese Aufgabe durch Entwicklung einer Sprühdüsenkammer

<hr>

[8] SPRENGER, E.: Klimatechnik gestern, heute und morgen. Kältetechnik 12
(1960), Nr. 6, S. 170–174.
   [8a] v. PETTENKOFER, M.: Über den Luftwechsel in Wohngebäuden, München:
Literarisch-artistische Anstalt der J. G. Cotta'schen Buchhandlung 1858.

zur Luftbefeuchtung und geeigneter Regeleinrichtungen für Temperatur und Feuchte. Damit war in den USA der erste Schritt zu der Entwicklung einer neuen Technik und eines neuen, großen Industriezweiges getan. Auch in Europa wurden in den folgenden Jahren in der Raumklimatisierung wesentliche Fortschritte gemacht, wie die schon vor dem ersten Weltkrieg gebauten, in den Abb. 6 und 7 dargestellten Anlagen zeigen.

Abb. 4 HERMANN RIETSCHEL.

In dieser Zeit hat die Terminologie im deutschen Sprachbereich eine interessante Entwicklung erfahren. Während man die Klimatechnik im englischen Sprachbereich immer als „Air Conditioning" und im französischen Sprachbereich als „Conditionnement d'Air"[9] bezeichnete, wurde anfangs in deutscher Sprache von „Bewetterung"[10] und später von „Luftkonditionierung"[11] gesprochen. Die deutsche Bezeichnung „Klimatechnik" hat sich gegen Ende der dreißiger Jahre eingeführt, und erst in der jüngsten Zeit wurden die Grenzen des Fachgebietes Klimatechnik in der zu Beginn dieser Ausführungen angegebenen Definition festgelegt. Danach sind Heizungstechnik, Lüftungstechnik und Kältetechnik jeweils im Bereich der klimatechnischen Anwendungen als Teil-

---

[9] In der französischen Sprache wird neuerdings auch der Begriff „Climatisation" verwendet.

[10] HIRSCH, M.: Hausbewetterung. Künstliche Regelung der Luftbeschaffenheit in Gebäuderäumen. Ges.-Ing. 1926, Heft 13. – Die Bewetterungsanlage des Ufa-Theaters „Im Schwan", Frankfurt a. M. Ges.-Ing. 1928, Nr. 47.

[11] LINGE, K.: Luftkonditionierung in Wohnräumen. Ges.-Ing. 1933. Nr. 52.

gebiete der Klimatechnik anzusehen. Heizungs-, Lüftungs-, Luftkühl-, Be- und Entfeuchtungsanlagen sind damit klimatechnische Anlagen. Die Bezeichnung „Klimaanlage" ist allerdings den Anlagen vorbehalten, die nach der genauen Definition in DIN 1946 „Einrichtungen zum Reinigen, Erwärmen, Kühlen, Befeuchten und Entfeuchten der Zuluft sowie zur selbsttätigen Temperatur- und Feuchteregelung besitzen".

Abb. 5 WILLIS H. CARRIER.

Zu Beginn der Entwicklung der Klimatechnik (etwa zwischen 1900 und 1930) waren sowohl in den USA als auch ganz besonders in Europa Kältemaschinen in klimatechnischen Anlagen noch spärlich vertreten. RANKE[12] beklagte in einer 1907 erschienenen Veröffentlichung: „Es muß in hohem Grade auffallen, daß die Technik schon seit Jahrzehnten die Möglichkeit bietet, die Temperatur und Feuchtigkeit der Luft in beliebigem Grade zu regulieren, ohne daß für menschliche Wohn- und Arbeitsräume bisher in nennenswertem Maße davon Gebrauch gemacht wurde". Da die Luftkühlung in Komfortklimaanlagen lange Zeit als Luxus angesehen wurde, blieb der Einsatz von Kältemaschinen zunächst auf solche Anlagen beschränkt, die in Gegenden mit besonders extremen Klimabedingungen installiert wurden oder die vom Verwendungszweck her eine Kühlung unbedingt erforderten. Das Fehlen für die Klimatechnik

---

[12] RANKE, K. E.: Die Regulierung von Temperatur und Luftfeuchtigkeit in Wohn- und Arbeitsräumen in heißen Klimaten. München: Ges. f. Lindes Eismasch. 1907.

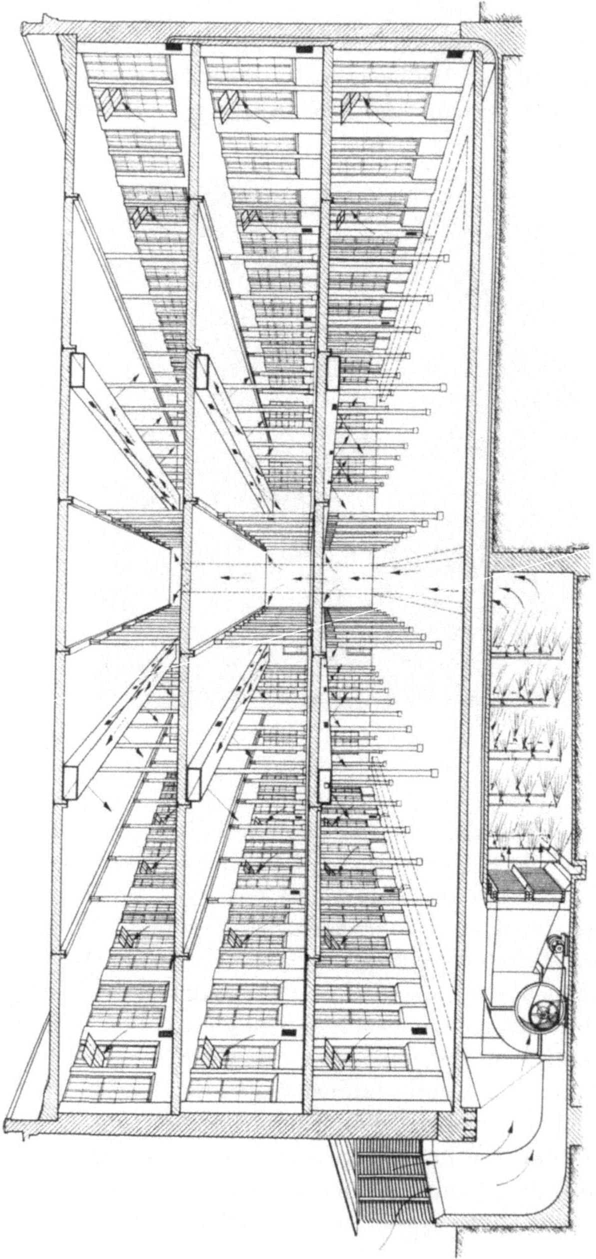

Abb. 6 Klimatisierung eines Fabrikationsbetriebes (Anlage von Gebr. Sulzer, Winterthur).

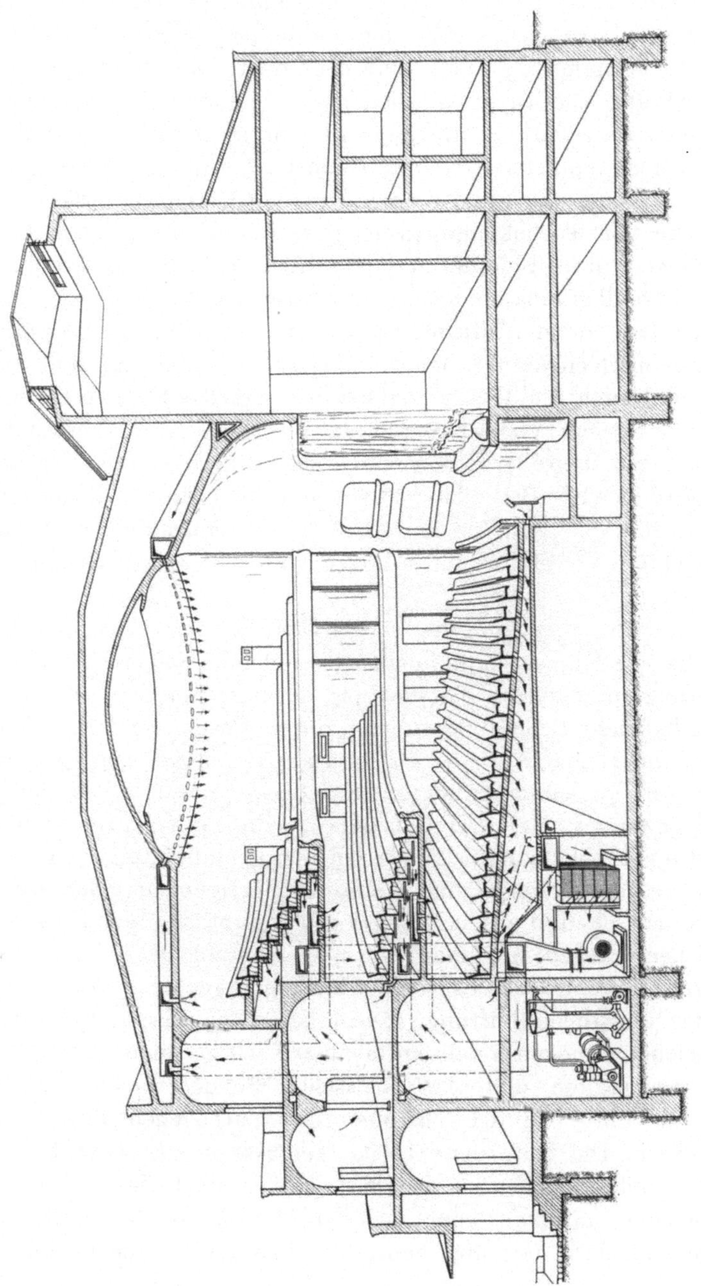

Abb. 7 Klimatisierung eines Theaters (Anlage von Hallesche Maschinenfabrik und Eisengießerei).

geeigneter Kältemittel und spezieller, die Anforderungen der Klimatechnik erfüllender Kältemaschinenbauarten behinderte ebenfalls zunächst den Einsatz der künstlichen Kühlung in klimatechnischen Anlagen. Das Problem des Kältemittels wurde kurz nach dem ersten Weltkrieg durch die Verwendung von Dichloräthylen und Dichlormethan befriedigend gelöst. Den ersten Turbokompressor, als eine in der Klimatechnik geeignete Kältemaschinenbauart, ließ CARRIER bei der Firma Jaeger in Leipzig bauen und zum Einsatz nach den USA bringen, wo die weitere Entwicklung von Turbokompressoren kurz darauf mit großem Erfolg aufgenommen wurde. Eine der ersten, von Scam-Follain in Frankreich gebauten Strahlkältemaschinen (mit Wasser als Kältemittel) wurde bereits vor dem ersten Weltkrieg zur Kühlung von Munitionskammern auf Kriegsschiffen eingesetzt. Absorptionskältemaschinen mit dem Stoffpaar Lithiumbromid und Wasser sind mit einer von den USA ausgehenden Entwicklung besonders nach dem zweiten Weltkrieg für die Verwendung in Klimaanlagen zu großer Bedeutung gelangt (vgl. hierzu die Veröffentlichung von PLANK[13]). Seit 1930 werden von der Industrie Klimageräte angeboten, die alle zur Luftkonditionierung erforderlichen Anlagen (Kältemaschine, Ventilator, Lufterhitzer, Filter) in einem Gehäuse zusammengebaut enthalten.

Zur Zeit, d.h. am Beginn des letzten Drittels des zwanzigsten Jahrhunderts hat die Klimatechnik in einer besonders in den letzten zwanzig Jahren erfolgten schnellen Entwicklung einen technischen Stand und eine wirtschaftliche Bedeutung erreicht, die sie für den modernen Hochbau unentbehrlich macht. In den USA wird heute – abgesehen von reinen Wohnhäusern – praktisch jedes größere Gebäude mit einer vollständigen Klimaanlage ausgestattet. Der Einsatz von Klimaanlagen im Komfortbereich ist nicht mehr nur eine Frage der örtlichen klimatischen Verhältnisse. Luftverunreinigungen und Geräuschbelästigungen innerhalb der Städte zwingen dazu, die Arbeits- und Wohnräume von der Umgebung abzuschließen und eine angemessene Luftversorgung bei jedem Außenklima durchzuführen. Hohe Gebäude erfordern wegen des starken Windanfalls eine künstliche Lüftung, die in Leichtbauweise mit geringem Wärmespeichervermögen erstellten Gebäude benötigen eine Luftkühlung. In Krankenanstalten und therapeutischen Sonderräumen muß die Reinheit der Luft von Schwebstoffen und pathogenen Keimen beachtet werden. Die Güte der Arbeitsergebnisse in der Textiltechnik, Feinwerktechnik, Pharmazie, bei der Papierverarbeitung und jeglicher Forschungstätigkeit hängt sehr stark von der Raumluftqualität ab. Klimatisieren bedeutet heute also keineswegs eine überspitzte

---

[13] PLANK, R.: Amerikanische Kältetechnik, Teil II: Absorptionskältemaschinen für Klimaanlagen. Kältetechnik 8 (1956), Nr. 10, S. 294–297.

Anforderung an die Gestaltung des Raumklimas, sondern stellt sich als hygienisch und volkswirtschaftlich gleich wichtige Aufgabe dar.

Für die Zukunft steht der Klimatechnik neben der Verbesserung von Funktionsweise und Wirtschaftlichkeit der bekannten Verfahren die Lösung neuer großer Probleme bevor, die diesem Fachgebiet insgesamt bedeutsame Entwicklungsmöglichkeiten bietet. Die von der Raumfahrttechnik gestellten Aufgaben sind schon jetzt ungeheuer groß und werden hinsichtlich Schwierigkeitsgrad und Umfang weiter wachsen. Auf der Erde stellen sich neue klimatechnische Probleme in der Forderung nach einer Verbesserung des menschlichen Behaglichkeitsempfindens innerhalb geschlossener Räume durch Einführung neuer Klimafaktoren, bei der Verbesserung der Luftverhältnisse in Ballungsräumen mit dichter Bebauung und hoher Verkehrsdichte und bei der Möglichkeit der Wetterbeeinflussung.

Es wurde festgestellt, daß das mit den Klimafaktoren der konventionellen Klimatechnik erreichbare Raumklima trotz genauer Einhaltung der Bestwerte nur teilweise oder zeitweilig gar nicht anspricht. Der Grund dafür liegt darin, daß es bislang entweder noch nicht gelungen ist, bzw. in der überwiegenden Zahl der Anwendungsfälle noch versäumt wird, sämtliche Komponenten des Außenklimas mit ihren physiologischen und psychologischen Auswirkungen auf den Menschen innerhalb geschlossener Räume wirken zu lassen (vgl. hierzu die Ausführungen von AUSTERWEIL[14]).

Da der Kraftfahrzeugverkehr innerhalb der Städte ständig wächst, wird das Problem der Luftverunreinigung durch Automobilabgase immer dringender. Die dadurch hervorgerufene Anreicherung der Luft mit Schadstoffen stellt heute bereits in verschiedenen Stadtgebieten eine ernste Gefahr dar. Bevor es nicht gelingt, die Kraftfahrzeugantriebe wirtschaftlich auf elektrische Energie (Brennstoffzellen, Batterien) umzustellen, muß die Klimatisierung innerhalb dieser besonders gefährdeten Gebiete als einziger Ausweg angesehen werden. Eine logische Erweiterung dieses Gedankens stellt die Klimatisierung ganzer Städte oder Stadtteile dar. Schon eine beschränkte Möglichkeit zur Beeinflussung der klimatischen Verhältnisse in unseren Städten würde enorme wirtschaftliche und soziologische Vorteile bringen. Die Veröffentlichungen von OVERMYER[15] und McLORG[16] zeigen, daß insbesondere in den USA die Überdachung und Klimatisierung größerer Gebiete bereits ernsthaft er-

---

[14] AUSTERWEIL, L.: Eine neue Deutung des Behaglichkeitsbegriffs. Heiz.-Lüft.-Haustechn. 17 (1966), Nr. 7, S. 241–243.

[15] OVERMYER, E. J.: Some sociological implications of modern air conditioning. ASHRAE-Journal 6 (1964), Nr. 2, S. 62–65.

[16] McLORG, T. W.: Feasibility study of an enclosed city. ASHRAE-Journal 9 (1967). Nr. 1. S. 89–92.

wogen wird. Auf die klimaregulierten Mammutstädte in den Betrachtungen der Futurologen sei ebenfalls besonders hingewiesen (vgl. hierzu die Ausführungen von CLARKE[17]).

Von der Klimatisierung ganzer Städte bis zu der Wetterbeeinflussung insgesamt scheint nur ein kleiner Schritt zu sein. Möglichkeiten der Wetterbeeinflussung werden neuerdings untersucht, entsprechende Forschungsarbeiten sind bereits im Gange. Insgesamt deutet sich somit eine weitere große Entwicklung der Klimatechnik an, die allerdings nur in einer engen Zusammenarbeit mit verschiedenen naturwissenschaftlichen Fachgebieten (Medizin, Biologie, Meteorologie u.a.) zu greifbaren Erfolgen führen kann.

---

[17] CLARKE, A. C.: Im höchsten Grade phantastisch, Düsseldorf/Wien: Econ-Verlag.

1. Theoretische Grundlagen der Klimatechnik

1.1 Thermodynamische Grundlagen

1.11 Die thermischen Zustandsgrößen

Der Zustand eines Systems wird durch eine bestimmte Anzahl direkt ·meßbarer physikalischer Größen festgelegt. Der Zustand eines thermodynamischen Systems wird durch die Masse (als Maß für die Stoffmenge), das Volum, den Druck und die Temperatur gekennzeichnet. Masse, Volum, Druck und Temperatur sind Zustandsgrößen. Die Verwendung der Formelzeichen und die Schreibweise der physikalischen Gleichungen erfolgt nach den in DIN 1304[1] und DIN 1312[2] enthaltenen Empfehlungen.

Die Masse m wird als Maß für die Stoffmenge verwendet. Ihre Einheit ist das Kilogramm (kg). Die Masse läßt sich durch Wiegen der Stoffmenge, d.h. durch einen Vergleich mit bekannten Massen, ermitteln. Es ist nicht richtig – oder führt zumindest zu Mißverständnissen –, das Ergebnis einer Wägung als Gewicht zu bezeichnen, da in der Technik unter dem Gewicht allgemein die Gewichtskraft verstanden wird. Die Zusammenhänge zwischen Masse, Gewicht und Gewichtskraft und die Stoffmenge und ihre Maße hat BAEHR[3] ausführlich erläutert. Weiterhin wird insbesondere im Hinblick darauf, daß die Masse als Maß für die Stoffmenge erst vor relativ kurzer Zeit in der Technik eingeführt wurde und deshalb noch nicht sehr stark verbreitet ist, auf die Veröffentlichungen von HAHNEMANN[4], BAEHR[5] und FLEGLER[6] hingewiesen. Nach DIN 1345[7]

---

[1] DIN 1304: Allgemeine Formelzeichen. September 1965.

[2] DIN 1313: Schreibweise physikalischer Gleichungen in Naturwissenschaft und Technik. September 1962.

[3] BAEHR, H. D.: Thermodynamik, 2. Aufl., Berlin/Heidelberg/New York: Springer 1966.

[4] HAHNEMANN, H. W.: Die Umstellung auf das Internationale Einheitensystem in Mechanik und Wärmetechnik, Düsseldorf: VDI-Verlag 1959 (Ingenieurwissen 4).

[5] BAEHR, H. D.: Gewicht und Masse in den Größengleichungen der Technik. Z. Konstruktion 12 (1960) S. 203–207.

[6] FLEGLER, E.: Einheiten und Einheitensystem, Bericht über Empfehlungen des Wissenschaftlichen Beirates des VDI. VDI-Zeitschrift 100 (1958) S. 1100–1102.

[7] DIN 1345: Formelgrößen und Einheiten in der technischen Thermodynamik. Juli 1959.

werden alle in der technischen Thermodynamik als „spezifisch" bezeichneten Größen auf die Masse bezogen. Werden andere Bezugsgrößen als die Masse verwendet, so ist dies ausdrücklich anzugeben und etwa durch entsprechende Indizierung kenntlich zu machen.

Das Volum V ist neben der Stoffmenge eine weitere Zustandsgröße eines thermodynamischen Systems. Das Volum ist der Masse proportional und wird in Kubikmeter (m³), Liter (l oder dm³) oder Kubikzentimeter (cm³) ausgedrückt. Der Quotient

$$v = \frac{V}{m}$$

ist das spezifische Volum. Es ist der reziproke Wert der Dichte

$$\varrho = \frac{m}{V} = \frac{1}{v}. \qquad (1.1)$$

Der Druck p eines Gases oder einer Flüssigkeit ist die senkrecht auf die Flächeneinheit wirkende Kraft. Im internationalen Einheitensystem ist die Krafteinheit das Newton:

$$1 \text{ Newton} = 1 \text{ N} = 1 \text{ kg} \cdot 1 \text{ m/s}^2.$$

Es ist die Kraft, die der Masse 1 kg die Beschleunigung 1 m/s² erteilt. Die Druckeinheit im internationalen Maßsystem läßt sich nach der bekannten Beziehung Druck = Kraft/Fläche ermitteln zu:

$$1 \text{ N/m}^2 = 1 \text{ kg/m s}^2.$$

Für 10^5 N/m² ist die Kurzbezeichnung 1 bar eingeführt:

$$1 \text{ bar} = 10^5 \text{ N/m}^2.$$

Bezüglich der Umrechnungen der bislang in der technischen Thermodynamik gebräuchlichen Einheiten kp/m² (mm WS), atm (physikalische Atmosphäre), Torr (mm Quecksilbersäule) und kp/cm² = at (technische Atmosphäre) in die Einheiten des Internationalen Einheitensystems wird auf Tab. 1.1 verwiesen.

Tabelle 1.1 *Umrechnung von Druckeinheiten*

	N/m²	bar	at kp/cm²	atm	Torr
1 N/m² =	1	10^{-5}	$1,02 \cdot 10^{-5}$	$0,987 \cdot 10^{-5}$	$7,50 \cdot 10^{-3}$
1 bar =	10^5	1	1,02	0,987	750,1
1 at =	$0,981 \cdot 10^5$	0,981	1	0,968	735,6
1 atm =	$1,013 \cdot 10^5$	1,013	1,033	1	760
1 Torr =	133,3	$1,33 \cdot 10^{-3}$	$1,36 \cdot 10^{-3}$	$1,316 \cdot 10^{-3}$	1

Die Temperatur t ermöglicht eine Aussage über den thermischen Zustand eines Systems. Sie ist ebenfalls eine Zustandsgröße. Grundlage für eine Temperaturmessung ist eine reproduzierbare Temperaturskala. Folgende Temperaturskalen haben bislang Bedeutung erlangt:

a) Die empirische Temperaturskala, bei der die Temperatur in Abhängigkeit von der Ausdehnung von Gasen und Flüssigkeiten bestimmbar ist.

b) Die thermodynamische Temperaturskala, die aufgrund der Gesetze der Thermodynamik unabhängig von einem bestimmten Medium festgelegt wurde. Sie ist identisch mit der Temperaturskala des vollkommenen Gases mit einem Ausdehnungskoeffizienten von 1/273,15. Fixpunkte der thermodynamischen Temperaturskala sind der absolute Nullpunkt mit 0 °K (Kelvin) und der Tripelpunkt des Wassers mit 273,16 °K.

c) Die internationale Temperaturskala, die im Jahre 1927 aufgrund internationaler Vereinbarungen festgelegt wurde, stimmt zwar mit der thermodynamischen Temperaturskala praktisch überein, ist jedoch lediglich zur leichteren Reproduzierbarkeit festgelegt durch eine größere Anzahl von Schmelz-, Siede- und Sublimationspunkten bei einem Druck von 760 mm QS. Einige dieser internationalen thermometrischen Festpunkte sind:

Siedepunkt des Sauerstoffs	$-182,97$ °C,
Schmelzpunkt des Eises	$0,00$ °C,
Siedepunkt des Wassers	$100,00$ °C,
Siedepunkt des Schwefels	$444,60$ °C,
Erstarrungspunkt des Goldes	$1063,00$ °C.

In den technischen Disziplinen wird heute praktisch international einheitlich die Temperatur eines Stoffes in Grad Celsius (°C) (im englischen Sprachbereich: degree centigrade) gemessen. Dabei wurde – wie aus der Zusammenstellung der Festpunkte ersichtlich ist – das Intervall zwischen dem Schmelzpunkt des Eises und dem Siedepunkt des Wassers in 100 gleiche Teile geteilt. Lediglich in England und den USA ist neben der Celsius-Skala noch die Fahrenheit-Skala gebräuchlich, die aber auch hier aus Gründen einer internationalen Vereinheitlichung langsam durch die Centigrade-Skala verdrängt wird. Bei der Fahrenheit-Skala ist das Intervall zwischen Eispunkt und Siedepunkt des Wassers in 180 gleiche Teile geteilt. Der Eispunkt wird mit 32 °F, der Siedepunkt mit 212 °F bezeichnet. Für die Umrechnung der Temperaturen gelten folgende Formeln:

$$t\,°C = 5/9\,(t\,°F - 32),$$

$$t\,°F = 9/5\,\,t\,°C + 32.$$

Zur Erleichterung dieser Temperaturumrechnungen sei auf ein Arbeitsblatt[8] verwiesen.

---

[8] Temperaturen in °C und °F. DKV Arbeitsblatt 0-01. Karlsruhe: C.F. Müller 1950. Beilage zu Kältetechnik 2 (1950), Heft 3.

1.12 Grundgrößen und abgeleitete Größen

Neben den Zustandsgrößen werden in der Thermodynamik noch weitere Größen verwendet, bei denen zwischen Grundgrößen (durch Gleichungen nicht definierbare Größen) und abgeleiteten Größen unterschieden werden muß. Einige der Grundgrößen der Thermodynamik wurden bereits in Abschn. 1.11 als Zustandsgrößen behandelt. Es sind dies die Masse und die Temperatur. Weitere Grundgrößen sind Länge und Zeit. Die Einheit der Länge ist das Meter (m), Zentimeter (cm) oder Millimeter (mm). Die Zeit wird in Stunden (h), Minuten (min) oder Sekunden (s) gemessen.

Von den genannten vier Grundgrößenarten (Länge, Zeit, Masse und Temperatur) werden Größenarten abgeleitet, die sich durch sog. Größengleichungen aus den Grundgrößen definieren lassen. Die in der Thermodynamik gebräuchlichen Größenarten (Grundgrößen und abgeleitete Größen) hat BAEHR[9] sehr übersichtlich in Tabellenform zusammengestellt. Für die Klimatechnik als Anwendungsgebiet der Thermodynamik sind die Energie (hier insbesondere die Wärme), die spezifische Energie (spez. Wärme) und die Leistung (Wärmestrom) als abgeleitete Größen von besonderer Bedeutung. Auf diese soll im folgenden näher eingegangen werden.

Der Begriff der *Wärme* hat sich in der historischen Entwicklung der Thermodynamik mehrfach gewandelt. Hierüber hat BAEHR[10] ausführlich berichtet. Danach wird die Wärme heute lediglich als eine mögliche Energieform und als abgeleitete Größe im Sinne der Größenlehre definiert. Aufgrund internationaler Vereinbarungen ist das Joule (J) zur ausschließlichen Verwendung als Energieeinheit – und damit auch als Wärmeeinheit – empfohlen worden. Bislang wird aber für praktische Berechnungen auf dem Gebiet der Klimatechnik immer noch die Kalorie als Wärmeeinheit verwendet, auf die man offensichtlich insbesondere wegen ihrer einfachen Beziehung zur spezifischen Wärme des Wassers nicht gern verzichtet. Da zahlreiche, in der Praxis verwendete Tafeln und Diagramme in den Stoffwerten bislang auch noch die Einheit kcal enthalten, soll im folgenden bei praktischen Berechnungen das Joule als Energieeinheit noch nicht ausschließlich eingeführt werden. Wichtige Daten werden nach Möglichkeit in beiden Energieeinheiten nebeneinander angegeben. Die Umrechnungsfaktoren vom Joule zur kWh, zur kcal und zum kpm sind in Tab. 1.2 enthalten.

---

[9] BAEHR, H. D.: Thermodynamik, 2. Aufl., Berlin/Heidelberg/New York: Springer 1966, S. 411.

[10] BAEHR, H. D.: Der Begriff der Wärme im historischen Wandel und im axiomatischen Aufbau der Thermodynamik. Brennstoff–Wärme–Kraft 15 (1963) S. 1–7.

Tabelle 1.2 *Umrechnung von Energieeinheiten*

	J	kWh	$kcal_{IT}$	mkp
1 J =	1	$27{,}8 \cdot 10^{-8}$	$2{,}39 \cdot 10^{-4}$	0,102
1 kWh =	$3{,}6 \cdot 10^6$	1	860	$3{,}67 \cdot 10^5$
1 $kcal_{IT}$ =	4187	$1{,}16 \cdot 10^{-3}$	1	427
1 mkp =	9,81	$2{,}72 \cdot 10^{-6}$	$2{,}34 \cdot 10^{-3}$	1

Als *spezifische Wärme c* wird die Wärme bezeichnet, die 1 kg eines Stoffes um 1 °C zu erwärmen vermag. Die spezifische Wärme von Flüssigkeiten und Gasen ist sehr stark temperaturabhängig und in geringerem Maße auch druckabhängig. Die Werte der spezifischen Wärme der wichtigsten Stoffe sind in einschlägigen Taschenbüchern[11] als Funktion von Temperatur und Druck in Tabellenform angegeben. Nur in sehr wenigen Fällen wurden diese Stoffwerte bisher auf die Einheit J/kg°C umgerechnet, weshalb auch für die spezifische Wärme der in der Klimatechnik verwendeten Stoffe (Luft, feuchte Luft, Wasser, Wasserdampf) noch die Einheit kcal/kg °C, bzw. kcal/Nm³ °C bei Gasen und Dämpfen beibehalten wird. Bei der später folgenden Behandlung von Gasen und Dämpfen wird auch auf deren spezifische Wärme noch näher einzugehen sein.

Die *Enthalpie h* – wegen ihres Bezugs auf die Stoffmenge in der strengen Terminologie als „spezifische Enthalpie" zu bezeichnen – ist eine Zustandsgröße, die für praktische Berechnungen auf dem Gebiet der Klimatechnik von großer Bedeutung ist. Es ist vor allem als Verdienst R. MOLLIERS zu werten, daß der aus der theoretischen Thermodynamik entnommene Begriff der Enthalpie (definiert als Summe der inneren Energie und der Verdrängungsarbeit) in die technische Thermodynamik eingeführt wurde und durch die Verwendung in grafischen Darstellungen eine große Vereinfachung und eine klare Veranschaulichung der Berechnung thermischer Maschinen und Apparate ermöglicht. Insbesondere in der Darstellung der Zustände und Zustandsänderungen feuchter Luft konnte MOLLIER von der Enthalpie mit bestem Erfolg Gebrauch machen, weshalb auch hier seine Diagramme weitgehende Verwendung – besonders bei klimatechnischen Berechnungen – gefunden haben. Da für derartige technische Berechnungen fast ausschließlich Enthalpiedifferenzen benötigt werden, läßt sich der Bezugspunkt für die spezifische Enthalpie willkürlich festlegen. Bei Wasser und Luft wurde die spezifische Enthalpie bei der Temperatur 0 °C gleich Null gesetzt. Sämtliche für diese Stoffe tabellierten oder in Diagrammen dargestellten Enthalpiewerte sind also die auf diesen Bezugspunkt bezogenen spezifischen Enthalpien in kcal/kg, bzw. in J/kg.

---

[11] RECKNAGEL-SPRENGER: Taschenbuch für Heizung, Lüftung und Klimatechnik, 55. Jahrg., München-Wien: R. Oldenbourg 1968, S. 56/57 u. 66/67.

Tabelle 1.3 *Umrechnung von Leistungseinheiten*

	W	kW	mkp/s	PS	$\text{kcal}_{\text{IT}}/\text{h}$
1 W $=$	1	10^{-3}	0,102	$1,36 \cdot 10^{-3}$	0,86
1 kW $=$	10^3	1	102	1,36	860
1 mkp/s $=$	9,81	$9,81 \cdot 10^{-3}$	1	0,0133	8,43
1 PS $=$	735,5	0,735	75	1	632
1 $\text{kcal}_{\text{IT}}/\text{h} =$	1,163	$1,163 \cdot 10^{-3}$	0,119	$1,58 \cdot 10^{-3}$	1

Als *Wärmestrom* Φ wird die Wärme bezeichnet, die in der Zeiteinheit von einem Körper auf den anderen übergeht. Der Wärmestrom ist also eine Leistungsgröße, deren Einheit im internationalen Einheitensystem das Watt ist:

$$1\,\text{W} = 1\,\text{J/s} = 1\,\text{Nm/s}\,.$$

Neben dem Watt sind die wichtigsten bislang gebräuchlichen Leistungseinheiten in Tab. 1.3 zusammengestellt, die eine Umrechnung von einer Einheit in die andere unter Benutzung der angegebenen Umrechnungsfaktoren ermöglicht. Unter diesen Leistungseinheiten ist auch die Einheit des Wärmestroms in kcal/h enthalten, die vermutlich für technische Berechnungen noch zumindest für eine gewisse Zeit verwendet werden wird.

1.13 Thermodynamik der Gase

Als Gas wird im technischen Sprachgebrauch ein Stoff bezeichnet, der im Normzustand (0 °C, 760 Torr) gasförmig ist. Ist ein Stoff im Normzustand flüssig oder fest, so wird die durch Erwärmen oder Druckminderung erzeugte gasförmige Art als Dampf bezeichnet, wie z.B. Wasserdampf, Quecksilberdampf.

Für das ideale Gas gilt eine Reihe von Gesetzen, die die Grundlage für die Betrachtung der in der Klimatechnik zu behandelnden realen Gase und Gas-Dampf-Gemische bilden. Obwohl ein Gemisch aus Luft und Wasserdampf (feuchte Luft) nicht exakt den Gasgesetzen folgt, lassen sich diese Gesetze doch häufig auch hier mit für technische Berechnungen ausreichender Genauigkeit anwenden, wodurch sich die Berechnungsverfahren wesentlich vereinfachen.

Nach dem *Gesetz von Boyle-Mariotte* ist bei gleichbleibender Temperatur das Produkt aus Druck und Volum eines idealen Gases eine konstante Größe:

$$p_1 v_1 = p_2 v_2 = \text{const} \qquad\qquad (1.2\,\text{a})$$

oder

$$\frac{p_1}{p_2} = \frac{v_2}{v_1}\,. \qquad\qquad (1.2\,\text{b})$$

Bei gleichbleibendem Druck wächst das Volum eines idealen Gases nach dem *Gay-Lussacschen Gesetz* proportional mit der Temperatur:

$$\frac{v_1}{v_2} = \frac{T_1}{T_2} \,.$$

(1.3)

Eine Vereinigung dieser beiden Gesetze führt zu der *Zustandsgleichung für ideale Gase*, die eine Aussage über den Wert vp/T in der Weise macht, daß dieser Wert für alle Zustände eines Gases der gleiche ist:

$$\frac{p_1 v_1}{T_1} = \frac{p_2 v_2}{T_2} = \text{const} = R$$

(1.4 a)

oder

$$p v = R T \,.$$

(1.4 b)

Die für jedes Gas eigentümliche Größe R wird als Gaskonstante bezeichnet. Sie wird in der Dimension $\text{Nm}/\text{kg}\,^\circ\text{C}$ angegeben.

Die in Gl. (1.4 a) und (1.4 b) angeschriebene Zustandsgleichung für ideale Gase ist ein Grenzgesetz, dem sich die realen Gase um so mehr nähern, je größer ihr spezifisches Volum und je kleiner ihr Druck ist. Bei 0 °C und 760 Torr sind die Abweichungen noch sehr klein.

Nach dem *Gesetz von Avogadro* enthalten alle Gase bei gleichem Druck und gleicher Temperatur in gleichen Räumen gleichviel Moleküle. Die Dichten verhalten sich daher wie die Molekulargewichte:

$$\frac{\varrho_1}{\varrho_2} = \frac{M_1}{M_2} = \frac{v_2}{v_1}$$

(1.5 a)

oder

$$M_1 v_1 = M_2 v_2 \,.$$

(1.5 b)

Hiernach ist das Molvolum aller Gase bei gleichem Druck und gleicher Temperatur gleich groß. Bei 0 °C und 760 Torr (physikalischer Normzustand) ist

$$M v = 22{,}4 \,\text{m}^3/\text{mol} \,.$$

Nach DIN 1343[12] befindet sich ein Gas im *Normzustand*, wenn es die Temperatur 0 °C und den Druck 760 Torr (physikalischer Normzustand) oder die Temperatur 20 °C und den Druck 735,5 Torr (technischer Normzustand) aufweist. Das Normkubikmeter ist damit die Menge eines Gases, die im Normzustand das Volum von einem Kubikmeter ausfüllt. Das Normkubikmeter ist also keine Volumeinheit, sondern eine Masseneinheit, die es ermöglicht, Volumangaben von Gasen und Dämpfen miteinander zu vergleichen.

---

[12] DIN 1343: Normtemperatur, Normdruck, Normzustand. Mai 1964.

2*

Bei der *spezifischen Wärme von Gasen* ist zu unterscheiden zwischen der spezifischen Wärme bei konstantem Volum c_v und der spezifischen Wärme bei konstantem Druck c_p. Bei Wärmezufuhr unter konstantem Volum dient alle Wärme zur Erhöhung der inneren Energie. Bei Wärmezufuhr unter konstantem Druck bewirkt die Wärmezufuhr eine Erhöhung der inneren Energie und gleichzeitig eine Verschiebungsarbeit. Deshalb ist c_p stets größer als c_v. Das Verhältnis der spezifischen Wärme bei konstantem Druck zu der bei konstantem Volum

$$\varkappa = \frac{c_p}{c_v} \qquad (1.6)$$

ist eine Größe, die bei der Untersuchung der Zustandsänderungen der Gase benutzt wird und die in erster Linie vom Molekülaufbau, d.h. von der Anzahl der Atome im Molekül des Gases abhängt. Über die Größe von $\varkappa$ kann folgende Aussage gemacht werden:

Bei 1-atomigen (idealen) Gasen: $\varkappa = 1{,}67$,
bei 2-atomigen Gasen (z.B. Luft): $\varkappa = 1{,}4$.
bei 3-atomigen Gasen: $\varkappa = 1{,}33$.

Mit steigender Anzahl der Atome im Molekül nähert sich $\varkappa$ dem Wert 1.

Aus der Differenz zwischen c_p und c_v kann die Gaskonstante R berechnet werden:

$$R = c_p - c_v . \qquad (1.7)$$

Während die spezifische Wärme der idealen Gase nur von der Art des Gases, nicht aber von Druck und Temperatur abhängig ist, nehmen die spezifischen Wärmen der realen Gase mit der Temperatur und mit dem Druck zu. Und zwar wächst die Abweichung im Verhalten der realen Gase gegenüber dem der idealen Gase mit steigender Atomzahl. Tab. 1.4 enthält die spezifische Wärme c_p von Luft bei verschiedenen Drücken und Temperaturen. Aus dieser Zusammenstellung ist zu erkennen, daß bei Atmosphärendruck in dem relativ großen Temperaturbereich zwischen 0 und 100 °C die spezifische Wärme der Luft sich nur von 0,240 auf 0,242 kcal/kg°C verändert und daß die Änderung der spezifischen Wärme mit wachsendem Druck nur als relativ gering angesehen werden kann. Die Luft (als 2atomiges Gas) weicht also in ihrem Verhalten in dem in der Klimatechnik interessierenden Druck- und Temperaturbereich nicht sehr stark von dem des idealen Gases ab. Luft und alle schwer verflüssigbaren Gase werden deshalb bei Drücken bis zu etwa 30 at auch häufig als „halbvollkommene Gase" bezeichnet, die die thermische Zustandsgleichung (1.4 b) mit ausreichender Genauigkeit befolgen.

Tabelle 1.4 *Spezifische Wärme c_p von Luft bei verschiedenen Drücken und Temperaturen*

| Temperatur | c_p in kcal/kg °C | | | c_p in J/kg °C | | |
°C	1 ata	50 ata	100 ata	1 ata	50 ata	100 ata
−100	0,241			1009		
−50	0,2404	0,285	0,335	1006	1193	1402
0	0,2402	0,264	0,288	1005	1105	1205
50	0,241	0,256	0,270	1009	1071	1130
100	0,242	0,254	0,263	1013	1063	1101
200	0,245	0,252	0,257	1025	1055	1076
300	0,250	0,253	0,257	1046	1059	1076
500	0,261	0,264	0,265	1092	1105	1109
1000	0,285	0,285	0,286	1193	1193	1197

Tabelle 1.5 *Molekulargewichte M, Gaskonstante R, Dichte ϱ und spezifische Wärme c_p und c_v von Gasen und Dämpfen*

Gas (Dampf)	Symbol	M kg/mol	R mkp / kg °C	R J / kg °C	ϱ kg/m³	c_p kcal/kg °C	c_v kcal/kg °C	c_p J/kg °C	c_v J/kg °C
Luft	–	29,0	29,3	288	1,29	0,240	0,171	1005	717
Sauerstoff	O_2	32,0	26,5	260	1,43	0,219	0,157	917	657
Stickstoff	N_2	28,0	30,3	297	1,25	0,248	0,177	1038	741
Kohlendioxyd	CO_2	44,0	19,3	189	1,98	0,196	0,150	819	630
Kohlenoxyd	CO	28,0	30,3	297	1,25	0,249	0,178	1042	745
Wasserstoff	H_2	2,02	420,7	4122	0,09	3,40	2,415	14230	10108
Wasserdampf	H_2O	18,0	47,1	462	0,6	0,47	0,36	1968	1506
Ammoniak	NH_3	17,0	49,8	488	0,86	0,491	0,374	2055	1567
Kältemittel R 12	–	120,9	7,01	68,8	6,1	0,145	0,128	607	538
R 22	–	86,5	9,8	96,1	4,6	0,145	0,122	607	511

Die Werte der Dichte und spezifischen Wärmen gelten für den physikalischen Normzustand (0 °C, 760 Torr) bzw. für den Sättigungszustand bei Atmosphärendruck (für Dämpfe).

Der Unterschied zwischen der spezifischen Wärme bei konstantem Druck c_p und der bei konstantem Volum c_v geht aus Tab. 1.5 hervor, die die Molekulargewichte, Gaskonstanten, Dichten und spezifischen Wärmen einiger in der Klimatechnik vorkommender Gase und Kältemittel in gasförmigem Zustand enthält. Da die spezifische Wärme mit der Temperatur veränderlich ist, ist es zweckmäßig, bei Rechnungen über einen größeren Temperaturbereich mit der mittleren spezifischen Wärme zu rechnen:

$$c_m = \frac{1}{t_2 - t_1} \int_{t_1}^{t_2} c \, dt . \tag{1.8}$$

Für ein *Gasgemisch*, d.h. für mehrere Gase, die sich – ohne chemische Einwirkungen aufeinander auszuüben – in einem Raum befinden, gilt das Gesetz von DALTON. Danach verhält sich jedes dieser Gase so, als ob es allein den ganzen Raum ausfüllt. Der Gesamtdruck p des Gasgemisches ist dann gleich der Summe der Partialdrücke:

$$p = p_1 + p_2 + \cdots + p_i. \tag{1.9}$$

Das Daltonsche Gesetz gilt exakt nur für Gemische idealer Gase. Bei realen Gasgemischen kann der Gesamtdruck sowohl größer als auch kleiner als die Summe der Einzeldrücke sein. Die Zusammensetzung eines Gasgemisches kann entweder durch die Einzelmassen

$$m_1 + m_2 + m_3 + \cdots = \sum m_i = m \tag{1.10 a}$$

oder durch die Einzelvolumen

$$V_1 + V_2 + V_3 + \cdots = \sum V_i = V \tag{1.10 b}$$

gegeben sein. Die Zustandsgrößen für ein Gasgemisch werden dann wie folgt aus den Zustandsgrößen der Einzelgase berechnet:
Dichte:

$$\varrho = \frac{V_1}{V} \varrho_1 + \frac{V_2}{V} \varrho_2 + \cdots + \frac{V_i}{V} \varrho_i. \tag{1.11}$$

Gaskonstante:

$$R = \frac{m_1}{m} R_1 + \frac{m_2}{m} R_2 + \cdots + \frac{m_i}{m} R_i. \tag{1.12}$$

Spezifische Wärme:

$$c_p = \frac{m_1}{m} c_{p1} + \frac{m_2}{m} c_{p2} + \cdots + \frac{m_i}{m} c_{pi}. \tag{1.13}$$

1.14 Thermodynamik der Dämpfe

Zwischen Gasen und Dämpfen besteht kein grundsätzlicher Unterschied, da sich jedes Gas bei entsprechender Temperatur und entsprechendem Druck verflüssigen läßt. Dämpfe unterscheiden sich von Gasen lediglich dadurch, daß sie sich leicht verflüssigen lassen, d.h. daß ihr Siedepunkt relativ nah bei dem atmosphärischen Zustand liegt. Die Zustandsgleichung für ideale Gase (Gl. 1.4 b) gilt für Dämpfe nur bei niedrigem Druck und hoher Temperatur. Je größer der Druck und je tiefer die Temperatur ist, desto mehr weicht das Verhalten eines Dampfes von den für das ideale Gas geltenden Gesetzen ab.

Steht ein Dampf im Gleichgewicht mit der flüssigen Phase des gleichen Stoffes, so wird der Zustand, in dem sich beide Phasen des Stoffes befinden, als „Sättigungszustand" bezeichnet. Wird der Flüssigkeit im Sättigungszustand Energie zugeführt, so wird ein Teil der Flüssigkeit verdampfen. Umgekehrt bewirkt ein Energieentzug die Kondensation eines Teiles des Dampfes. Im Gleichgewichtszustand gehört zu einem bestimmten Dampfdruck eine ganz bestimmte Temperatur, die Sättigungstemperatur. Eine Druckerhöhung hat somit gleichzeitig eine Erhöhung der Sättigungstemperatur zur Folge. Die Abhängigkeit der Sättigungstemperatur vom Druck wird durch die Dampfdruckkurve an-

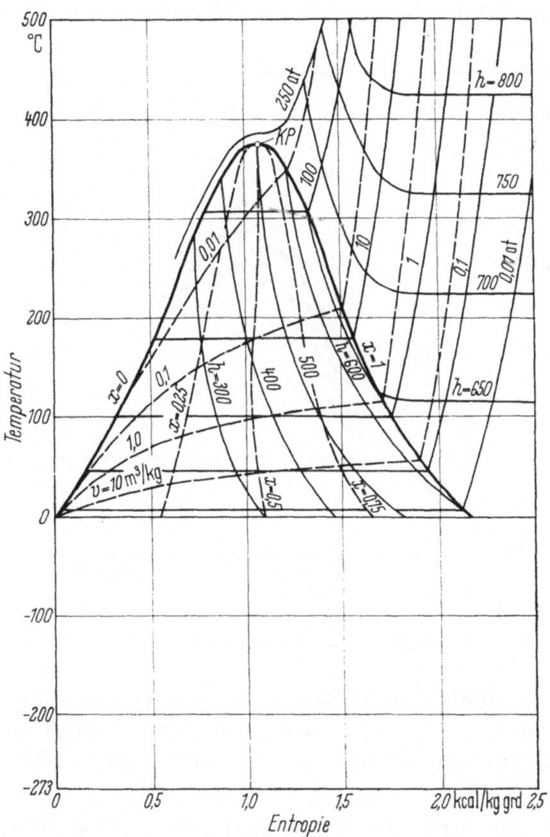

Abb. 1.1 T,s-Diagramm für Wasser mit Isobaren, Isochoren, Isenthalpen und Linien konstanten spezifischen Dampfgehaltes x.

gegeben. Wird die zu einem bestimmten Druck gehörige Sättigungstemperatur einer Flüssigkeit unterschritten, so wird die Flüssigkeit als „unterkühlte Flüssigkeit" bezeichnet. Bei Überschreitung der Sättigungstemperatur eines Dampfes spricht man von „überhitztem Dampf". Naßdampf ist ein Gemisch aus Flüssigkeit und Dampf, wobei beide Sättigungstemperatur haben.

Für jeden Dampf gibt es eine Temperaturgrenze, oberhalb der es unmöglich ist, den Dampf – selbst unter Anwendung größter Drücke – zu verflüssigen. Die höchste Temperatur, bei der eine Verflüssigung gerade noch möglich ist, wird als „kritische Temperatur" bezeichnet. Der zu dieser Temperatur gehörige Druck heißt der „kritische Druck", das entsprechende Volum „kritisches Volum" des Dampfes.

Eine übersichtliche Darstellung dieser Verhältnisse für einen bestimmten Stoff erhält man durch Diagramme, von denen Temperatur-Entropie-(T,s-) und Enthalpie-Entropie-(h,s-)Diagramme die gebräuch-

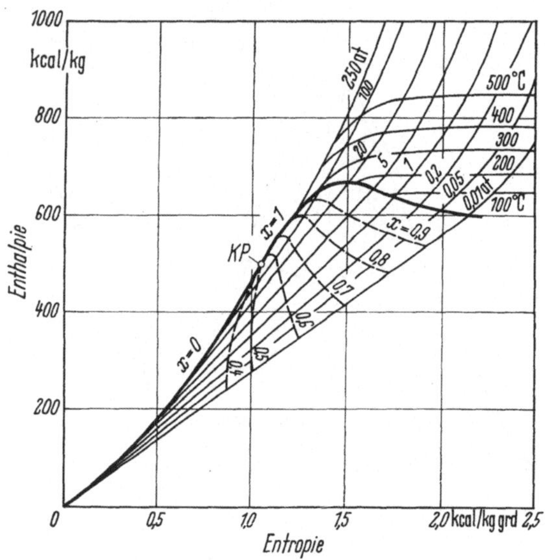

Abb. 1.2 h,s-Diagramm für Wasser (Mollier-Diagramm).

lichsten sind. T,s- und h,s-Diagramme für Wasser, denjenigen Stoff, der sowohl in flüssigem als auch in dampfförmigem Zustand in der Klimatechnik weitaus am häufigsten verwendet wird, sind in Abb. 1.1 und 1.2 dargestellt. Im T,s-Diagramm ist die Temperatur T als Ordinate, die spezifische Entropie s als Abszisse aufgetragen. Die bei reversiblen Prozessen zu- oder abgeführten Wärmemengen können nach der Definition der Entropieströmung

$$\mathrm{d}\,s_q = \frac{\mathrm{d}\,q}{T}$$

als Flächen unter den Kurven abgelesen werden. Im h,s-Diagramm (Mollier-Diagramm) ist die spezifische Enthalpie h als Ordinate, die spezifische Entropie s als Abszisse aufgetragen. Der besondere Vorteil dieses Diagramms liegt darin, daß die für wärmetechnische Berechnungen wichtigen Enthalpiedifferenzen als Strecken abgegriffen werden können. Das Mollier-Diagramm für Wasserdampf muß deshalb als eines der am häufigsten benutzten Arbeitsdiagramme angesehen werden.

Da die Zustandsgleichung für ideale Gase (Gl. 1.4b) für Dämpfe nur angenähert gilt, wurde verschiedentlich versucht, genauere Zustandsgleichungen auch für Dämpfe aufzustellen. Die bekannteste für Wasserdampf gültige Zustandsgleichung ist die Zustandsgleichung von VAN DER WAALS:

$$\left(p + \frac{a}{v^2}\right)(v - b) = R\,T \tag{1.14}$$

mit a und b als Konstanten. Zustandsgleichungen dieser Art dienten zur Berechnung der in den Wasserdampftafeln [13, 14] zusammengestellten Zustandsgrößen des Wassers und des Wasserdampfes. Hierzu gehören Sättigungsdruck, Sättigungstemperatur, spezifisches Volum, Dichte, spezifische Enthalpie, Verdampfungswärme und spezifische Entropie. Auszüge aus den Wasserdampftafeln sind in allen einschlägigen Taschenbüchern und Sammelwerken abgedruckt. Während den deutschen Wasserdampftafeln noch die Einheiten at und kcal zugrunde liegen, sind bisher eine schwedische Tafel von FAXÉN[15] und eine Schweizer Tafel von DZUNG und ROHRBACH[16] in den Einheiten des Internationalen Einheitensystems erschienen. In allen diesen Dampftafeln werden bei 0 °C die Flüssigkeitsenthalpie h' und die Flüssigkeitsentropie s' willkürlich Null gesetzt, womit die Enthalpie- und Entropiekonstanten festgelegt sind.

Die *Verdampfungswärme* (des Wassers) ist ein Begriff, der in der Klimatechnik besondere Bedeutung besitzt. Es handelt sich bei der Verdampfungswärme (oder Verdampfungsenthalpie) um die Wärme, die erforderlich ist, um die im Sättigungszustand befindliche Mengeneinheit des flüssigen Wassers in den dampfförmigen Zustand zu überführen. Die Verdampfungswärme ist also gleich der Differenz der Enthalpie von gesättigtem Dampf (Kennzeichen: zwei Striche $''$) und siedender Flüssigkeit (Kennzeichen: ein Strich $'$) bei gleichem Druck und gleicher Temperatur:

$$r = h'' - h'. \tag{1.15}$$

Die Verdampfungswärme r ist gleich der Summe aus der inneren und der äußeren Verdampfungswärme. Die innere Verdampfungswärme dient zur Erhöhung der inneren Energie, die zur Überwindung der molekularen Kräfte erforderlich ist. Die äußere Verdampfungswärme ist zuzuführen

---

[13] VDI-Wasserdampftafeln, 6. Auflage bearbeitet von E. Schmidt. Berlin/Göttingen/Heidelberg: Springer und München: R. Oldenbourg 1963.

[14] WUKALOWITSCH, M. P.: Thermodynamische Eigenschaften des Wassers und des Wasserdampfes, 6. Auflage, Berlin: VEB Verlag Technik 1958.

[15] FAXÉN, O. H.: Thermodynamik Tables in the Metric System for Water and Steam. Stockholm 1953.

[16] DZUNG, L. S., u. W. ROHRBACH: Enthalpie-Entropie-Diagramme für Wasserdampf und Wasser, Berlin/Göttingen/Heidelberg: Springer 1955.

zur Deckung der äußeren Arbeit, die bei der Verdampfung infolge der Raumvergrößerung zu leisten ist (Volumänderungsarbeit):

$$r = u'' - u' + p\,(v'' - v')\,. \tag{1.16}$$

Die Verdampfungswärme des Wassers hat bei Atmosphärendruck und 100 °C den Wert

$$r = 539{,}0 \ \text{kcal/kg} = 2\,256{,}7 \ \text{kJ/kg}\,.$$

Mit steigender Verdampfungstemperatur wird die Verdampfungswärme kleiner und erreicht im kritischen Punkt (374,15 °C) den Wert Null.

Die Gleichung von CLAUSIUS-CLAPEYRON

$$r = T\,(v'' - v')\,\frac{\mathrm{d}p}{\mathrm{d}T} \tag{1.17}$$

gibt bei der Sättigungstemperatur T eine Beziehung zwischen der Verdampfungswärme r, der Volumänderung $(v'' - v')$ und der Steigung der Dampfdruckkurve $\mathrm{d}p/\mathrm{d}T$. Die Gleichung von CLAUSIUS-CLAPEYRON kann zur Ermittlung von Dampfdruckkurven verwendet werden. Bei niedrigen Drücken können vereinfachende Ausnahmen gemacht werden – wie z. B. Behandlung des gesättigten Dampfes wie ein ideales Gas –, die die Berechnung der Dampfdruckkurven wesentlich erleichtern.

Zu den für die Klimatechnik wichtigen Stoffen, die in Dampfform auftreten, gehören auch die in Kältemaschinenanlagen verwendeten Arbeitsmittel, von denen Ammoniak und die halogenierten Kohlenwasserstoffe besondere Bedeutung erlangt haben. Dampftafeln dieser Kältemittel sind in den Kältemaschinenregeln[17] enthalten (vgl. auch Tab. 1.5). In ihren Zustandsänderungen entsprechen die Dämpfe dieser Kältemittel dem Verhalten des Wasserdampfes. Um negative Enthalpie- und Entropiewerte zu vermeiden, wird – abweichend vom Wasserdampf – bei den Kältemitteln bei 0 °C die Flüssigkeitsenthalpie zu 100 kcal/kg und die Flüssigkeitsentropie zu 1,0 kcal/kg°C festgesetzt.

1.15 Feuchte Luft

Atmosphärische Luft, der wichtigste Arbeitsstoff der Klimatechnik, stellt eine Mischung aus trockener Luft und veränderlichen Mengen Wasserdampf dar. Es handelt sich dabei um ein Zweistoffgemisch, dessen eine Komponente – nämlich der Wasserdampf – kondensieren kann. Der Gesamtdruck der Mischung liegt so niedrig, daß sich auf beide Komponenten die Zustandsgleichung idealer Gase mit guter Genauigkeit anwenden läßt. Außerdem gelten für feuchte Luft die Gesetze der Gasgemische (vgl. Abschn. 1.13, S. 18), insbesondere das Daltonsche Gesetz (Gl. 1.9).

---

[17] Kältemaschinenregeln, 5. Aufl., Karlsruhe: C. F. Müller 1958.

Die von der Luft aufzunehmende Wasserdampfmenge ist begrenzt und abhängig von der Lufttemperatur. Der Partialdruck des Wasserdampfes in der Luft kann dabei höchstens gleich dem der Temperatur entsprechenden Sättigungsdruck des Wasserdampfes sein. Da bei den Zustandsänderungen von feuchter Luft der Luftanteil unverändert bleibt und nur das in der Luft enthaltene Wasser in Menge und Aggregatzustand (Dampf, Flüssigkeit, Eis) veränderlich ist, wird die Masse der trockenen Luft als Bezugsgröße gewählt. Die spezifischen Zustandsgrößen der feuchten Luft werden somit auf 1 kg trockene Luft bezogen. Der Wassergehalt x, für den E. SCHMIDT[18] die Bezeichnung „Feuchtegrad" vorschlägt, ist die in 1 kg trockene Luft enthaltene Wasserdampfmenge:

$$x = \frac{m_w}{m_L} \, . \tag{1.18}$$

Aus der Zustandsgleichung idealer Gase folgt, da Luft und Wasserdampf in der Mischung das gleiche Volum einnehmen und gleiche Temperatur besitzen.:

$$x = \frac{R_L}{R_w} \frac{p_w}{p - p_w} = 0{,}622 \frac{p_w}{p - p_w} \, ; \tag{1.18a}$$

mit den Gaskonstanten der Luft R_L und des Wasserdampfes R_w. Im Sättigungszustand beträgt der Wassergehalt

$$x_s = 0{,}622 \frac{p_s}{p - p_s} \, . \tag{1.18b}$$

In der Klimatechnik ist es üblich, den Wasserdampfgehalt ungesättigter feuchter Luft durch die relative Feuchtigkeit φ anzugeben. Sie ist das Verhältnis des Wasserdampfpartialdruckes p_w zum Sättigungsdruck p_s bei derselben Temperatur:

$$\varphi = \frac{p_w}{p_s} \, . \tag{1.19}$$

Für ungesättigte Luft ist $\varphi < 1$, für gesättigte Luft gilt $\varphi = 1$. Für $x > x_s$ ist eine Angabe der relativen Feuchtigkeit sinnlos, da der Partialdruck des Wasserdampfes dann kein Maß mehr für die Zusammensetzung des Gemisches darstellt.

Der Sättigungsgrad ψ ist das Verhältnis des Wassergehaltes x zum Wassergehalt x_s bei Sättigung:

$$\psi = \frac{x}{x_s} \, . \tag{1.20}$$

Aus den Gln. (1.18a), (1.18b) und (1,19) folgt:

$$\psi = \varphi \, \frac{p - p_s}{p - p_w} \, . \tag{1.20a}$$

---

[18] SCHMIDT, E.: Einführung in die Technische Thermodynamik, 10. Aufl., Berlin/Göttingen/Heidelberg: Springer 1963, S. 409 ff.

Wenn p_s sehr viel kleiner ist als p – was z.B. bei Zimmertemperatur der Fall ist –, besteht kein nennenswerter Unterschied zwischen den Werten von ψ und φ.

Die Dichte ϱ der feuchten Luft kann wegen der Gültigkeit des Daltonschen Gesetzes und der Zustandsgleichung für ideale Gase in dem für die Klimatechnik interessierenden Druck- und Temperaturbereich als Summe der Dichten der beiden Komponenten (trockene Luft und Wasserdampf) angeschrieben werden, wobei die Dichten den Raumanteilen entsprechend bewertet werden müssen:

$$\varrho = \frac{V_L}{V}\,\varrho_L + \frac{V_w}{V}\,\varrho_w\,. \tag{1.21}$$

Unter Anwendung der Zustandsgleichung auf die Dichten beider Komponenten stellt sich die Dichte der feuchten Luft als Funktion von Temperatur und Gesamtdruck und vom Partialdruck p_w des Wasserdampfes dar:

$$\varrho = \frac{p}{R_L\,T} - \left(\frac{1}{R_L} - \frac{1}{R_w}\right)\frac{p_w}{T}\,. \tag{1.21 a}$$

Da die Gaskonstante des Wasserdampfes größer ist als die der Luft, hat die ungesättigte feuchte Luft stets eine geringere Dichte als trockene Luft bei gleicher Temperatur und gleichem Druck (vgl. Tab. 1.6). Die Dichte der feuchten Luft sinkt mit steigendem Wassergehalt. Wenn bei der Ermittlung der Dichte der Luft der Wasserdampfgehalt unberücksichtigt bleibt, tritt bei Atmosphärendruck und Raumtemperatur ein maximaler Fehler von 1 % auf. Die Dichte der trockenen und feuchten Luft kann in Abhängigkeit von Temperatur und Luftdruck einem Diagramm[19] entnommen werden.

Tabelle 1.6 *Sättigungsdruck p_s des Wassers, Wassergehalt x_s und Dichte ϱ_s gesättigter feuchter Luft und Dichte ϱ_L trockener Luft für einen Gesamtdruck $p = 1000\ mbar\ (750\ Torr)$*

t	p_s		x_s	ϱ_s	ϱ_L
°C	mbar	Torr	g/kg	kg/m³	kg/m³
−40	0,124	0,093	0,077	1,494	
−20	1,029	0,77	0,641	1,375	1,37
−10	2,594	1,95	1,618	1,322	1,32
0	6,107	4,58	3,822	1,272	1,27
10	12,27	9,2	7,727	1,224	1,23
20	23,37	17,5	14,88	1,178	1,185
30	42,42	31,8	27,55	1,131	1,145
40	73,75	55,3	49,52	1,081	1,105
50	123,35	92,5	87,52	1,028	1,07
70	311,6	233,7	281,5	0,896	1,01

[19] LOEWER, H.: Dichte der trockenen und feuchten Luft. DKV Arbeitsblatt 1–47, Karlsruhe: C. F. Müller 1963. Beilage zu Kältetechnik 15 (1963), Heft 4.

Als Taupunkt wird die Temperatur bezeichnet, bei der feuchte Luft von konstantem Wassergehalt x bei der Abkühlung den Sättigungszustand erreicht. Die Temperatur des Taupunktes ist die zum Partialdruck p_w des Dampfes gehörende Sättigungstemperatur (vgl. auch Definition des Taupunktes in DIN 4108[20]). In der amerikanischen Klimatechnik hat sich der Begriff der „Taupunkttemperatur" (dew point temperature) ebenso wie die „Temperatur des trockenen Thermometers" (dry bulb temperature) und die „Temperatur des feuchten Thermometers" (wet bulb temperature) zur Charakterisierung der Zustände feuchter Luft eingeführt[21]. Das hat in erster Linie seinen Grund in der in USA üblichen Darstellung der thermischen Zustände feuchter Luft im t,x-Diagramm (psychrometric chart), auf das später bei der Behandlung der Diagramme für Dampfluftgemische noch einzugehen ist. Die Begriffe der Temperaturen des trockenen und feuchten Thermometers haben ihren Ursprung in dem Meßverfahren zur Bestimmung der Luftfeuchtigkeit (vgl. Abschn. 1.5 Meßtechnische Grundlagen). Als „Temperatur des trockenen Thermometers" wird die Temperatur der feuchten Luft bezeichnet, wie sie an jedem gewöhnlichen Thermometer abgelesen werden kann. Die „Temperatur des feuchten Thermometers" (Feuchtkugeltemperatur) ist die an einem mit einem feuchten Musselinstrumpf umgebenen, in der Luft bewegten Thermometer abgelesene Temperatur. Da es sich hierbei um die tiefste Temperatur handelt, bis zu der Wasser mit nicht gesättigter Luft abgekült werden kann, wird sie auch „Kühlgrenztemperatur" genannt. Für den Fall der gesättigten Luft sind Temperatur des trockenen Thermometers, Feuchtkugeltemperatur (Kühlgrenztemperatur) und Taupunkttemperatur gleich. Bei ungesättigter Luft ergeben sich für diese drei Größen verschiedene Werte. Die Temperatur des trockenen Thermometers kennzeichnet den Temperaturzustand der feuchten Luft. Die Feuchtkugeltemperatur ist im Zustandsdiagramm der feuchten Luft auf einer Linie konstanter Kühlgrenze (nahezu identisch mit der Linie konstanter spezifischer Enthalpie) zu erreichen. Die Taupunkttemperatur liegt mit dem effektiven Luftzustand auf einer Linie konstanten Wassergehaltes x.

Die spezifische Enthalpie der ungesättigten feuchten Luft ist

$$h_{1+x} = c_{pL} t + x\left(r_0 + c_{pw} t\right). \tag{1.22}$$

In dem in der Klimatechnik interessierenden Temperaturbereich ist die spezifische Wärme der trockenen Luft

$$c_{pL} = 0{,}240 \, \frac{\text{kcal}}{\text{kg}\,°\text{C}} = 1{,}004 \, \frac{\text{kJ}}{\text{kg}\,°\text{C}}$$

---

[20] DIN 4108: Wärmeschutz im Hochbau. Mai 1960.

[21] Vgl. auch B. H. JENNINGS u. S. R. LEWIS: Air Conditioning and Refrigeration, 4. Aufl., Scranton, Pennsylvania: International Textbook Company 1959, S. 62–67.

und die spezifische Wärme des Wasserdampfes

$$c_{pw} = 0{,}46 \frac{\text{kcal}}{\text{kg °C}} = 1{,}925 \frac{\text{kJ}}{\text{kg °C}} \cdot$$

Enthält die feuchte Luft flüssiges Wasser ($x > x_s$), dann ist die Enthalpie des Gemisches

$$h_{1+x} = c_{pL} t + x_s (r_0 + c_{pw} t) + (x - x_s) c_F t. \tag{1.23}$$

$x - x_s$ ist der in der Luft enthaltene Anteil an flüssigem Wasser (Nebel), c_F die spezifische Wärme des flüssigen Wassers:

$$c_F = 1{,}00 \frac{\text{kcal}}{\text{kg °C}} = 4{,}19 \frac{\text{kJ}}{\text{kg °C}} \cdot$$

Hat die gesättigte feuchte Luft eine Temperatur unter 0 °C, so scheidet sie den Anteil ($x - x_s$) als Eis aus. Für die Enthalpie der Mischung gilt dann

$$h_{1+x} = c_{pL} t + x_s (r_0 + c_{pw} t) - (x - x_s)(r_E - c_E t). \tag{1.24}$$

Hierbei ist die Erstarrungswärme des Eises

$$r_E = 80 \, \text{kcal/kg} = 333 \, \text{kJ/kg}$$

und die spezifische Wärme des Eises

$$c_E = 0{,}5 \frac{\text{kcal}}{\text{kg °C}} = 2{,}05 \frac{\text{kJ}}{\text{kg °C}} \cdot$$

MOLLIER[22] hat vorgeschlagen, zur Erleichterung der Berechnungen die Zustandsänderungen feuchter Luft in einem Diagramm darzustellen, in dem die Enthalpie der feuchten Luft h_{1+x} über dem Wassergehalt x aufgetragen wird (Abb. 1.3). Dabei wurde ein schiefwinkliges Koordinatensystem gewählt, weil in einem rechtwinkligen der interessierende Bereich – nämlich das Gebiet der ungesättigten Luft – zu einem schmalen Streifen zusammenschrumpfen würde. Die Abszissenachse hat eine solche Neigung erhalten, daß die Isotherme $t = 0$ °C waagerecht verläuft. Mit steigender Temperatur wird die Neigung der Isothermen im ungesättigten Gebiet größer [vgl. Gl. (1.22)]. Diese Isothermen knicken an der Sättigungskurve ($\varphi = 1$) nach rechts unten ab und laufen im Nebelgebiet den Linien konstanter Enthalpie nahezu parallel. In das Diagramm sind für jeweils einen bestimmten Gesamtdruck die Linien konstanter relativer Feuchtigkeit (φ-Linien) eingetragen. Die meisten der veröffentlichten h,x-Diagramme feuchter Luft sind für einen Gesamt-

---

[22] MOLLIER, R.: Ein neues Diagramm für Dampf-Luft-Gemische. Z. VDI 67 (1923) S. 869 u. 73 (1929) S. 1009.

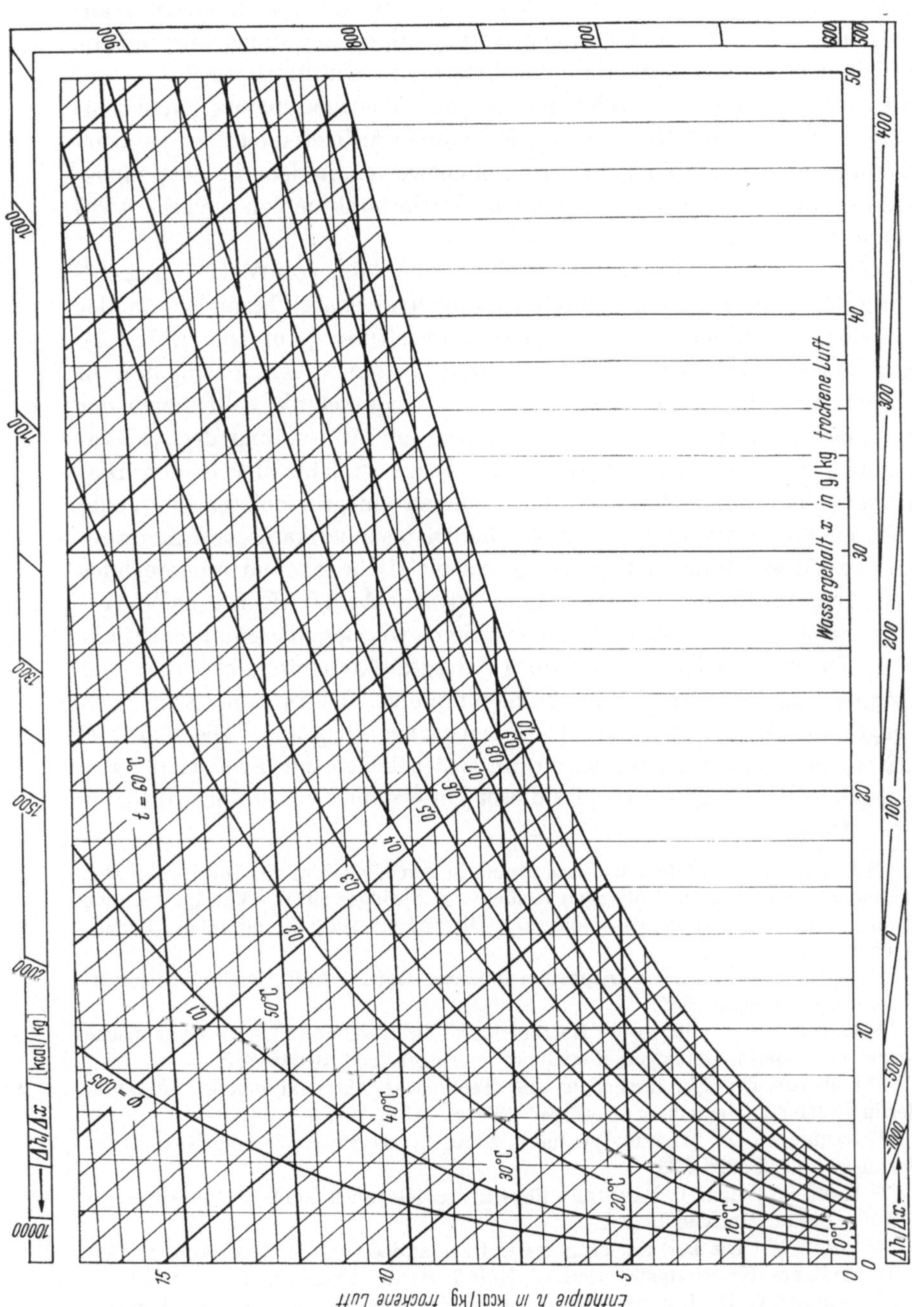

Abb. 1.3 h,x-Diagramm für feuchte Luft nach MOLLIER.

druck von 760 Torr oder 735,5 Torr konstruiert. BAEHR[23] hat die Einheiten des Internationalen Einheitensystems auf das Diagramm angewendet. Bezüglich des genauen Aufbaus des Diagramms wird auf die Originalarbeit von MOLLIER, die Arbeit von GRUBENMANN[24] und auf die ausführlichen Darstellungen in der Thermodynamik-Fachliteratur[25-28] verwiesen. Für den in Kühlräumen auftretenden Temperaturbereich hat LINGE[29] ein h,x-Diagramm entworfen, in dem die Sättigungskurven für Luft über Salzlösungen mit Gefrierpunkten von -5 bis $-40\,°C$ eingetragen sind.

Neben dem h,x-Diagramm von MOLLIER hat das von W. H. CARRIER[30] vorgeschlagene t,x-Diagramm (psychrometric chart) besonders in der amerikanischen Klimatechnik weite Verbreitung gefunden (Abb. 1.4). Zur Verbesserung der Kommunikation zwischen den Fachleuten in Europa und den USA, der Heimat der Klimatechnik, sollte auch der europäische Klimaingenieur mit Aufbau und Anwendung des t,x-Diagramms vertraut sein. Dabei soll die Frage, welches der beiden Diagramme für klimatechnische Berechnungen am geeignetsten ist, völlig offen bleiben. Italienische Fachleute haben das amerikanische Diagramm für die Verwendung in Europa in das metrische System umgerechnet und umgezeichnet. Das Diagramm ist im ASHRAE-Journal[31] veröffentlicht. Der wesentliche Unterschied zwischen diesem umgezeichneten Diagramm, das dem in Abb. 1.4 dargestellten entspricht, und dem Originaldiagramm ist der Enthalpienullpunkt, der im amerikanischen Diagramm bei $0\,°F$ ($-17,8\,°C$), im metrischen Diagramm aber bei $0\,°C$ ($32\,°F$) liegt. Da die Diagramme im wesentlichen zur Ermittlung von Enthalpiedifferenzen dienen, ist dieser Unterschied von untergeordneter Bedeutung.

---

[23] BAEHR, H. D.: Mollier-i,x-Diagramme in den Einheiten des Internationalen Einheitensystems, Berlin/Göttingen/Heidelberg: Springer 1961. – Vgl. hierzu auch HAEDER: Die Umstellung des Mollier-i,x-Diagramms auf kJ und mbar, Berlin: Haenchen u. Jäh 1962.

[24] GRUBENMANN, M.: i,x-Diagramm feuchter Luft, 4. Aufl., Berlin/Göttingen/Heidelberg: Springer 1958.

[25] PLANK, R.: Handbuch der Kältetechnik: Zweiter Band: Thermodynamische Grundlagen, Berlin/Göttingen/Heidelberg: Springer 1953. S. 278–285.

[26] SCHMIDT, E.: Einführung in die Technische Thermodynamik, 10. Aufl., Berlin/Göttingen/Heidelberg: Springer 1963, S. 413 ff.

[27] BAEHR, H. D.: Thermodynamik, 2. Aufl., Berlin/Heidelberg/New York: Springer 1966, S. 226–233.

[28] HAEDER, W., u. F. PANNIER: Physik der Heizungs- und Lüftungstechnik, 2. Aufl., Berlin: Marhold 1963.

[29] LINGE, K.: Die Beherrschung des Luftzustandes in gekühlten Räumen. Beihefte zur Z. ges. Kälteindustrie Reihe 2, Heft 7. Berlin: Ges. f. Kältewesen 1933.

[30] CARRIER, W. H.: Rational psychrometric formulae. Trans. Amer. Soc. Mechan. Eng. 33 (1911) S. 1005.

[31] ASHRAE-Journal 8 (1966), Nr. 4, S. 68–69.

Einen Vergleich beider Diagramme hat HÄUSSLER[32] durchgeführt und Vorschläge zur Vereinheitlichung der Klimadiagramme gemacht. In dem t,x-Diagramm ist der Wassergehalt x über der Temperatur t (dry bulb temperature) der feuchten Luft aufgetragen. Als Parameter

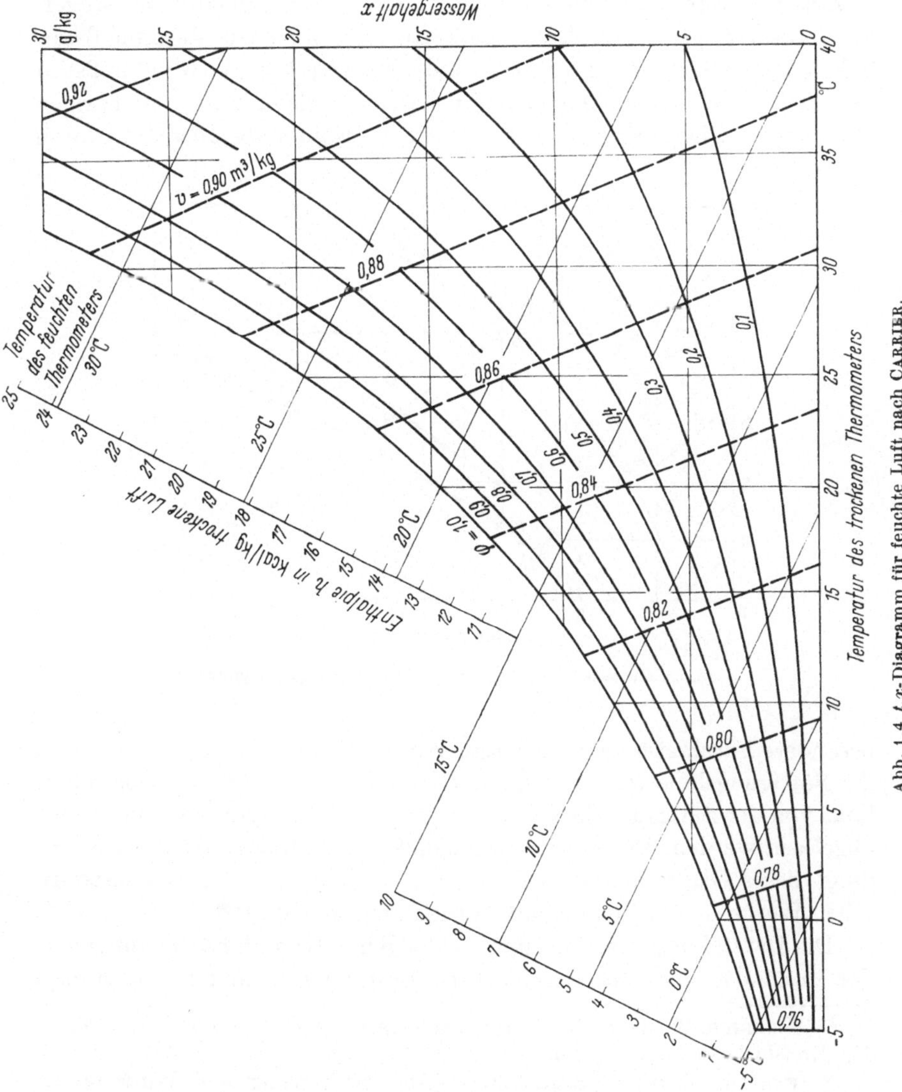

Abb. 1.4 t,x-Diagramm für feuchte Luft nach CARRIER.

---

[32] HÄUSSLER, W.: Das Mollier-i,x-Diagramm für feuchte Luft und seine technischen Anwendungen, Dresden u. Leipzig: Verlag Th. Steinkopff 1960. – W. HÄUSSLER: Vorschläge zur Vereinheitlichung der Klimadiagramme (Psychrometertafeln). Heizung-Lüftung-Haustechnik 14 (1963), Nr. 4. S. 114–118.

sind in das Diagramm die Feuchtkugeltemperatur, die relative Feuchtigkeit und das spezifische Volum der feuchten Luft eingetragen. Da die Feuchtkugel- oder Kühlgrenztemperatur mit praktisch ausreichender Genauigkeit mit der Linie konstanter spezifischer Enthalpie zusammenfällt, können die Feuchtkugelparameter auch gleichzeitig als Linien konstanter Enthalpie angesehen werden. Die zu den einzelnen Feuchtkugeltemperaturen gehörigen Enthalpiewerte sind in einem Randmaßstab links von der Sättigungslinie dargestellt. Exakt gilt dieser Randmaßstab nur für die Sättigungslinie. Die Enthalpieabweichung an den übrigen Punkten des Diagramms von den Werten des Randmaßstabes kann durch

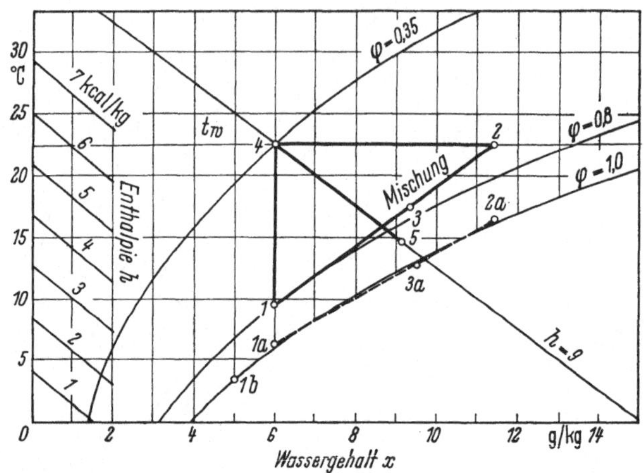

Abb. 1.5 Zustandsänderungen feuchter Luft im h,x-Diagramm.

besondere Parameter berücksichtigt werden. Das t,x-Diagramm ist durch die Sättigungslinie ($\varphi = 1$) begrenzt. Die Luftzustände im Nebelgebiet links von der Sättigungslinie können aus dem t,x-Diagramm nicht direkt abgelesen werden. Einzelheiten bezüglich des Aufbaus und der Anwendung dieses Diagramms können einigen der sehr zahlreichen amerikanischen Werke über Klimatechnik entnommen werden[33-36].

Die Darstellung verschiedener, in der Klimatechnik häufig auftretender *Zustandsänderungen* der feuchten Luft im h,x- und t,x-Diagramm

[33] WOOLRICH, W. R., u. W. R. WOOLRICH JR.: Air Conditioning, New York: The Ronald Press Company 1957.

[34] JENNINGS, B. H., u. S. R. LEWIS: Air Conditioning and Refrigeration, 4. Aufl., Scranton, Pennsylvania: International Textbook Company 1959.

[35] HARRIS, N. C.: Modern Air Conditioning Practice, New York/Toronto/London: McGraw-Hill Book Company 1959.

[36] LANG, V. P.: Principles of Air Conditioning. Albany, New York: Delmar Publishers Inc. 1961.

möge dem besseren Verständnis des Aufbaus und der Anwendungen dieser beiden Diagramme dienen (Abb. 1.5 und 1.6). Bei der Mischung zweier Luftmengen vom Zustand 1 und 2 liegt der Zustandspunkt 3 in beiden Diagrammen auf der Verbindungslinie der Punkte 1 und 2. Die Lage des Mischpunktes auf dieser Linie wird durch das Verhältnis bestimmt, in dem sich beide Luftmengen miteinander vermischen. Liegen die beiden Zustandspunkte 1 a und 2 a nahe bei der Sättigungslinie, so kann die Mischungsgerade diese Sättigungslinie schneiden und der Mischungspunkt 3a in das Nebelgebiet fallen. Bei der Mischung gesättigter Luftmengen mit verschiedenen Temperaturen entsteht immer Nebel.

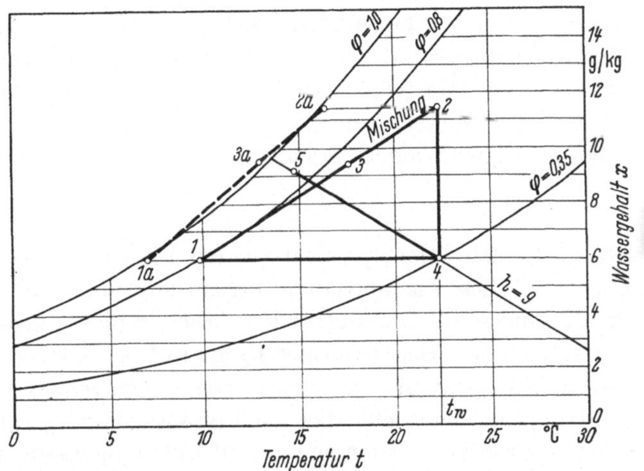

Abb. 1.6 Zustandsänderungen feuchter Luft im t,x-Diagramm.

Bei der bloßen Erwärmung oder Abkühlung feuchter Luft bleibt der Wassergehalt x konstant. Diese Zustandsänderungen verlaufen also im h,x-Diagramm auf einer senkrechten, im t,x-Diagramm auf einer waagerechten Linie (Zuständsänderung 1–4 Erwärmung, 4–1 Abkühlung). Liegt die Kühltemperatur unter der Taupunkttemperatur der Luft, so tritt Wasserausscheidung auf, und die abströmende Luft hat den Zustand 1 b auf der Sättigungslinie.

Befeuchtung der Luft kann durch Zusatz entweder von Wasserdampf oder von fein zerstäubtem Wasser erfolgen. In beiden Fällen ist die Zustandsänderung der Luft durch die Enthalpie h_w des beigemischten Wassers (oder Wasserdampfes) bestimmt:

$$\frac{\Delta h}{\Delta x} = h_w . \tag{1.25}$$

Da die Zustandspunkte des reinen Wassers außerhalb der Diagramme fallen ($x \to \infty$), hat MOLLIER für das h,x-Diagramm den Randmaßstab eingeführt, an dem die h_w-Werte aufgetragen sind. Die Richtung der Zustandsänderung kann also im h,x-Diagramm mit Hilfe dieses Randmaßstabes festgelegt werden. Bei der Zumischung von Wasserdampf mit der Temperatur t_w zu Luft vom Zustand 4 gibt die Isotherme $t = t_w$ die Richtung der Zustandsänderung (4–2) an. Hat der eingespritzte Dampf die Temperatur der Luft, so verläuft die Zustandsänderung entlang der Isotherme t_4 mit der Neigung

$$h_w = r_0 + c_{pw}\, t_4\,.$$

In den meisten praktischen Fällen jedoch ist die Dampftemperatur höher als die Lufttemperatur. Dann wird eine geringe Abweichung der Zustandsänderung von der Isothermen zu höherer Temperatur eintreten, die aber bei Befeuchtung mit Dampf von 100 °C und bei normaler Raumlufttemperatur nur etwa 0,5 bis 1 °C ausmacht. Wird in die Luft vom Zustand 4 flüssiges Wasser mit der Temperatur t_w eingespritzt, dann verläuft (bei niedrigen Wassertemperaturen) die Mischungslinie wegen

$$h_w = c_w\, t_w$$

vom Zustand 4 nach 5 fast parallel zu den Linien $h = $ const. Im t,x-Diagramm erfolgt diese Zustandsänderung entlang einer Linie konstanter Feuchtkugeltemperatur. Die Luft wird dabei immer abgekühlt, auch wenn das eingespritzte Wasser wärmer als die Luft ist. Die Verdunstungswärme wird dem Wasser und der Luft entzogen. Der relativ hohe Betrag der Verdunstungswärme reicht aber auch im Falle $t_w > t_L$ außer zur Absenkung der höheren Wassertemperatur auf Lufttemperatur immer noch zur Abkühlung der Luft aus.

1.16 Thermodynamik der Kälteerzeugung

Ein wesentlicher Bestandteil vieler moderner Klimaanlagen ist die Kältemaschine. Wie die Heizungs- und Lüftungstechnik ist auch die Kältetechnik zu einem unentbehrlichen Zweig der Klimatechnik geworden. Die wichtigsten thermodynamischen Grundlagen der Kälteerzeugung[37] gehören deshalb zu dem Rüstzeug eines jeden Klimaingenieurs.

Die Kältemaschine hat die Aufgabe, einem System, dessen Temperatur unter der Umgebungstemperatur liegt, Wärme zu entziehen und diese bei höherer Temperatur an die Umgebung abzugeben. Dieser Wär-

---

[37] Vgl. hierzu auch BÄCKSTRÖM/EMBLIK: Kältetechnik, 3. Aufl., Karlsruhe: G. Braun 1965. – H. H. BREHM: Kältetechnik, 2. Aufl., Zürich: Schweizer Druck- und Verlagshaus 1954. – Kältemaschinenregeln, 5. Aufl., Karlsruhe: C. F. Müller 1958. – W. POHLMANN: Taschenbuch für Kältetechniker, 14. Aufl., Karlsruhe: C. F. Müller 1961.

metransport wird von einem Wärmeträger, dem sog. „Kältemittel" übernommen, das in einem geschlossenen Kreislauf geführt wird. Der Kreisprozeß der Kaltdampfmaschine läuft zwischen zwei verschiedenen Drükken (dem niedrigen Verdampfungsdruck und dem hohen Kondensationsdruck) ab, und die wichtigsten in der Praxis zur Anwendung kommenden Verfahren der Kälteerzeugung unterscheiden sich im Prinzip nur in der Art der Verdichtung des Kältemittels vom Verdampfungsdruck p_0 auf den Kondensationsdruck p. Es handelt sich hierbei um Kompressionskältemaschinen und Dampfstrahlkühlanlagen mit mechanischer Verdichtung des Kältemittels, um Absorptionskältemaschinen mit thermischer Verdichtung des Kältemittels.

Der günstigste Prozeß zur Kälteerzeugung bei konstanter Temperatur ist der Carnot-Prozeß, der zwischen den beiden Temperaturen T_0 und T abläuft. Wird die Wärmemenge Q_0 aus dem Kühlraum aufgenommen, die Wärmemenge Q bei Umgebungstemperatur T abgegeben, so muß zum Antrieb der Kältemaschine die technische Arbeit W_t zugeführt werden. Nach dem 1. Hauptsatz der Thermodynamik gilt die Bilanz

$$Q_0 = Q - W_t \,. \tag{1.26}$$

Zur Bewertung des Kältemaschinenprozesses wird die Leistungsziffer

$$\varepsilon_c = \frac{Q_0}{W_t} \tag{1.27}$$

eingeführt, bei der die Kälteleistung zur aufgewendeten Arbeit ins Verhältnis gesetzt wird. Da sich bei einem Kreisprozeß mit isothermen Zustandsänderungen die Energien im T,s-Diagramm als Rechteckflächen darstellen, kann man schreiben:

$$\varepsilon_c = \frac{T_0}{T - T_0} \,. \tag{1.27a}$$

Es ist vorteilhaft, den Carnot-Prozeß im Naßdampfgebiet des Kältemittels durchzuführen, da bei der Ausnutzung der latenten Wärmen die umlaufenden Mengen gering sind und nur bei der Verdampfung ein Wärmeaustausch bei konstanter Temperatur vorgenommen werden kann. Außerdem ist es technisch nur im Naßdampfgebiet möglich, isotherme Zustandsänderungen herbeizuführen, da dort $p = $ const. und $t = $ const. zusammenfallen.

Der ideale Kältemaschinenprozeß ist in Abb. 1.7 im T,s-Diagramm und in Abb. 1.8 im Schema dargestellt. Dabei treten folgende Zustandsänderungen auf:

1–2 isentrope Verdichtung auf den Druck p,
2–3 isotherm-isobare Kondensation (Wärmeabgabe Q),
3–4 Expansion auf den Druck p_0,
4–1 isotherm-isobare Verdampfung (Wärmeaufnahme Q_0).

Die aufzuwendende technische Arbeit wird als Differenz der Kompressorarbeit und der Arbeit der Expansionsmaschine erhalten:

$$W_t = W_{t\,12} - W_{t\,34}.\tag{1.28}$$

Dabei ist die Expansionsarbeit $W_{t\,34}$ so gering, daß sich der Einsatz einer Expansionsmaschine – unter Berücksichtigung der Arbeitsverminderung durch die unvermeidbaren Verluste – nicht lohnt. Die Expansionsmaschine wird deshalb in der Praxis durch

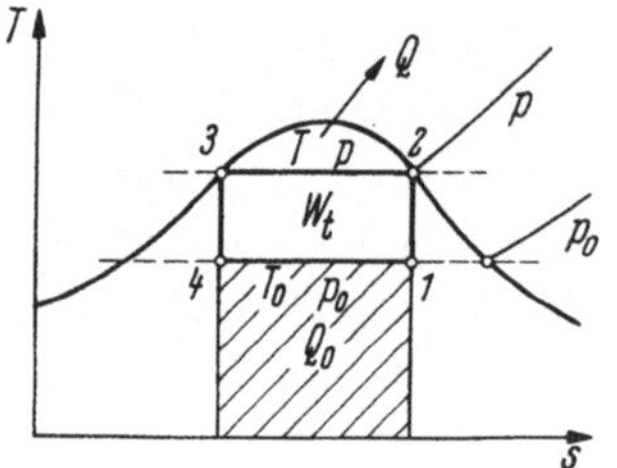

Abb. 1.7 Der Carnot-Prozeß im Naßdampfgebiet eines Kältemittels.

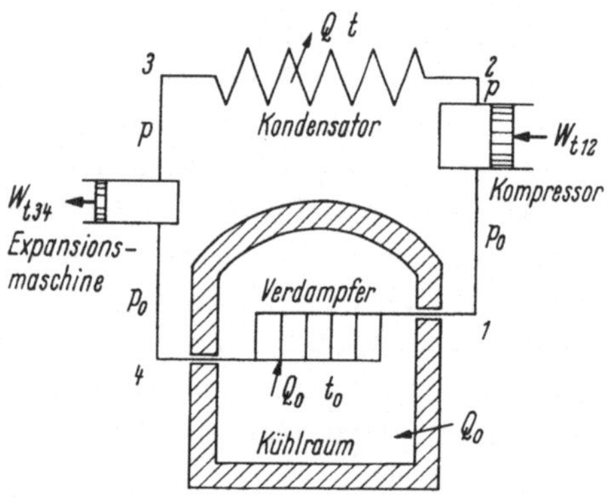

Abb. 1.8 Schema einer Kompressor-Kältemaschinenanlage (nach dem Carnot-Prozeß arbeitend).

ein Drosselventil ersetzt, in dem eine Entspannung des Kältemittels als isenthalpe Zustandsänderung erfolgt (Abb. 1.9). Der durch die Irreversibilität des Drosselvorgangs hervorgerufene Kälteverlust kann durch Unterkühlung des Kondensats vom Zustand 3′ auf den Zustand 3 kompensiert werden. Eine weitere wesentliche Vergrößerung der Kälteleistung wird durch Ansaugen trocken gesättigten Dampfes und Verdich-

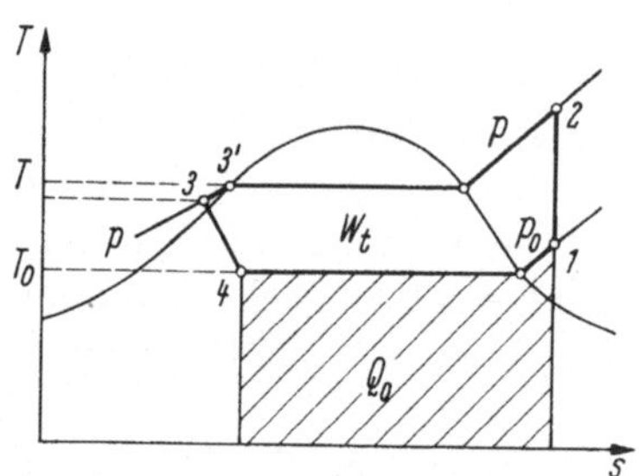

Abb. 1.9 Der Kaltdampfmaschinenprozeß im T,s-Diagramm.

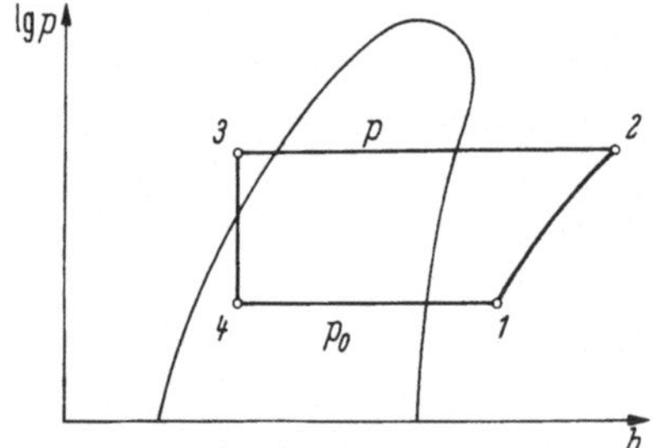

Abb. 1.10 Der Kaltdampfmaschinenprozeß im $\lg p,h$-Diagramm.

tung im überhitzten Gebiet erreicht. Dies hat den besonderen Vorteil, daß Flüssigkeitsschläge im Kompressor vermieden werden. In der Praxis wird überhitzter Kältemitteldampf aus dem Verdampfer angesaugt, wobei aber die Überhitzung möglichst klein gehalten wird.

In der Kältetechnik ist es üblich, für die Darstellung der Arbeitsprozesse das $\lg p, h$-Diagramm zu verwenden, in dem sich isobare und
isenthalpe Zustandsänderungen (horizontale bzw. vertikale Linien) besonders einfach darstellen. Der praktische Kaltdampfmaschinenprozeß
ist in Abb. 1.10 im $\lg p, h$-Diagramm eingezeichnet. Die theoretische spezifische Kälteleistung berechnet sich zu

$$K_{th} = \frac{h_1 - h_3}{h_2 - h_1}. \tag{1.29}$$

Der zu erreichende K_{th}-Wert hängt stark von der Art des verwendeten
Kältemittels und von den Verdampfungs- und Kondensationstemperaturen ab.

Bei der *Absorptionskältemaschine* wird der mechanische Kompressor
durch einen thermischen Kompressor ersetzt. Alle übrigen Teile der
Kältemaschinenanlage, wie Kondensator, Regelventil und Verdampfer,
bleiben bestehen. Die Ver-
dichtung des Kältemittel-
dampfes erfolgt bei der Absorptionskältemaschine dadurch, daß der Dampf im
Absorber bei dem Druck p_0
von der (an Kältemittel)
armen Lösung absorbiert und
im Austreiber beim hohen
Druck p aus der (an Kältemittel) reichen Lösung aus-
getrieben wird (Abb. 1.11).
Die Lösung fließt dann als
arme Lösung wieder dem
Absorber zu. Der Kältemitteldampf wird – wie bei der
Kompressionskältemaschine
– im Kondensator verflüssigt,
im Reduzierventil auf den
Druck p_0 entspannt und im

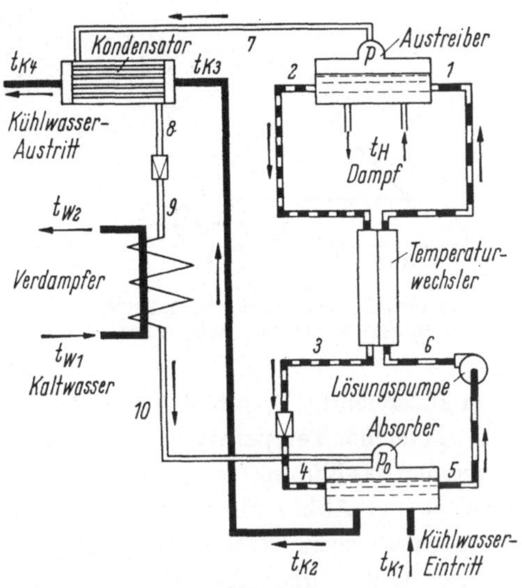

Abb. 1.11
Schaltschema der Absorptionskältemaschine.

Verdampfer unter Wärmeaufnahme vom Kälteträger verdampft. Mechanische Energie wird bei der Absorptionskältemaschine nur zum Antrieb
der Lösungspumpe benötigt. Es ist besonders zu betonen, daß die Absorptionskältemaschine die in der Klimatechnik an eine Kälteerzeugungsanlage gestellten Anforderungen (geräuscharmer, wirtschaftlicher Betrieb
mit einem geruchlosen und ungiftigen Kältemittel) sehr gut erfüllt.

Die für den Absorptionskältemaschinenprozeß charakteristische
Kenngröße ist das Wärmeverhältnis, d.h. das Verhältnis von Kälte-

leistung Q_0 zu zugeführter Wärme Q_H:

$$\zeta = \frac{Q_0}{Q_H} \, . \tag{1.30}$$

Der Anteil der Pumpenleistung an der gesamten zugeführten Energie ist so gering, daß dieser bei praktischen Berechnungen stets vernachlässigt werden kann.

Für den Fall völliger Umkehrbarkeit läßt sich das theoretische Wärmeverhältnis im Sinn eines optimalen Vergleichsprozesses anschreiben zu

$$\zeta_c = \frac{1/T - 1/T_H}{1/T_0 - 1/T} = \frac{T_0}{T - T_0} \, \frac{T_H - T}{T_H} \, . \tag{1.31}$$

Daraus folgt, daß bei gegebener Verdampfungstemperatur T_0 das Wärmeverhältnis seinen größten Wert erreicht, wenn die Austreibertemperatur T_H möglichst hoch und Absorber- und Kondensationstemperatur T möglichst niedrig gewählt werden. Die Gl. (1.31) kann sehr anschaulich im $\lg p, 1/T$-Diagramm (Abb. 1.12) für das verwendete Zweistoffgemisch dargestellt werden. In diesem Diagramm, in dem die Lösungskonzentration als Parameter dargestellt ist, erscheint das theoretische Wärmeverhältnis als Verhältnis zweier Strecken. Für die Darstellung in Abb. 1.12 ist angenommen, daß die Verflüssigungstemperatur und die Endtemperatur der Absorption gleich sind (T), daß also Kondensator und Absorber mit einem Kühlmittel gleicher Temperatur gekühlt werden. In der Praxis wird zwar im allgemeinen das Kühlmittel hintereinander durch Absorber und Kondensator geleitet (vgl. Abb. 1.11), um Kühlmittel zu sparen. An der grundsätzlichen Betrachtungsweise des Arbeitsprozesses ändert sich dabei jedoch nichts.

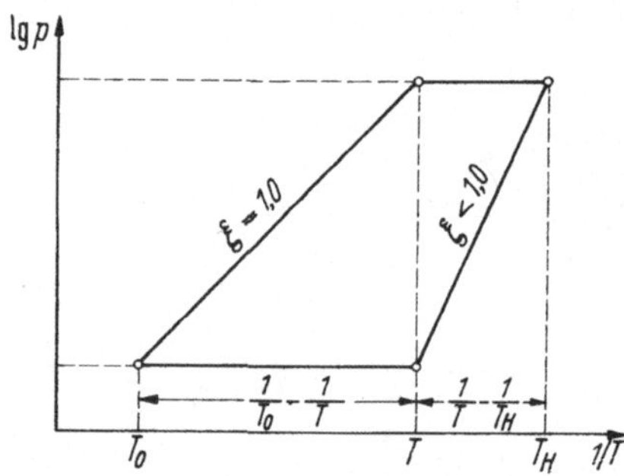

Abb. 1.12 Der vom Kältemittel durchlaufene Arbeitsprozeß im $\lg p,1/T$-Diagramm.

Der Gütegrad η_c der Absorptionskältemaschine ergibt sich als das Verhältnis des Wärmeverhältnisses der wirklichen Maschine zu dem des idealen Vergleichsprozesses:

$$\eta_c = \zeta/\zeta_c \, . \tag{1.32}$$

Der Gütegrad ist ein Maß für die erreichte Ausnutzung der im Heizmittel vorhandenen Wärmeenergie und kennzeichnet die Güte der Anlage.

Ein wirksames Hilfsmittel für die wärmetechnische Berechnung von Absorptionskältemaschinen stellt das von MERKEL und BOŠNJAKOVIĆ[38]

[38] MERKEL, FR., u. FR. BOŠNJAKOVIĆ: Diagramme und Tabellen zur Berechnung der Absorptions-Kältemaschinen, Berlin: Springer 1929. – FR. BOŠNJAKOVIĆ: Technische Thermodynamik, Bd. 2, 3. Aufl., Dresden: Steinkopff 1965.

entwickelte Enthalpie-Konzentrations-Diagramm (h,ξ-Diagramm) der verwendeten Arbeitsstoffpaare dar. Dieses Diagramm hat den Vorteil, daß ihm experimentell gefundene Stoffwerte zugrunde liegen, so daß die thermischen Probleme exakt gelöst werden können, ohne daß auf Näherungsgleichungen zurückgegriffen werden muß. Der Einfluß veränderlicher Betriebsbedingungen kann im h,ξ-Diagramm sofort übersehen und die jeweils günstigste Betriebsbedingung gewählt werden[39]. Neben dem klassischen h,ξ-Diagramm für Ammoniak-Wasser-Gemische wurde auch ein Enthalpie-Konzentrations-Diagramm für die bei der Kälteerzeugung in der Klimatechnik bedeutungsvolle wäßrige Lithiumbromidlösung aufgestellt[40]. Die Ermittlung der Leistungscharakteristiken der in der Klimatechnik eingesetzten Absorptionskältemaschinen ermöglicht ein vom Verfasser[41] angegebenes Verfahren. Eine umfassende Darstellung aller mit Absorptionskältemaschinen zusammenhängenden Fragen gibt NIEBERGALL[42].

Dampfstrahlkühlanlagen sind Vakuumkühlanlagen, bei denen die Druckerniedrigung ganz oder teilweise mittels Dampfstrahlbrüdenverdichter bewerkstelligt wird. Der Dampfstrahlapparat übernimmt somit die Funktion des mechanischen Kompressors einer Kompressionskältemaschine. Das Kältemittel für die Anwendungsfälle der Klimatechnik ist Wasser, so daß nur Verdampfungstemperaturen oberhalb 0 °C erreichbar sind. Der zur Verfügung stehende Arbeitsdampf expandiert in der Düse des Strahlapparates, wobei hohe Dampfgeschwindigkeiten erreicht werden. Die Düse ist so bemessen, daß der Druck im Düsenaustritt geringfügig unter dem Verdampferdruck liegt. Dadurch wird aus dem Verdampfer dauernd Dampf angesaugt und in den Kondensator gefördert. Die Rohrerweiterung im Diffusor bewirkt eine Geschwindigkeitsverminderung und einen Druckanstieg auf Kondensatordruck. Theorie und Berechnungsverfahren von Dampfstrahlverdichtern behandelt BOŠNJAKOVIĆ[43] ausführlich. Da bei der Dampfstrahlkühlanlage ebenso wie bei

[39] Über die thermodynamischen Grundlagen dieses Diagramms vgl. R. PLANK: Thermodynamische Grundlagen, Bd. 2 des Handb. d. Kältetechnik, S. 292 und 329. Berlin/Göttingen/Heidelberg: Springer 1953. – Ferner K. NESSELMANN: Die Grundlagen der angewandten Thermodynamik, Berlin/Göttingen/Heidelberg: Springer 1950, S. 173 ff.

[40] LOEWER, H.: Thermodynamische und physikalische Eigenschaften der wäßrigen Lithiumbromidlösung. Dissertation, Technische Hochschule Karlsruhe 1960. Aufsatz hierüber in Kältetechnik 13 (1961), Nr. 5, S. 178–184.

[41] LOEWER, H.: Ein Verfahren zur Ermittlung der Leistungscharakteristiken von Absorptions-Kältemaschinen bei Klimaanlagen. Kältetechnik 16 (1964), Nr. 7, S. 194–199.

[42] NIEBERGALL, W.: Sorptions-Kältemaschinen. Handb. d. Kältetechnik, Bd. 7. Berlin/Göttingen/Heidelberg: Springer 1960.

[43] BOŠNJAKOVIĆ, FR.: Technische Thermodynamik, Bd. 1. 4. Aufl., Dresden: Steinkopff 1965.

Absorptionskältemaschinen keine mechanische Energie, sondern Wärmeenergie zur Kälteerzeugung verwendet wird, läßt sich die Leistungsfähigkeit dieser Maschine auch mit Hilfe des Wärmeverhältnisses nach Gl.(1.30)
charakterisieren. Zu den Betriebsverhältnissen bei der Dampfstrahlkühlanlage im allgemeinen und ihrer Einsatzmöglichkeit zur Kälteerzeugung
in klimatechnischen Anlagen enthält Abschn. 2.62 weitergehende Ausführungen.

1.17 Wärmeübertragung

Bei der Wärmeübertragung werden im wesentlichen drei Fälle unterschieden:

1. Die Wärmeübertragung durch Leitung in festen, flüssigen oder gasförmigen Stoffen.

2. Die Wärmeübertragung durch Konvektion in bewegten flüssigen
oder gasförmigen Körpern.

3. Die Wärmeübertragung durch Strahlung, die ohne materiellen
Träger vor sich geht.

In vielen technischen Anwendungsfällen wirken zwei oder alle drei
Arten der Wärmeübertragung zusammen. Da die einzelnen Wärmeüber-
tragungsarten verschiedenen Gesetzen gehorchen, sind sie getrennt zu
behandeln. Grundbegriffe, Einheiten und Kenngrößen der Wärmeübertragung sind in DIN 1341 genormt.

Bei der *stationären Wärmeleitung* wird die Wärme in festen Stoffen
und ruhenden Flüssigkeiten und Gasen von Molekül zu Molekül weiter-
gegeben. Der Wärmestrom Φ, die in der Zeiteinheit durch die Oberfläche
A von der Dicke $\mathrm{d}x$ in Richtung des Temperaturgefälles $\mathrm{d}t$ hindurch-
strömende Wärme, berechnet sich nach dem *Fourierschen Gesetz* zu

$$\Phi = -\lambda A \frac{\mathrm{d}t}{\mathrm{d}x}. \tag{1.33}$$

Dabei ist λ eine Stoffkonstante, die Wärmeleitzahl, von der Dimension
kcal/m h grd oder (im internationalen Einheitssystem) W/m grd. Für die
Umrechnung gilt:

$$1 \frac{\mathrm{kcal}}{\mathrm{m\,h\,grd}} = 1{,}163 \frac{\mathrm{W}}{\mathrm{m\,grd}}.$$

Wärmeleitzahlen einiger technisch wichtiger Stoffe bei Raumtemperatur sind in Tab. 1.7 zusammengestellt.

Bei einer ebenen Wand von der Dicke s fällt die Temperatur von
t_{w1} an der einen Oberfläche auf t_{w2} an der anderen Oberfläche linear ab.
Für diesen Fall berechnet sich der Wärmestrom nach Gl. (1.33) zu

$$\Phi = \frac{\lambda}{s} A (t_{w1} - t_{w2}). \tag{1.33a}$$

Tabelle 1.7 *Wärmeleitzahlen verschiedener fester, flüssiger und gasförmiger Stoffe bei 20 °C*

	λ kcal/m h grd	λ W/m grd
Silber	360	419
Kupfer (Handelsware)	300	349
Aluminium	175	204
Messing	50–100	58–116
Gußeisen	50	58
Stahl	40	47
Glas	0,5–1,0	0,58–1,16
Beton	0,5–1,5	0,58–1,74
Ziegelmauerwerk	0,6–0,8	0,70–0,93
Wasser	0,5	0,58
Schmieröl	0,10–0,15	0,12–0,17
Luft	0,02	0,023
Isolierstoffe:		
Glasfaser, lose	0,03	0,035
Iporka	0,03	0,035
Kork, roh	0,14–0,26	0,16–0,30
Styropor	0,03	0,035

Bei einer zylindrisch gekrümmten Wand (Rohrwand) nimmt die Temperatur nicht linear, sondern logarithmisch mit der Wanddicke ab. In diesem Fall ist in Gl. (1.33a) eine mittlere Fläche A_m einzusetzen, die sich aus der Innenfläche A_i und der Außenfläche A_a nach folgender Beziehung berechnen läßt:

$$A_m = \frac{A_a - A_i}{\ln \dfrac{A_a}{A_i}} . \tag{1.34}$$

Für kugelig gekrümmte Wände ist

$$A_m = \sqrt{A_a A_i} . \tag{1.34 a}$$

Dieser geometrische Mittelwert kann mit ausreichender Genauigkeit auch für beliebig gekrümmte Wände benutzt werden.

Als *Wärmeübergang* wird der Wärmeaustausch an der Grenzfläche zwischen einem festen Körper und einem strömenden Medium (Flüssigkeit oder Gas) bezeichnet. Es handelt sich dabei um einen außerordentlich verwickelten Vorgang, weil dabei Flüssigkeitsbewegungen mitwirken, die sich in den meisten Fällen einer genauen Berechnung entziehen. Der Wärmestrom Φ von der Wandoberfläche mit der Temperatur t_{w1} an die Flüssigkeit mit der Temperatur t_F wird berechnet aus der Beziehung

$$\Phi = \alpha A (t_{w1} - t_F) . \tag{1.35}$$

Dabei ist α die Wärmeübergangszahl in kcal/m² h grd oder (im internationalen Einheitensystem) in W/m² grd. Die Wärmeübergangszahl ist nicht – wie die Wärmeleitzahl – eine Stoffkonstante, sondern eine Rechengröße mit einer sehr verwickelten Abhängigkeit von vielen Einflußgrößen. Aus der von NUSSELT[44] entwickelten Ähnlichkeitstheorie ergibt sich, daß diese Abhängigkeit durch folgende dimensionslosen Kenngrößen wiedergegeben werden kann:

$$\text{Nusseltsche Kennzahl} \qquad Nu = \frac{\alpha\, l}{\lambda}\,,$$

$$\text{Reynoldssche Kennzahl} \qquad Re = \frac{w\, l}{\nu}\,,$$

$$\text{Prandtlsche Kennzahl} \qquad Pr = \frac{\nu}{\alpha}\,,$$

$$\text{Grashofsche Kennzahl} \qquad Gr = \frac{l^3 g\,\beta\,\Delta t}{\nu^2}\,.$$

Außer den bereits definierten Größen bedeuten hierin l eine charakteristische Länge (beim Rohr der Durchmesser d), w die Strömungsgeschwindigkeit, ν die kinematische Viskosität, $a = \dfrac{\lambda}{\varrho\, c}$ die Temperaturleitzahl, g die Erdbeschleunigung, β den Raumausdehnungskoeffizienten und Δt eine kennzeichnende Temperaturdifferenz.

Die Beziehung zwischen den einzelnen Kennzahlen zur Berechnung der Wärmeübergangszahl läßt sich nur durch Versuche ermitteln. Es hat sich gezeigt, daß sich die Versuchsergebnisse durch die Beziehungen

$$Nu = C_1\, Re^m\, Pr^n \qquad \text{für erzwungene Strömungen und}$$

$$Nu = C_2\, Gr^p\, Pr^s \qquad \text{für freie Strömungen}$$

gut wiedergeben lassen. Voraussetzung ist allerdings, daß bei dem strömenden Medium keine Änderung des Aggregatzustandes eintritt. Für die verschiedenen Anwendungsfälle (laminare oder turbulente Strömung, Strömung längs ebener Wänden, in Rohren oder senkrecht zur Rohrachse) wurden jeweils die Konstanten und Exponenten der oben angeschriebenen Gleichungen experimentell ermittelt. Diese sind neben zahlreichen empirischen Formeln zur Berechnung der Wärmeübergangszahlen dem Fachschrifttum[45-49] zu entnehmen. Für häufig wiederkeh-

[44] NUSSELT, W.: Das Grundgesetz des Wärmeüberganges. Gesundheits-Ingenieur 38 (1915) S. 42.

[45] RECKNAGEL-SPRENGER: Taschenbuch für Heizung, Lüftung und Klimatechnik, 55. Jahrg. München–Wien: R. Oldenbourg 1968, S. 107–114.

[46] SCHACK, A.: Der industrielle Wärmeübergang, 5. Aufl., Düsseldorf: Verlag Stahleisen m.b.H. 1957.

[47] GRÖBER/ERK/GRIGULL: Die Grundgesetze der Wärmeübertragung, 3. Aufl., Berlin/Göttingen/Heidelberg: Springer 1963.

[48] VDI-Wärmeatlas, Berechnungsblätter für den Wärmeübergang. Düsseldorf: VDI-Verlag 1954. Ergänzungen erscheinen laufend.

[49] PLANK, R.: Handbuch der Kältetechnik, Band 3: Verfahren der Kälteerzeugung und Grundlagen der Wärmeübertragung. Berlin/Göttingen/Heidelberg: Springer 1959.

rende Anwendungsfälle können die Wärmeübergangszahlen auch aus Arbeitsdiagrammen[50] abgelesen werden.

Bei der *Wärmestrahlung* wird von der Oberfläche eines Körpers durch Emission elektromagnetischer Wellen Wärme abgestrahlt. Der Wärmestrom Φ ist in diesem Fall abhängig von der absoluten Temperatur (in Grad Kelvin) und der Beschaffenheit der Oberfläche, unabhängig dagegen von Temperatur und Art des den strahlenden Körper umgebenden Mediums. Nach dem Stefan-Boltzmannschen Gesetz berechnet sich der Wärmestrom, der von der Fläche A eines strahlenden Körpers mit der Temperatur T ausgestrahlt wird, zu:

$$\Phi = C\,A\left(\frac{T}{100}\right)^4 . \tag{1.36}$$

Hierin ist C die Strahlungszahl, die für den absolut schwarzen Körper den Wert

$$C_s = 4{,}96\,\frac{\text{kcal}}{\text{m}^2\,\text{h}\,\text{grd}^4} = 5{,}77\,\frac{\text{W}}{\text{m}^2\,\text{grd}^4}$$

annimmt. Für technische Oberflächen ist stets $C < C_s$.

Der zwischen zwei Flächen 1 und 2 durch Strahlung ausgetauschte Wärmestrom ist

$$\Phi = C_{12}\,A_1\left[\left(\frac{T_1}{100}\right)^4 - \left(\frac{T_2}{100}\right)^4\right] . \tag{1.37}$$

Dabei ist C_{12} die Strahlungsaustauschzahl. Für zwei unendlich große, parallele Flächen ist

$$C_{12} = \frac{1}{\dfrac{1}{C_1} + \dfrac{1}{C_2} - \dfrac{1}{C_s}} . \tag{1.37 a}$$

Für endliche Flächen und andere Anordnungen ist C_{12} auch noch von den Flächengrößen und von der Art der Anordnung abhängig.

Da häufig Wärmeübergang durch Strahlung und Konvektion zusammen auftreten, hat es sich als zweckmäßig erwiesen, eine Wärmeübergangszahl der Strahlung α_{st} einzuführen und den Wärmestrom entsprechend Gl. (1.35) anzuschreiben:

$$\Phi_{st} = \alpha_{st}\,A\,(T_1 - T_2) . \tag{1.38}$$

Die Wärmeübergangszahl der Strahlung ist dabei gleich dem Produkt aus der Strahlungsaustauschzahl und einem Temperaturfaktor β:

$$\alpha_{st} = C_{12}\,\beta , \tag{1.38 a}$$

---

[50] LOEWER, H.: Wärmeübergangszahlen von Wasser und wäßrigen Lithiumbromid-Lösungen bei laminarer Strömung in Rohren. DKV-Arbeitsblatt 2-32. Karlsruhe: C. F. Müller 1962. Beilage zu Kältetechnik 14 (1962), Heft 4. – Wärmeübergangszahlen von Wasser und wäßrigen Lithiumbromid-Lösungen bei turbulenter Strömung in Rohren. DKV-Arbeitsblatt 2-33. Karlsruhe: C. F. Müller 1962. Beilage zu Kältetechnik 14 (1962), Heft 5.

mit

$$\beta = \frac{\left(\dfrac{T_1}{100}\right)^4 - \left(\dfrac{T_2}{100}\right)^4}{T_1 - T_2} \, . \tag{1.38 b}$$

Der *Wärmedurchgang* ist ein für die Praxis sehr wichtiger Fall der Wärmeübertragung, der dadurch gekennzeichnet ist, daß die beiden Stoffe, zwischen denen Wärme übertragen werden soll, durch eine Wand voneinander getrennt sind (mittelbare Wärmeübertragung). Diese Art der Wärmeübertragung wird mit Hilfe der Wärmedurchgangszahl k beschrieben:

$$\Phi = k A \, (t_{F1} - t_{F2}) \, . \tag{1.39}$$

Der Wärmestrom Φ hat die gleiche Bedeutung wie in Gl. (1.35), t_{F1} und t_{F2} sind die Temperaturen der beiden strömenden Medien. Bei senkrecht zum Wärmestrom gerichteten ebenen Wänden ergibt sich die Wärmedurchgangszahl k aus der Gleichung

$$\frac{1}{k} = \frac{1}{\alpha_1} + \sum \frac{s_n}{\lambda_n} + \frac{1}{\alpha_2} \, . \tag{1.39 a}$$

Hierin bedeuten α_1 und α_2 die Wärmeübergangszahlen zu beiden Seiten einer Wand, die aus n Teilschichten der Dicken s_i und der Wärmeleitfähigkeiten λ_i besteht.

Für gekrümmte Wände ist der Zusammenhang verwickelter, da hier die unterschiedlichen Flächengrößen berücksichtigt werden müssen. So beträgt bei einem zylindrischen Rohr von der Länge l, dem Innendurchmesser d_i und dem Außendurchmesser d_a der durch die Rohrwand gehende Wärmestrom

$$\Phi = k' \, l \, (t_i - t_a) \, . \tag{1.40}$$

Die auf 1 m Rohrlänge bezogene Wärmedurchgangszahl k' berechnet sich dabei zu

$$k' = \frac{\pi}{\dfrac{1}{\alpha_i \, d_i} + \dfrac{1}{2 \lambda} \ln \dfrac{d_a}{d_i} + \dfrac{1}{\alpha_a \, d_a}} \, . \tag{1.40 a}$$

k' hat die Dimension kcal/m h grd oder W/m grd, λ bedeutet die Wärmeleitzahl der Rohrwand, α_i und α_a sind die Wärmeübergangszahlen an der Innen- bzw. Außenfläche des Rohres.

Für dünnwandige Rohre aus einem Material mit einer großen Wärmeleitzahl läßt sich die Berechnung des Wärmestromes insofern vereinfachen, als die Rohrwand wie eine ebene Wand behandelt werden kann. Dabei ist

$$\Phi = k A \, (t_i - t_a) \tag{1.41}$$

mit $A = \pi d_i \, l$ und $k = \alpha_i$,   wenn $\alpha_i \ll \alpha_a$,

oder $A = \pi d_a \, l$ und $k = \alpha_a$,   wenn $\alpha_a \ll \alpha_i$,

oder $A = \dfrac{\pi \, (d_i + d_a)}{2} \, l$ und $k = \dfrac{\alpha_i \, \alpha_a}{\alpha_i + \alpha_a}$,   wenn $\alpha_i \approx \alpha_a$.

Für Rohre, deren Wandung aus 2 Schichten besteht (z. B. Rohrwand und Isolierung), beträgt die Wärmedurchgangszahl

$$k' = \frac{\pi}{\dfrac{1}{\alpha_i\, d_i} + \dfrac{1}{2\,\lambda_1}\ln\dfrac{d_m}{d_i} + \dfrac{1}{2\,\lambda_2}\ln\dfrac{d_a}{d_m} + \dfrac{1}{\alpha_a\, d_a}}\,. \qquad (1.40\,\text{b})$$

Bei isolierten Rohren läßt sich der Wärmeleitwiderstand des Rohrmaterials fast immer gegenüber dem Widerstand der Isolierung vernachlässigen, so daß auch für den Fall des isolierten Rohres Gl. (1.40 a) angewendet werden kann (mit λ = der Wärmeleitzahl des Isoliermaterials).

Für zahlreiche, häufig wiederkehrende praktische Anwendungsfälle in der Klimatechnik wurden Werte für die Wärmedurchgangszahl k ermittelt und sind in der Fachliteratur enthalten:

für verschiedene Wärmeübertragungsprobleme im VDI-Wärmeatlas,[48]
für die Berechnung des Wärmebedarfs von Gebäuden in DIN 4701[51],
für Heizkörper in Heizungsanlagen in DIN 4703[52].

Dadurch erübrigt sich für diese Fälle die umständliche Berechnung der Wärmedurchgangszahl aus den Wärmeübergangszahlen an den Grenzflächen und der Wärmeleitzahl der Wand. Auch die Berechnung der Wärmeverluste in Rohrleitungen mit Hilfe der oben angegebenen Beziehungen ist häufig mühsam und zeitraubend. Es empfiehlt sich deshalb, für derartige Rechnungen soweit wie möglich Nomogramme zu verwenden, wie sie unter anderem für isolierte Rohrleitungen in einer Veröffentlichung von STEINEMANN[53] enthalten sind. Auch die in einschlägigen Tabellenbüchern[54] enthaltenen Werte für die Wärmedurchgangszahl k und den Wärmestrom sind eine wertvolle Hilfe bei der praktischen Berechnung der Wärmeverluste in unisolierten und isolierten Rohrleitungen.

Da sich die Temperaturen der wärmeaustauschenden Stoffe (außer bei der Zustandsänderung eines Stoffes) längs der Wärmeübertragungsfläche ändern, sind auch Temperaturdifferenz und Wärmestrom veränderlich. Bei der Wärmeübertragung im Gleich- und Gegenstrom ist die mittlere Temperaturdifferenz

$$\Delta t_m = \frac{\Delta t_1 - \Delta t_2}{\ln\dfrac{\Delta t_1}{\Delta t_2}}\,. \qquad (1.42)$$

---

[51] DIN 4701: Regeln für die Berechnung des Wärmebedarfs von Gebäuden. Januar 1959.

[52] DIN 4703: Regeln für die Berechnung der Gliederheizkörper und Rohrheizkörper von Heizungsanlagen. Juli 1961.

[53] STEINEMANN, A.: AEG-Mitt. Nr. 9 und 10 (1923), s. auch F. SCHWEDLER: Handbuch der Rohrleitungen, 3. Aufl., Berlin/Göttingen/Heidelberg: Springer 1953.

[54] Wärmetechnische Isolierung und Schallschutz, 21. Aufl. 1968. Herausgegeben von Grünzweig u. Hartmann AG, Ludwigshafen: 1963.

Dabei sind Δt_1 die größere und Δt_2 die kleinere Temperaturdifferenz an den beiden Enden der Wärmeübertragungsfläche. Wenn das Verhältnis $\Delta t_1/\Delta t_2$ klein ist, ist der Temperaturverlauf auf beiden Seiten der Wärmeübertragungsfläche annähernd linear, und als mittlere Temperaturdifferenz kann mit guter Genauigkeit der arithmetische Mittelwert verwendet werden. Die genaue Ermittlung der mittleren Temperaturdifferenz kann durch Verwendung eines Nomogramms[55] erleichtert werden.

Beim Kreuzstrom liegt der mittlere Temperaturunterschied zahlenmäßig zwischen den entsprechenden Werten des Gegen- und Gleichstroms. Die theoretischen Ableitungen hierzu hat NUSSELT[56] durchgeführt. Die Ermittlung eines bestimmten Zahlenwertes erfolgt am besten an Hand eines Diagrammes[57].

1.18 Verbrennungsprozesse

Die in der Klimatechnik verwendete Wärme wird zu einem großen Teil durch Verbrennung fester, flüssiger oder gasförmiger Brennstoffe unter Zufuhr von atmosphärischer Luft erzeugt, wobei gasförmige Verbrennungsprodukte entstehen. Die Hauptbestandteile aller technisch wichtigen Brennstoffe sind Kohlenstoff C und Wasserstoff H. Daneben kann in geringer Menge Schwefel S im Brennstoff vorhanden sein. Die Verbrennungsvorgänge lassen sich in Verbrennungsgleichungen darstellen, von denen die folgende als Beispiel dienen möge:

$$1 \text{ kmol C} + 1 \text{ kmol O}_2 = 1 \text{ kmol CO}_2 + Q_v. \tag{1.43}$$

Q_v ist dabei die bei der Verbrennung freiwerdende Wärme. Als (spezifischer) Heizwert eines Brennstoffes wird diejenige Wärme bezeichnet, die die Masse des Brennstoffes bei vollständiger Verbrennung der Bestandteile und darauffolgender Abkühlung auf Umgebungstemperatur abgibt.

Je nachdem die Verbrennung bei konstantem Druck oder bei konstantem Volum stattfindet, werden die Heizwerte H_p und H_v unterschieden, die sich durch die bei der Verbrennung geleistete Verschiebungsarbeit unterscheiden. Der Unterschied zwischen H_p und H_v erreicht seinen größten Wert bei der Verbrennung von H_2 zu H_2O, weil hier das

---

[55] MEHNER, W.: Mittlere logarithmische Temperaturdifferenz für Gleich- und Gegenstrom-Wärmetauscher. BWK-Arbeitsblatt 12. Düsseldorf: VDI-Verlag 1951. Beilage zu Brennstoff-Wärme-Kraft 3 (1951), Heft 5. – Siehe auch DKV-Arbeitsblatt 2-08. Karlsruhe: C. F. Müller 1953. Beilage zu Kältetechnik 5 (1953), Heft 3.

[56] NUSSELT, W.: Eine neue Formel für den Wärmedurchgang im Kreuzstrom. Forsch. Ing. Wes. Bd. 1 (1930) S. 417ff.

[57] BAEHR, H. D.: Mittlere Temperaturdifferenz bei Kreuzstrom. DKV-Arbeitsblatt 2-18. Karlsruhe: C. F. Müller 1955. Beilage zu Kältetechnik 7 (1955), Heft 1.

gesamte Verbrennungsprodukt in flüssiger Form anfällt. Die Differenz zwischen H_p und H_v beträgt dabei 1,25%. Bei der Verbrennung anderer Brennstoffe ist dieser Wert wegen des geringeren Wasserstoffgehaltes noch kleiner und kann für praktische Berechnungen in jedem Fall vernachlässigt werden.

Bedeutend größer hingegen – und deshalb auch bei technischen Berechnungen nicht zu vernachlässigen – ist der Unterschied zwischen dem oberen und dem unteren Heizwert H_o bzw. H_u. Beide unterscheiden sich durch die Verdampfungs- bzw. Kondensationswärme der bei der Verbrennung anfallenden und der eventuell bereits im Brennstoff enthaltenen Wassermenge:

$$H_o - H_u = M_{\mathrm{H_2O}}\, r\,. \tag{1.44}$$

Der größte Unterschied zwischen beiden Heizwerten tritt auch hier wieder bei der Verbrennung von reinem Wasserstoff auf:

$$\frac{H_o - H_u}{H_o} \cdot 100 = 15,8\,\%\,.$$

Bei anderen Brennstoffen ist wegen des geringeren Wasserstoffgehaltes der Unterschied zwischen oberem und unterem Heizwert kleiner. Bei Brennstoffen ohne Wasser- oder Wasserstoffgehalt entfällt die Unterscheidung von oberem und unterem Heizwert. Für grundsätzliche Überlegungen verdient der obere Heizwert den Vorzug. Da aber bei fast allen technischen Feuerungen das bei der Verbrennung anfallende Wasser wegen der hohen Abgastemperaturen dampfförmig entweicht, wird für derartige Betrachtungen nur der untere Heizwert herangezogen.

Der Heizwert von gasförmigen Brennstoffgemischen läßt sich aus den Heizwerten der Bestandteile nach der Mischungsregel berechnen (vgl. hierzu auch DIN 51 850[58]). Bei chemischen Verbindungen (festen und flüssigen Brennstoffen) ist der Heizwert allerdings nicht exakt in dieser Weise aus den Heizwerten der Elementarbestandteile zu ermitteln, da bei der Bildung von Verbindungen aus den Elementen eine positive oder negative Bildungswärme auftritt, um die der Heizwert der Verbindung dann von dem der Summe aller Elementarbestandteile abweicht. Diese Bildungswärme ist allerdings gegenüber dem Heizwert in vielen Fällen vernachlässigbar klein. Verfahren zur angenäherten Heizwertberechnung sind in einigen Literaturstellen[59-61] angegeben worden. Immerhin

---

[58] DIN 51 850: Gasförmige Brennstoffe, Heizwerte der Komponenten. Oktober 1962.

[59] SCHUSTER, F.: Zur Berechnung des Heizwertes von Brennstoffen aus der Elementaranalyse. Brennstoff-Chemie 15 (1934) S. 45/46.

[60] BOIE, W.: Zur Berechnung von Heizwerten. Allg. Wärmetechnik 5 (1954) S. 209–213.

[61] TRAUSTEL, S.: Zur Berechnung von Heizwerten. Brennstoff-Wärme-Kraft 8 (1956), Nr. 7, S. 336/337.

kann die genaue Größe des Heizwertes fester und flüssiger Brennstoffe nur auf kalorimetrische Weise ermittelt werden (vgl. hierzu den Abschn. 1.56 Heizwertbestimmung). Die Heizwerte einiger technisch wichtiger fester, flüssiger und gasförmiger Brennstoffe sind in Tab. 1.8 zusammengestellt.

Tabelle 1.8 *Heizwerte einiger technisch wichtiger Brennstoffe*

	Oberer Heizwert		Unterer Heizwert	
	kcal/kg	kJ/kg	kcal/kg	kJ/kg
Feste Brennstoffe				
Steinkohle			7500	31400
Rohbraunkohle			2500	10470
Braunkohlenbriketts			5000	20940
Gaskoks			7000	29310
Torf			3700	15490
Holz			3700	15490
Flüssige Brennstoffe				
Alkohol (rein)	7140	29890	6440	26960
Benzin	11000	46050	10200	42710
Heizöl, leicht	10700	44800	10050	42080
Heizöl, mittel			9800	41030
Heizöl, schwer			9500	39780
Gasförmige Brennstoffe	kcal/Nm³	kJ/Nm³	kcal/Nm³	kJ/Nm³
Erdgas	8900	37260	8000	33500
Stadtgas	4700	19680	4200	17590
Wassergas	2800	11720	2600	10890
Gichtgas	970	4060	950	3980

Die Wärmeleistung eines aus einem bestimmten Brenner ausströmenden Brenngases ist nicht nur eine Funktion des Heizwertes dieses Gases. Vielmehr wird die Wärmeleistung auch von dem durchströmenden Gasvolum beeinflußt, das wiederum abhängt von Gasdruck und Gasdichte. Ein Maß für die Wärmeleistung von Gasgeräten ist die Wobbe-Zahl, die mit dem auf das Volum bezogenen Heizwert H_o wie folgt angeschrieben wird:

$$Wo = H_o/\sqrt{d}. \tag{1.45}$$

Die Wobbe-Zahl enthält die Größen (Heizwert und Dichteverhältnis Gas zu Luft d), die auf den physikalisch-chemischen Eigenschaften des Gases beruhen. Bezüglich der Ableitung der Wobbe-Zahl wird auf eine Veröffentlichung von HESSLER[62] verwiesen. Die Konstanz der Wärmeleistung setzt allerdings zusätzlich noch einen konstanten Gasdruck p voraus. Der Gasdruck ist zwar keine für das Gas charakteristische Größe. Er

---

[62] HESSLER, N.: Einige Betrachtungen über die Wobbezahl. Das Gas- und Wasserfach 103 (1962), Nr. 9, S. 212/213.

kann aber verändert und damit die Wärmeleistung des Brenners beeinflußt werden. In Erkenntnis dieses Umstandes wurde die Wobbe-Zahl erweitert zu

$$W\,p = \frac{H_o}{\sqrt{d}}\,\sqrt{p}\;.\qquad\qquad (1.45\,\text{a})$$

Diesen Ausdruck bezeichnet man als „erweiterte Wobbe-Zahl" oder „Wärmefluß".

Zur Verbrennung der Brennstoffe ist Sauerstoff erforderlich, dessen Menge aus den Verbrennungsgleichungen [vgl. Gl. (1.43)] entnommen werden kann. Der spezifische Sauerstoffbedarf – die Mindestsauerstoffmenge (in kg) bezogen auf die Brennstoffmenge (in kg) – berechnet sich dann zu

$$o_{\min} = 2{,}664\,c + 7{,}937\,h + 0{,}998\,s - o\;.\qquad\qquad (1.46)$$

Aus der Elementaranalyse sind die prozentualen Massenanteile des im festen oder flüssigen Brennstoff enthaltenen Kohlenstoffs c, freien Wasserstoffs h, Schwefels s und Sauerstoffs o zu ermitteln. Da der Sauerstoffanteil der Verbrennungsluft 0,232 kg/kg beträgt, errechnet sich die Mindestluftmenge zu

$$l_{\min} = \frac{o_{\min}}{0{,}232}\;.\qquad\qquad (1.47)$$

Um lokalen Sauerstoffmangel zu vermeiden, wird in der Praxis mit Luftüberschuß gearbeitet. Dabei folgt für die wirkliche Luftmenge

$$l = \lambda\,l_{\min}\;.\qquad\qquad (1.48)$$

Der Faktor λ wird als Luftüberschußzahl bezeichnet.

Die Rauchgase bestehen aus CO_2, H_2O, SO_2, dem Sauerstoffanteil an der überschüssigen Luftmenge und dem in der Luft und im Brennstoff enthaltenen Stickstoff. Die Rauchgaszusammensetzung, wie sie sich aus den Brennstoffbestandteilen errechnen läßt, ist in Tab. 1.9 für feste und flüssige Brennstoffe zusammengestellt. Entsprechende Überlegungen gelten für gasförmige Brennstoffe, die Gemische chemisch einheitlicher Stoffe

Tabelle 1.9 *Rauchgaszusammensetzung bei der vollständigen Verbrennung von festen und flüssigen Brennstoffen*

Bestandteil	Rauchgas in	
	Nm^3/kg	kg/kg
CO_2	$1{,}867\,c$	$3{,}664\,c$
H_2O	$11{,}20\,h + 1{,}245\,w$	$8{,}937\,h + w$
SO_2	$0{,}70\,s$	$1{,}998\,s$
O_2	$0{,}21\,(\lambda - 1)\,l_{\min}$	$0{,}232\,(\lambda - 1)\,l_{\min}$
N_2	$0{,}79\,\lambda\,l_{\min}$	$0{,}768\,\lambda\,l_{\min}$

(CO, H_2, CH_4, C_2H_4, C_mH_n) darstellen. Tab. 1.10 enthält die auf die Gasmengen bezogenen spezifischen Mengen der einzelnen Rauchgasbestandteile. Bezüglich der in der Heizungstechnik sehr wichtigen Kontrolle, Beurteilung und Regelung von Verbrennungsprozessen wird auf die ausführliche Behandlung der Rauchgasanalyse in Abschn. 1.57 verwiesen.

Tabelle 1.10 *Rauchgaszusammensetzung bei der vollständigen Verbrennung von gasförmigen Brennstoffen*

Bestandteil	Rauchgas in Nm^3/Nm^3
CO_2	$CO_2 + CO + CH_4 + 2C_2H_4$
H_2O	$H_2 + 2(CH_4 + C_2H_4)$
O_2	$0{,}21(\lambda - 1)\,l_{min}$
N_2	$N_2 + 0{,}79\lambda\,l_{min}$

1.2 Strömungstechnische Grundlagen

Strömungsvorgänge treten bei fast allen Prozessen der Klimatechnik auf. Die markantesten Beispiele sind der Transport eines Gases (Luft) oder einer Flüssigkeit (Wasser) als Wärmeträger von der Erzeugungsstelle zu dem zu heizenden oder zu kühlenden Raum und die Strömungsvorgänge bei der Wärmeübertragung von einem Heizkörper an die Umgebungsluft. Im ersten Fall handelt es sich meistens um eine aufgezwungene Strömung, die in Kanälen oder Rohrleitungen vor sich geht, während man im zweiten Beispiel von einer freien (oder natürlichen) Strömung spricht. Auf beide Strömungsarten können die folgenden, grundlegenden Betrachtungen der reibungsfreien Strömung angewendet werden. Da die Kanal- oder Rohrströmung den weitaus größten Teil der Strömungsprobleme in der Klimatechnik liefert, soll ihr – insbesondere bezüglich der Berechnungsunterlagen – besondere Beachtung geschenkt werden.

1.21 Die reibungsfreie Strömung

Zur Vereinfachung der Darstellung der Bewegungsvorgänge in der Strömungslehre wurde der Begriff der reibungsfreien Strömung eingeführt, bei der die Zähigkeit der Flüssigkeit vernachlässigt wird. Unter Flüssigkeit im weiteren Sinne sollen dabei auch Gase verstanden werden, wobei die durch Druck- und Temperaturunterschiede hervorgerufene Dichteänderung unberücksichtigt bleibt.

Die *Kontinuitätsgleichung* sagt aus, daß der durch einen beliebigen Querschnitt einer Stromröhre durchtretende Volumstrom konstant bleibt:

$$A_1 w_1 = A_2 w_2.$$

(1.49)

Die in den beiden verschiedenen Querschnitten mit den Flächen A_1 und A_2 durchfließenden gleichen Volumströme sind in Abb. 1.13 veranschaulicht. Gl. (1.49) gilt für die ideale Flüssigkeit. Soll die bei kompressiblen Flüssigkeiten auftretende Dichteänderung berücksichtigt werden, so lautet die Aussage der Kontinuitätsgleichung, daß der durch einen beliebigen Querschnitt durchtretende Massenstrom konstant ist:

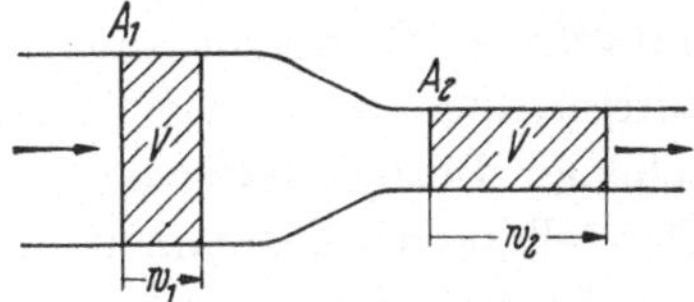

Abb. 1.13 Strömung in einem Rohr mit veränderlichem Querschnitt.

$$A_1\, w_1\, \varrho_1 = A_2\, w_2\, \varrho_2\,. \qquad (1.49\,\mathrm{a})$$

Eine weitere grundlegende Aussage der Strömungslehre trifft die *Bernoullische Gleichung*

$$\frac{p_1}{\varrho} + \frac{w_1^2}{2} + h_1 g = \frac{p_2}{\varrho} + \frac{w_2^2}{2} + h_2 g\,. \quad (1.50)$$

Sie gibt den Zusammenhang zwischen Druckenergie, potentieller Energie und kinetischer Energie und besagt, daß die Summe der Strömungsenergie an jedem Punkt einer drallfreien Strömung konstant ist (Satz von der Erhaltung der Energien).

Aus der Mechanik der festen Körper übertragen auf die Strömungslehre wurde der *Impulssatz*, der für Flüssigkeiten die folgende Aussage macht, die frei von allen Einschränkungen – also auch für die reibungsbehaftete Strömung – gilt:

$$F = I_2 - I_1\,. \qquad\qquad (1.51)$$

Die Differenz der in ein abgeschlossenes System eintretenden Impulse (Massenstrom · Geschwindigkeit) ist gleich der Summe der auf das System wirkenden Kräfte F.

Entsprechend der Bedingung für das Kräftegleichgewicht muß auch eine analoge Bedingung für das Momentengleichgewicht erfüllt sein. Die entsprechende Aussage trifft der für die Betrachtung von Kreiselmaschinen sehr wichtige *Impulsmomentensatz:* Das Moment der äußeren Kräfte ist gleich der Änderung des Impulsmomentes.

In der reibungsfreien Flüssigkeit hat kein Teilchen eine Drehbewegung, da nur Normalkräfte an seiner Oberfläche angreifen: Die Strömung ist rotationsfrei. Bewegt sich eine reibungsfreie Flüssigkeit auf einer Kreisbahn, so können die auftretenden Zentrifugalkräfte nur durch eine Verschiebung des Massenteilchens bzw. durch eine Drucksteigerung nach außen aufgenommen werden (Abb. 1.14). Die Druckzunahme in radialer Richtung

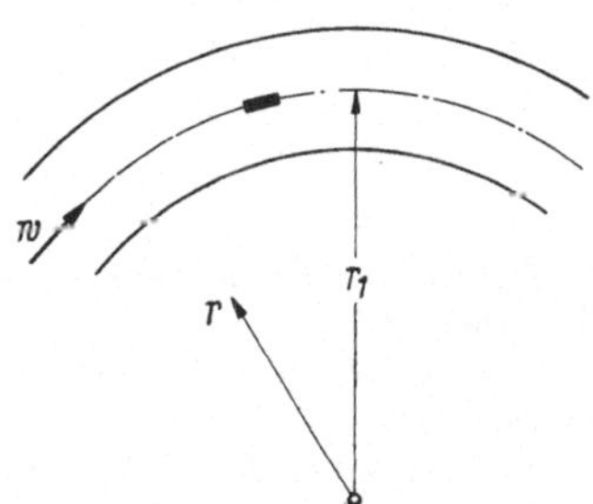

Abb. 1.14 Die Kreisströmung.

beträgt dann:

$$\frac{dp}{dr} = \varrho \frac{w^2}{r_1} \, . \tag{1.52}$$

Diese Beziehung kann benutzt werden, um die bei einer *Kreisströmung* (z.B. in einem Rohrkrümmer) auftretende Druckänderung senkrecht zur Strömungsrichtung zu berechnen.

Die Kentnisse dieser Hauptgesetze und Zusammenhänge der reibungsfreien Strömung sollten ausreichen, um die in der Klimatechnik auftretenden strömungstechnischen Probleme theoretisch zu durchschauen. Bezüglich der Ableitung dieser Gesetze und einer umfassenden Darstellung der Zusammenhänge wird auf das strömungstechnische Fachschrifttum[63-66] verwiesen.

1.22 Die Rohrströmung

Die in Rohrleitungen und Kanälen vorhandene Strömung ist nicht verlustfrei. Durch Reibung im geraden Rohr und durch Einzelwiderstände treten vielmehr Druckverluste auf, die die Rohrleitungsbemessung entscheidend beeinflussen. Die Größe des zulässigen Druckverlustes wird dabei bestimmt durch den am Ende der Leitung noch benötigten Druck. Je kleiner die Durchflußgeschwindigkeit gewählt wird, d.h. je größer – bei gleichem Volumstrom – der Rohrquerschnitt ist, desto geringer sind die Druckverluste und damit auch die Betriebskosten. Denn einen wesentlichen Bestandteil der Betriebskosten stellen die Energiekosten zur Überwindung der Strömungswiderstände in einer Rohrleitungsanlage dar. Andererseits steigen mit wachsendem Rohrquerschnitt durch die Verteuerung des Rohrmaterials und der Isolierung die Anlagekosten. Deshalb ist der wirtschaftliche Rohrdurchmesser derjenige, bei dem die Summe aus Anlage- und Betriebskosten ein Minimum wird. Diese Gedanken mögen als Begründung dafür dienen, daß einer Druckverlustberechnung bei Rohrleitungen und Kanälen in der Klimatechnik besondere Sorgfalt gewidmet werden sollte.

Der *Druckabfall in einer geraden Rohrleitung* mit dem Durchmesser d und der Länge l wird im allgemeinen nach der folgenden Gleichung berechnet:

$$\Delta p = \lambda \frac{l}{d} \frac{\varrho}{2} w^2 \tag{1.53}$$

oder

$$\Delta p = \lambda \frac{8}{\pi^2} \frac{l}{d^5} \frac{\dot{m}^2}{\varrho} \, . \tag{1.53a}$$

[63] ECK, B.: Technische Strömungslehre, 7. Aufl., Berlin/Heidelberg/New York: Springer 1966.
[64] PRANDTL, L.: Führer durch die Strömungslehre, 3. Aufl. Braunschweig: Vieweg 1949.
[65] SCHRIEDER, E.: Strömungslehre, Hannover: Schroedel-Verlag 1963.
[66] TIETJENS, O.: Strömungslehre, Berlin/Göttingen/Heidelberg: Springer 1960.

Dabei ist ϱ die Dichte, w die Geschwindigkeit des strömenden Mediums, $\dot{m}$ der Massenstrom und λ ein dimensionsloser Faktor, der von der Reynolds-Zahl der Strömung

$$Re = \frac{w\,d}{\nu}$$

und oberhalb einer bestimmten Reynolds-Zahl auch von der Wandrauhigkeit abhängt. Für den Bereich der laminaren Strömung ($Re < 2320$) ist diese Widerstands- oder Reibungszahl:

$$\lambda = \frac{64}{Re}. \tag{1.54}$$

Wird dieser λ-Wert in Gl. (1.53) eingeführt, so zeigt sich, daß im Bereich der laminaren Strömung der Druckverlust der Geschwindigkeit proportional ist:

$$\Delta p = 32\,\frac{1}{d^2}\,\nu\,\varrho\,w\,. \tag{1.53b}$$

Bei turbulenter Strömung ($Re > 2320$) werden für vollkommen glatte Rohre folgende Beziehungen angegeben:
Bis $Re = 100\,000$ das Potenzgesetz von BLASIUS:

$$\lambda = 0{,}316/\sqrt[4]{Re}\,. \tag{1.55}$$

Für den Bereich $Re = 10^5$ bis 10^8 die Formel von NIKURADSE[67]:

$$\lambda = 0{,}0032 + 0{,}221/Re^{0{,}237}\,. \tag{1.55a}$$

Im Bereich großer Reynolds-Zahlen ist die Widerstandszahl bei rauhen Rohren größer als bei glatten Rohren. Die λ-Werte rauher Rohre sind für verschiedene Wandrauhigkeiten als Funktion der Reynolds-Zahl nach NIKURADSE[68] in Abb. 1.15 dargestellt. Wie diese Darstellung erkennen läßt, ist im Bereich kleiner Reynolds-Zahlen der Widerstand der gleiche wie bei glatten Rohren und damit nur abhängig von Re. Für sehr große Reynolds-Zahlen wird λ unabhängig von Re und nur noch abhängig von der relativen Rauhigkeit d/k ($d =$ Rohrdurchmesser, $k =$ mittlere Wanderhebung). Dazwischen liegt ein Übergangsgebiet, in dem λ sowohl von der Reynolds-Zahl als auch von der Rauhigkeit beeinflußt wird. Die Tatsache, daß zahlreiche praktische Fälle gerade in diesem Bereich liegen, erschwert die Berechnungen häufig sehr. Die Rauhigkeitswerte k sind für verschiedene Rohrwerkstoffe und Oberflächen aus Tab. 1.11 zu entnehmen.

---

[67] NIKURADSE, J.: Gesetzmäßigkeiten der turbulenten Strömung in glatten Rohren. Mitt. Forschungsarbeiten VDI 356 (1932).
[68] NIKURADSE, J.: Strömungsgesetze in rauhen Rohren. Mitt. Forschungsarbeiten VDI 361 (1933).

Tabelle 1.11 *Rauhigkeitswerte k in mm von verschiedenen Rohrwerkstoffen und Oberflächen* (nach STRADTMANN[69])

Material	Zustand der Rohre	Absolute Rauhigkeit k in mm
gezogene Rohre aus: Glas, Kupfer, Messing, Bronze, Aluminium, sonstigen Leichtmetallen, Kunststoffen u. dgl.	neu, technisch glatt	0 (glatt) bis etwa 0,0015
gezogene Stahlrohre	neu, verschiedene Glätte	0,01–0,05
geschweißte Stahlrohre	neu	0,05–0,10
	mäßig verrostet; leichte Verkrustung	0,15–0,20
	stärkere Verkrustung	bis 3
genietete Stahlrohre	je nach Nietart und Ausführung	1 bis über 5 ($\sim$ 10)
galvanisierte Eisenrohre	neu	0,12–0,15
schmiedeeiserne Rohre	neu	0,05
Rohre aus Gußeisen, einschl. Schleuderguß (mit Flansch- oder Muffenverbindung)	neu, innen mit Zement od. Bitumen ausgekleidet	0 (glatt) bis 0,12
	neu, nicht ausgekleidet	0,25
	angerostet	bis 1,5
	stärkere Rostnarben, Verkrustung	bis 3
Holzrohre	neu, Glätte nimmt infolge Verschleimung im Laufe der Jahre im allgemeinen zu	0,20–1,0
Asbest-Zement-Rohre (Eternit, Toschi-Rohre u. a.)	neu	0 (glatt) bis 0,10
Betonrohre und Druckstollen aus Beton	neu, Stahlbeton mit sorgfältig geglättetem Verputz; Vorspannbeton	0 (glatt) bis etwa 0,15
	neu, Schleuderbeton mit glattem Verputz	$\sim$ 0,15
	neu, ohne Verputz	0,20 bis $\sim$ 0,80
	Leitungen aus Stahlbeton mit glattem Verputz, mehrere Jahre in Betrieb	0,20–0,30 und darüber

---

[69] STRADTMANN, F. H.: Stahlrohr-Handbuch, 5. Aufl., Essen: Vulkan-Verlag 1956.

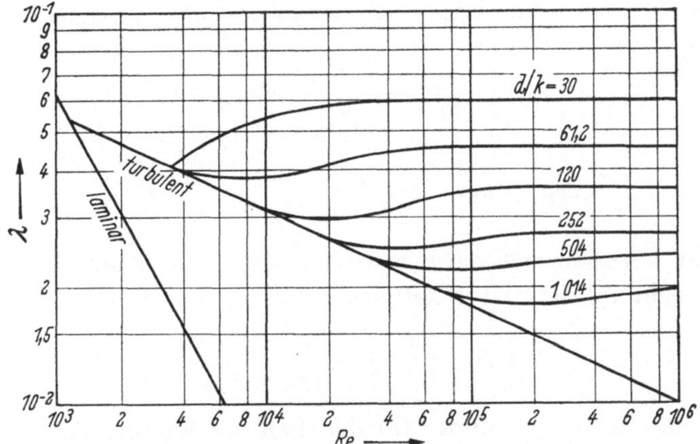

Abb. 1.15 Die Widerstandszahl λ in Abhängigkeit von der Reynolds-Zahl bei der Strömung in Rohren mit verschiedenen Wandrauhigkeiten (nach NIKURADSE).

An dieser Stelle sei noch auf einige neuere, die Rohrreibung betreffende Untersuchungen von KIRSCHMER[70], DÜRSELEN[71] und LEHMANN[72] und auf eine Veröffentlichung von JAESCHKE[73] hingewiesen, in der über ein neues amerikanisches Berechnungsverfahren für den Druckabfall in Rohrleitungen berichtet wird. Durch Einführung eines „spezifischen Rauhigkeitsfaktors" für ein durchströmtes Rohr vom Einheitsdurchmesser werden die bisher bekannten und zum größten Teil oben aufgeführten Formeln für die Berechnung des Druckverlustes vereinfacht und verbessert. Als besonderer Vorteil dieses Verfahrens muß gewertet werden, daß der auf den Einheitsdurchmesser 1 mm bezogene spezifische Rauhigkeitsfaktor – sofern er nicht von vornherein bekannt ist – aus jedem durch Versuche bestimmten Widerstandsbeiwert λ eines Rohres von beliebigem Durchmesser d aus dem gleichen Werkstoff und mit gleicher Wandrauhigkeit wie das zu berechnende ermittelt werden kann.

Bei der Berechnung von Gas- und Dampfleitungen muß beachtet werden, daß der durch die Reibungsverluste entstandene Druckverlust Δp eine Expansion des Gases zur Folge hat. Am Ende der Leitung haben sich gegenüber dem Anfang das Volum und damit die Geschwindigkeit des Mediums vergrößert. Der dabei auftretende Druckverlust $\Delta p'$ be-

---

[70] KIRSCHMER, O.: Reibungsverluste in geraden Rohrleitungen. MAN-Forschungsheft 1951, S. 81–95.

[71] DÜRSELEN, H.: Die Rohrreibung in Heizleitungen mit kleinen Durchmessern. Heizung-Lüftung-Haustechnik 12 (1961), Nr. 1, S. 15–21.

[72] LEHMANN, J.: Widerstandsgesetze der turbulenten Strömung in geraden Stahlrohren. Gesundheits-Ingenieur 82 (1961), Nr. 6, S. 165–172, Nr. 7, S. 207–210, Nr. 8, S. 241–249 und Nr. 9, S. 276–281.

[73] JAESCHKE, R.: Neues amerikanisches Berechnungsverfahren für den Druckabfall in Rohrleitungen. VDI-Zeitschr. 92 (1950) S. 237–239.

rechnet sich – isotherme Expansion vorausgesetzt – ausgehend von der
Beziehung

$$\frac{p_2^2 - p_1^2}{2\,p_1} + \lambda\,\frac{l}{d}\,\frac{\varrho_1}{2}\,w_1^2 = 0 \tag{1.56}$$

zu

$$\Delta p' = p_1\left[1 - \sqrt{1 - \lambda\,\frac{l}{d}\,\frac{\varrho_1}{2}\,\frac{2\,w_1^2}{p_1}}\;\right]. \tag{1.56a}$$

Der Index 1 bezieht sich auf den Anfang, der Index 2 auf das Ende der
Leitung. Schreibt man Gl. (1.56) in der Form

$$\Delta p' = \lambda\,\frac{l}{d}\,\frac{\varrho_1}{2}\,w_1^2\,\frac{p_1}{(p_1 + p_2)/2}, \tag{1.56b}$$

so läßt sich erkennen, daß der für den Fall der Expansion der Gase in
einem Rohr ermittelte Druckabfall $\Delta p'$ gegenüber dem für nicht kom-
pressible Flüssigkeiten berechneten Druckverlust Δp um den Faktor
p_1/p_m vergrößert wird.

Wesentlich vereinfacht werden kann die Ermittlung des Druckver-
lustes in geraden Rohren durch die Anwendung graphischer Verfahren.
Einige solcher Arbeitsdiagramme sind in der Fachliteratur[74, 75] ent-
halten. DEUBLEIN[76] und HOFMANN, SCHWARZ und SCHUMM[77] haben
Netztafeln zur Bestimmung des Druckverlustes in Rohrleitungen und
Kanälen für einige in der Klimatechnik verwendete Stoffe aufgestellt.

Zusätzlich zu dem durch Wandreibung in einer geraden Rohrleitung
auftretenden Druckverlust sind bei der praktischen Rohrleitungsberechnung noch diejenigen Verluste zu berücksichtigen, die durch *Einzelwiderstände*, wie Querschnittsänderungen, Krümmer, Abzweige und Absperrorgane, hervorgerufen werden. Unter Berücksichtigung des jeweiligen
Widerstandsbeiwertes ζ der Einzelwiderstände wird Gl. (1.53) erweitert
zu

$$\Delta p = \left(\lambda\,\frac{l}{d} + \sum \zeta\right)\frac{\varrho}{2}\,w^2. \tag{1.57}$$

Für die wichtigsten in der klimatechnischen Praxis auftretenden Fälle
können die Widerstandsbeiwerte der Einzelwiderstände aus Tabellen

---

[74] SCHWEDLER, F.: Handbuch der Rohrleitungen, 3. Aufl., Berlin/Göttingen/
Heidelberg: Springer 1953.

[75] RICHTER, H.: Rohrhydraulik, 4. Aufl., Berlin/Göttingen/Heidelberg: Springer
1962.

[76] DEUBLEIN, O.: Druckabfall von strömender Luft in Rohrleitungen, DKV-
Arbeitsblatt 4-07. Karlsruhe: C. F. Müller 1951, Beilage zu Kältetechnik 3 (1951),
Heft 6.

[77] HOFMANN, E., G. SCHWARZ u. H. SCHUMM: Bestimmung des Strömungs-
widerstandes in glatten, geraden Rohren oder Kanälen bei turbulenter Strömung.
DKV-Arbeitsblatt 4-09. Karlsruhe: C. F. Müller 1952. Beilage zu Kältetechnik 4
(1952), Heft 2.

der einschlägigen Literatur[78, 79] entnommen werden. HÄRTEL[80] hat die Widerstandsbeiwerte von Einzelwiderständen in Rohrleitungen mit kreisförmigem, quadratischem und rechteckigem Querschnitt sehr übersichtlich auf Arbeitsblättern zusammengestellt (vgl. auch Abb. 2.33, S. 212).

Häufig empfiehlt es sich, bei der Ermittlung des Gesamtverlustes, den Einzelwiderstände in einer Rohrleitung verursachen, die sog. „gleichwertige Länge" des geraden Rohres zu bestimmen, die denselben Druckverlust verursachen würde wie die einzelnen Widerstände. Dabei ist zu beachten, daß ζ nicht einer Rohrlänge l mit dem Durchmesser d, sondern dem Ausdruck $\lambda l/d$ gleichzusetzen ist [vgl. Gl. (1.57)].

1.23 Durchfluß durch Drosselgeräte

Durchströmt ein flüssiger oder gasförmiger Stoff eine Rohrleitung, deren Querschnitt sich verkleinert, so wird – bei quellen- und senkenfreier Strömung – durch die Verengung eine Zunahme der Strömungsgeschwindigkeit hervorgerufen, die sich mit Hilfe der Kontinuitätsgleichung (1.49) nachweisen läßt. Unter Annahme einer horizontalen Rohrleitung wird diese Zunahme an kinetischer Energie durch eine Abnahme an Druckenergie gedeckt, wie die Bernoullische Gleichung (1.50) aussagt. Somit entspricht der Geschwindigkeitszunahme von w_1 auf w_2 an einer Drosselstelle eine eindeutig zugeordnete Abnahme des statischen Druckes von p_1 auf p_2:

$$p_1 - p_2 = \frac{\varrho}{2}\,(w_2^2 - w_1^2)\,. \tag{1.58}$$

Um die Geschwindigkeit w_2 nur in Abhängigkeit von der Druckdifferenz $\Delta p = p_1 - p_2$ und einigen Konstanten darzustellen, wird die Geschwindigkeit w_1 mit Hilfe der Kontinuitätsgleichung auf w_2 zurückgeführt. Man erhält dann die Geschwindigkeit im engsten Querschnitt

$$w_2 = \alpha \sqrt{\frac{2}{\varrho}\,\Delta p}\,. \tag{1.59}$$

Die Durchflußzahl α enthält das Öffnungsverhältnis

$$m = A_2/A_1$$

[78] RECKNAGEL-SPRENGER: Taschenbuch für Heizung, Lüftung und Klimatechnik, 55. Jahrg. München-Wien: R. Oldenbourg 1968, S. 205/206.

[79] RIETSCHEL/RAISS: Lehrbuch der Heiz- und Lüftungstechnik, 14. Aufl., Berlin/Göttingen/Heidelberg: Springer 1963.

[80] HÄRTEL, S.: Widerstandsbeiwerte von Einzelwiderständen in Leitungen mit kreisförmigem Querschnitt. DKV-Arbeitsblatt 4-12. Karlsruhe: C. F. Müller 1954. Beilage zu Kältetechnik 6 (1954), Heft 1. – Widerstandsbeiwerte von Einzelwiderständen in Leitungen mit quadratischem und rechteckigem Querschnitt. DKV-Arbeitsblatt 4-13. Karlsruhe: C. F. Müller 1954. Beilage zu Kältetechnik 6 (1954), Heft 3.

und alle Abweichungen von der ohne Berücksichtigung der Reibung durchgeführten Berechnung. Die Durchflußzahl α ist für geometrisch ähnliche Drosselgeräte nur abhängig von der Reynolds-Zahl. Die Abhängigkeit der Durchflußzahl α vom Öffnungsverhältnis und der Reynolds-Zahl sind für die genormten Drosselgeräte durch Versuche bestimmt (vgl. hierzu die VDI-Durchflußmeßregeln[81]).

Bei Gasen und Dämpfen, bei denen sich die Dichte nach thermodynamischen Beziehungen ändert, treten bei dem Durchfluß durch Drosselstellen Volumänderungen ein, die nicht vernachlässigbar sind. Sie werden bei der Berechnung der Geschwindigkeit im engsten Querschnitt durch Einführung einer Expansionszahl ε in Gl. (1.59) berücksichtigt:

$$w_2 = \alpha\,\varepsilon\,\sqrt{\frac{2}{\varrho}\,\Delta p}\,. \qquad (1.59\,\mathrm{a})$$

Für inkompressible Flüssigkeiten ist $\varepsilon = 1$. Es weicht um so mehr von 1 ab, je größer die Druckdifferenz Δp im Verhältnis zum absoluten Druck vor der Drosselstelle ist. Außerdem ist ε vom Adiabatenexponenten $\varkappa$ abhängig.

Bezüglich der Anwendung der Gl. (1.59) bzw. (1.59 a) bei Durchflußmessungen in genormten Düsen und Blenden wird auf den Abschn. 1.54 verwiesen.

Die angegebenen Gleichungen gelten nur für Strömungen mit relativ kleinen Druckunterschieden und nicht allzu großen Geschwindigkeiten. Bei großen Druckdifferenzen und sehr hohen Geschwindigkeiten ist der Durchfluß von Gasen und Dämpfen durch Drosselquerschnitte nicht mehr nur ein mechanischer, sondern zugleich ein thermischer Vorgang, mit dem sich die *Gasdynamik* beschäftigt. Wegen der veränderlichen Dichte wird in der Bernoullischen Gleichung (1.50) die Druckenergie p/ϱ durch den Ausdruck $\int \mathrm{d}p/\varrho$ ersetzt. Die theoretische Geschwindigkeit im engsten Querschnitt berechnet sich dann zu

$$w_2 = \sqrt{2\,\frac{\varkappa}{\varkappa-1}\,\frac{p_1}{\varrho_1}\left[1-(p_2/p_1)^{\frac{\varkappa-1}{\varkappa}}\right]}\,. \qquad (1.60)$$

Diese Beziehung gilt allerdings nur so lange, wie das Druckverhältnis p_2/p_1 das sog. kritische Druckverhältnis $(p_2/p_1)_{\mathrm{krit}}$ nicht unterschreitet. Mit Erreichen des kritischen Druckverhältnisses tritt im engsten Querschnitt Schallgeschwindigkeit ein, die nur durch besondere konstruktive Maßnahmen an der Drosselstelle, nämlich durch ein stetiges Erweitern des Düsenquerschnitts (Laval-Düse), überschritten werden kann. Kritische Druckverhältnisse und Adiabatenexponenten sind für verschiedene Stoffe in Tab. 1.12 zusammengestellt.

---

[81] DIN 1952: VDI-Durchflußmeßregeln, Entwurf Dezember 1963.

Tabelle 1.12 *Kritische Druckverhältnisse $(p_2/p_1)_{\text{krit}}$ und Adiabatenexponenten $\varkappa$*

	Sattdampf	Heißdampf	zweiatomige Gase (Luft)	einatomige Gase
$(p_2/p_1)_{\text{krit}}$	0,577	0,546	0,528	0,490
$\varkappa$	1,135	1,30	1,40	1,65

1.24 Ausfluß aus Öffnungen

Für eine aus einem offenen Gefäß austretende Flüssigkeit läßt sich die Ausflußgeschwindigkeit w aus der Bernoullischen Gleichung (1.50) ableiten zu

$$w = \sqrt{2\,g\,h}\,. \tag{1.61}$$

Ist das Gefäß geschlossen und tritt der Strahl unter dem inneren Überdruck $\varDelta p$ über dem Flüssigkeitsspiegel von der Höhe h aus, so ist

$$w = \sqrt{2\left(\frac{\varDelta p}{\varrho} + g\,h\right)}\,. \tag{1.61 a}$$

Bei den in den Gln. (1.61) und (1.61 a) angeschriebenen Geschwindigkeiten handelt es sich um theoretische Ausflußgeschwindigkeiten, die infolge der Reibungsverluste und der Strahleinschnürung in der Praxis nicht erreicht werden. Die Abweichung der wirklichen von der theoretischen Strahlgeschwindigkeit wird – ähnlich wie bei dem Durchfluß durch Drosselquerschnitte – durch die Ausflußzahl μ berücksichtigt:

$$w_{\text{eff}} = \mu \sqrt{2\left(\frac{\varDelta p}{\varrho} + g\,h\right)}\,. \tag{1.61 b}$$

Der durch den Austrittsquerschnitt A tretende Massenstrom kann dann berechnet werden zu:

$$\dot{m}_{\text{eff}} = \mu\,A\,\varrho\,w_{\text{eff}}\,. \tag{1.61 c}$$

Diese Gleichungen gelten nur für annähernd konstante Dichte des ausströmenden Mediums vor und hinter der Ausflußöffnung, d.h. also für Flüssigkeiten und für Gase bei geringen Druckunterschieden. Bei Gasen und Dämpfen mit großen Druckdifferenzen muß noch die Expansion durch die Expansionszahl ε berücksichtigt werden:

$$w_{\text{eff}} = \mu\,\varepsilon \sqrt{2\left(\frac{\varDelta p}{\varrho} + g\,h\right)}\,. \tag{1.61 d}$$

Für die Berechnung des über ein *Überfallwehr* von der Breite b gehenden Massenstromes gelten die gleichen Voraussetzungen wie für den Ausfluß aus Öffnungen:

$$\dot{m} = \frac{2}{3}\,\mu\,\varrho\,h\,b\,\sqrt{2\,g\,h}\,. \tag{1.62}$$

Der Abflußbeiwert μ hängt von der Form der Überfallschneide, der Wehrhöhe und der Ausbildung des Zulaufgerinnes ab.

1.3 Elektrotechnische Grundlagen

Thermodynamik und Strömungslehre sind die Grundlagengebiete, mit denen sich der Klimatechniker in erster Linie auseinanderzusetzen und die er zu beherrschen hat. Die Elektrotechnik reicht zwar mit den elektrischen Antrieben und den Meß- und Regelgeräten in die Klimatechnik hinein, besitzt aber dort nicht die Bedeutung, die eine spezialisierte elektrotechnische Ausbildung des Klimaingenieurs erforderlich machen würde. Immerhin hat sich aber die Klimatechnik – wie viele andere Gebiete der Technik auch – bei ihrer Weiterentwicklung und technischen Vervollkommnung der Hilfe der Elektrotechnik bedient. Dabei sei nur an die zunehmende Verwendung elektrischer Regelverfahren, die Anwendung elektrischer Analogieverfahren auf heiz- und klimatechnische Probleme und an die relativ junge Entwicklung auf dem Gebiet der thermoelektrischen Klimatisierung erinnert. Daraus ergibt sich die Notwendigkeit für den Klimaingenieur, der nicht nur Teilgebiete seines Faches beherrschen, sondern das gesamte Gebiet der Klimatechnik überblicken und der technischen Entwicklung folgen will, zumindest vertiefte Grundlagenkenntnisse auch auf dem Gebiet der Elektrotechnik zu besitzen. Als ein Teil der theoretischen Grundlagen der Klimatechnik sollten deshalb auch die Grundlagen der Elektrotechnik angesehen werden, deren Darstellungen sich im folgenden allerdings unter Voraussetzung der Kenntnis der physikalischen Grundgesetze der Stromerzeugung und Stromwirkung auf die für die bedeutendsten klimatechnischen Anwendungen wichtigen Grundlagen beschränken müssen. Auf eine ausführliche Behandlung der sich speziell für den Klimaingenieur ergebenden elektrotechnischen Probleme von PANNIER und RÖTSCHER[82] und auf leichtfaßliche Darstellungen der Grundzüge der Elektrotechnik von OBERDORFER[83] und SCHÜTZ[84] sei an dieser Stelle besonders verwiesen.

1.31 Grundgesetze der Elektrotechnik

Zwischen den drei elektrischen Größen Stromstärke I, Spannung U und Widerstand eines Stromkreises R besteht folgender gesetzmäßiger Zusammenhang:

$$I = U/R. \tag{1.63}$$

Dies ist das *Ohmsche Gesetz*, das Grundgesetz der Elektrotechnik. Der

---

[82] PANNIER–RÖTSCHER: Elektrotechnik für Heizungs- und Klimaingenieure, 2. Aufl., Berlin: Marhold-Verlag 1965.

[83] OBERDORFER, G.: Lexikon der Elektrotechnik, Wien: Springer 1951.

[84] SCHÜTZ, E.: Grundzüge der Elektrotechnik, Berlin/Göttingen/Heidelberg: Springer 1956.

ohmsche Widerstand R eines Leiters ist zunächst vom Werkstoff abhängig und verhält sich proportional zur Leiterlänge und umgekehrt proportional zum Querschnitt des Leiters.

Bei der *Reihenschaltung von Widerständen* ist die Stromstärke in allen Widerständen gleich. Der Ersatzwiderstand ist gleich der Summe der Einzelwiderstände

$$R = R_1 + R_2 + R_3 + \cdots + R_i. \tag{1.64}$$

Bei der *Parallelschaltung der Widerstände* ist die Spannung an allen Widerständen gleich. Der Ersatzwiderstand ergibt sich aus der Beziehung

$$1/R = 1/R_1 + 1/R_2 + 1/R_3 + \cdots + 1/R_i. \tag{1.64 a}$$

Die beiden *Kirchhoffschen Regeln* besagen, daß in jedem Stromverzweigungspunkt die Summe der zufließenden Ströme gleich der Summe der abfließenden Ströme ist:

$$I = I_1 + I_2 \tag{1.65}$$

und daß in jeder Schaltung auf allen geschlossenen Stromwegen die Summe aller Spannungen gleich ist der Summe aller RI:

$$U = R_1 I_1 + R_2 I_2. \tag{1.65 a}$$

Fließt ein elektrischer Strom I durch einen ohmschen Widerstand R, so wird Wärme entwickelt. Die hierfür aufzubringende *elektrische Leistung* berechnet sich als das Produkt aus Spannung und Stromstärke:

$$P = UI. \tag{1.66}$$

Diese Beziehung gilt für die Berechnung der Leistung des Gleichstroms. Wird an den gleichen Widerstand eine Wechselspannung angelegt, so ist die in Wärme umgesetzte elektrische Leistung geringer. Es handelt sich dabei um die *Wirkleistung* des Wechselstroms

$$P = RI^2 = UI_w, \tag{1.66 a}$$

die um den Betrag der *Blindleistung*

$$P_b = UI_b \tag{1.66 b}$$

kleiner ist als die *Scheinleistung*

$$P_s = UI. \tag{1.66 c}$$

1.32 Elektrische Kraftmaschinen

Bei den elektrischen Kraftmaschinen sind im wesentlichen Gleichstrom- und Wechselstrommotoren (Drehstrommotoren) zu unterscheiden. *Gleichstrommotoren* unterscheiden sich baulich nicht von Generatoren.

Auf die im Magnetfeld befindlichen stromdurchflossenen Ankerleiter des Motors wird eine Zugkraft ausgeübt. Die Zugkräfte der einzelnen Ankerleiter bilden eine am Umfang des Ankers angreifende Drehkraft (Umfangskraft), deren Größe vom Magnetfluß und der Stromstärke abhängt. Je nach der Schaltung der Erregerwicklung unterscheidet man bei Gleichstrommotoren Nebenschluß-, Reihenschluß- und Doppelschlußmotoren. Beim Nebenschlußmotor ist die Magnetwicklung zum Anker parallel, d. h. im Nebenschluß geschaltet. Als besondere Eigenschaft des Nebenschlußmotors sind zu nennen, daß seine Drehzahl bei allen Belastungen nahezu konstant ist und daß er bei Leerlauf nicht durchgeht. Die Drehrichtung kann durch Umpolen entweder des Ankers oder der Erregerwicklung umgekehrt werden. Der Nebenschlußmotor ist überall da zu verwenden, wo kein großes Anzugsmomemt erforderlich ist und die Drehzahl bei allen Belastungen praktisch unverändert bleiben muß. – Beim Reihenschlußmotor sind Anker und Magnetwicklung hintereinandergeschaltet. Dabei fließt der gesamte Ankerstrom (Hauptstrom) auch durch die Magnetwicklung. Der Reihenschlußmotor entwickelt ein großes Anzugsmoment, paßt seine Drehzahl der Belastung an und geht bei Leerlauf durch. – Der Doppelschlußmotor besitzt eine Nebenschluß- und eine Reihenschlußerregerwicklung, die sich gegenseitig unterstützen. Dadurch liegt das Drehzahlverhalten zwischen dem eines Reihen- und eines Nebenschlußmotors.

Die Drehzahl eines Gleichstrommotors ist sowohl von der Klemmenspannung am Anker als auch von der Stärke des magnetischen Feldes abhängig. Bei konstanter Netzspannung lassen sich durch Vorschalten von Widerständen im Ankerstromkreis Drehzahländerungen herbeiführen, die in der Praxis durch die Verwendung von Regelanlassern verwirklicht werden.

Die *Motoren für Wechselstrom* werden in Synchronmotoren und Asynchronmotoren eingeteilt. Der Synchronmotor läuft mit der konstanten, synchronen Drehzahl n, die sich aus der Frequenz des Wechselstroms f und der Polpaarzahl p des Motors berechnen läßt:

$$n = f/p \, . \tag{1.67}$$

Der Synchronmotor besitzt einen guten Wirkungsgrad, ist überlastbar und unempfindlich gegen Spannungsschwankungen. Allerdings läuft er nicht von selbst an, sofern er nicht eine besondere Anlaufwicklung besitzt, und muß durch einen besonderen Anwurfmotor angeworfen werden. Dieser erübrigt sich beim Asynchronmotor, dessen Wirkungsweise auf der Erzeugung eines magnetischen Drehfeldes durch mehrphasigen Wechselstrom beruht. Der asynchrone Drehstrommotor ist ein Induktionsmotor. Sein Läuferstrom stammt nicht aus dem Netz, sondern der Motor erzeugt ihn selbst durch das mit unveränderter Drehzahl umlaufende Feld. Dieser Motor kann nicht synchron laufen, weil dann die Relativgeschwindigkeit zwischen Drehfeld und Anker Null wäre und kein Strom induziert werden könnte. Das Nachlaufen des Ankers hinter dem Drehfeld wird als Schlupf bezeichnet. Der besondere Vorteil des Asynchronmotors liegt in der Tatsache, daß er von selbst anläuft. Die Drehrichtung läßt sich bei allen Asynchronmotoren dadurch umkehren, daß zwei der drei Ständerzuleitungen miteinander vertauscht werden (Drehfeldumkehr). Als Bauarten der Asynchronmotoren werden im wesentlichen Kurzschlußläufer und Schleifringläufer unterschieden. Der Name „Kurzschlußläufer" leitet sich von der Tatsache ab, daß der Motor einen Läufer mit kurzgeschlossenen Wicklungen besitzt. Der Kurzschlußläufer ist der einfachste und betriebssicherste Elektromotor, der allerdings kein großes Anlaufmoment, aber einen hohen Anlaufspitzenstrom aufweist. Ein langsamer und stetiger Anlauf mit großem Drehmoment und geringer Stromstärke wird beim Schleifringläufer dadurch erreicht, daß die Wicklungen des Motors über Schleifringe herausgeführt und über Anlaßwiderstände verbunden werden. Die Anlaßwiderstände werden beim Anlaufen allmählich ausgeschaltet, und in Stellung „Betrieb" läuft auch dieser Motor als reiner Kurzschlußläufer.

Eine ausführlichere Behandlung der elektrischen Kraftmaschinen und ihrer zahlreichen Bauformen ist in den Lehrbüchern von RICHTER[85] und BÖDEFELD/SEQUENZ[86] zu finden.

1.33 Elektrische Meßgeräte

Die beiden bedeutendsten Methoden der Messung elektrischer Größen beruhen auf der meßtechnischen Ausnutzung der elektromagnetischen oder der elektrothermischen Kraft. Entsprechend der zu messenden Größen sind die auch im Bereich der Klimatechnik gebräuchlichen elektrischen Meßgeräte:

Strommesser (Amperemeter),
Spannungsmesser (Voltmeter),
Leistungsmesser (Wattmeter),
Widerstandsmesser (Ohmmeter) und
Zähler oder Arbeitsverbrauchsmesser.

Nach der Art des Meßwertes werden im wesentlichen folgende Meßgeräte unterschieden:

Dreheisenmeßgerät,
Drehspulmeßgerät,

---

[85] RICHTER, R.: Kurzes Lehrbuch der elektrischen, Maschinen, Berlin/Göttingen/Heidelberg: Springer 1949.
[86] BÖDEFELD/SEQUENZ: Elektrische Maschinen, 6. Aufl., Wien: Springer 1965.

Kreuzspulmeßgerät,
Elektrodynamisches Meßgerät,
Induktionsmeßgerät und
Hitzdrahtmeßgerät.

Dreheisenmeßgeräte werden zur Messung von Stromstärke und Spannung bei Gleich- und Wechselstrom verwendet. In einer Ringspule sind zwei Eisenblättchen so angeordnet, daß das eine am Spulenkörper, das andere an einer drehbaren Achse befestigt ist (Abb. 1.16). Fließt ein Strom durch die Spule, so stoßen sich die Eisenblättchen ab, und die Zeigerachse wird so weit gedreht, bis die Rückstellkraft der Spiralfeder der Magnetkraft der beiden Eisenblättchen das Gleichgewicht hält. Das Dreheisenmeßgerät ist einfach im Aufbau, unempfindlich und billig und deshalb das gebräuchlichste Betriebsinstrument. Nachteilig ist die nichtlineare Skala.

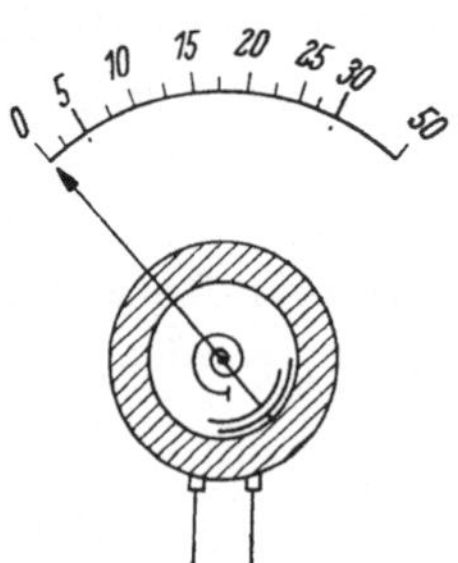

Abb. 1.16 Schematische Darstellung des Dreheisenmeßwerks.

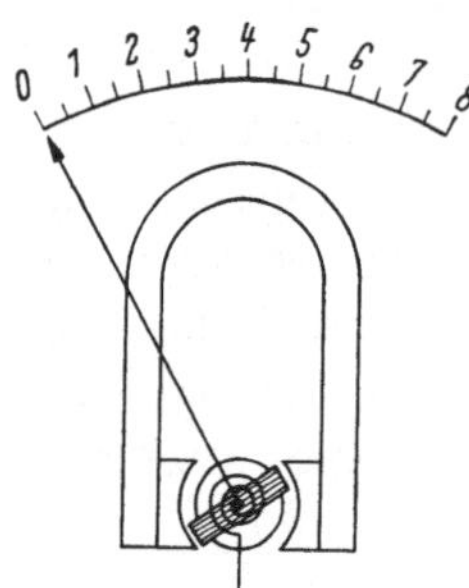

Abb. 1.17 Schematische Darstellung des Drehspulmeßwerks.

Das *Drehspulmeßgerät* ist für genaue Gleichstrommessungen, für Wechselstrom nur in Verbindung mit einem Gleichrichter verwendbar. Das Drehspulmeßwerk (Abb. 1.17) besteht aus einer Spule, die im homogenen Feld eines Dauermagneten drehbar gelagert ist. Wird die Spule von dem zu messenden Strom durchflossen, so entsteht ein Drehmoment, das der Stromstärke proportional ist. Die Rückstellkraft wird von zwei Spiralfedern ausgeübt. Der große Vorteil des Drehspulmeßgerätes liegt in der hohen Meßgenauigkeit und der linearen Skala.

Das *Kreuzspulmeßgerät* dient zur Messung des Verhältnisses zweier Ströme. Sein Meßwerk ist ähnlich aufgebaut wie das Drehspulmeßwerk. Auf dem um die Achse drehbaren Teil sind zwei in einem bestimmten Winkel gekreuzte Spulen in einem inhomogenen Magnetfeld angeordnet. Die beiden Spulen werden so geschaltet, daß sich bei Stromdurchgang entgegengesetzte Drehmomente ergeben. Die Spule, an der der veränderliche Widerstand liegt, wird als „Meßspule“, die mit dem konstanten Widerstand verbundene Spule als „Richtspule“ bezeichnet. Das Kreuz-

spulinstrument eignet sich ganz besonders zum elektrischen Messen nicht-
elektrischer Größen, wie z. B. zur Temperaturmessung mit Widerstandsthermometern (vgl. Abschn. 1.51).

Das *elektrodynamische Meßgerät* dient zur Messung von Stromstärke,
Spannung und Leistung bei Gleich- und Wechselstrom. Das Meßwerk
(Abb. 1.18) besteht aus zwei Spulen, von denen
die eine feststeht, während die andere im Feld
der ersten drehbar gelagert ist. Fließt ein Strom
durch die beiden Spulen, so entsteht ein Drehmoment. Die bewegliche Spule, an der der Zeiger
befestigt ist, dreht sich so weit, bis die Rückstellkraft der Spiralfedern mit der Drehkraft im
Gleichgewicht ist. Werden beide Spulen durch Hintereinanderschaltung vom gleichen Strom durchflossen, so arbeitet das Gerät als Volt- oder Amperemeter. Wird die feststehende Spule vom Strom
durchflossen und die bewegliche an die Spannung
gelegt, so entsteht ein Wattmeter. Das Gerät hat

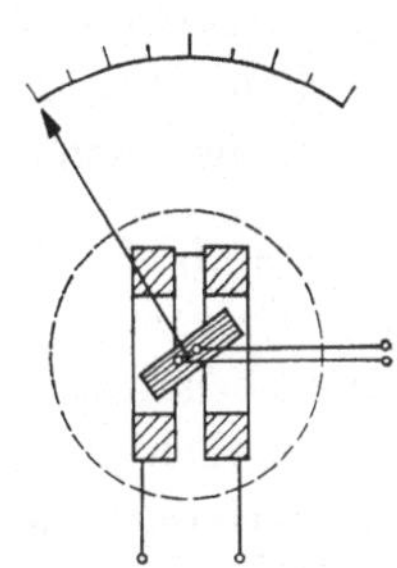

Abb. 1.18 Das Meßwerk
des elektrodynamischen
Meßgerätes (Schema).

eine hohe Meßgenauigkeit, ist allerdings sehr teuer und besitzt beim
Betrieb als Volt- und Amperemeter eine nichtlineare Skala.

Induktions- und Hitzdrahtmeßgeräte treten in ihrer Bedeutung hinter
den oben beschriebenen elektrischen Meßgeräten zurück. Bei dem Induktionsmeßgerät wird der das Meßwerk bewegende Strom durch Induktion
erzeugt. Das Gerät ist deshalb nur für Wechselstrom und für die Frequenzen verwendbar, für die es gebaut ist. Das Arbeitsprinzip der Hitzdrahtmeßgeräte beruht auf der Wärmedehnung eines vom Meßstrom
durchflossenen Hitzdrahtes. Das Instrument ist für Gleich- und Wechselstrom verwendbar, eignet sich aber besonders für hochfrequenten Wechselstrom. Nachteilig ist die nichtlineare Skala und die große Empfindlichkeit gegen Überströme.

Eine eingehende Behandlung der elektrischen Meßgeräte und Meßverfahren haben NEUMANN[87] und PFLIER[88] in ihren Buchveröffentlichungen durchgeführt. PALM[89] behandelt zusätzlich noch die elektrischen Meßeinrichtungen, wie z. B. Meßwiderstände, Meßbrücken, Kom-
pensatoren, Meßverstärker, Meßumformer und andere.

---

[87] NEUMANN, H.: Das Messen mit elektrischen Geräten, Berlin/Göttingen/Hei-
delberg: Springer 1960.

[88] PFLIER, P. M.: Elektrische Meßgeräte und Meßverfahren, 3. Aufl., Berlin/
Göttingen/Heidelberg: Springer 1965. – PFLIER, P. M.: Elektrische Messung mechanischer Größen, 4. Aufl., Berlin/Göttingen/Heidelberg: Springer 1956.

[89] PALM, A.: Elektrische Meßgeräte und Meßeinrichtungen, 4. Aufl., Berlin/
Göttingen/Heidelberg: Springer 1963.

1.34 Elektrische Beleuchtung

Als Grundgrößen der Lichttechnik werden unterschieden (vgl. DIN 5031[90]):

Lichtstrom Φ in Lumen,
Lichtstärke I in Candela,
Beleuchtungsstärke E in Lux,
Leuchtdichte B in Stilb.

Der *Lichtstrom* kennzeichnet die Stärke einer Lichtquelle und dient zur Berechnung des Wirkungsgrades von Lichtquellen und Leuchten. Das Verhältnis des abgegebenen Lichtstromes zur zugeführten Leistung ist die Lichtausbeute in lm/W. Die Einheit des Lichtstromes, das Lumen, ist derjenige Lichtstrom, der eine mit 1 lx beleuchtete Fläche von 1 m² trifft:

$$\Phi = A E. \tag{1.68}$$

Die *Lichtstärke* ist die Lichtstromdichte im Raumwinkel, d.h. der Quotient aus dem den Raumwinkel durchflutenden Lichtstrom und dem Raumwinkel ω:

$$I = \Phi/\omega. \tag{1.69}$$

Die Lichtstärkeeinheit, die Candela, ist als ein Normal festgelegt, von dem alle anderen lichttechnischen Einheiten abgeleitet werden. Die Lichtstärke eines schwarzen Körpers bei der Temperatur des Platinerstarrungspunktes (1768 °C) wird mit 60 Candela (cd) angenommen. Es ist besonders zu beachten, daß der Begriff der Lichtstärke eine punktförmige Lichtquelle voraussetzt. Eine Lichtquelle gilt als punktförmig, wenn sie aus hinreichend großer Entfernung (Grenzabstand) betrachtet und gemessen wird. Unter Grenzabstand ist die Entfernung zu verstehen, in der das Quadratische Entfernungsgesetz $F = I/r^2$ gilt.

Die *Beleuchtungsstärke* bezieht sich auf eine beleuchtete Fläche. Es ist der Quotient aus dem auf eine Fläche auftreffenden Lichtstrom Φ und der Größe A dieser Fläche:

$$E = \Phi/A. \tag{1.68 a}$$

Für die punktförmige Lichtquelle gilt das oben angeschriebene Quadratische Entfernungsgesetz, sofern sich die beleuchtete Fläche senkrecht zur Strahlungsrichtung ausdehnt. Ist die beleuchtete Fläche um den Winkel α zur Senkrechten der Strahlungsrichtung geneigt, so ergibt sich

$$E = I \cos\alpha/r^2. \tag{1.68 b}$$

---

[90] DIN 5031, Blatt 1–4: Strahlungsphysik im optischen Bereich und Lichttechnik. August 1962.

Die Beleuchtungsstärke bildet die Grundlage der Beleuchtungsberechnungen. Entsprechend der Beleuchtungsaufgabe werden verschiedene Beleuchtungsstärken gefordert, deren Richtwerte in DIN 5035 festgelegt sind (vgl. Tab. 1.13). Die in der Tabelle angegebenen Beleuchtungsansprüche richten sich nach den in den Räumen zu verrichtenden Arbeiten. Sehr geringe Ansprüche gelten etwa für Flure und Abstellräume, sehr hohe Ansprüche für feinmechanische Arbeiten.

Tabelle 1.13 *Richtwerte für die Beleuchtungsstärke von Innenbeleuchtungen*
(nach DIN 5035)

Art der Ansprüche an die Beleuchtung	Allgemeinbeleuchtung allein	Platzbeleuchtung mit zusätzlicher Allgemeinbeleuchtung	
	mittlere Beleuchtungsstärke lx	Platzbeleuchtung lx	zusätzliche Allgemeinbeleuchtung lx
Sehr gering	30	–	–
Gering	60	–	–
Mäßig	120	250	20
Hoch	250	500	40
Sehr hoch	600	1000	80
Außergewöhnlich	–	4000	300

Die *Leuchtdichte* ist die Lichtstärkedichte der lichtabgebenden Fläche. Sie muß zur Vermeidung der Blendung möglichst klein gehalten werden. Die Einheit der Leuchtdichte ist das Stilb (sb), die von einer Fläche von 1 cm² ausgestrahlte Lichtstärke 1 cd. Blendung kann durch Mattierung des Lampenkolbens oder durch indirekte Beleuchtung vermieden werden.

Als *Lichtquellen* für allgemeine Beleuchtungszwecke werden Metalldrahtglühlampen, Quecksilberdampflampen und Leuchtstofflampen verwendet. Metalldrahtglühlampen mit Gasfüllung (Stickstoff, Argon, Krypton) haben eine Lichtausbeute von 10 bis 20 lm/W. Leuchtstofflampen bestehen aus einem mit Quecksilberdampf gefüllten Glasrohr, auf dessen Innenwand sich eine Leuchtstoffschicht befindet. Die durch den Quecksilberdampf erzeugte Ultraviolettstrahlung wird durch die Leuchtstoffschicht in langwelliges, sichtbares Licht umgewandelt. Die Lichtausbeute kann dadurch auf etwa den dreifachen Wert derjenigen von Glühlampen gesteigert werden.

1.35 Der thermoelektrische Effekt

Besteht ein geschlossener Stromkreis aus zwei verschiedenen Metallen und werden die beiden Verbindungsstellen der Metalle auf verschiedenen Temperaturen gehalten, so fließt in dem Stromkreis ein elektrischer Strom. Wird umgekehrt der gleiche Stromkreis an eine Stromquelle angeschlossen, so stellen sich an den Verbindungsstellen unterschiedliche Temperaturen ein (vgl. Abb. 1.19). Der erste Effekt, der zur Temperaturmessung mit Hilfe von Thermoelementen technisch angewendet wird (vgl. Abschn. 1.51), wird nach seinem Entdecker als Seebeck-Effekt bezeichnet. Einige Jahre später beobachtete PELTIER den umgekehrten Effekt, weshalb dieser als Peltier-Effekt bekannt wurde. Er

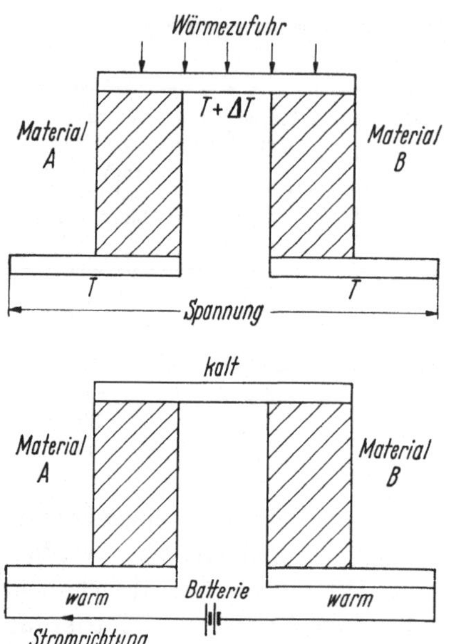

Abb. 1.19 Schematische Darstellung des Seebeck-Effektes (oben) und des Peltier-Effektes (unten).

hat in jüngster Zeit eine große Bedeutung bei der thermoelektrischen Kälteerzeugung und Klimatisierung erlangt.

Die beim Seebeck-Effekt auftretende elektromotorische Kraft E ist proportional der Temperaturdifferenz ΔT zwischen den beiden Verbindungsstellen:

$$E = \alpha_{AB}\,\Delta T. \qquad (1.70)$$

Der Proportionalitätsfaktor α_{AB} ist dabei der relative Seebeck-Koeffizient, die Differenz aus den absoluten Seebeck-Koeffizienten α der beiden Materialien A und B. In Metallen ist α nicht größer als $0{,}5 \cdot 10^{-4}$ V je °C. In Halbleitermaterialien, die neuerdings für thermoelektrische Anwendungsfälle entwickelt wurden, kann α Werte von 2 bis $2{,}5 \cdot 10^{-4}$ V je °C erreichen.

Der beim Peltier-Effekt an den Verbindungsstellen zwischen den beiden verschiedenen Materialien auftretende Wärmestrom Φ ist der Stromstärke I proportional:

$$\Phi = \pi_{AB}\,I. \qquad (1.71)$$

Der Proportionalitätsfaktor π_{AB} wird als der relative Peltier-Koeffizient bezeichnet. Zwischen dem Seebeck-Koeffizient α und dem Peltier-Koeffizient π besteht der Zusammenhang

$$\pi = \alpha\,T, \qquad (1.72)$$

der von Lord KELVIN aufgrund einer thermodynamischen Analyse des thermoelektrischen Effektes angegeben wurde.

In einem thermoelektrischen Stromkreis treten außer den beiden obengenannten Phänomenen noch zwei Effekte auf, die die Leistung stark einschränken. Diese sind die Joulesche Wärme, die in den beiden Materialien erzeugt wird, und die Wärmeleitung zwischen den beiden auf verschiedenen Temperaturen befindlichen Verbindungsstellen.

Weitere Ausführungen über die technische Anwendung des thermoelektrischen Effektes in der Kälte- und Klimatechnik und bezüglich der Leistungsberechnung von Thermopaaren können dem ASHRAE Guide[91] und den Veröffentlichungen von PENROD[92], JUSTI[93] und MÜLLER[94] entnommen werden.

1.4 Schalltechnische Grundlagen

1.41 Allgemeine Bezeichnungen

Unter Schall versteht man elastische Schwingungen der Materie. Der Schall ist an Ortsveränderungen von Masseteilchen gebunden. Da jede Materie aufgrund der elektromagnetischen Wechselwirkung ihrer Bauteile aufeinander elastische Eigenschaften besitzt, ist sie auch fähig Schall zu übertragen. Im Vakuum ist kein Schall denkbar. Die vom menschlichen Ohr wahrnehmbaren Schallschwingungen liegen im Frequenzbereich von etwa 20 bis 20000 Hz (akustischer Schall). Schwingungen mit einer geringeren Frequenz als 20 Hz werden als Infraschall bezeichnet. Schallschwingungen mit einer größeren Frequenz als 20000 Hz heißen Ultraschall (vgl. DIN 1320[95]).

In der technischen Betrachtungsweise wird der Schall als Luftschall, Körperschall oder Wasserschall bezeichnet entsprechend seiner Ausbreitung in Gasen (Luft), in festen Körpern oder in Flüssigkeiten (Wasser). Im Hinblick auf die Lärmbekämpfung interessiert unmittelbar nur der Luftschall, der praktisch allein Lärmstörungen hervorruft. Körper- und Wasserschall interessieren – abgesehen von den zerstörenden Wirkungen des Körperschalls – nur dann, wenn die Möglichkeit der Umsetzung in Luftschall besteht, was in der Praxis sehr oft der Fall ist.

---

[91] ASHRAE Guide and Data Book 1965/66, Fundamentals and Equipment. New York: American Society of Heating, Refrigerating and Air Conditioning Engineers, S. 21–28.

[92] PENROD, E. B.: Grundlagen der thermoelektrischen Kälteerzeugung. Kältetechnik 15 (1963), Heft 8, S. 219–226.

[93] JUSTI, E.: Die physikalischen Grundlagen und werkstoffkundlichen Fortschritte der Peltierkühlung. Kältetechnik 12 (1960), Nr. 5, S. 126–136.

[94] MÜLLER, H.: Bemessung und Aufbau von Peltieraggregaten. Kältetechnik 15 (1963), Heft 5, S. 137–143.

[95] DIN 1320: Akustik, Allgemeine Benennungen. Juni 1959.

1.42 Grundbegriffe der physikalischen Akustik

Die *Ausbreitungsgeschwindigkeit* einer elastischen Schwingung (Schall-geschwindigkeit) hängt von der Dichte ϱ des Mediums, seinen elastischen Eigenschaften und von der Wellenart und Wellenfrequenz ab. Es gilt für

$$\text{Gase:} \qquad c = \sqrt{\frac{\varkappa p_0}{\varrho_0}} \qquad\qquad (1.73\,\text{a})$$

mit $\varkappa$ als Adiabatenexponent und dem Druck p_0 und der Dichte ϱ_0 im Ruhezustand (Luft: $c = 330$ m/s),

$$\text{Flüssigkeiten:} \qquad c = \sqrt{\frac{1}{k\,\varrho_0}} \qquad\qquad (1.73\,\text{b})$$

mit der Kompressibilität k der Flüssigkeit (Wasser: $c = 1500$ m/s),

$$\text{Feststoffe:} \qquad c = \sqrt{\frac{E}{\varrho_0}} \qquad\qquad (1.73\,\text{c})$$

mit dem Elastizitätsmodul E des festen Körpers (Eisen: $c = 5000$ m/s).

Als *Schallausschlag* wird die Auslenkung des schwingenden Teilchens aus der Ruhelage zu der Zeit t bezeichnet:

$$a = A \sin (2\,\pi\,f t)\,. \qquad\qquad (1.74)$$

Dabei sind A die Amplitude und f die Frequenz der Schwingung.

Die *Schallschnelle* (nicht zu verwechseln mit der Schallgeschwindig-keit) ist die Bewegungsgeschwindigkeit eines Teilchens:

$$v = \frac{\mathrm{d}a}{\mathrm{d}t} = V \cos (2\,\pi\,f t)\,. \qquad\qquad (1.75)$$

Da sich infolge der Bewegung die Abstände benachbarter Teilchen lau-fend ändern, treten örtliche Druckänderungen auf. Zum atmosphärischen Druck tritt also der *Schalldruck* hinzu:

$$p = P \cos (2\,\pi\,f t + \varphi)\,. \qquad\qquad (1.76)$$

P ist hierbei das Maximum der Druckschwingung, φ die Phasenverschie-bung, die von der Wellenart abhängt (ebene, fortschreitende Welle: $\varphi = 0$, stehende Welle: $\varphi = 90°$). Zwischen Schalldruck und Schall-schnelle besteht der Zusammenhang

$$p = \varrho\,c\,v\,. \qquad\qquad (1.76\,\text{a})$$

In Analogie zum elektrischen Widerstand wird das Produkt $\varrho c = z$ als Schallwellenwiderstand bezeichnet, der – wie die einzelnen Faktoren –

eine reine Stoffkonstante darstellt. Gl. (1.76a) entspricht dann dem Ohmschen Gesetz der Elektrotechnik.

Schallintensität wird die in der Zeiteinheit durch die Flächeneinheit hindurchtretende Schallenergie genannt. Sie berechnet sich aus den Effektivwerten von Schalldruck und Schallschnelle zu

$$I = p_{\text{eff}} v_{\text{eff}} .\tag{1.77}$$

Die Kombination der Gln. (1.76a) und (1.77) führt zu der Beziehung

$$I = \frac{p_{\text{eff}}^2}{\varrho c} = v_{\text{eff}}^2 \varrho c .\tag{1.77a}$$

Die *Schalleistung* ist die von einer Schallquelle abgegebene Leistung, die durch eine sie ganz umschließende kugelförmige Fläche A hindurchtritt:

$$N = IA .\tag{1.78}$$

Mittlere Schalleistungen verschiedener Schallquellen sind in Tab. 1.14 zusammengestellt.

Tabelle 1.14 *Leistungen verschiedener Schallquellen*

Schallquelle	Schalleistung in Watt
Menschliche Stimme	0,001
Geige	0,001
Klavier	0,2
Posaune	6
Orchester mit 75 Instrumenten	70
Großlautsprecher	100

1.43 Grundbegriffe der physiologischen Akustik

Während die bisher besprochene physikalische Akustik sich mit der objektiven Beschreibung der physikalischen Vorgänge in Schallwellen befaßt, behandelt die physiologische Akustik die Wahrnehmung des Schalles durch das menschliche Ohr unter Berücksichtigung der besonderen Eigenschaften dieses Sinnesorgans.

Die einfachste Schallschwingung von rein sinusförmigem Verlauf wird als *Ton* wahrgenommen. Gelangt eine zwar periodische, aber nicht harmonische Schallschwingung an das Ohr, so wird diese Schwingung vom Ohr in ihre einzelnen harmonischen Teilschwingungen zerlegt. Das Zusammenwirken mehrerer reiner Töne wird als *Klang* wahrgenommen. Als *Geräusch* bezeichnet man Tongemische beliebiger, auch zeitlich veränderlicher Frequenz- und Intensitätszusammensetzung. In einem Geräusch sind oft alle Frequenzen vertreten (kontinuierliches Schallspektrum), wobei allerdings einzelne Frequenzen häufig besonders stark hervortreten. Der Schwingungsverlauf und die Schallspektren von Tönen, Klängen und Geräuschen sind in Abb. 1.20 dargestellt. *Lärm* ist jeder störende Schall. Ob ein Schall störend wirkt oder nicht, hängt nicht nur von seiner Stärke oder Frequenzzusammensetzung ab, sondern unterliegt auch sehr stark psychologischen Gesichtspunkten.

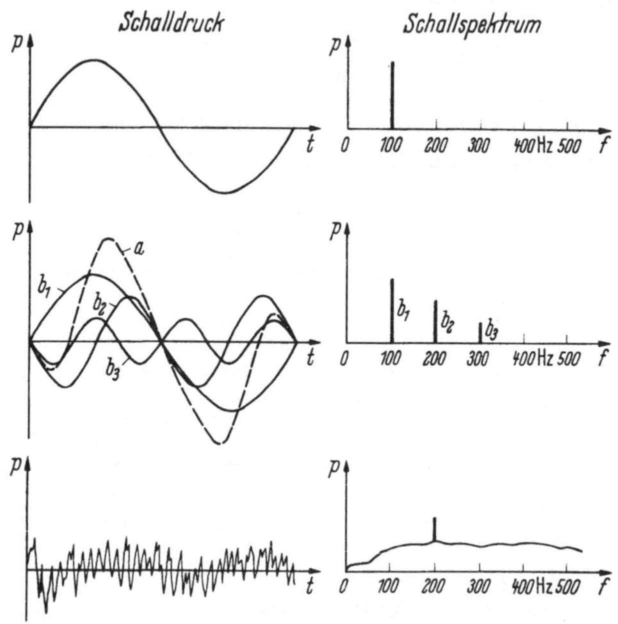

Abb. 1.20 Schwingungsverlauf und Schallspektren eines Tones (oben), Klanges (Mitte) und Geräusches (unten).

Der Bereich der wahrnehmbaren Schallintensitäten ist abgegrenzt durch die

Hörschwelle mit $I_0 = 10^{-10}\,\mu\text{W}/\text{cm}^2$ (bei 1000 Hz) und
Schmerzschwelle mit $I = 10^2\,\mu\text{W}/\text{cm}^2$ (bei 1000 Hz).

Die Empfindlichkeit des Ohres ist frequenzabhängig, d. h., Töne gleicher Intensität, aber verschiedener Frequenz werden verschieden laut empfunden. Daher sind auch Hörschwelle und Schmerzschwelle frequenzabhängig. Bei dem in der Akustik benutzten Normalton von 1000 Hz sind Hör- und Schmerzschwelle durch die oben angegebenen Werte gekennzeichnet. Bei anderen Frequenzen gelten andere Werte (vgl. hierzu die Kurven gleicher Lautstärke in Abb. 1.21). Die Frequenzabhängigkeit der Ohrempfindung ist ein Grund dafür, daß die physikalischen Größen wie Intensität oder Schalldruck nicht zur Beschreibung der Schallwahrnehmung geeignet sind. Ein weiterer Grund für die Einführung neuer Größen in der physiologischen Akustik ist die Tatsache, daß die Empfindungsstärke des menschlichen Ohres nicht proportional zum physikalischen Reiz verläuft. Die Annahme der Gültigkeit des psycho-physischen Grundgesetzes von WEBER und FECHNER, nach dem ganz allgemein die Sinnesempfindung proportional dem Logarithmus des Reizes sein soll – diese Theorie hat sich inzwischen für das menschliche Ohr als falsch erwiesen (vgl. hierzu die Ausführungen von BÜRCK[96]) –, hat zu der Einführung der Dezibel-Skala geführt. Danach ist der Schalldruckpegel L in dB (Dezibel) als Logarithmus des Verhältnisses des Schalldruckes p zu dem international festgelegten Bezugsdruck $p_0 = 2 \cdot 10^{-10}$ bar definiert:

$$L = 20 \lg \frac{p}{p_0} \,. \tag{1.79}$$

Oder mit Gl. (1.77a):

$$L = 10 \lg \frac{I}{I_0} \,. \tag{1.79a}$$

Der Schalldruckpegel gibt an, um wieviel dB eine bestimmte Schallintensität mit dem Schalldruck p über dem Reizschwellenwert liegt. Die Frequenzabhängigkeit der Ohrempfindung wird aber von der Dezibel-Skala noch nicht berücksichtigt. Sie ist deshalb auch nicht ganz geeignet, die Schallwahrnehmung genau wiederzugeben. Als Maß für die Schallempfindung wurde deshalb die Lautstärke Λ in phon eingeführt, deren Definition nach DIN 1318[97] wie folgt lautet: Ein Schall hat die Lautstärke x phon, wenn er genauso laut empfunden wird wie ein reiner Ton von 1000 Hz mit x dB.

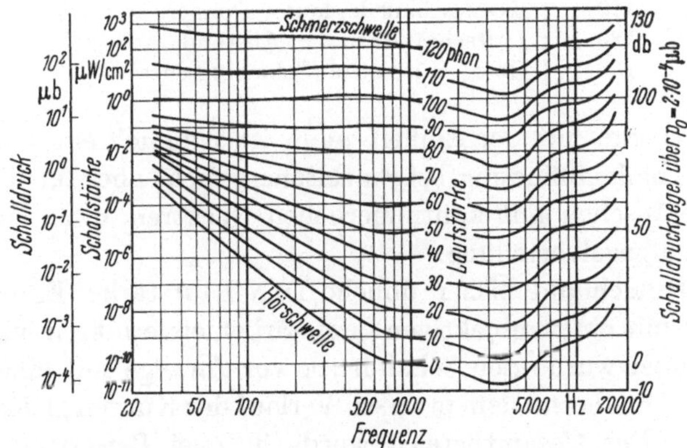

Abb. 1.21 Kurven gleicher Lautstärke (Ohrkurven).

---

[96] BÜRCK, W.: Die Schallmeßfibel, 2. Aufl., München: Oldenbourg 1960, S. 20.
[97] DIN 1318: Lautstärke. Juli 1959.

Bei 1000 Hz stimmen Lautstärke Λ und Schalldruckpegel L überein. Für Töne anderer Frequenzen, bzw. für aus verschiedenen Frequenzen zusammengesetzte Klänge und Geräusche, läßt sich die Lautstärke nur aufgrund subjektiver Hörvergleiche mit einem in seiner Stärke regulierbaren Normalton von 1000 Hz ermitteln. Den von FLETSCHER und MUNSON[98] durch eine Vielzahl von Hörvergleichsversuchen ermittelten Zusammenhang zwischen der Lautstärke Λ und den eindeutig einander zugeordneten Werten von Schalldruck, Schallintensität und Schalldruckpegel geben die in Abb. 1.21 dargestellten Ohrkurven wieder. Die eingezeichneten Kurven sind Linien konstanter Lautstärke, während die Linien gleicher Schallpegelwerte durch horizontale Geraden dargestellt werden. Große Unterschiede zwischen Λ und L sind besonders im Gebiet niedriger Frequenz bei kleinen Lautstärken vorhanden. Dagegen stimmen die Werte von Λ und L bei 1000 Hz und bei großen Lautstärken (etwa ab 90 phon) im ganzen Frequenzbereich recht gut überein.

Tabelle 1.15 *DIN-Lautstärken charakteristischer Geräusche*

DIN-phon	Geräusch
0	Hörgrenze
20	Leises Blätterrauschen
30	Flüstern, ruhige Wohnung
40	Leise Unterhaltung, ruhige Wohnstraße
50	Normale Unterhaltung, Geschäftsräume
60	Staubsauger, mittlerer Straßenverkehr
70	Schreibmaschine, Hundegebell
80	Motor- und Fahrgeräusch in einem PKW
90	Maschinenwerkstatt, Druckerei
100	Preßlufthammer, Baumwollspinnerei
110	Kesselschmiede, lauter Donner
120	Luftschraube in 3 m Abstand
130	Obere Hörgrenze (Schmerzgrenze)

Die Lautstärke mit der Einheit phon ist lediglich ein Maß für die subjektive Schallempfindung bei Einzeltönen, nicht aber für die Lästigkeit von Geräuschen mit kontinuierlichen Spektren, d. h. mit gleichmäßiger Schallpegelverteilung.

Die in Deutschland bisher übliche DIN-Lautstärke (Einheit DIN-phon) wurde mit einem objektiven Lautstärkemeßverfahren (vgl. S. 100) ermittelt. Dabei wurde der Schalldruck vor Anzeige mit einem Filter bewertet, das annähernd dem inversen Verlauf der Kurven gleicher Lautstärke folgte. Der Gesamtbereich wurde in zwei Bewertungsbereiche unterteilt, und zwar in den Bewertungsbereich 1 mit der Bewertungs-

---

[98] FLETSCHER, H., u. W. A. MUNSON: Loudes Level Contours. Journ. Acoust. Soc. America 5 (1933) S. 82.

kurve B für DIN-Lautstärken über 60 DIN-phon und den Bewertungsbereich 2 mit der Bewertungskurve A für DIN-Lautstärken unter 60 DIN-phon. DIN-Lautstärken verschiedener Geräusche sind in Tab. 1.15 zusammengestellt.

Internationalen Empfehlungen folgend wird neuerdings die ehemalige Bewertungsgruppe A (DIN-Lautstärken unter 60 DIN-phon) für den ganzen Schallbereich verwendet. Die Einheit dieses *frequenzbewerteten Summenpegels* ist db (A).

Beim *Zusammenwirken mehrerer Schallquellen* addieren sich nicht einfach ihre Schalldruckpegel, sondern es addieren sich die einzelnen Schallintensitäten:

$$L_{\mathrm{ges}} = 10\lg \frac{I_1 + I_2 + I_3 + \cdots + I_n}{I_0}\,. \tag{1.80}$$

Wirken n Schallquellen gleicher Stärke I gleichzeitig, so ist der Gesamtschallpegel

$$L_{\mathrm{ges}} = 10\lg n\,\frac{I}{I_0}\,. \tag{1.80a}$$

Bei $n = 2$ nimmt der Gesamtpegel um 3 dB, bei $n = 10$ um 10 dB und bei $n = 100$ um 20 dB zu. Die Pegelzunahme bei der Addition zweier Schalldruckpegel verschiedener Größe kann aus Abb. 1.22 abgelesen werden.

Die *Ausbreitung der Schallwellen* erfolgt im Idealfall des unendlich ausgedehnten, völlig homogenen Mediums und einer punktförmigen Schallquelle in Form von Kugelwellen. Die Schallintensität nimmt dabei proportional $1/r^2$ ab, wenn mit r der Abstand von der Schallquelle bezeichnet wird. Daraus folgt für den theoretischen Schalldruckpegel (unter Annahme einer kugelwellenförmigen Schallausbreitung)

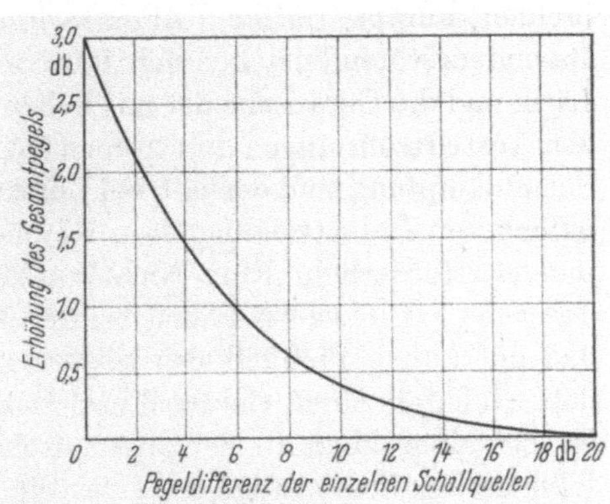

Abb. 1.22 Die Erhöhung des Schalldruckpegels beim Zusammenwirken zweier Schallquellen mit unterschiedlichem Pegel.

im Abstand r von der Schallquelle, wenn der Schallpegel L_1 im Abstand r_1 bekannt ist:

$$L_{\mathrm{th}} = 10\lg \frac{I_1 r_1^2}{I_0 r^2} = L_1 - 20\lg \frac{r}{r_1}\,. \tag{1.81}$$

In der Praxis ist weder die Schallquelle punktförmig noch breitet sich der Schall in Form von Kugelwellen aus. Vielmehr treten durch Reflexion am Erdboden und (in geschlossenen Räumen) an Wänden und Decke, durch Temperaturunterschiede und Luftbewegungen immer Störeinflüsse auf. Die Abnahme des Schallpegels mit der Entfernung ist deshalb in Wirklichkeit geringer, als sie sich nach Gl. (1.81) berechnen läßt. In geschlossenen Räumen kann es zur Schallausbreitung in Form von Zylinderwellen kommen, wobei die Intensität nur noch proportional $1/r$ abnimmt. Gl. (1.81) ändert sich für diesen Fall in

$$L_{\text{th}} = L_1 - 10 \lg \frac{r}{r_1}\,. \tag{1.81 a}$$

In Räumen mit stark reflektierenden Wänden, wie z. B. in Rohrleitungen und Kanälen, breitet sich der Schall in ebenen Wellen aus, wobei – von geringen Wandverlusten abgesehen – die Intensität mit der Entfernung überhaupt nicht abnimmt. Dieser Umstand ist in der Klimatechnik insbesondere bei der Verlegung von Luftkanälen zu berücksichtigen.

1.44 Geräusche in Anlagen der Klimatechnik

Bei Anlagen der Klimatechnik (Lüftungs-, Klima- und Luftheizungsanlagen) können Geräuschquellen in der Maschinenanlage (Heizungsbrenner, Pumpe, Lüfter, Kältemaschine) und in den Luftkanälen liegen. Besonders störend machen sich dabei der von den Lüftergebläsen erzeugte Lärm und die Geräusche der mit hohen Strömungsgeschwindigkeiten aus den Austrittsöffnungen ausströmenden Luft bemerkbar. Maßnahmen zur Schalldämpfung sind deshalb bei Lüftungs- und Klimaanlagen – mit Ausnahme von Industrieanlagen in Räumen mit einem hohen Lärmpegel – immer erforderlich. Eine Nichtbeachtung oder Unterschätzung dieser Tatsache hat in vielen Fällen bei den Bauherren den Eindruck erweckt, daß die Annehmlichkeit des witterungsunabhängigen Raumklimas mit dem Nachteil einer Geräuschbelästigung erkauft werden müsse. Dem ist bei einer auch in schalltechnischer Hinsicht sorgfältig geplanten Klimaanlage keineswegs so. Über die zulässige Höhe von Geräuschen, die durch Ventilatoren und andere Bauteile von Klimaanlagen in Wohn- und Arbeitsräumen entstehen, sind keine verbindlichen Festlegungen vorhanden. Ganz allgemein gilt aber die Forderung, daß die durch eine Klimaanlage verursachte Geräuschbelästigung in einem Raum bei üblicher Benutzung unter dem sonst vorhandenen Schallpegel liegen soll (vgl. hierzu auch die VDI-Richtlinien für die Lärmabwehr in der Lüftungstechnik[99]). Je nach Umgebung dürften die höchstzulässigen Werte für die Summenpegel zwischen 20 bis 25 db(A) (in Rundfunkstudios,

---

[99] VDI-Richtlinien 2081: Lärmabwehr in der Lüftungstechnik, Düsseldorf: VDI-Verlag (in Vorbereitung).

Theatern) und 50 bis 60 db (A) liegen (Arbeitsräume mit anderen Geräuschquellen).

Da das von den in Klimaanlagen eingebauten Ventilatoren erzeugte Geräusch von den Herstellerfirmen sehr oft nicht angegeben wird, muß eine Abschätzung des Lüftergeräusches aus Leistung, Förderstrom und statischem Druck nach einem von BERANEK[100] angegebenen Verfahren vorgenommen werden. Über diese Berechnung hat auch KURTZE[101] unter Angabe der Berechnungsformeln ausführlich berichtet. Danach kann der nach einer Seite abgestrahlte Schalleistungspegel in dB berechnet werden zu

$$L = 25 + 10\lg \dot{V} + 20\lg \Delta p \tag{1.82}$$

mit dem Förderstrom $\dot{V}$ in m³/h und dem Förderdruck Δp in mm WS. Die angegebene Veröffentlichung enthält außerdem Angaben über die Frequenzzusammensetzung von Ventilatorgeräuschen, woraus zu entnehmen ist, daß die Störwirkung der Frequenzen zwischen 200 und 500 Hz besonders groß ist.

Kanalgeräusche entstehen in den Luftkanälen infolge der turbulenten Strömung und durch Wirbelbildung an scharfen Kanten, Umlenkungen und Gittern bei sehr hoher Luftgeschwindigkeit. Durch strömungstechnisch richtige Ausbildung des Kanalsystems können diese Geräusche klein gehalten werden. Der Schallpegel des Turbulenzgeräusches im Luftkanal kann nach LAUX[102] in Abhängigkeit von der Luftgeschwindigkeit v in m/s annähernd nach folgender Beziehung berechnet werden:

$$L = 50\lg v. \tag{1.83}$$

Fragen der Geräuscherzeugung und Lärmabwehr bei Anlagen der Klimatechnik werden ausführlich von ZELLER[103], OPITZ[104], LÜBCKE[105] und GRÜNEWALD[106] behandelt.

---

[100] BERANEK, L. L.: Noise Reduction, New York: McGraw-Hill 1960.

[101] KURTZE, G.: Schalldämpfer für Lüftungs- und Klimaanlagen. Gesundheits-Ingenieur 84 (1963) S. 135–139.

[102] LAUX, H.: Geräusche in Lüftungs- und Klimaanlagen. Entstehung, Messung, Ausbreitung. Heizung-Lüftung-Haustechnik 15 (1964), Nr. 10, S. 345–358.

[103] ZELLER, W.: Technische Lärmabwehr, Stuttgart: Kröner Verlag 1950, S. 154ff. – Erfahrungen bei der Geräuschbekämpfung in Lüftungs- und Klimaanlagen. Heizung und Lüftung 12 (1938) S. 161–163. – ZELLER, W., u. H. STANGE: Vorausbestimmung der Lautstärke von Axialventilatoren. Heizung-Lüftung-Haustechnik 8 (1957), Heft 12, S. 322–323.

[104] OPITZ, H.: Geräuschfragen bei lufttechnischen Anlagen. Gesundheits-Ingenieur 59 (1936), Nr. 31, S. 464–465.

[105] LÜBCKE, E.: Geräuschminderung in Lüftungsanlagen. Gesundheits-Ingenieur 60 (1937), Heft 38. S. 577–581.

[106] GRÜNEWALD, W.: Vorschlag für eine einheitliche Geräuschmessung an Ventilatoren. Heizung-Lüftung-Haustechnik 10 (1959), Heft 6, S. 167–172.

1.45 Möglichkeiten des Schallschutzes

Oberster Grundsatz bei der Lärmbekämpfung sollte sein, von vornherein durch entsprechende Konstruktion und Bauweise jede Möglichkeit für die Entstehung und Weiterleitung von störendem Schall zu vermeiden[107]. Nachträgliche Abhilfen an Maschinen und Gebäuden können äußerst kostspielig sein. Die zahlreichen Möglichkeiten der Lärmbekämpfung werden in den entsprechenden Normen [108], von KURTZE[109], SCHMIDT[110], RECKNAGEL/SPRENGER[111] und anderen Autoren[112, 113] ausführlich beschrieben. Als Zusammenfassung und in Ergänzung zu diesen Ausführungen sollen lediglich einige wesentliche Punkte hervorgehoben werden.

Wie aus Abb. 1.22 abzulesen ist, kann eine Lärmbekämpfung nur dann erfolgreich sein, wenn der Schallpegel der lautesten Einzelquellen – der Spitzenlärm – vermindert wird. Sämtliche Maßnahmen an leiseren Einzelquellen sind wenig sinnvoll, da diese praktisch nur geringen Einfluß auf den Gesamtpegel haben.

Dem Übertreten des Schalles aus einem Raum in einen anderen wird durch die Wand ein Widerstand entgegengesetzt. Die schalldämmende Wirkung einer Wand läßt sich ausdrücken durch die Verminderung des Schallpegels beim Durchtritt des Schalles durch die Wand:

$$L = L_1 - L_2 = 10\lg\frac{I_1}{I_2}. \tag{1.84}$$

Die Dämmwirkung einer Wand ist um so besser, je schwerer und massiver die Wand ist. Sie ist unabhängig von der Höhe des Schallpegels, dagegen sehr oft stark abhängig von der Frequenz des Schalles. Eine Verminderung des Schallpegels in einem Raum kann auch durch eine Verminderung der Reflexion der Umfassungswände durch Auskleiden mit schallschluckenden Stoffen erreicht werden. Der entsprechende Vorgang

---

[107] DALY, B. B.: Untersuchungen zur Verringerung von Ventilatorgeräuschen. Klimatechnik 5 (1963), Heft 11, S. 14–19 u. 6 (1964), Heft 2, S. 8–14.

[108] DIN 4109: Schallschutz im Hochbau. September 1962. – DIN 52210: Bauakustische Prüfungen, Trittschall und Luftschall. März 1960. – DIN 52212: Bauakustische Prüfungen, Schallabsorption. Januar 1961.

[109] KURTZE, G.: Neuentwicklungen beim Schallschutz im Bauwesen. Kunststoffe 1961, Heft 9, S. 595–600. – Schalldämpfer für Lüftungs- und Klimaanlagen. Gesundheits-Ingenieur 84 (1963) S. 135–139. – Physik und Technik der Lärmbekämpfung. Karlsruhe: G. Braun 1964.

[110] SCHMIDT, H.: Schallschutz in der Industrie. Technische Überwachung 4 (1963), Nr. 12, S. 442–444.

[111] RECKNAGEL-SPRENGER: Taschenbuch für Heizung, Lüftung und Klimatechnik. 55. Jahrg. München-Wien: R. Oldenbourg 1968, S. 218–223 u. 875–892.

[112] Wärmetechnische Isolierung und Schallschutz. Herausgegeben von der Grünzweig u. Hartmann AG, Ludwigshafen: 1963.

[113] BERNDT, H.: Grundlagen der Lärmbekämpfung. Energie und Technik 10 (1958), Heft 11, S. 371–373; 11 (1959), Heft 1. S. 20–21; 11 (1959), Heft 3, S. 82–84.

wird mit Schallschluckung oder Schallabsorption bezeichnet. Bei den hierzu verwendeten Stoffen handelt es sich um poröse Materialien, in denen die auftretende Schallenergie zum großen Teil durch Reibung in Wärme umgewandelt wird.

Wie bereits erwähnt, muß in Lüftungskanälen mit stark reflektierenden Oberflächen damit gerechnet werden, daß sich der Schall praktisch ohne Abnahme der Intensität fortpflanzt. Die lästige Übertragung von Ventilatorgeräuschen in die gelüfteten Räume kann hier durch Auskleidung der Kanäle mit Schallschluckstoffen und durch Einbau von Schalldämpfern vermieden werden. Die Dämpfungswirkung von Auskleidung und Schalldämpfer kann durch Gl. (1.84) ausgedrückt werden. Die Dämpfung ist auch hier – wie bei der ebenen Wand – unabhängig von der absoluten Höhe des Schallpegels, dagegen stark abhängig von der Frequenz des Schalles.

1.5 Meßtechnische Grundlagen

Es ist die Aufgabe der Meßtechnik, unter Anwendung geeigneter Meßeinrichtungen durch Zählen, Vergleichen, Anzeigen und Registrieren bestimmte Meßgrößen zu ermitteln. Die meßtechnische Erfassung betrieblicher Größen ist auch ein sehr wesentlicher Bestandteil der Überwachung und Regelung von Betriebseinrichtungen und damit ein wichtiges Hilfsmittel für einen aufgabengerechten und wirtschaftlichen Betrieb.

Die Regelungstechnik – und damit auch die Meßtechnik – ist zu einem unentbehrlichen Teilgebiet der modernen Klimatechnik geworden. In Erkenntnis dieser Tatsache sollte jeder Klimatechniker der Meßtechnik besondere Beachtung schenken. Dies sollte um so leichter fallen, als die in der Klimatechnik zu ermittelnden Meßgrößen und die zur Anwendung kommenden Meßverfahren zahlenmäßig beschränkt sind. Die in der Klimatechnik am häufigsten auftretenden Meßgrößen sind Temperatur, Druck, Feuchtigkeit, Stoff- und Wärmestrom. Die Heizwertbestimmung, die Gasanalyse und die Lautstärkemessung haben daneben in speziellen Fällen Bedeutung erlangt. Ausführliche Beschreibungen der meisten bekannten Meßverfahren sind im Archiv für Technisches Messen[114] enthalten, auf das an dieser Stelle besonders hingewiesen wird.

1.51 Temperaturmessung

Die verschiedenen, bei der Temperaturmessung zur Anwendung kommenden Meßverfahren machen von der Erscheinung Gebrauch, daß sich

---

[114] Archiv für Technisches Messen und industrielle Meßtechnik (ATM). Verlag R. Oldenbourg, München.

gewisse Eigenschaften von Körpern mit der Temperatur in meßbarer
Weise ändern. Dabei werden im wesentlichen folgende temperaturabhängige Zustandsgrößen und Eigenschaften verwendet:

1. das Volum fester, flüssiger oder gasförmiger Stoffe,
2. der elektrische Widerstand von Leitern,
3. der Seebeck-Effekt (die zwischen zwei Lötstellen von unterschiedlicher Temperatur auftretende Spannung),
4. die von einem Körper ausgehende Strahlung.

Flüssigkeitsthermometer (mit Flüssigkeiten gefüllte Glasthermometer)
gehören zu der Gruppe der mechanischen Berührungsthermometer. Sie
sind die einfachsten und gebräuchlichsten Meßgeräte für Temperaturen
von etwa − 200 bis + 750 °C. Der Verwendungsbereich von Flüssigkeits-
thermometern mit verschiedenen Flüssigkeitsfüllungen geht aus Tab. 1.16
hervor. Für den in der Klimatechnik auftretenden Temperaturbereich
sind Quecksilberglasthermometer – in normaler Ausführung bis zu Temperaturen von etwa 300 °C brauchbar – die am meisten verwendeten Meß-
instrumente. Zur Erhöhung der Ablesegenauigkeit werden diese Thermometer mit verschiedenen Meßbereichen hergestellt, z. B. von − 30 bis
+ 50 °C, von − 10 bis + 110 °C, von 0 bis + 200 °C usw. Quecksilberthermometer mit unterdrückten Bereichen haben auch in hohen Tem-
peraturbereichen eine große Empfindlichkeit, da normalerweise der Grad-
wert, d.h. die Fadenlänge je Grad, und damit die Empfindlichkeit eines
Thermometers mit der Größe des Meßbereiches abnimmt.

Die größtmögliche Meßgenauigkeit von guten, geeichten Flüssigkeits-
thermometern beträgt 1/10 °C. Zur Bestimmung von kleinen Temperaturdifferenzen mit einer größeren Genauigkeit (1/100 °C) dient das Beck-
mann-Thermometer mit einem Meßbereich von etwa 5 bis 10 °C. Dieses
Thermometer ist jedoch auch für beliebige Temperaturbereiche (in den
in Tab. 1.16 für Quecksilberthermometer ohne Gasfüllung angegebenen
Grenzen) verwendbar dadurch, daß das Ende der Kapillare zu einem
spiralförmigen Vorratsbehälter verlängert wurde. Dieser kann je nach
Bedarf einen Teil der Quecksilbermenge durch Erwärmen aufnehmen
oder durch Abkühlen wieder zurückgeben.

Tabelle 1.16 *Meßbereiche verschiedener Flüssigkeitsglasthermometer*

Flüssigkeitsfüllung	Meßbereich
Pentan	−200 bis + 20 °C
Alkohol	−110 bis + 50 °C
Toluol	− 70 bis +100 °C
Quecksilber ohne Gasfüllung	− 30 bis +280 °C
Quecksilber mit Gasfüllung	− 30 bis +750 °C

Flüssigkeitsthermometer sollen grundsätzlich so benutzt werden, daß sich der ganze Flüssigkeitsfaden in dem Raum befindet, dessen Temperatur gemessen werden soll. Sehr oft läßt sich diese Forderung aus praktischen Gründen nicht erfüllen. Dann ist bei der Ablesung des Thermometers die Länge des herausragenden Fadens n (in °C) und dessen Temperatur t_f zu berücksichtigen (Fadenkorrektur). Die abgelesene Temperatur t_a ändert sich dabei um einen nach folgender Gleichung zu berechnenden Wert:

$$\Delta t = n\,\gamma\,(t_a - t_f)\,. \tag{1.85}$$

Dabei ist γ der scheinbare Ausdehnungsbeiwert der Füllflüssigkeit im Glas (für Quecksilber: $\gamma \approx 1/6000$). Einzelheiten bezüglich der bei Temperaturmessungen zu beachtenden Vorschriften können den Temperaturmeßregeln, VDE/VDI 3511[115] entnommen werden.

Neben den Flüssigkeitsglasthermometern gibt es noch Flüssigkeits- und Dampfdruckfederthermometer, bei denen der Ort der Ablesung nicht an die Meßstelle gebunden ist, sondern von dieser mehr oder weniger weit entfernt sein kann. Die vom Temperaturfühler zum Druckmeßwerk führende Kapillarleitung ist bei dem Flüssigkeitsfederthermometer voll mit einer Flüssigkeit, bei dem Dampfdruckthermometer nur teilweise mit einer leicht verdampfenden Flüssigkeit gefüllt. Im einen Fall wirkt die Ausdehnung der Flüssigkeit, im anderen der Dampfdruck auf das Druckmeßwerk.

Metallausdehnungsthermometer (Stabthermometer und Bimetallthermometer) benutzen zur Temperaturmessung die unterschiedliche Ausdehnung zweier fester Körper mit ungleichen Ausdehnungskoeffizienten. Der Anwendungsbereich dieser Meßgeräte erstreckt sich in der Hauptsache auf die Verwendung als Raumthermometer, in Schreibgeräten und einfachen Temperaturreglern.

Die Temperaturmessung mit *Widerstandsthermometern* beruht auf der Ermittlung der temperaturabhängigen Änderung des elektrischen Widerstandes von Metallen und Halbleitern. Als Werkstoffe für Widerstandsthermometer kommen nur solche in Betracht, die – abgesehen von dem elektrischen Widerstand – ihre physikalischen und chemischen Eigenschaften in dem entsprechenden Temperaturbereich nicht verändern. Am meisten verwendet werden – auch in dem in der Klimatechnik interessanten Temperaturbereich – Platin und Nickel. Die überhaupt für Widerstandsthermometer geeigneten Materialien sind in Tab. 1.17 zusammengestellt. Da bei Temperaturmessungen mit Widerstandsthermometern eine relativ große Meßgenauigkeit (etwa auf 1/100 °C) erreicht werden kann, wird dieses Meßverfahren dann bevorzugt angewendet,

---

[115] VDE/VDI 3511: Temperaturmessungen bei Abnahmeversuchen und in der Betriebsüberwachung. Düsseldorf: VDI-Verlag 1965.

Tabelle 1.17 *Meßbereiche verschiedener Werkstoffe bei Widerstandsthermometern*

Werkstoff	Verwendungsbereich
Platin	−200 bis + 750 °C
Nickel	− 70 bis + 150 °C
Eisen	bis + 100 °C
Kupfer	− 50 bis + 150 °C
Elektrolyte	bis + 100 °C
Halbleiter	bis +1000 °C

wenn derartig hohe Ansprüche zu erfüllen sind. Die sehr genaue Ermittlung der temperaturbedingten Widerstandsänderungen in dem Meßfühler erfolgt dabei mit einer Meßbrücke, deren Schaltung der einer Wheatstoneschen Brücke entspricht (Nullverfahren durch Abgleich der Brücke oder Ausschlagverfahren bei konstanter Speisespannung). Bei der einfachsten Brückenschaltung bildet der Meßfühler einen Zweig der Brücke.

Thermoelemente bestehen aus zwei verschiedenen Metallen, die zu einem geschlossenen Stromkreis vereinigt sind. In dem Stromkreis entsteht eine elektromotorische Kraft, wenn die beiden Verbindungsstellen (Lötstellen) der Metalle auf verschiedene Temperaturen gebracht werden (Seebeck-Effekt, vgl. S. 70). Eine Lötstelle befindet sich jeweils an dem Ort, dessen Temperatur gemessen werden soll (Warmlötstelle), die andere wird auf einer bekannten, gleichbleibenden Temperatur gehalten (Kaltlötstelle, z.B. Raumtemperatur 20°C oder Eispunkt 0°C). Die durch Eichung gefundene Abhängigkeit der Thermokraft von der Temperaturdifferenz zwischen beiden Lötstellen ermöglicht die Bestimmung der gesuchten Temperatur. Zur technischen Anwendung eignen sich besonders folgende Elemente, die in DIN 43710[116] genormt sind:

Kupfer–Konstantan	bis etwa	500 °C,
Silber–Konstantan	bis etwa	600 °C,
Eisen–Konstantan	bis etwa	800 °C,
Platin–Platinrhodium	bis etwa	1600 °C.

Als Anzeigeinstrument wird ein Millivoltmeter verwendet, dessen Innenwiderstand möglichst hoch sein soll, damit der Meßstrom möglichst klein gehalten wird und der Einfluß der Zuleitungen und des Wärmeübergangs am Element gering bleibt. Die Meßgenauigkeit kann bei Thermoelementen je nach Größe der gemessenen Temperaturdifferenz zu etwa 1 bis 1/10 °C angenommen werden. Für sehr genaue Messungen lassen sich Kompensationsschaltungen einsetzen. Die auftretende Thermospannung kann auch durch Hintereinanderschaltung verschiedener Elemente zu

---

[116] DIN 43710: Thermospannungen und Werkstoffe der Thermopaare. April 1961.

sog. Thermoketten vergrößert werden. KRAUSE[116a] hat eine thermoelektrische Sonde beschrieben, die zur Messung von Wand- und Heizflächentemperaturen bei Anlagen der Klimatechnik verwendet werden kann.

Strahlungspyrometer sind Temperaturmeßgeräte, die die von einem Körper ausgehende Strahlung zur Ermittlung der Temperatur der strahlenden Fläche heranzieht. Optische Pyrometer (Teilstrahlungspyrometer) benutzen dabei nur die dem Auge sichtbare Strahlung im Wellenlängenbereich zwischen 0,4 und 0,8 μm. Dementsprechend werden Teilstrahlungspyrometer zur Messung von Temperaturen oberhalb 800 °C verwendet. Das Meßprinzip beruht auf einem Vergleich der Helligkeit des Glühfadens einer in das Meßgerät eingebauten Glühlampe mit der Helligkeit des betrachteten Körpers. Ganz anders erfolgt die Temperaturmessung mit dem Gesamtstrahlungspyrometer (Abb. 1.23), bei dem die aufgefangene gesamte Strahlung auf ein Thermoelement geworfen wird.

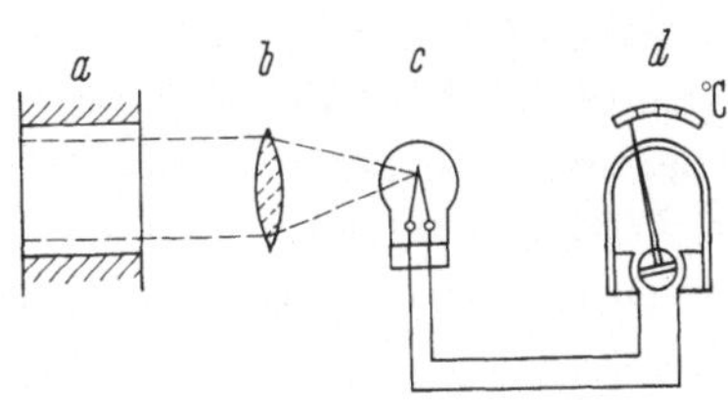

Abb. 1.23
Aufbau des Gesamtstrahlungspyrometers.
a Strahler; *b* Objektiv; *c* Thermoelement; *d* Millivoltmeter.

Die gemessene Temperatur kann an einem Millivoltmeter abgelesen werden, wobei das Absorptionsvermögen der strahlenden Fläche mitberücksichtigt werden muß. Gesamtstrahlungspyrometer eignen sich für Temperaturmessungen oberhalb − 80 °C. Die Meßgenauigkeit ist bei Pyrometermessungen relativ gering. Sie kann je nach Bauart des Meßgerätes und den örtlichen Möglichkeiten zur Durchführung der Messungen etwa zwischen 1 und 10 °C liegen. Der Abstand des Meßgerätes von der strahlenden Fläche ist normalerweise ohne Einfluß auf das Meßergebnis. Es ist nämlich falsch, in diesem Zusammenhang auf das Gesetz der Strahlungsabnahme proportional zum Quadrat der Entfernung Bezug zu nehmen, das nur für einen punktförmigen Strahler gilt. Eine unendlich große oder sehr große endliche Fläche liefert in jeder Entfernung die gleiche Energie, da ja der bei gleichem Winkelausschnitt des Pyrometers anvisierte Flächenteil mit dem Quadrat des Abstandes zunimmt.

Bezüglich der zahlreichen Sonderverfahren zur Temperaturmessung und einer genaueren Beschreibung von Aufbau und Wirkungsweise der obengenannten Meßgeräte wird auf das einschlägige Schrifttum[117−120] verwiesen.

[116a] KRAUSE, B.: Thermoelektrische Oberflächentemperaturmessung. Heiz.-Lüft.-Haustechnik 9 (1958), Nr. 6, S. 135–138.

[117] LINDORF, H.: Technische Temperaturmessungen, 2. Aufl., Essen: Girardet 1956.

[118] LIENEWEG, F.: Temperaturmessung, Leipzig: Akad. Verlagsgesellschaft 1950.

[119] HENNING, F.: Temperaturmessung, Leipzig: Barth 1951.

[120] GRAMBERG, A.: Technische Messungen bei Maschinenuntersuchungen und zur Betriebskontrolle, 7. Aufl., Berlin/Göttingen/Heidelberg: Springer 1963, S. 291 ff.

1.52 Druckmessung

Als Druck wird die auf die Flächeneinheit wirkende Kraft bezeichnet (vgl. S. 14). Bei praktisch allen Druckmeßverfahren handelt es sich um Kraftmessungen, die unter Berücksichtigung der Fläche, auf die innerhalb des Meßinstrumentes die gemessene Kraft einwirken kann, als Ergebnis einen Druck ergeben. Da in vielen technischen Anwendungsfällen – auch in der Klimatechnik – Relativdrücke (Über- oder Unterdrücke, bezogen auf den atmosphärischen Luftdruck) gemessen werden, ist der Unterschied zwischen Absolut- und Relativdrücken besonders zu beachten. Bei der Messung von Druckdifferenzen kann eine solche Unterscheidung selbstverständlich entfallen.

Flüssigkeitsmanometer können für eine relativ genaue Messung kleiner Druckunterschiede eingesetzt werden. Die einfachste Form des Flüssigkeitsmanometers ist das U-Rohr-Manometer, ein mit einer Meßflüssigkeit (Quecksilber, Wasser, Alkohol) gefülltes, U-förmig gebogenes Glasrohr. Hierbei ist die Druckmessung auf eine Längenmessung – die Länge zwischen den Flüssigkeitsoberflächen in beiden Schenkeln des U-Rohres – zurückgeführt. Der Druck ergibt sich durch Multiplikation der abgelesenen Länge mit dem spezifischen Gewicht der Meßflüssigkeit. Genauere Messungen sehr kleiner Drücke können mit einem Schrägrohrmanometer (Abb. 1.24) durchgeführt werden, bei dem die Flüssigkeitsoberfläche, auf die der Überdruck wirkt, stark vergrößert und der zweite Schenkel geneigt wurde. Die Länge, mit der das spezifische Gewicht zur Errechnung des Druckes multipliziert werden muß, ist die Größe

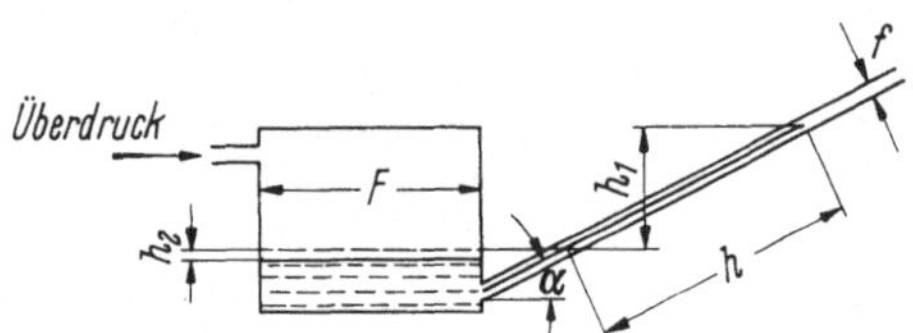

Abb. 1.24 Schrägrohrmanometer.

$$h = h_1 + h_2 \,. \tag{1.86}$$

Da das Übersetzungsverhältnis

$$x = \frac{n}{h} = \frac{1}{\sin\alpha + f/F} \tag{1.87}$$

auf den Geräten meistens angegeben ist, läßt sich die Länge h aus dem Übersetzungsverhältnis x und der Ablesung n berechnen zu

$$h = n/x \,. \tag{1.88}$$

Auch Ringwaagen werden in erster Linie zur genauen Ermittlung kleiner Druckdifferenzen verwendet. Sie können nur insofern in die Reihe der

Flüssigkeitsmanometer eingereiht werden, als die Ringtrommel etwa zur Hälfte mit einer Sperrflüssigkeit gefüllt ist. Das Meßprinzip bei der Ringwaage beruht aber darauf, daß auf die Trennwand mit der Fläche f eine Kraft von der Größe $f \cdot \Delta p$ wirkt, die der Waage ein Moment

$$M = f \, \Delta p \, R \qquad (1.89)$$

erteilt. Die Ringtrommel dreht sich so weit, bis das von einem Gewicht G erzeugte Rückstellmoment wieder Gleichgewicht herstellt (vgl. Abb. 1.25). Die beiden Oberflächen der Sperrflüssigkeit verschieben sich zwar auch um die Höhe h gegeneinander, dies ist aber eine bei jedem U-Rohr-Manometer zu beobachtende Erscheinung, die mit dem eigentlichen Meßprinzip der Ringwaage nichts zu tun hat. Konstruktiv ist es möglich, mit der Ringwaage jeder Meßanforderung zu genügen. Großer Ringdurchmesser und großer Querschnitt ermöglichen – wie aus Gl. (1.89) zu ersehen ist – die Messung sehr kleiner Druckunterschiede. Bei zu großen Drücken besteht allerdings die Gefahr des Durchschlagens, da die Größe des maximal zulässigen Überdruckes durch das Gewicht der Füllflüssigkeit begrenzt ist.

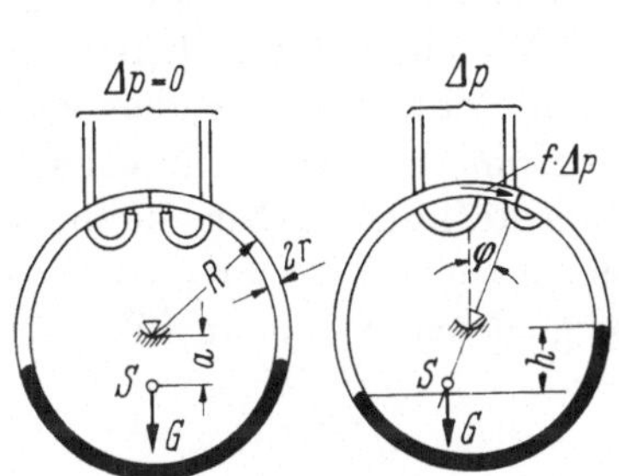

Abb. 1.25 Wirkungsweise der Ringwaage:
im Ruhezustand (links),
bei der Druckmessung (rechts).

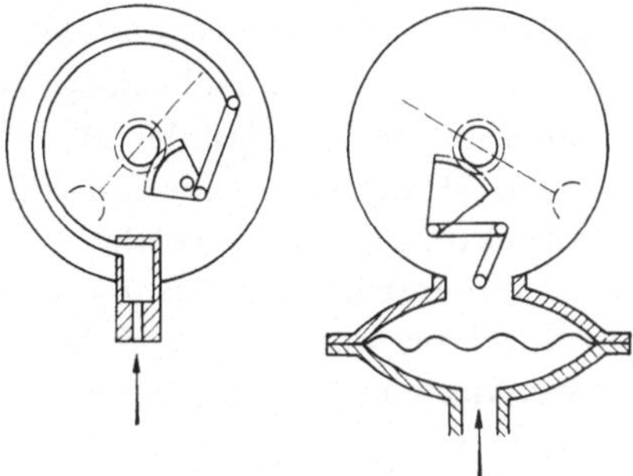

Abb. 1.26 Aufbau der Federmanometer:
Röhrenfedermanometer (links),
Plattenfedermanometer (rechts).

Federmanometer werden wegen ihrer Robustheit und Unempfindlichkeit besonders gerne als Betriebsmanometer für hohe und mittlere Drücke eingesetzt. Die bekanntesten Bauarten sind die Plattenfeder- und Röhrenfedermanometer (Abb. 1.26) Bei den Plattenfedermanometern wird die Durchbiegung einer Membran oder Plattenfeder über ein Übersetzungsgetriebe auf einen Zeiger übertragen. Der wirksame Bestandteil des Röhrenfedermanometers ist ein gebogenes Rohr mit einem flachen Querschnitt, dessen offenes Ende mit dem Raum in Verbindung steht, dessen Druck zu messen ist. Unter der Wirkung des Überdruckes hat die Röhre das Bestreben, sich zu strecken. Der Ausschlag wird über Hebel und Getriebe auf einen vor einer Skala angebrachten Zeiger übertragen. Die

Genauigkeit der Federmanometer leidet häufig unter den mit der Zeit veränderlichen Federcharakteristiken und Reibungswiderständen in den Übertragungsmechanismen. Deshalb sind diese Manometer in bestimmten Zeitabständen nachzueichen. Für die Messung großer Druckdifferenzen und als Meßwerk entsprechender Regelanlagen eignen sich Barton-Meßzellen sehr gut, deren Aufbau und Wirkungsweise in dem von der Firma Siemens herausgegebenen Taschenbuch für Messen und Regeln[121] ausführlich beschrieben werden.

Barometer dienen zur Ermittlung des Atmosphärendruckes. Sie können als Quecksilberbarometer (bei hohen Genauigkeitsansprüchen) oder als Dosenbarometer mit Kapselfedermeßwerk ausgebildet sein (vgl. hierzu[122]). Bei der Ablesung am Quecksilberbarometer ist die temperaturabhängige Ausdehnung des Quecksilbers zu berücksichtigen. Die Barometerkorrektion kann mit ausreichender Genauigkeit durch die Beziehung

$$b_0 = b - \frac{t}{8} \tag{1.90}$$

wiedergegeben werden, wobei b den abgelesenen Druckwert und t die Temperatur in °C darstellen.

Elektrische Druckmeßverfahren, die zur Umformung des Druckes in elektrische Größen verschiedene Arten von Wandlern (piezoelektrische Wandler, induktive Wandler, Widerstandswandler u. a.) verwenden, werden in der Hauptsache nur sinnvoll bei der Ermittlung von sehr schnellen Druckwechseln angewendet. Zur Messung statischer Drücke kommen sie deshalb nur bei der Fernübertragung der Anzeige oder zur Auslösung von Regelvorgängen in Betracht. Diesbezüglich sei auf die ausführliche Darstellung von GOHLKE[123] verwiesen.

1.53 Messung der Luftfeuchtigkeit

Die in der Luft enthaltene Wassermenge kann als absolute Feuchtigkeit in g H_2O je kg trockener Luft oder als relative Feuchtigkeit in % gemessen und angegeben werden (vgl. hierzu S. 27). Bei Trocknungsvorgängen kommt es in der Hauptsache darauf an, mit der absoluten Feuchtigkeit die tatsächlich in der Luft vorhandene Wassermenge zu erfassen. In der Klimatechnik hingegen ist für die Verarbeitung feuchtigkeitsempfindlicher Stoffe und für die Behaglichkeit in Aufenthaltsräumen die relative Luftfeuchtigkeit die maßgebende Größe. In der

---

[121] Siemens u. Halske AG: Taschenbuch für Messen und Regeln in der Wärme- und Chemietechnik, 4. Aufl. 1962.

[122] Barometer-Einführung. Archiv für Technisches Messen, I 136 – 5. April 1941.

[123] GOHLKE, W.: Mechanisch-elektrische Meßtechnik, München: Hanser Verlag 1955.

Klimatechnik wird es deshalb in allen praktischen Fällen darauf ankommen, die relative Luftfeuchtigkeit zu ermitteln, wobei allerdings darauf hinzuweisen ist, daß mit Hilfe der bekannten Beziehungen und aus den Diagrammen für die feuchte Luft die eine Größe aus der anderen leicht bestimmt werden kann.

Psychrometer sind die bekanntesten und genauesten Meßgeräte zur Bestimmung der Luftfeuchtigkeit. Sie bestehen aus zwei Thermometern, von denen das eine mit einem feuchten Musselinstrumpf umgeben ist (Abb. 1.27). Der in dem Gerät angeordnete Ventilator sorgt dafür, daß sich ein Luftstrom an den beiden Thermometern vorbeibewegt. Dabei wird die am feuchten Thermometer vorbeiströmende Luft mit Wasserdampf gesättigt. Durch die Verdunstung des Wassers wird dem Musselinstrumpf Wärme entzogen, und ein Gleichgewichtszustand stellt sich bei Erreichen der sog. Kühlgrenztemperatur ein. Anhand von Psychrometertafeln, psychrometrischen Diagrammen[123a] oder aus den h,x- und t,x-Diagrammen feuchter Luft kann mit den am trockenen und feuchten Thermometer abgelesenen Temperaturen auf die bereits in Abschn. 1.15 beschriebene Weise der Luftzustandspunkt und damit auch die relative Luftfeuchtigkeit ermittelt werden. Voraussetzung für eine genaue Messung ist, daß die Luft, deren Feuchtigkeit bestimmt werden soll, mit einer Geschwindigkeit von etwa 2 bis 3 m/s am feuchten Thermometer vorbeiströmt. Neben dem in Abb. 1.27 dargestellten Psychrometer, dessen Ventilator

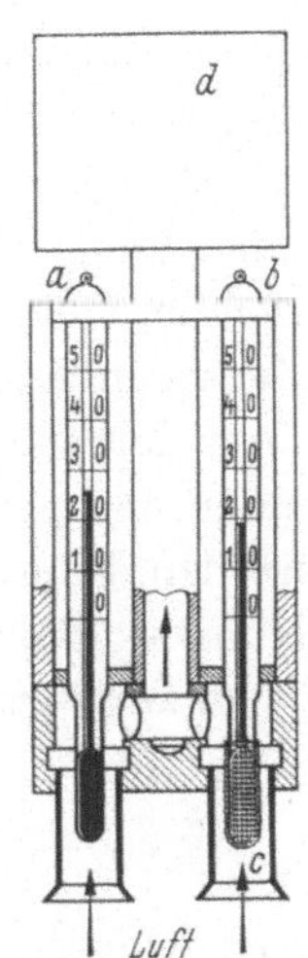

Abb. 1.27 Aufbau des Aspirationspsychrometers.

a trockenes Thermometer,
b feuchtes Thermometer,
c Musselinstrumpf,
d Ventilator.

mit einem Uhrwerksmotor angetrieben wird, gibt es auch solche mit elektrisch getriebenem Ventilator. Die beiden Quecksilberthermometer können auch bei Fernanzeigen oder zur Auslösung von Regelvorgängen durch Widerstandsthermometer oder Thermoelemente ersetzt werden.

Lithiumchloridfeuchtemesser bestehen aus einer Metallhülse, die mit einem in wäßrige LiCl-Lösung getränkten Glasgewebe umgeben ist. Die Lösung wird mit Hilfe von zwei Elektroden erwärmt. Zwischen der warmen Lösung bzw. dem festen Salz und der Umgebungsluft mit einer bestimmten Luftfeuchtigkeit findet nun ein Stoffaustausch statt. In dem nach einer gewissen Zeit erreichten Gleichgewichtszustand besitzt die LiCl-Lösung eine dem Wasserdampfpartialdruck in der Luft entspre-

---

[123a] BAEHR, H. D.: Auswertung von Psychrometerablesungen. DKV-Arbeitsblatt 1-57, Karlsruhe: C. F. Müller 1964. Beilage zu Kältetechnik 16 (1964), Heft 4.

chende Umwandlungstemperatur von der flüssigen Lösung zum festen Salz. Diese Temperatur wird mit einem in der Metallhülse angeordneten Widerstandsthermometer gemessen. Sie ist ein Maß für die Luftfeuchtigkeit. Der Meßwert kann elektrischen Anzeigern, Schreibern oder Reglern zugeführt werden. Die Fehlergrenze beträgt beim Messen der relativen Feuchte mit Lithiumchloridfeuchtemessern etwa 2%. Die Geräte eignen sich besonders zum Einbau in Luftkanäle.

Eines der ältesten Feuchtemeßgeräte ist das *Haarhygrometer*, das trotz seiner relativ geringen Meßgenauigkeit in der Hauptsache wohl wegen des billigen Preises auch heute noch gerne angewendet wird. Das Haarhygrometer benutzt die Eigenschaft menschlicher Haare oder von Kunststoffäden, mit der Umgebungsluft Feuchtigkeit auszutauschen und dabei ihre Länge zu ändern. Diese Längenänderung kann über einen entsprechenden Hebelmechanismus auf einen Zeiger übertragen werden. Da das Menschenhaar die hygroskopischen Eigenschaften nach einer bestimmten Zeit verliert, muß ein Haarhygrometer in regelmäßigen Zeitabständen nachgeeicht und durch eine zusätzliche Befeuchtung regeneriert werden. Eine konstante Anzeigegenauigkeit kann durch Verwendung von Kunststoffäden erreicht werden. Das Haarhygrometer eignet sich besonders zur Verwendung in Feuchteschreibern.

1.54 Durchflußmessung

Es ist Aufgabe der Durchflußmessung, Kenntnis über die Verteilung von in Rohrleitungen oder Kanälen strömenden Stoffen zu verschaffen. In der Mehrzahl der in der Klimatechnik auftretenden Fälle handelt es sich dabei um die Bestimmung eines Volumstromes, des auf die Zeit bezogenen Volums des strömenden Stoffes, aus der Messung der Strömungsgeschwindigkeit und des durchströmten Querschnitts. Unter Berücksichtigung der Dichte des strömenden Stoffes kann daraus der Mengen- oder Massenstrom berechnet werden. Bei den Gas- und Flüssigkeitszählern erfolgt lediglich eine Volummessung. Die für die Ermittlung des Volum- oder Massenstromes erforderliche Zeit muß hier besonders gemessen werden. Grundlagen und Praxis der Durchflußmessung hat HERNING[124] ausführlich behandelt.

Sehr beliebt bei der Messung von Gas- oder Flüssigkeitsströmen in geschlossenen Rohrleitungen ist die Anwendung von *Drosselgeräten*. Dabei ist die Messung des Stoffstromes auf eine Druckdifferenzmessung zurückgeführt (vgl. S. 86). Bei den zur Anwendung kommenden und in DIN 1952 genormten Geräten handelt es sich um Blenden, Düsen und Venturidüsen. Blenden sind Scheiben mit einer in der Mitte angebrachten

---

[124] HERNING, F.: Grundlagen und Praxis der Mengenstrommessung, 2. Aufl.. Düsseldorf: VDI-Verlag 1959.

Bohrung und einer scharfen Kante an der Einlaufseite. Sie sind billig herzustellen, leicht einzubauen und haben einen geringen Platzbedarf. Ein Nachteil der Blenden ist ihre hohe Empfindlichkeit gegenüber geringen Störungen des stationären Strömungszustandes. Düsen haben abgerundete Einlaufkanten und erzeugen parallele Strahlen. Sie sind nicht sehr empfindlich gegenüber Störungen in der Strömung, sind aber schwierig herzustellen und erfordern mehr Platz als die Blende. Die Venturidüse ist das Drosselgerät, das am wenigsten empfindlich ist und den geringsten bleibenden Druckverlust aufweist. Es wird aber in der Praxis besonders deshalb wenig angewendet, weil die Herstellung teuer, der Einbau schwierig und der Platzbedarf sehr groß sind. – Für viele technische Fälle ist die Strommessung mit Drosselgeräten das einzig brauchbare Meßverfahren, das sehr genau und bequem ist und auf beliebige strömende Flüssigkeiten, Gase und Dämpfe angewendet werden kann. Allerdings müssen für eine exakte Durchführung der Messung folgende Forderungen erfüllt sein:

1. Der strömende Stoff muß in reiner Phase vorliegen und seine Dichte und Viskosität bekannt sein.
2. Das Drosselgerät muß normgerecht ausgeführt und eingebaut sein.
3. Der stationären, axialen Strömung darf kein Drall überlagert sein.

Für die Ermittlung der bei den Strommessungen mit Drosselgeräten auftretenden Druckdifferenzen zwischen den vor und hinter der Drosselstelle liegenden Meßstellen (Wirkdrücke) eignen sich U-Rohr-Manometer oder Ringwaagen sehr gut (vgl. S. 86).

Gas- und Flüssigkeitszähler sind Volummesser, bei denen die Anzeige meist durch Zählwerke erfolgt. Bei den Gaszählern wird die nasse und die trockene Bauart unterschieden. Der *nasse Gaszähler* besteht aus einer in einem feststehenden Gehäuse umlaufenden Trommel, deren untere Hälfte in Wasser eintaucht. Das Wasser dient als Sperrflüssigkeit, das die Öffnungen der 4 Trommelkammern verschließt. Die Drehung der Trommel wird durch den Druckunterschied zwischen dem Eintritt und Austritt des Gaszählers hervorgerufen. Die Anzahl der Trommeldrehungen ist ein Maß für die durchgeströmte Gasmenge. *Trockene Gaszähler* enterhalten zwei sich abwechselnd füllende Lederbälge, deren Bewegung beim Füllen und Entleeren auf ein Zeigerwerk übertragen wird. – Bei den *Flüssigkeitszählern* haben sich je nach Ausführung der Meßorgane verschiedene Bauarten eingeführt, von denen als die gebräuchlichsten angesehen werden können:

Flügelradflüssigkeitszähler,
Woltman-Flüssigkeitszähler.
Ringkolbenzähler und
Ovalradzähler.

Bei dem Flügelradzähler wird ein senkrecht gelagertes Flügelrad von der Flüssigkeit tangential angeströmt und in Drehung versetzt. Der Woltman-Zähler (Abb. 1.28) unterscheidet sich von dem normalen Flügelradzähler dadurch, daß das Laufrad horizontal angeordnet und axial beaufschlagt ist. Ringkolbenzähler und Ovalradzähler haben Kolbenzählwerke mit umlaufenden Kolben, die bei jedem Umlauf den Inhalt der Meßkammer verdrängen. Sie zeichnen sich durch sehr hohe Meßgenauigkeit und große Meßbereiche aus und werden als Zähler für eine große Zahl von Flüssigkeiten in verschiedenen Werkstoffen hergestellt. Als Hauswasserzähler werden in erster Linie die Bauarten der Flügelrad- und Woltman-Zähler angewendet.

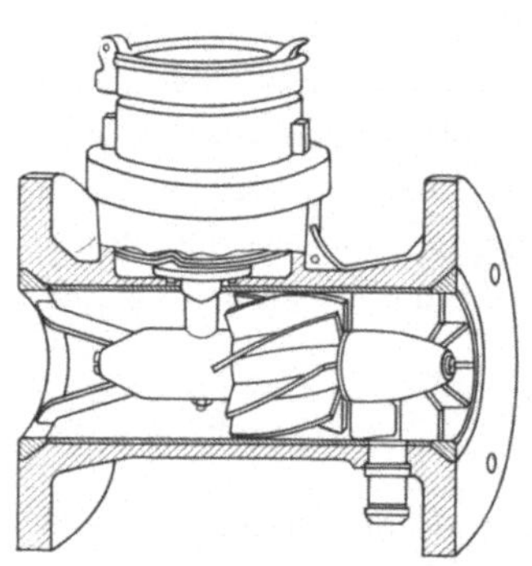

Abb. 1.28 Woltmann-Zähler.

Zur Messung der Luftgeschwindigkeit, die gerade für die Klimatechnik von besonderer Bedeutung ist, wird eine größere Anzahl von Meßgeräten eingesetzt, die sich in die beiden Gruppen der Staugeräte und Anemometer einteilen lassen (vgl. hierzu DIN 1946[125]). Das bekannteste Staugerät ist das *Prandtl-Staurohr*, das die Abhängigkeit des dynamischen Druckes von der Strömungsgeschwindigkeit (Satz von BERNOULLI) zur Messung heranzieht. Mit Hilfe des Staurohres können der Gesamtdruck p_{ges} (Meßöffnung am vorderen Ende des Rohres), der statische Druck p_{st} (Öffnung an der Seite des Rohres senkrecht zur Strömungsrichtung) oder der dynamische Druck als Differenz der beiden genannten Drücke

$$p_{\mathrm{dyn}} = p_{\mathrm{ges}} - p_{\mathrm{st}}$$

gemessen werden. Die Strömungsgeschwindigkeit berechnet sich dann aus dem dynamischen Druck nach der Beziehung

$$w = \sqrt{2\,p_{\mathrm{dyn}}/\varrho}\,. \tag{1.91}$$

Auf diese Weise erfolgt eine punktförmige Erfassung der Luftgeschwindigkeit. Bei einer Kanalströmung ist zur genauen Ermittlung der strömenden Luftmenge die Geschwindigkeit an mehreren Stellen des Kanalquerschnittes zu messen und aus den Ergebnissen ein Mittelwert zu bilden (Integration über den Kanalquerschnitt). Das Prandtlsche Staurohr ist – insbesondere bei hohen Luftgeschwindigkeiten – das zuverlässigste und genaueste Meßgerät zur Durchführung von Geschwindigkeitsmessungen in Kanälen. Der Umweg über die Druckmessung und Umrechnung auf

<hr>

[125] DIN 1946: Lüftungstechnische Anlagen (VDI-Lüftungsregeln). Blatt 1 Grundregeln. April 1960.

den Geschwindigkeitswert macht dieses Meßverfahren allerdings etwas umständlich.

Einfacher, dafür aber oft weniger genau, ist die Messung der Luftgeschwindigkeit mit Hilfe einer der folgenden *Anemometer*-Bauarten:

Flügelradanemometer,
Stauklappenanemometer,
Hitzdrahtanemometer.

Beim Flügelradanemometer (Abb. 1.29) wird die Umdrehungszahl des Rades als Meßgröße für die Luftgeschwindigkeit benutzt. Die Zeitmessung erfolgt mittels einer eingebauten Stoppuhr. Am Ende der Messung, die sich jeweils über einen konstanten Zeitraum (meist eine Minute) erstreckt, kann die Luftgeschwindigkeit in Metern je Minute auf der Skala abgelesen werden. Das Flügelradanemometer hat den großen Vorteil, daß mit ihm in einem größeren Querschnitt mit örtlich veränderlicher Geschwindigkeit ein Geschwindigkeitsmittelwert einfach dadurch ermittelt werden kann, daß der Querschnitt gleichmäßig mit dem Meßgerät bestrichen wird. Bei schnell veränderlichen Geschwindigkeiten wird hierbei allerdings oft ein zu hoher Mittelwert gemessen. – Auch das Stauklappenanemometer ist zur Messung der Luftgeschwindigkeit bei Kanalströmungen sehr gut geeignet.

Bei ihm wird ein Teil des Luftstromes durch ein Hakenrohr in eine Meßkammer geleitet und dort eine drehbare Stauklappe gegen eine Spiralfeder ausgelenkt. Der Meßbereich kann durch Einschalten verschiedener Düsen in den Luftweg zwischen 1,0 und 20 m/s verändert werden. Die Handhabung des Stauklappenanemometers ist einfach, allerdings muß das Gerät des

Abb. 1.29 Flügelradanemometer (Lambrecht).

öfteren einer Vergleichsprüfung unterzogen werden. – Das Hitzdrahtanemometer ist in erster Linie für kleine Luftgeschwindigkeiten (0,05 bis 2 m/s) geeignet. Als Meßgröße wird der mit der Temperatur veränderliche elektrische Widerstand des Hitzdrahtes verwendet, wobei die Drahttemperatur mit steigender Luftgeschwindigkeit abnimmt.

Durchflußmeßgeräte nach dem Schwebekörperprinzip[126] sind als Betriebsgeräte für sämtliche Gase und Flüssigkeiten geeignet. Neben einer ört-

---

[126] Durchflußmessung mit Schwebekörper-Durchflußmessern. Archiv für Technisches Messen, V 1247 – 3. Oktober 1959.

lichen Anzeige ist mit ihnen eine Fernanzeige, Registrierung und automatische Regelung des Durchflusses möglich. Die Meßgeräte bestehen aus einem senkrecht stehenden, konisch nach oben erweiterten Meßrohr aus Glas, das von dem Medium, dessen Mengenstrom gemessen werden soll, von unten nach oben durchströmt wird. Der in dem Meßrohr befindliche Schwebekörper stellt sich unter dem Einfluß der an ihm angreifenden Kräfte dem Durchfluß entsprechend ein (Abb. 1.30). Die Durchflußanzeige ist sehr stark abhängig von der Dichte des durchströmenden Mediums. Bei großen Temperatur- und Dichteschwankungen wird deshalb die Verwendung von Kalibrierfaktoren notwendig, was das Meßverfahren kompliziert.

Abb. 1.30 Schwebekörperdurchflußmesser (Rota).

1.55 Wärmestrommessung

Bei dem Wärmetransport durch bewegte Körper kann der Wärmestrom als Produkt aus dem Mengenstrom und der Enthalpiedifferenz zwischen Vor- und Rücklauf ermittelt werden:

$$\Phi = \dot{M}\,(h_V - h_R)\,. \tag{1.92}$$

Auf diesem Prinzip beruhen praktisch alle bekannten Meßverfahren zur Bestimmung des Wärmestromes[127-130]. Ist Wasserdampf der Wärmeträger und wird im Wärmeverbraucher die Kondensationswärme ausgenutzt, so genügt es in den meisten Fällen schon, zur Ermittlung des Wärmestromes entweder den Dampfstrom oder den Kondensatstrom zu erfassen. Die Wärmestrommessung ist dabei auf eine reine Mengenstrommessung zurückgeführt. Der Einfluß von Schwankungen in den Dampf- und Kondensattemperaturen ist für Betriebsmessungen meist vernachlässigbar, Dampfdruckschwankungen können hingegen größeren Einfluß auf das Meßergebnis haben.

Wesentlich schwieriger ist die Messung des Wärmestromes, wenn eine Flüssigkeit mit unterschiedlicher Vor- und Rücklauftemperatur den

---

[127] Wärmemengenmessung. Ein Überblick über Entwicklungen der letzten Jahre. Archiv für Technisches Messen, V 221 – 6. März 1959.

[128] GRÜSS, H.: Verfahren zur Bestimmung nutzbarer Wärmemengen. Handb. d. techn. Betriebskontrolle, 2. Aufl. Leipzig: Akad. Verlagsges. Geest & Portig 1951. Bd. 3, S. 468.

[129] HENSELMANN, E.: Wärmemessung und -verrechnung. Elektr. Wirtsch. 53 (1954) S. 424.

[130] DE HAAS, M.: Industrielle Wärmemengenmesser. Allg. Wärmetechnik 3 (1952), S. 73.

Wärmeträger darstellt. In einem solchen Fall – wie er sehr häufig bei Warmwasserheizungen auftritt – muß die durchströmende Wassermenge und die Temperaturdifferenz zwischen Vor- und Rücklauf gemessen und aus diesen beiden Werten das Produkt gebildet werden. Zur Lösung dieser Aufgabe wurden zahlreiche *Wärmestromzähler* entwickelt, über deren charakteristische Ausführungen NETZ[131] ausführlich berichtet hat. Für die Mengenstrommessung werden in der Hauptsache Flügelrad- oder Drosselgeräte verwendet, während die Temperaturdifferenz zwischen Vor- und Rücklauf mit Thermoelementen oder Widerstandsthermo-

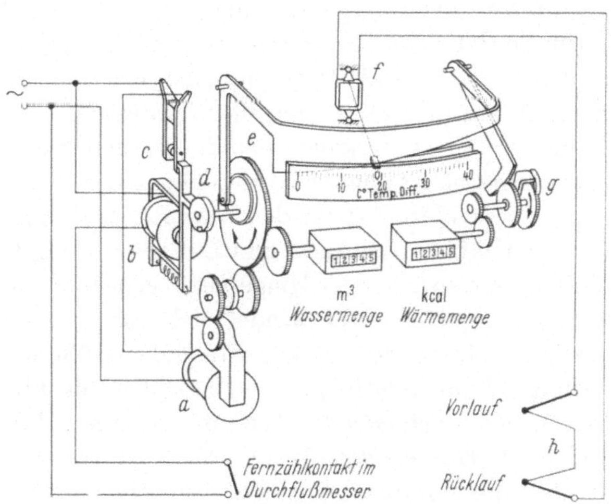

Abb. 1.31 Schematische Darstellung eines Wärmezählers (Siemens u. Halske).
a Antriebsmotor; *b* Steuerrelais; *c* Steuerkontakt; *d* Nockenscheibe; *e* Tastbügel; *f* Drehspulmeßwerk; *g* Klinkwerk; *h* Thermoelemente.

metern gemessen wird. Der wesentliche Unterschied zwischen den einzelnen Bauarten der Wärmestromzähler liegt in der Art der Produktbildung der beiden Meßgrößen, die entweder mechanisch oder elektrisch erfolgen kann. Abb. 1.31 zeigt einen Wärmezähler nach dem Fallbügelprinzip, bei dem die Produktbildung elektrisch durchgeführt wird.

Zur Ermittlung des Wärmeverbrauches kleiner Abnehmer können die oben beschriebenen Wärmezähler wegen der hohen Investitionskosten in der Regel nicht eingesetzt werden. In solchen Fällen begnügt man sich häufig mit sog. Heizkostenverteilern, die an den Heizkörpern angebracht werden können. Die Meßgeräte enthalten ein mit einer Spezialflüssigkeit gefülltes Meßröhrchen. Während der Heizperiode verdunstet infolge der hohen Oberflächentemperatur des Heizkörpers ein Teil der Meßflüssig-

---

[131] NETZ, H.: Wärmemengenmesser. Heizung-Lüftung-Haustechnik 9 (1958), Nr. 8, S. 197–200.

keit. Gemessen wird also nur die Heizkörpertemperatur (mit der dazu
gehörigen Zeit), nicht aber die für den Wärmeaustausch maßgebende
Differenz zwischen der mittleren Heizmitteltemperatur und der Raum-
temperatur. Voraussetzung für eine relativ genaue Ermittlung des
Wärmestromes vom Heizkörper in den Raum ist deshalb eine sorgfältige
Dimensionierung der in den einzelnen Räumen installierten Heizkörper.
Zur relativen Aufteilung eines Teiles der Betriebskosten (etwa 50 %) einer
Warmwasserheizungsanlage ist diese Art der Heizkostenverteilung, über
die REUSCHEL[132] ausführliche Untersuchungen angestellt hat, in den mei-
sten Fällen das wirtschaftlichste Verfahren. Um einen Beitrag zu der
Frage zu liefern, ob Verdunstungsgeräte eine geeignete Grundlage bie-
ten, die Kosten für die Beheizung einer größeren Anzahl von Wohnungen
gerecht zu verteilen, hat HAUSEN[132a] das physikalische Verhalten dieser
Geräte experimentell und theoretisch eingehend untersucht.

Als eine Wärmestrommessung kann auch die Behaglichkeitsmessung
mit Hilfe des *Katathermometers* angesehen werden, da mit diesem Instrument auf physikalischem Wege das aus den Komponenten Lufttemperatur, Temperatur der Umfassungswände und Luftgeschwindigkeit resul-
tierende Abkühlungsvermögen der Umgebung gemessen wird (vgl.
S. 130). Das Katathermometer unterscheidet sich von einem normalen
Thermometer lediglich durch die größere Flüssigkeitsfüllung. Von besonderer Bedeutung ist die relativ große Oberfläche des Flüssigkeits-
behälters. Die Kapillare weist zwei Marken auf, die einem Temperaturwert von 38 und 35 °C entsprechen. Das Gerät wird vor der Messung
derart erwärmt, daß die Füllflüssigkeit die obere Marke überschreitet.
Anschließend wird die Abkühlungszeit von 38 auf 35 °C bestimmt. Aus
der Wärmekapazität Q und der Abkühlungszeit z kann dann die Abkühlungsgröße berechnet werden:

$$A = \frac{Q}{z}.$$

Als Behaglichkeitsziffer B ist der Quotient aus der Lufttemperatur und
der Abkühlungsgröße definiert:

$$B = \frac{t_L}{A}.$$

Diese Behaglichkeitsziffern entsprechen folgenden Behaglichkeitszu-
ständen:

obere Grenze	$B = 5$ bis 6 (zu warm),
größte Behaglichkeit	$B = 3$ bis 3,7,
untere Grenze	$B = 2$ bis 2,5 (zu kalt).

[132] REUSCHEL, P.: Die Einzelwärmezählung für Zentralheizungen, 3. Aufl.,
Berlin: Marhold-Verlag 1959.
[132a] HAUSEN, H.: Ermittlung von Heizkosten nach dem Verdunstungsprinzip.
Heiz.-Lüft.-Haustechn. 16 (1965). Nr. 8, S. 314–320 u. Nr. 9, S. 347–351.

1.56 Heizwertbestimmung

Die bekanntesten Geräte für eine genaue Ermittlung der Heizwerte fester, flüssiger und gasförmiger Brennstoffe sind das *Bombenkalorimeter* und das *Junkers-Kalorimeter*. Das Bombenkalorimeter, mit dem der Heizwert fester und flüssiger Brennstoffe gemessen werden kann, besteht aus einem druckfesten Stahlbehälter (Abb. 1.32). Durch den Deckel sind zwei Elektroden isoliert durchgeführt, die mit einem durch die Brennstoffprobe hindurchgehenden Zünddraht verbunden sind. Der Brennstoff wird in einer reinen Sauerstoffatmosphäre verbrannt, und die dabei entstehende Verbrennungswärme wird an das die Bombe umgebende Wasser abgegeben. Aus der Temperaturerhöhung der Wasserfüllung kann dann der Heizwert des Brennstoffes ermittelt werden. – Mit dem Junkers-Kalorimeter läßt sich kontinuierlich der Heizwert flüssiger und gasförmiger Brennstoffe bestimmen. In diesem Gerät wird durch Verbrennung einer abgemessenen Brennstoffmenge Wasser erwärmt, das ständig durch das Kalorimetergefäß strömt. Aus der gemessenen Temperaturdifferenz und der Kühlwassermenge M_w kann der obere Heizwert berechnet werden zu:

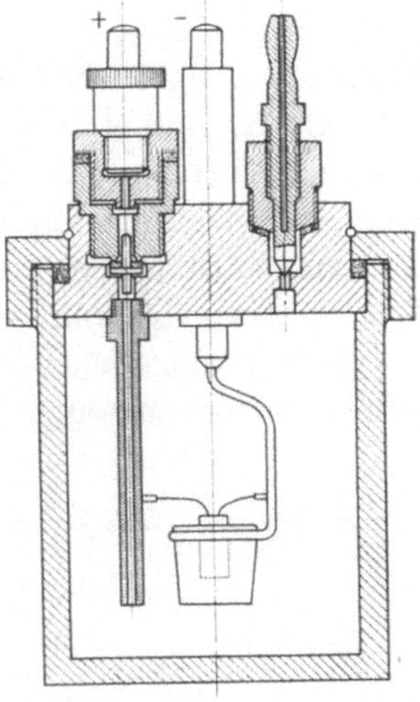

Abb. 1.32 Kalorimetrische Bombe.

$$H_o = \frac{M_w c_w (t_{wa} - t_{we})}{M_B} . \qquad (1.93)$$

Auch der untere Heizwert läßt sich mit diesem Meßverfahren unter Berücksichtigung der bei der Verbrennung anfallenden Wassermenge ermitteln. Ergänzend sei noch erwähnt, daß die Verbrennung im Bombenkalorimeter bei konstantem Volum, im Junkers-Kalorimeter bei konstantem Druck durchgeführt wird (vgl. S. 48).

Neben diesen beiden klassischen Kalorimeterbauarten, die zwar eine sehr genaue Heizwertbestimmung ermöglichen, deren Anwendung aber einen großen zeitlichen und apparativen Aufwand erfordert, gibt es noch eine Reihe von Betriebsmeßgeräten, die in der Hauptsache für Heizwertbestimmungen bei gasförmigen Brennstoffen entwickelt wurden. Hierzu gehören das *Union-Handkalorimeter*[133], bei dem das mit Luft vermischte Gas in einer mit einem Flüssigkeitsmantel umgebenen Bürette zur Ver-

---

[133] SCHLÄPFER, P., u. R. KÖSZEGI: Über die Verwendbarkeit des Unionkalorimeters zur Heizwertbestimmung, insbesondere hochwertiger Gase. Monatsbulletin des Schweiz. Vereins v. Gas- und Wasserfachmännern 1951, Nr. 6.

brennung gebracht wird, der automatische *Union-Heizwertmesser*[134], das *Ados-Kalorimeter* und das *Reineke-Gaskalorimeter*. Bei den drei letztgenannten Geräten, in denen verschiedenartige Meßprinzipien angewendet werden, erfolgt eine ständige selbsttätige Messung und Registrierung (evtl. auch Regelung) des Heizwertes.

1.57 Rauchgasanalyse

Die Rauchgasanalyse dient zur Bestimmung der anteilmäßigen Zusammensetzung der gasförmigen Verbrennungsprodukte, die bei der Verbrennung fester, flüssiger oder gasförmiger Brennstoffe anfallen (vgl. S. 51). Die Analyse ergibt die Menge der im Abgas enthaltenen nichtbrennbaren (CO_2, O_2, N_2) und brennbaren Bestandteile (CO, H_2, CH_4). Sind im Rauchgas nur nichtbrennbare Bestandteile enthalten, so spricht man von einer vollkommenen Verbrennung. Treten dagegen noch brennbare Bestandteile auf, so ist die Verbrennung unvollkommen. Aus den Ergebnissen der Rauchgasanalyse kann also die Güte einer Verbrennung beurteilt werden.

Die Wirkungsweise der in der Gasanalyse verwendeten Meßgeräte beruht auf der Messung der Unterschiede verschiedener physikalischer oder chemischer Eigenschaften des Gases, wie z.B. der Zähigkeit, der Dichte, der Wärmeleitfähigkeit oder der Absorption einzelner Bestandteile durch bestimmte Flüssigkeiten. Einige moderne Gasanalysatoren haben physikalisch-chemische oder elektrochemische Verfahren als Grundlagen. Über die verschiedenen Bauarten dieser Geräte und ihreWirkungsweise hat NETZ[135] ausführlich berichtet. Die folgenden Ausführungen können sich deshalb auf eine kurze Beschreibung der wichtigsten Geräte beschränken. Das bekannteste Gerät für genaue, ambulante Rauchgasanalysen ist der *Orsat-Apparat*. Er besteht in seiner

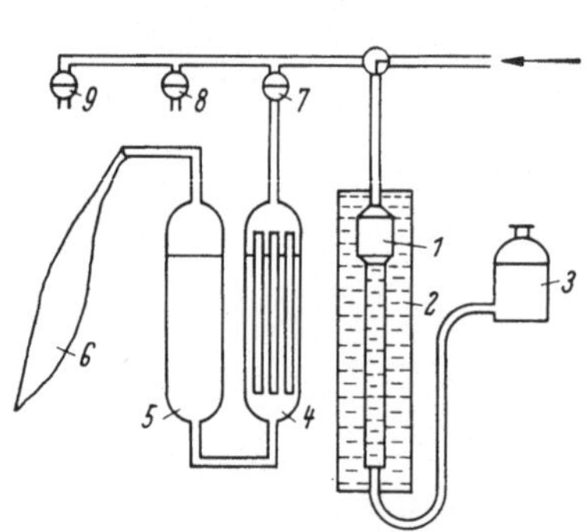

Abb. 1.33 Schematische Darstellung des Orsat-Apparates.

1 Meßbürette; *2* Wassermantel; *3* Niveauflasche; *4* Absorptionsgefäß; *5* Ausgleichsgefäß; *6* Scheiblersche Blase; *7, 8, 9* Absperrhahn.

einfachsten Form aus drei Absorptionsgefäßen, deren Flüssigkeiten nacheinander CO_2, O_2 und CO absorbieren (Abb. 1.33). Die an der Meßbürette abzulesende Volumverminderung gibt unmittelbar den Prozentgehalt des

---

[134] DOMMER, O.: Automatische Union-Heizwert- und Wobbezahlmesser für Sofortanzeige. Gaswärme 8 (1959), Nr. 4, S. 102–107.

[135] NETZ, H.: Neuzeitliche Geräte zur Gasprüfung. Heizung-Lüftung-Haustechnik 10 (1959), Nr. 3, S. 66–69.

absorbierten Gases im Rauchgas an. Da die Messung mit dem Orsat-Apparat ziemlich umständlich und zeitraubend ist, wird das Gerät nur für gelegentliche Messungen verwendet. Für die ständige Überwachung von Feuerungen werden automatische Geräte eingesetzt, die allerdings meist weniger genau arbeiten. Hierzu gehört der *Mono-Rauchgasprüfer*, der die beim Orsat-Apparat von Hand durchzuführenden Analysen in konstanten Zeitabständen selbsttätig durchführt und das Ergebnis registriert. Die auf physikalischen Grundlagen arbeitenden Geräte nutzen die Dichte, Zähigkeit oder Wärmeleitfähigkeit der Gase zur Ermittlung ihrer Zusammensetzung aus. So ist der *Ranarex-Apparat* (AEG) ein Gasdichtemesser, der Dichteunterschiede des Gases gegenüber der Luft erfaßt. Der *Union-Rauchgasprüfer* benutzt als Meßgröße das Verhältnis von Dichte zu Zähigkeit, das mit steigendem CO_2-Gehalt größer wird. Bei dem *Siemens-Rauchgasprüfer* wird die mit wachsendem CO_2-Gehalt abnehmende Wärmeleitfähigkeit des Gases zur Messung der Zusammensetzung ausgenutzt.

In den Fällen, in denen mit den Rauchgasprüfgeräten nur die CO_2- und CO-Gehalte des Gases gemessen werden, kann der Sauerstoffgehalt mit Hilfe des Bunte-Diagramms ermittelt werden[136]. Eine ausführliche Darstellung der Meßverfahren bei der technischen Gasanalyse hat GRAMBERG[137] gegeben.

1.58 Schallmessung

Der Betrieb vom Klimaanlagen ist – insbesondere wenn Ventilatoren zur Luftumwälzung eingesetzt werden – sehr oft mit der Entstehung von Geräuschen verbunden. Bezüglich der zulässigen oder zumutbaren Höhe derartiger Geräusche in Wohn- und Arbeitsräumen wurden entsprechende Richtwerte[138–141] angegeben. Maßnahmen zur Geräuschverminderung sind aber ohne Möglichkeiten zu ihrer meßtechnischen Erfassung undenkbar. Im Rahmen der Klimatechnik kommt deshalb der Schallmeßtechnik, deren wichtigste Grundlagen im folgenden zusammengestellt werden, besondere Bedeutung zu.

---

[136] KASPRZYK, S.: Verbrennungskontrolle mit Hilfe des Diagramms von Bunte Brennstoff-Wärme-Kraft 14 (1962), Nr. 12, S. 584–586.

[137] GRAMBERG, A.: Technische Messungen bei Maschinenuntersuchungen und zur Betriebskontrolle, 7. Aufl., Berlin/Göttingen/Heidelberg: Springer 1963, S. 368 bis 399.

[138] VDI-Richtlinien 2058: Beurteilung und Abwehr von Arbeitslärm, Düsseldorf: VDI-Verlag Juli 1960.

[139] ZELLER, W.: Technische Lärmabwehr, Stuttgart: A. Kröner Verlag 1950, S. 203.

[140] BÜRCK, W.: Die Schallmeßfibel, 2. Aufl., München: Oldenbourg-Verlag 1960, S. 117.

[141] VDI-Richtlinien 2081: Lärmabwehr in Lüftungsanlagen, Düsseldorf: VDI-Verlag (in Vorbereitung).

Messungen des Luftschalls erstrecken sich in erster Linie auf die Erfassung des Schalldruckpegels (oder einfach Schallpegels) in dB und des Schallspektrums, d.h. der Zuordnung des Schallpegels zu den einzelnen Frequenzen und Frequenzbereichen. Subjektive Lautstärkemessungen, die als Ergebnis die Lautstärke des zu messenden Schalles in phon liefern würden, sind in der Meßpraxis nicht sehr beliebt, da die Lautstärkeangabe lediglich auf einem subjektiven Hörvergleich basiert, der nur schwer durchzuführen ist (vgl. S. 76). Um aber trotzdem ein besseres Angleichen des Meßergebnisses an die Empfindung des menschlichen Gehörs zu erreichen, wird die Verwendung von Meßgeräten für DIN-Lautstärken, auch DIN-Lautstärkemesser genannt, empfohlen, die den in der entsprechenden Norm[142] festgelegten Richtlinien entsprechen sollen. In diesen Meßgeräten sind Verzerrungsglieder eingebaut, die den Kurvenverlauf der Ohrkurven (Abb. 1.21) vereinfacht und durch drei mittlere Bewertungskurven für die Bereiche 0 bis 30, 30 bis 60 und über 60 phon ersetzt. Ausführliche Darstellungen der Grundlagen der Luftschallmessung und Hinweise für die Anwendung der Meßgeräte und Auswertung der Meßergebnisse haben WESTHÄUSER[143], MEURERS[144] und LÜBCKE[145] gegeben.

Eine Meßausrüstung, die auch hohen Ansprüchen an die Schallmessung gerecht wird, besteht aus einem Schallpegelmesser, einem hochempfindlichen Mikrophon und einem Oktavfilter (Abb. 1.34). In dem Mikrophon wird der Schalldruck in Spannung umgeformt, die über einen Verstärker dem Anzeigegerät zugeführt wird. Das in Abb. 1.34 dargestellte Meßgerät, das Lautstärken, bzw. Schallpegel in den Grenzen zwischen etwa 20 und 130 DIN-phon (dB) erfaßt, ist sowohl für Schallpegelmessungen als auch für Lautstärkemessungen umschaltbar eingerichtet. Beim Messen des Schallpegels arbeitet der Verstärker frequenzunabhängig, beim Messen der DIN-Lautstärke erfolgt die Verstärkung entsprechend dem Verlauf der genannten Bewertungskurven frequenzabhängig. Das Oktavsieb besteht aus veränderlichen elektrischen Schwingkreisen, die je nach Einstellung nur Schwingungen eines bestimmten Frequenzbereiches durchlassen.

Neben dem in Abb. 1.34 dargestellten, sehr empfindlichen und aufwendigen Schallmeßgerät, das wegen seines hohen Stromverbrauchs nur mit Netzanschluß betrieben werden kann, gibt es auch kleine, tragbare

---

[142] DIN 5045: Meßgerät für DIN-Lautstärken, Richtlinien. Mai 1963.

[143] WESTHÄUSER, R.: Messung und Bewertung von Arbeitslärm. Techn. Überwachung 1 (1960), Nr. 11, S. 416–422.

[144] MEURERS, H.: Meßtechnik und Berichterstattung auf dem Gebiet der allgemeinen Lärmbekämpfung. Techn. Überwachung 4 (1963), Nr. 9, S. 333–337.

[145] LÜBCKE, E.: Grundlagen der Luftschallmessung und ihre Auswertung. Techn. Überwachung 4 (1963), Nr. 12, S. 429–433.

netzunabhängige Meßgeräte für DIN-Lautstärke und Schallpegel. Diese Geräte besitzen allerdings einen kleineren Meßbereich (in der Regel zwischen 30 und 120 DIN-phon bzw. dB) und sind in erster Linie für ambulante Messungen von mittleren Schallpegeln gut geeignet.

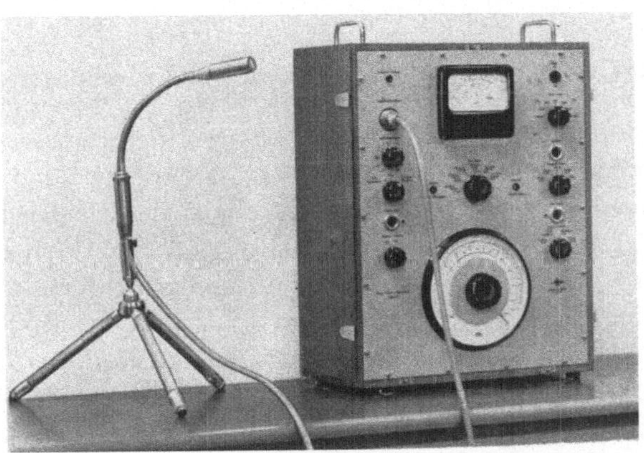

Abb. 1.34 Schallmeßeinrichtung
bestehend aus Schallpegelmesser mit eingebautem Oktavfilter (unten) und Mikrophon.

1.6 Regelungs- und steuerungstechnische Grundlagen

Automatische Steuerungs- und Regelungsanlagen sind wesentliche Bestandteile jeder Anlage der Klimatechnik, ganz gleichgültig ob es sich dabei um klassische Warmwasserheizungen oder um moderne Komfortklimaanlagen handelt. Entsprechend dem Aufschwung, den die Klimatechnik in den letzten 20 Jahren genommen hat, ist hier auch für die Steuerungs- und Regelungstechnik ein großes Arbeitsgebiet entstanden. Dabei ist zu beobachten, daß der relative Anteil, den Regelanlagen bei modernen Klimaanlagen an den Investitionskosten der Gesamtanlage haben, ständig wächst. Für den Klimaingenieur bedeutet dies, daß er sich mit Problemen der modernen Regelungstechnik vertraut machen und zumindest deren Grundlagen, Bezeichnungen und Begriffe kennen muß. Komplizierte Regelprobleme der Klimatechnik werden zwar immer von einem Regelungsfachmann gelöst, aber sehr oft sind es gerade die einfachen Regelungen und Steuerungen von Heizungs- und Klimaanlagen, die in der Praxis versagen. Dem Klimatechniker die Grundbegriffe der Regelungstechnik in einer für ihn verständlichen Form unter Beschränkung auf die in seinem Fachgebiet auftretenden Probleme näherzubringen und damit eine Brücke zwischen Klimatechnik und Regelungstechnik zu schlagen, soll das Ziel der folgenden Ausführungen sein. Es ist in diesem Rahmen unmöglich und auch unnötig, die gesamte Regelungstheorie darzulegen, da auf die einschlägige Literatur[146-148] verwiesen werden kann. Auf die Buchveröffentlichungen von GEISLER[149], DÜMMEL-MÜLLER[150], WEBER[151] und eine Artikelserie von WISNIEWSKY[151a] sei besonders hingewiesen, da bei ihnen speziell auf die Anwendung der Regelungstechnik in der Klimatechnik eingegangen wird.

1.61 Grundbegriffe der Steuerungs- und Regelungstechnik

In die Neufassung der DIN 19226[152] wurde in Verbesserung der alten Ausgabe eine klare Trennung der Begriffe „Steuerung" und „Regelung" aufgenommen. Da gerade in der Klimatechnik diese beiden Begriffe sehr oft verwechselt werden oder grundsätzlich auch dann von einer „Regelung" gesprochen wird, wenn es sich nur um eine „Steuerung" handelt, erscheint eine genaue Begriffsdefinition auch an dieser Stelle besonders wichtig. Nach DIN 19226 ist *das Regeln oder die Regelung* ein Vorgang, bei dem die zu regelnde Größe (Regelgröße) fortlaufend erfaßt und durch Vergleich mit einer anderen Größe im Sinne einer Angleichung an diese beeinflußt wird. Der Wirkungsablauf geschieht in einem geschlossenen Kreis (Regelkreis), da der Regelvorgang auf Grund von Messungen der Regelgröße abläuft, die durch den Vorgang der Regelung selbst wieder beeinflußt wird. Bei der Steuerung ist der Wirkungsablauf nicht geschlossen. Hierzu DIN 19226: „*Das Steuern oder die Steuerung* ist der Vorgang in einem abgegrenzten System, bei dem eine oder mehrere Größen als Eingangsgrößen *andere* Größen als Ausgangsgrößen aufgrund der dem abgegrenzten System eigentümlichen Gesetzmäßigkeit beeinflussen." Zur Erläuterung dieser Begriffsdefinitionen mögen zwei Beispiele aus dem Gebiet der Klimatechnik dienen: Die Konstanthaltung der Raumluftfeuchtigkeit mit Hilfe eines auf den Luftwäscher wirkenden

---

[146] OLDENBOURG, R. C., u. H. SARTORIUS: Dynamik selbsttätiger Regelungen, München: Oldenbourg 1951.

[147] PESTEL, E., u. E. KOLLMANN: Grundlagen der Regelungstechnik, Braunschweig: Vieweg 1961.

[148] TUCKER, G. K., u. D. M. WILLS: Regelkreise der verfahrenstechnischen Praxis, München: Oldenbourg 1960.

[149] GEISLER, K. W.: Regelung von Heiz- und Klimaanlagen, Berlin: Marhold-Verl. 1963.

[150] DÜMMEL, U., u. H.-J. MÜLLER: Messen und regeln in der Heizungs-, Lüftungs- und Sanitärtechnik. Berlin: VEB Verlag für Bauwesen 1964.

[151] WEBER, G.: Die Regelung in der Heizungs-, Lüftungs- und Klimatechnik. Techn. Rundschau Bern, Sonderdruck Nr. 18, 1958.

[151a] WISNIEWSKY, G. K.: Grundzüge der Regelung in der Klimatechnik. Klimatechnik 7 (1965), Heft 4, S. 52–53, Heft 5, S. 36–39, Heft 8, S. 40–42.

[152] DIN 19226: Regelungstechnik und Steuerungstechnik. Begriffe und Benennungen. April 1967.

Hygrostaten ist ein Regelvorgang. Die tatsächliche Luftfeuchtigkeit ist die Regelgröße, die gewünschte Luftfeuchtigkeit wird als Stellgröße am Hygrostaten eingestellt. – Die witterungsabhängige Beeinflussung der Heizleistung von Heizkörpern in Heizungsanlagen ist ein Steuerungsvorgang. Eingangsgrößen sind Außentemperatur, Windanfall usw., Ausgangsgröße ist die Raumtemperatur.

Einige der für die Klimatechnik wichtigsten Begriffe der Steuerungs- und Regelungstechnik seien im folgenden anhand eines einfachen Ausführungsbeispieles der Regelung einer Klimaanlage erläutert. Und zwar handelt es sich bei dem in Abb. 1.35 dargestellten Beispiel um die Regelung der Raumtemperatur, dem in der Klimatechnik am häufigsten auftretenden Regelungsproblem. Die in einem Lufterhitzer erwärmte und durch ein Gebläse geförderte Zuluft soll so geregelt werden, daß die Raumlufttemperatur auf einen vorgegebenen Wert gebracht und dort gehalten wird. Die Raumlufttemperatur ist die *Regelgröße* x,

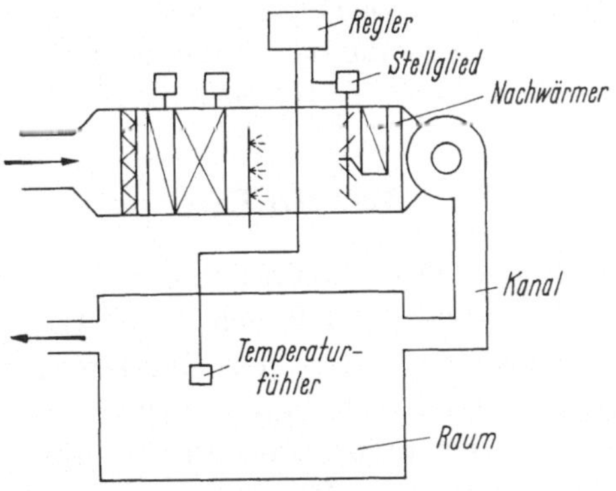

Abb. 1.35 Die Regelung der Raumtemperatur.

deren *Istwert* x_i durch Messung laufend erfaßt und mit ihrem *Sollwert* x_s, dem vorgegebenen und am Regler eingestellten Wert, verglichen wird. Als *Regler* wird innerhalb der Regeleinrichtung das Gerät bezeichnet, das mehrere Aufgaben der Regeleinrichtung zusammenfaßt und neben dem Vergleicher noch mindestens ein weiteres wesentliches Bauglied, wie z. B. Verstärker, Zeitglieder oder Sollwerteinsteller, enthält. Das *Stellglied* steuert den Massenstrom oder Energiefluß am Eingang der Regelstrecke oder Steuerstrecke. In dem in Abb. 1.35 dargestellten Beispiel wird durch das Stellglied der durch den Nachwärmer gehende Volumstrom der Luft gesteuert. Am Stellglied wird die *Stellgröße* y eingestellt. Sie ist die Eingangsgröße der Regelstrecke.

Der gesamte Regelvorgang spielt sich in einem geschlossenen Kreislauf, dem *Regelkreis*, ab. Der Regelkreis besteht aus Regeleinrichtung und Regelstrecke und umfaßt alle Glieder, die an dem geschlossenen Wirkungsablauf der Regelung teilnehmen. Der Regelkreis und seine Komponenten werden im folgenden noch ausführlicher behandelt. Es sei an dieser Stelle nur darauf hingewiesen, daß der Regelkreis der in Abb. 1.35 dargestellten Anlage aus Temperaturfühler, Regler, Stellglied, Nachwärmer, Beipass, Gebläse, Kanal und Raum besteht. Die *Regel-*

strecke (in Steuerungen die Steuerstrecke) ist dabei der Anlageteil vom Stellglied bis zum Raum einschließlich, d. h. derjenige Teil der Regelung (bzw. Steuerung), der der aufgabengemäß zu beeinflussenden Anlage angehört.

Von außen wirken auf den Regelkreis die *Führungsgröße w* und die *Störgröße z* ein. Für das vorliegende Beispiel wird angenommen, daß der Sollwert die Führungsgröße der Regelung darstellt. Es ist aber auch möglich, daß die Sollwerteinstellung durch eine von außen wirkenden Größe gesteuert wird, z. B. wenn die Raumlufttemperatur noch von der Tageszeit abhängig gemacht werden soll. Als Störgrößen können alle von außen wirkenden Größen angesehen werden, die die beabsichtigte Beeinflussung in einer Regelung oder Steuerung beeinträchtigen (z. B. die Sonneneinstrahlung oder der Wärmeanfall im Raum).

1.62 Der Regelkreis und seine Komponenten

Bei der Definition des Regelvorganges (vgl. S. 102) wurde bereits darauf hingewiesen, daß sich der Wirkungsablauf der Regelung in einem geschlossenen Kreis, dem Regelkreis, vollzieht. Der Regelkreis, dessen Signalflußplan (sinnbildliche Darstellung des Zusammenwirkens von einzelnen Übertragungsgliedern) in Abb. 1.36 dargestellt ist, besteht aus Regelstrecke und Regeleinrichtung (Regler). Nach DIN 19226 ist „die Strecke (Steuerstrecke, Regelstrecke) derjenige Teil einer Anlage, der den

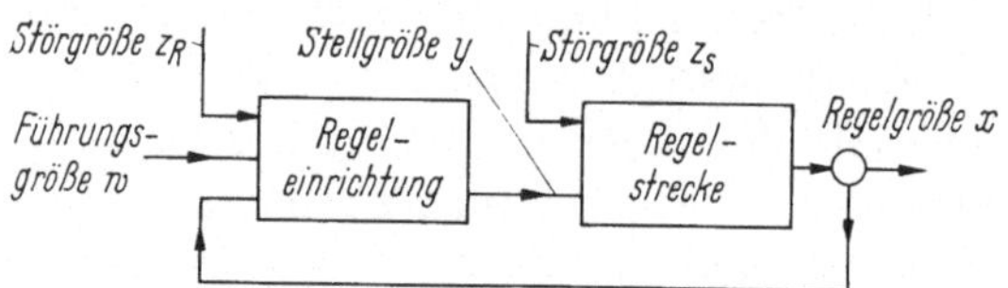

Abb. 1.36 Signalflußplan eines Regelkreises.

aufgabengemäß zu beeinflussenden Abschnitt des Wirkungsweges enthält". Um diese nüchterne Definition mit Beispielen aus Anlagen der Klimatechnik zu erläutern, sei erwähnt, daß bei einer Warmwasserheizung die Regelstrecke im allgemeinen den zu beheizenden Raum mit dem Heizkessel, dem Heizkörper, den Zuleitungen und den Stellorganen umfaßt. Bei einer Klimaanlage mit Luft als Wärmeträger setzt sich die Regelstrecke aus dem zu klimatisierenden Raum, den Wärmeaustauschern, den Befeuchtungseinrichtungen und den Zuluftkanälen zusammen. Die Regeleinrichtung bzw. Steuereinrichtung ist nach DIN 19226 „die zusammenfassende Benennung für alle Glieder im Wirkungsweg, die zur aufgabengemäßen Beeinflussung der Strecke über das Stellglied dienen". Die Regeleinrichtung bewirkt somit den Regelungsvorgang an der Regelstrecke. Sie enthält die Meßeinrichtung, vergleicht Ist- und Sollwert und bildet den Befehl für das Stellglied.

Regelstrecke und Regeleinrichtung bilden die Übertragungssysteme für das Regelsignal. Man betrachtet einen Regelkreis als Zusammenschaltung von solchen Übertragungssystemen und verwendet zur Veranschaulichung häufig ein Signalflußbild (Abb. 1.36). Dadurch kommt man zu einer Betrachtungsweise, die von der Art der im einzelnen zu regelnden physikalischen Größe unabhängig ist. In den in Abb. 1.36 dargestellten Regelkreis sind je eine Störgröße an Regeleinrichtung und Regelstrecke und eine Führungsgröße eingezeichnet.

Derartige Anordnungen, wie sie ein Regelkreis darstellt, müssen als schwingungsfähig betrachtet werden. Deshalb wird das Verhalten des Regelkreises durch die dynamischen Eigenschaften der einzelnen Glieder bestimmt. Eine regelungstechnische Untersuchung läuft also auf eine Untersuchung der dynamischen Eigenschaften der Übertragungsglieder (Regeleinrichtung, Regelstrecke) hinaus. Die Eigenschaften der in Anlagen der Klimatechnik einzubauenden Regeleinrichtungen liegen fest und sind von den Herstellerfirmen zu erfahren. Hierauf hat der Klimaingenieur bei dem Entwurf einer Anlage nur insofern einen Einfluß, als es seine Aufgabe ist, Regeleinrichtungen mit den für den speziellen Anwendungsfall geeigneten Charakteristiken auszuwählen (vgl. S. 107). Völlig anders ist die Situation aber bezüglich der Regelstrecke. Hier muß der Klimaingenieur bei der Planung der Anlage neben dem Verfahren an sich das regeldynamische Verhalten berücksichtigen.

Es gibt grundsätzlich drei Methoden, das dynamische Verhalten der Übertragungsglieder zu bestimmen. Es handelt sich dabei um die Differentialgleichung, die Übergangsfunktion und den Frequenzgang. Bei diesen drei Methoden werden zwar verschiedene Wege gewählt, die aber alle zu dem gleichen Ergebnis führen. Voraussetzung für die Anwendbarkeit dieser Methoden ist in jedem Fall, daß zwischen Eingangs- und Ausgangssignal eines Gliedes ein linearer Zusammenhang besteht. Diese Voraussetzung ist in den meisten in der Klimatechnik auftretenden Fällen gegeben, da nur kleine Abweichungen von einem Gleichgewichtszustand betrachtet werden. Bezüglich einer ausführlichen Darstellung der angegebenen Methoden zur Beschreibung des Zeitverhaltens von Gliedern wird auf die DIN 19226 und die Ausführungen von GEISLER[153] verwiesen.

Das Problem des dynamischen Verhaltens der Regelstrecke bei Klimaanlagen wurde bislang noch nicht eingehend untersucht. SPRENGER[154]

---

[153] GEISLER, K. W.: Regelung von Heiz- und Klimaanlagen, Berlin: Marhold-Verl. 1963, S. 17ff.

[154] SPRENGER, E.: Regelungsprobleme in der Lüftungs- und Klimatechnik. Gesundheits-Ingenieur 77 (1956), Heft 1/2, S. 6–11.

stellt die Forderung nach Berechnungsmöglichkeiten des dynamischen Verhaltens solcher Anlagen, da die Zeitkonstanten von Lufterhitzern und anderen Teilen einer Klimaregelstrecke nicht einmal der Größenordnung nach bekannt seien. In den Arbeiten von KRÜGER[155], MÁCA[156], BERGER[157], JACOBI[158] und RASCH[159] werden im wesentlichen nur die verschiedenen Regelmöglichkeiten von Klimaanlagen diskutiert, ohne auf die dynamischen Eigenschaften der Regelkreise einzugehen. JUNKER[160] befaßt sich eingehend mit der Anpassung von Reglern an Klimaanlagen und den dabei auftretenden Stabilitätsproblemen, doch setzt er die Kenntnis des dynamischen Verhaltens der Regelstrecke in Form einer Übergangsfunktion voraus. Unter gleichen Voraussetzungen befaßt sich auch WEBER[161] mit grundsätzlichen Problemen der Klimaregelung. WUHRMANN[162] ermittelt mit Hilfe eines hydraulischen Modells den qualitativen Aufbau einer Frequenzganggleichung für einen Raum mit Luftheizung unter Berücksichtigung des Wärmespeichervermögens der Wände. Diese Gleichung beschreibt den Verlauf der Raumtemperatur bei einer Änderung der Temperatur der Einblaseluft. Auch HECK[163] beklagt den Mangel an Kenntnissen über die regeltechnischen Daten der klimatechnischen Regelstrecken bzw. deren Bestandteile mit dem Hinweis darauf, daß hier noch systematische Versuchsreihen Klarheit bringen müßten. Einer der ersten Schritte in dieser Richtung scheint mit der Arbeit von LENZ[164] getan zu sein, in der Wege aufgezeigt und Berech-

---

[155] KRÜGER, W.: Grundsätzliche Fragen der Klimaregelung. Gesundheits-Ingenieur 78 (1957), Heft 1/2, S. 16–23.

[156] MÁCA, F.: Grundsätzliches über automatische Regelung bei Klimaanlagen. Gesundheits-Ingenieur 78 (1957), Heft 15/16, S. 244–250.

[157] BERGER, W.: Die vollautomatische Regelung einer Klimaanlage als Mittel zur Energieeinsparung. Regelungstechnik 5 (1957), Heft 1, S. 7–11.

[158] JACOBI, G., u. A. PAAR: Klimaanlagen für Forschungs-, Meß- und Prüfaufgaben sowie ihre Regelung. VDI-Zeitschrift 103 (1961), Nr. 12, S. 527–539.

[159] RASCH, H.: Regelbarkeit von Klimaanlagen. Regelungstechnik 9 (1961), Heft 3, S. 110–116.

[160] JUNKER, B.: Die Regelung von Oberflächen- und Naßluftkühlern in Klimaanlagen. Heizung-Lüftung-Haustechnik 10 (1959), Nr. 11, S. 297–302. – Die Regelgenauigkeit bei Klimaregelungen. Techn. Rundschau Bern 51 (1959), Nr. 24, S. 3 bis 7. – Die regeltechnischen Grundlagen der Anwendung selbsttätiger Regler in der Heizungs- und Klimatechnik. Heizung-Lüftung-Haustechnik 7 (1956), Nr. 10, S. 177–186.

[161] WEBER, F.: Regelungstechnische Gesichtspunkte bei der Planung von Klimaanlagen. Heizung-Lüftung-Haustechnik 11 (1960), Nr. 10, S. 257–263.

[162] WUHRMANN, K.: Der Raum als Regelstrecke. Techn. Rundschau Bern 51 (1959).

[163] HECK, E.: Regelkreise in der Klimatechnik und ihre Stabilisierung. Heizung-Lüftung-Haustechnik 15 (1964), Nr. 4, S. 125–129.

[164] LENZ, H.: Dynamik der Regelstrecke von Klimaanlagen. Kältetechnik 19 (1967), Nr. 4, S. 94–102.   – –

nungsgrundlagen geschaffen wurden, um das Verhalten einer Klimaregelstrecke vorausberechnen zu können. Damit sollte es möglich sein, bereits im Planungsstadium einer Klimaanlage weitgehend auf die Forderung nach einer möglichst guten Regelung Rücksicht zu nehmen.

1.63 Zeitverhalten und Arbeitsweise von Regel- und Steuereinrichtungen

Nach DIN 19226 werden die Regeleinrichtung (in Regelungen) und die Steuereinrichtung (in Steuerungen) als zusammenfassende Benennung für alle Glieder bezeichnet, die die Strecke (Regelstrecke, Steuerstrecke) aufgabengemäß beeinflussen. Dabei sind als Hauptgruppen von Regeleinrichtungen

Zweipunktregeleinrichtungen und
stetige Regeleinrichtungen

zu unterscheiden.

Zweipunktregeleinrichtungen sind unstetige Regeleinrichtungen, bei denen nur zwei Werte für die Stellgröße möglich sind. Derartige Regeleinrichtungen sind durch eine unstetige Bewegung (Auf-Zu, Ein-Aus) der Stellgieder charakterisiert. Dabei unterliegt auch die Regelgröße einer dauernden Änderung innerhalb eines vorgegebenen Sollwertbereiches. Als Beispiel für eine derartige Zweipunktregelung möge die Temperaturregelung mittels Kontaktthermometer dienen, das bei Erreichen einer Minimaltemperatur die Heizung einschaltet und bei Erreichen der Maximaltemperatur diese wieder abschaltet.

Stetige Regeleinrichtungen werden entsprechend ihrer Betriebscharakteristik, dem Zeitverhalten, in folgende Grundarten eingeteilt:

P-(Proportional-)Regeleinrichtung,
I-(Integral-)Regeleinrichtung,
PI-Regeleinrichtung,
Regeleinrichtung mit D-(differenzierendem)Einfluß.

Die Übergangsfunktionen der genannten stetigen Regeleinrichtungen sind in Abb. 1.37 idealisiert dargestellt. Aus dem abgebildeten Zeitverhalten der Proportionalregeleinrichtung ist zu erkennen, daß jeder Änderung der Regelgröße x_w proportional eine Änderung der Stellgröße y folgt. Bei der Integralregeleinrichtung ist die Stellgeschwindigkeit der Regelabweichung proportional. Die Änderung der Stellgröße ist also das Zeitintegral der Abweichung der Regelgröße von der Kennlinie. Die PI-Regeleinrichtung stellt wie die P-Regeleinrichtung den Wert der Stellgröße y proportional der Regelabweichung x_w ein und addiert einen weiteren Wert, der dem Zeitintegral der Regelabweichung entspricht. Regeleinrichtungen mit D-Einfluß (mit Vorhalt) können alle vorgenannten

Regeleinrichtungen werden, wenn die Stellgröße y zusätzlich so beeinflußt wird, daß die Beeinflussung der Änderungsgeschwindigkeit der Abweichung des Istwertes der Regelgröße von der Kennlinie proportional ist. Bei der Regeleinrichtung mit D-Einfluß, deren idealisierte Übergangsfunktion in Abb. 1.37 dargestellt ist, handelt es sich um eine PID-Regeleinrichtung.

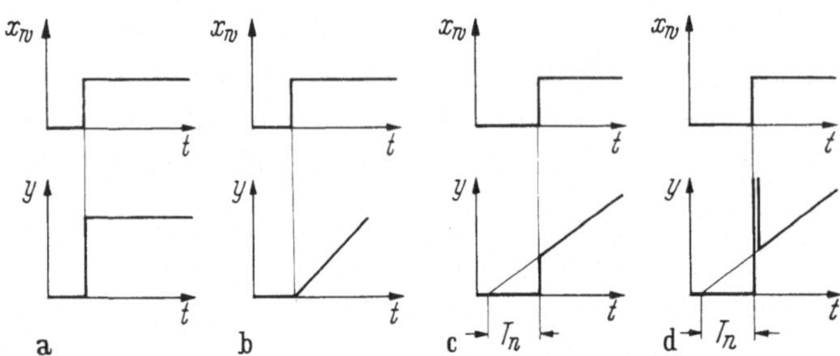

Abb. 1.37 Übergangsfunktionen von Regeleinrichtungen mit verschiedenem Zeitverhalten: a) P-Regeleinrichtung; b) I-Regeleinrichtung; c) PI-Regeleinrichtung; d) PID-Regeleinrichtung.

Nach der Arbeitsweise von Regel- und Steuereinrichtungen werden diese gerätetechnisch in

Regel- und Steuereinrichtungen ohne Hilfsenergie und
Regel- und Steuereinrichtungen mit Hilfsenergie

unterteilt. Diese Unterscheidung bewirkt eine Trennung zwischen Einrichtungen, bei denen die zum Verstellen des Stellgliedes notwendige Arbeit von der Meßeinrichtung (bei Regeleinrichtungen ohne Hilfsenergie) geleistet wird, und solchen, bei denen die genannte Arbeit ganz oder teilweise von einer Hilfsenergiequelle aufgebracht wird.

Regeleinrichtungen ohne Hilfsenergie (unmittelbare Regler) werden im allgemeinen nur für kleine Anlagen, wie z.B. bei Niveau-, Druck- oder Temperaturregelungen, angewendet. Derartige Regeleinrichtungen haben den Vorteil eines einfachen Aufbaus, dafür können sich aber unter Umständen die geringe Übertragungskraft und das proportionale Verhalten dieser Einrichtungen nachteilig auswirken.

Bei *Regeleinrichtungen mit Hilfsenergie* tritt eine Verstärkung der Meßenergie ein, die dann unbedingt erforderlich ist, wenn – wie bei der Betätigung von Ventilen, Klappen oder Schiebern – große Stellkräfte verlangt werden. Als Hilfsenergien können der elektrische Strom (elektrische Regeleinrichtung), Druckluft (pneumatische Regeleinrichtung), eine unter Druck stehende Flüssigkeit (hydraulische Regeleinrichtung) oder die Kraftverstärkung mittels Elektronenröhren (elektronische Regeleinrichtung) angewendet werden. Daneben gibt es auch kombinierte Systeme, wie die elektro-pneumatische Regeleinrichtung, für deren Aufbau sowohl elektrische als auch mechanische Bestandteile verwendet werden. Das Meßsystem wird dabei gewöhnlich elektrisch sein, während die Stellglieder mit Druckluft betätigt werden.

Spezielle *Begriffe der Steuerungstechnik* sind

Führungssteuerung,
Haltegliedsteuerung,
Programmsteuerung.

Dabei wird die Programmsteuerung noch unterteilt in Zeitplan-, Wegplan- und Folgesteuerung. Für das Gebiet der Klimatechnik haben die Führungssteuerung und Zeitplansteuerung besondere Bedeutung. Bei der Führungssteuerung wird die gesteuerte Größe eindeutig durch eine Führungsgröße bestimmt. Ein Beispiel aus dem Gebiet der Klimatechnik ist die witterungsabhängige Heizungssteuerung. In einer Zeitplansteuerung (Beispiel: Nachtabsenkung der Heizungsvorlauftemperatur) wird die Führungsgröße von einem zeitabhängigen Programmgeber geliefert.

Diese Ausführungen mögen genügen, um aufzuzeigen, welche Typen und Systeme sich dem Klimaingenieur bei der Auswahl von Regel- und Steuerungseinrichtungen anbieten. Da es nicht die Aufgabe des Klimaingenieurs ist, Regel- und Steuereinrichtungen zu projektieren und zu bauen, sondern vielmehr diese auf einen bestimmten Bedarfsfall in Anlagen der Klimatechnik anzuwenden, reicht für ihn die Kenntnis der Eigenschaften der zahlreichen Bauarten von Regel- und Steuereinrichtungen aus. Unter den gebotenen Möglichkeiten hat der Klimaingenieur die für seinen Anwendungsfall optimalste Lösung auszuwählen, wobei vor allen Dingen das regelungstechnische Verhalten der Anlage, d.h. der Regelstrecke, berücksichtigt werden muß. Wie schwierig eine solche Entscheidung oft sein kann, mögen die folgenden Ausführungen näher erläutern. Bei einer Regelungsanlage wird die Regelabweichung dazu benutzt, die Regelgröße in Übereinstimmung mit der Führungsgröße zu bringen, d.h. sich selbst – die Regelabweichung – möglichst klein zu halten. Daraus resultiert die Forderung nach einer möglichst großen Verstärkung des Regelsignals. Dies ruft andererseits die Gefahr der Überregelung mit lang andauernden Schwingungen der Regelgröße hervor oder führt sogar zur Instabilität. Diese sich widersprechenden Forderungen nach großer Regelgenauigkeit einerseits und stabilem Verhalten andererseits zwingen zum Aufsuchen des bestmöglichen Kompromisses. Als besondere Erschwerung kommt noch hinzu, daß die Regelung möglichst schnell arbeiten soll.

Spezielle Fragen, die sich bei der Auswahl geeigneter Regel- und Steuereinrichtungen für den Klimaingenieur ergeben, können nur mit Hilfe des einschlägigen Schrifttums beantwortet werden. In diesem Zusammenhang sei besonders auf die Behandlung der Regelungsanlagen von

RECKNAGEL-SPRENGER[165] verwiesen. WOLSEY[166] erläutert sehr ausführlich die in der Klimatechnik gebräuchlichen Regelungssysteme mit den für ihre Anwendung maßgebenden Kriterien. Speziell die für die Klimatechnik wichtigen Proportionalregler auf elektrischer, elektronischer und pneumatischer Basis behandeln KÖHLER[167] und BRENDEL[168]. Anwendungsmöglichkeiten von PI-Reglern bei Lüftungsanlagen werden von WOLSEY[169] erörtert. WILLMS[170], CAMENZIND[171] und QUENZEL[172] behandeln allgemeine Gesichtspunkte in der Klimatechnik. Die in den speziellen Anwendungsfällen benötigten gerätetechnischen Ausrüstungen der Regelungsanlage werden später bei der Besprechung der einzelnen Anlagen der Klimatechnik noch zu behandeln sein.

1.7 Meteorologische und klimatische Grundlagen

1.71 Begriffserklärungen

Die *Meteorologie* ist die Lehre von den Erscheinungen in der Lufthülle. Sie umfaßt im weiteren Sinne alle Witterungsvorgänge und ihre Wirkungen. Die Meteorologie im engeren Sinne befaßt sich mit der Erforschung und Beschreibung des Wetters (oder der Witterung) als dem Zustand der Atmosphäre, wie er sich durch das Zusammenwirken von Luftdruck, Temperatur, Feuchtigkeit, Sonneneinstrahlung, Niederschlägen und Windanfall zu einer bestimmten Zeit an einem bestimmten Ort ergibt. Einer Übereinkunft entsprechend wird dabei im Gegensatz zu dem täglich oder stündlich sich ändernden *Wetter* der Wetterzustand während eines längeren Zeitraumes (einer Woche oder eines Monats) als *Witterung* bezeichnet. Einen sehr guten Einblick in das Gebiet der engeren Meteo-

---

[165] RECKNAGEL-SPRENGER: Taschenbuch für Heizung, Lüftung und Klimatechnik, 55. Jahrg., München-Wien: R. Oldenbourg 1968, S. 893–920.

[166] WOLSEY, W. H.: Anleitung zur Bestimmung des Reglertyps in Heizungs- und Klimaanlagen. Gesundheits-Ing. 82 (1961), Heft 10, S. 293–296.

[167] KÖHLER, H.: Proportional-Regler in Klimaanlagen. Gesundheits-Ing. 80 (1959), Heft 6, S. 167–174.

[168] BRENDEL, H.: Proportionalregler für Heizungs-, Klima- und Trockenanlagen. Heizung-Lüftung-Haustechnik 9 (1958), Nr. 6, S. 142–149 u. Nr. 7, S. 177 bis 182.

[169] WOLSEY, W. H.: Ein PI-Regler für Lüftungsanlagen. Heizung-Lüftung-Haustechnik 12 (1960), Nr. 10, S. 272–275.

[170] WILLMS, A.: Reglerfragen und Anwendung von Reglern. San. Techn. 23 (1958), Nr. 2, S. 62–65 u. 76.

[171] CAMENZIND, R.: Wirtschaftliche Klimaregelung. Heizung-Lüftung-Haustechnik 12 (1961), Nr. 12, S. 365–368.

[172] QUENZEL, K.-H.: Wirtschaftliche Regeleinrichtungen in Heizungs- und Klimaanlagen. Heizung-Lüftung-Haustechnik 12 (1961), Nr. 4, S. 92–97.

rologie vermittelt das von SÜRING[173] in zwei Bänden herausgegebene Lehrbuch.

Neben der Meteorologie (im engeren Sinne) steht die *Klimatologie* (Klimakunde) als Lehre von dem durchschnittlichen jährlichen Verlauf der Witterungserscheinungen an den verschiedenen Punkten der Erdoberfläche, der als *Klima* eines Ortes oder eines Gebietes bezeichnet wird. Zur Aufgabe der Klimatologie gehört die Erforschung und Beschreibung des mittleren Zustandes und des gewöhnlichen Verlaufes der örtlichen Witterung, wobei die klimatischen Elemente wie Lufttemperatur, Luftdruck, Luftfeuchtigkeit usw. zu berücksichtigen sind. Für das Studium der Klimatologie gibt es in deutscher Sprache zwei große Handbücher[174, 175] und einige kürzer gehaltene Buchveröffentlichungen von KÖPPEN[176], GEIGER[177], SCHERHAG[178] und BLÜTHGEN[178a].

Aufgabe der Klima*technik* ist es, innerhalb geschlossener Räume unabhängig von äußeren Einflüssen bestimmte Luftzustände zu schaffen. Aus zweifachem Grund kann diese Aufgabe nur zufriedenstellend mit der Kenntnis der meteorologischen und klimatischen Grundlagen gelöst werden (vgl. hierzu auch [178b]): Erstens ist für die Festlegung des zu schaffenden künstlichen Klimas die Frage nach den einflußreichen Klimaelementen und ihren Wirkungen von Bedeutung. Zum zweiten beeinflussen örtliche Wetter- und Klimaverhältnisse die Funktionsweise einer Klimaanlage in erheblichem Maße. Im Hinblick auf diese beiden Grundsätze sind deshalb im folgenden die für die Klimatechnik wichtigen Wetter- und Klimaelemente mit besonderer Betonung der Verhältnisse in Mitteleuropa näher zu analysieren.

1.72 Die atmosphärische Luft und ihre Zusammensetzung

Die Erdkugel ist von einem Gemisch gasförmiger Elemente umgeben, das als Luft bezeichnet wird. Die Zusammensetzung dieses Gemisches

---

[173] HANN-SÜRING: Lehrbuch der Meteorologie, 5. Aufl., Leipzig: W. Keller 1939.

[174] HANN, J.: Handbuch der Klimatologie, 4. Aufl., Stuttgart: J. Engelhorns Nachf. 1934ff.

[175] KÖPPEN, W., u. R. GEIGER: Handbuch der Klimatologie, Berlin: Borntraeger 1936.

[176] KÖPPEN, W.: Grundriß der Klimakunde, 2. Aufl., Berlin u. Leipzig: de Gruyter 1931.

[177] GEIGER, R.: Das Klima der bodennahen Luftschicht, 3. Aufl., Braunschweig: Vieweg 1950.

[178] SCHERHAG, R.: Einführung in die Klimatologie, Braunschweig: Westermann 1960.

[178a] BLÜTHGEN, J.: Allgemeine Klimageographie, Band II des Lehrbuchs der allgemeinen Geographie, Berlin: de Gruyter 1964.

[178b] RAISS, W.: Der Einfluß des Klimas auf den Heizwärmebedarf in Deutschland. Ges.-Ing. 56 (1933), Nr. 34, S. 397–403.

kann in Bodennähe wegen der durch Luftbewegung hervorgerufenen Durchmischung als annähernd konstant angesehen werden. Normal reine Luft enthält die in Tab. 1.18 zusammengestellten Gase und außerdem naturbedingte Bestandteile in wechselnder Konzentration, wie Wasserdampf, und andere nur in Spuren vorhandene Stoffe.

Tabelle 1.18 *Bestandteile reiner, trockener Luft*

		Massen-%	Volum-%
Sauerstoff	O_2	23,01	20,93
Stickstoff	N_2	75,51	78,10
Argon	Ar	1,286	0,9325
Kohlendioxyd	CO_2	0,04	0,03
Wasserstoff	H_2	0,001	0,01
Neon	Ne	0,0012	0,0018
Helium	He	0,00007	0,0005
Krypton	Kr	0,0003	0.0001
Xenon	Xe	0,00004	0,000009

Neben diesen Bestandteilen sind in der atmosphärischen Luft noch eine Anzahl anderer gasförmiger und fester Stoffe enthalten, deren Mengen stark von Gegend, Klima, Jahreszeit, Wetter und anderen Faktoren abhängen. Bei allen diesen Stoffen handelt es sich um „luftverunreinigende oder luftfremde Stoffe" im Sinne der in den VDI-Richtlinien 2104[179] angegebenen Definition, nämlich um Stoffe, die durch technische Vorgänge in die Atmosphäre gelangen und die natürliche Zusammensetzung der reinen Luft verändern. Die wichtigsten gasförmigen Verunreinigungen sind

Ozon (O_3) und Wasserstoffsuperoxyd (H_2O_2), die bei elektrischen Entladungen und Oxydationsvorgängen entstehen,

Kohlenoxyd (CO) durch unvollkommene Verbrennung bei Verbrennungsvorgängen,

Schwefeldioxyd (SO_2) aus der Verbrennnug von Kohle und Heizöl (vgl. hierzu [180]),

Ammoniak (NH_3) aus Fäulnis- und Zersetzungsvorgängen.

Die in der atmosphärischen Luft vorhandenen Feststoffbestandteile werden als Staub bezeichnet, sofern ihre Teilchengrößen durch die bekannten Verfahren (vgl. Richtlinie VDI 2031 „Feinheitsbestimmungen an technischen Stäuben") meßbar sind. Es handelt sich dabei um Teilchengrößen etwa zwischen 0,5 und 1000 µm. Staub kann aus anorganischen Bestandteilen, wie Sand, Ruß, Kohle, Asche, Kalk, Metall- und Steinstäuben, oder aus organischen Bestandteilen, wie Pflanzenteilchen, Samen, Pollen, Sporen, Textilfasern u.a., bestehen. Der Staubgehalt der bodennahen Luftschicht ist stark veränderlich (je nach Gegend zwischen

---

[179] VDI-Richtlinien 2104: Begriffsbestimmungen, Reinhaltung der Luft, Düsseldorf: VDI-Verlag, Mai 1962.

[180] GRÄFE, K., H. O. HETTCHE u. K. H. PETERS: SO_2-Gehalt der Stadtluft in Beziehung zur Gesundheit und zum Wetter. Gesundheits-Ingenieur 81 (1960), Heft 10, S. 302–308.

0 und 5 mg/m³) und abhängig vom Wetter. Unter normalen Bedingungen wird der Staubgehalt bestimmt durch die vertikale Temperaturschichtung und den Wind. Er zeigt daher tageszeitliche Veränderungen mit einem Maximum bei Sonnenaufgang.

Ein besonderes Charakteristikum des Stadtklimas ist die Dunsthaube (der Stadtdunst) als äußeres Kennzeichen der besonderen Beschaffenheit der Stadtluft. Die Aerosole (feste oder flüssige Stoffe im Schwebezustand in einem gasförmigen Dispersionsmittel) als Gesamtheit aller Verunreinigungen der Stadtluft verdienen deshalb im Hinblick auf die größtenteils innerhalb von Stadtgebieten installierten Anlagen der Klimatechnik besondere Erwähnungen. Die Aerosole können im wesentlichen in 2 Gruppen eingeteilt werden: Ionen (elektrisch negativ oder positiv geladene Teilchen) und Kerne. Jede dieser beiden Gruppen ist in verschiedene Größenklassen unterteilt. Riesenkerne als die größten Vertreter der zweiten Gruppe fallen unter den Begriff „Staub". Über den zahlenmäßig sehr stark veränderlichen Gehalt der atmosphärischen Luft an Kernen und Ionen, deren größenmäßige Verteilung, ihren täglichen und jährlichen Gang stellt KRATZER[181] ausführliche Untersuchungen an.

1.73 Lufttemperatur und Luftfeuchtigkeit

Die Temperatur der die Erde umgebenden Lufthülle ist eine Folge der Sonnenstrahlung, wobei zu beachten ist, daß nur ein sehr geringer Teil dieser Strahlung direkt von der Luft absorbiert wird. Der weitaus größte Teil der von der Luft aufgenommenen Wärme wird zunächst der Erdoberfläche zugeführt und von dieser durch Leitung und Konvektion an die darüberliegenden Luftschichten abgegeben. Während die obere Grenze der Lufthülle der Erde eine Sonnenstrahlung von etwa 1200 kcal/m²h (Solarkonstante) bei senkrechtem Einfall empfängt, gelangt nur ein Teil dieser Wärme (etwa 60%) teils als gerichtete direkte Sonnenstrahlung, teils als ungerichtete Himmelsstrahlung bis zur Erdoberfläche. Der Rest der zugestrahlten Sonnenenergie geht durch Reflexion an den Wolken, diffuse Zerstreuung und Absorption in der Atmosphäre verloren (vgl. S. 118ff).

Dem im Tages- und Jahresablauf sich ändernden Sonnenstand entspricht die auf die Erdoberfläche auftreffende Strahlungsenergie und damit auch die Temperatur der bodennahen Luftschicht und der Atmosphäre. Großen Einfluß auf die Wärmeabgabe der Erdoberfläche an die Luft kann dabei die Bodenart, Bodenbedeckung und die Geländegestaltung haben. In diesem Zusammenhang sei besonders auf die relativ großen Unterschiede in der Lufttemperatur zwischen Stadt und Land hin-

---

[181] KRATZER, P. A.: Das Stadtklima, 2. Aufl., Braunschweig: Vieweg 1956.

gewiesen. Der mittlere Jahresunterschied beträgt dabei zwar nur 0,5 bis 1,5 °C, insbesondere an heißen Sommertagen können aber Temperaturdifferenzen zwischen Stadt und Land von 6 bis 8 °C erreicht werden. Dabei ist zu beobachten, daß der geringste Wert des Unterschiedes auf den Mittag fällt, während die größte Differenz nach Sonnenuntergang auftritt mit einem langsamen Abfall während der Nachtstunden (Einzelheiten hierzu s. KRATZER[181]).

In der Meteorologie und Klimatologie sind für Temperatur- und Klimavergleiche bestimmte Mittel- und Extremwerte der Lufttemperaturen bestimmter Orte interessant. Und zwar unterscheidet man bei den Mitteltemperaturen

a) die mittlere Tagestemperatur, die entweder aus stündlichen Ablesungen oder aus drei Messungen um 7, 14 und 21 Uhr nach der empirischen Formel

$$t_m = \frac{t_7 + t_{14} + 2 \cdot t_{21}}{4}$$

ermittelt werden kann,

b) die mittlere Monatstemperatur und

c) die mittlere Jahrestemperatur, die sich jeweils als Mittelwert der mittleren Tagestemperaturen während eines Monats, bzw. Jahres errechnen lassen.

Als Extremwerte interessieren die höchsten und tiefsten Tages- und Jahrestemperaturen. Die Ergebnisse der entsprechenden Messungen können als Tagesgang und Jahresgang der Lufttemperaturen verschiedener Orte dargestellt werden (Abb. 1.38 und 1.39). Beide Kurven lassen einen von der Wirkung der Sonnenstrahlung abhängigen gesetzmäßigen Zusammenhang erkennen. Und zwar zeigt die wellenförmige Kurve für den Tagesgang der Lufttemperatur ein Minimum bei Sonnenaufgang und ein Maximum etwa zwischen 14 und 16 Uhr. Der in Abb. 1.39 dargestellte Verlauf der mittleren Tagestemperaturen über den Zeitraum

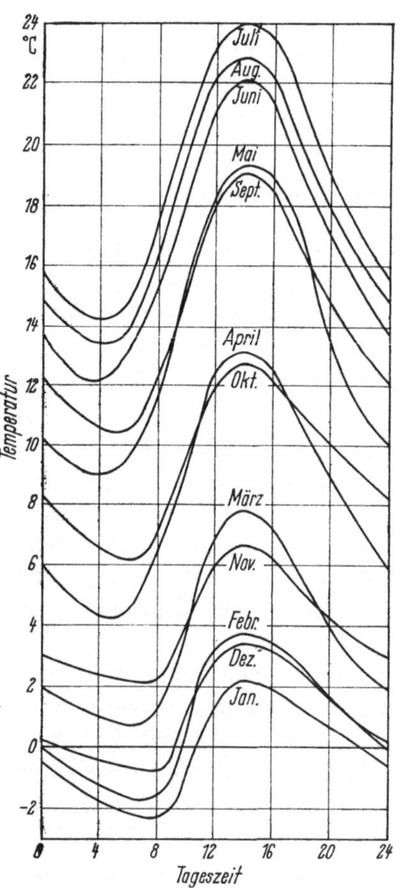

Abb. 1.38 Durchschnittlicher täglicher Temperaturverlauf in Berlin.

eines Jahres zeigt, daß die Lufttemperaturen in Mitteleuropa etwa im Monat Januar ihr Minimum und im Monat Juli ihr Maximum erreichen. Bei Orten mit Küstenlage verläuft die Jahreskurve flacher als bei Binnenorten.

Für die Klimatechnik sind diese Erhebungen in zweifacher Hinsicht von Interesse: Die mittleren Maxima und Minima der Lufttemperaturen bestimmen die Anlagenleistung und damit die Größe der einzelnen Anlagenteile, während die mittleren Jahrestemperaturen für die Berechnung der Betriebskosten maßgebend sind. Die DIN 4701[183] enthalten beispielsweise eine Klimazonenkarte Deutschlands, worin die der Wärmebedarfsberechnung zugrunde zu legenden tiefsten Außentemperaturen (− 12, − 15 und − 18 °C) eingetragen sind.

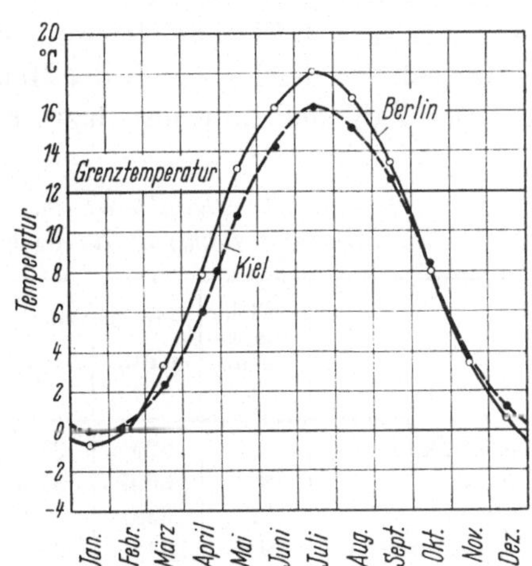

Abb. 1.39 Jahresgang der Lufttemperatur in Berlin und Kiel (nach [182]).

Es handelt sich bei diesen Berechnungswerten um die durchschnittlich tiefsten Wintertemperaturen der betreffenden Gegend, die etwa mit dem Mittelwert der Jahresminima eines längeren Zeitraumes übereinstimmen. Von der Benutzung der absolut tiefsten Wintertemperatur als Berechnungstemperatur wurde bewußt abgesehen, da diese zu aufwendige und unwirtschaftliche Anlagen ergeben würden.

Für die Berechnung des jährlichen Energieverbrauchs von Anlagen der Klimatechnik haben sich die Begriffe der „Gradtage" und „Gradstunden" eingeführt. Die in der Heizungstechnik übliche Gradtagzahl G (s. Tab. 1.19) ist hierbei das Produkt aus der Anzahl der jährlichen Heiztage Z (mit einer mittleren Außentemperatur unter 12 °C) und der Differenz aus der mittleren Raumtemperatur t_{mi} und der mittleren Außentemperatur t_{ma} in der Heizperiode (vgl. hierzu die Arbeiten von Zimmermann[184], Ehret[185] und Brinkwerth[186]):

$$G = Z\,(t_{mi} - t_{ma})\,. \qquad (1.94)$$

[182] Rietschel/Raiss: Lehrbuch der Heiz- und Lüftungstechnik, 14. Aufl., Berlin/Göttingen/Heidelberg: Springer 1963.

[183] DIN 4701: Regeln für die Berechnung des Wärmebedarfs von Gebäuden. Januar 1959.

[184] Zimmermann, O.: Die Gradtagszahlen Deutschlands und eines Teiles des europäischen Auslands. Ges.-Ing. 64 (1941), Heft 27, S. 375–380.

[185] Ehret, R.: Die Gradtagszahl. Oelfeuerung 5 (1960), Nr. 4, S. 282–284.

[186] Brinkwerth, F.: Berechnung des angemessenen Brennstoffbedarfs von Heizungsanlagen. Ges.-Ing. 74 (1953), Heft 21/22, S. 356–362.

Entsprechend den für die Berechnung des Wärmeverbrauchs von Heizungsanlagen wichtigen Heizgradtagen hat SPRENGER[187] die Begriffe „Lüftungsgradtage“ und „Kühlgradtage“ für die Betriebskostenberechnung bei Lüftungs- und Kühlanlagen in der Klimatechnik eingeführt (vgl. hierzu auch [188]). Die Definition der Lüftungs- und Kühlgradtage ist prinzipiell die gleiche wie die der Heizgradtage, nämlich als das Produkt aus der Zahl der Lüftungs- bzw. Kühltage und einer entsprechenden

Tabelle 1.19 *Charakteristische Temperaturen und Heizgradtage einiger deutscher Städte* (nach RECKNAGEL-SPRENGER[189])

| | Mittl. Jahres- temp. °C | Jahresmaximum | | Jahresminimum | | Heiz- tage | Heiz- grad- tage* |
		mittl. °C	abs. °C	mittl. °C	abs. °C		
Berlin-Dahlem	8,4	32,6	37,2	−14,7	−26,0	226	3420
Bremen	8,9	30,6	34,4	−12,6	−21,8	233	3280
Dresden	9,3	33,0	37,9	−15,2	−27,8	216	3140
Essen-Mülheim	9,3	31,6	35,1	−11,3	−20,4	222	3040
Frankfurt a. M.	9,6	32,0	37,8	−12,8	−21,5	214	3030
Halle	9,1	32,7	36,3	−14,5	−27,1	226	3260
Hamburg	8,5	30,0	33,5	−11,5	−21,1	230	3350
Hannover	8,7	31,1	36,4	−13,9	−25,0	227	3240
Karlsruhe	9,9	32,5	38,2	−13,9	−23,2	212	2950
Kiel	7,6	27,4	31,3	−11,2	−20,0	227	3600
Köln	9,5	32,1	35,7	−12,2	−19,5	213	2910
Magdeburg	9,1	33,5	37,5	−14,3	−25,7	220	3240
München	7,4	31,6	36,2	−16,0	−25,4	238	3730

* bezogen auf eine mittlere Raumtemperatur von 19 °C

Temperaturdifferenz. Da Lüftungs- und Kühlanlagen häufig nur zu bestimmten Tageszeiten in Betrieb sind, hat es sich als zweckmäßig erwiesen, diese Gradtagzahlen auf bestimmte Tageszeiten zu beziehen. Da außerdem der Begriff der mittleren Außentemperatur bei der Berechnung der Kühlung nicht zu gebrauchen ist, wurden hier Stunden als kürzere Zeitintervalle, und damit der Begriff der „Kühlgradstunden“ eingeführt.

Für die Berechnung und den Betrieb von Vollklimaanlagen ist die *Feuchtigkeit der Außenluft* beinahe ebenso wichtig wie ihre Temperatur.

---

[187] SPRENGER, E.: Lüftungsgradtage. Ges.-Ing. 68 (1947), Heft 1, S. 5–7. – SPRENGER, E., u. W. KRÜGER: Kühlgradtage. Ges.-Ing. 71 (1950), Heft 7/8, S. 117 bis 118.

[188] MÜLLER, K. G.: Bestimmung des Brennstoffbedarfes bei Lüftungsanlagen. Sanitäre Technik 24 (1959), Heft 5, S. 197–201.

[189] RECKNAGEL-SPRENGER: Taschenbuch für Heizung, Lüftung und Klimatechnik, 55. Ausg. München-Wien: Oldenbourg 1968, S. 10.

Die Lieferung des Wasserdampfes an die Luft erfolgt durch Verdunstungen an den Oberflächen des Erdbodens und des Wassers. Wenn die höheren Luftschichten mit Wasserdampf gesättigt sind, gelangt das Wasser als Niederschlag wieder zur Erdoberfläche zurück. Wasserdampf wird lediglich bei der auf wenige Nachtstunden beschränkten Tau- und Reifbildung aus der bodennahen Luftschicht an die Erdoberfläche zurückgeführt.

Ebenso wie bei der Lufttemperatur sind auch bei der absoluten Luftfeuchte[190] Veränderungen im Verlauf eines Jahres und eines Tages zu beobachten. Die an einem Tag auftretenden Schwankungen sind allerdings so gering, daß man, abgesehen von plötzlichen Wetterveränderungen, den Wassergehalt bzw. den Wasserdampfteildruck für einen bestimmten Tag als konstant ansehen kann. Die relative Luftfeuchtigkeit hingegen zeigt große Schwankungen im Tagesgang, die durch die großen Temperaturschwankungen hervorgerufen werden (vgl. Abb. 1.40). Der Jahresgang, wie er für zwei besonders charakteristische Orte mit Binnenklima (Berlin) und Küstenklima (Kiel) in Abb. 1.41 dargestellt ist, zeigt für den Wasserdampfteildruck in der Luft ein ausgeprägtes Maximum während der heißen Sommermonate (Juli/August) und ein Minimum in der kältesten Jahreszeit (Januar/Februar). Die relative Luftfeuchtigkeit – in Kiel wegen der Meeresnähe deutlich höher als in Berlin – erreicht ihr Maximum etwa im Dezember und ihr Minimum in den Monaten Mai/Juni. In anderen Orten Deutschlands ist der Jahresgang der Luftfeuchtig-

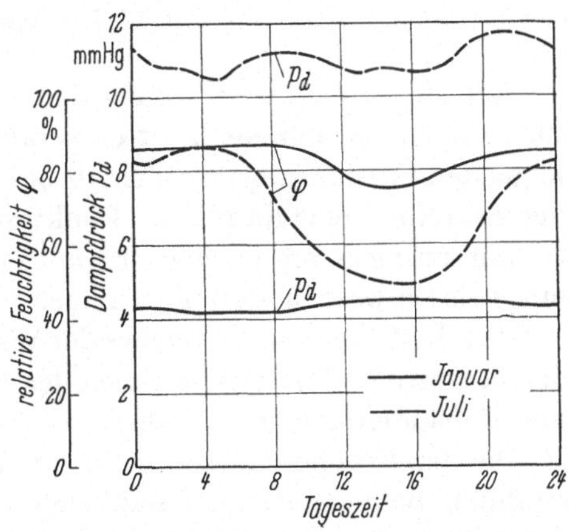

Abb. 1.40 Tagesgang des Dampfdruckes und der relativen Luftfeuchtigkeit in Karlsruhe im Januar und Juli (Mittelwert aus den Jahren 1911 bis 1930).

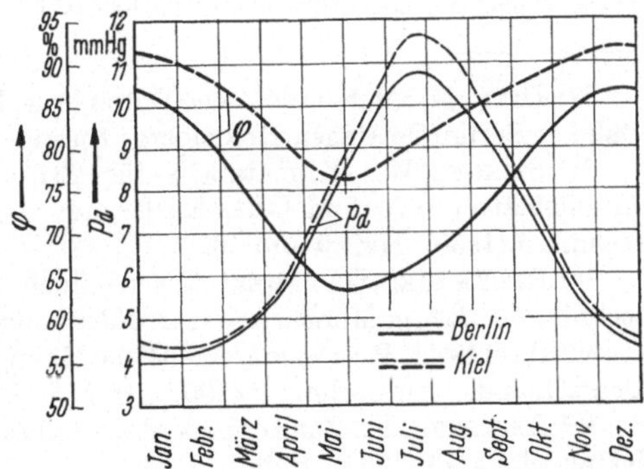

Abb. 1.41 Jahresgang des Dampfdruckes und der relativen Luftfeuchtigkeit in Berlin und Kiel (nach [182]).

[190] Der Unterschied zwischen absoluter und relativer Luftfeuchtigkeit wird in den Kapiteln 1.15, S. 26 und 1.53, S. 88 ausführlich behandelt.

keit etwa der gleiche. Für zahlreiche andere Orte der Erde können die entsprechenden Werte den meteorologischen Daten von DIEM[191] und den von STRIGEL[192] und RECKNAGEL-SPRENGER[193] zusammengestellten Tabellen entnommen werden.

Die beiden für den Zustand der atmosphärischen Luft charakteristischen Größen Temperatur und Feuchtigkeit, die bei der Auslegung von Anlagen der Klimatechnik von großer Bedeutung sind, lassen sich speziell für Berechnungszwecke zu einer Zustandsgröße, der Enthalpie, zusammenfassen. Über die Maxima und jahreszeitliche Verteilung der Luftenthalpie haben BERLINER[194, 195] und STEINER[196] Untersuchungen angestellt.

1.74 Die Strahlung

Auf die Größe und Wirkung der Sonnenstrahlung wurde bereits im Zusammenhang mit der Lufttemperatur hingewiesen (vgl. S. 113). Die folgenden Ausführungen sollen insbesondere auf die große Bedeutung der Strahlungsenergie für die Funktionsweise von Anlagen der Klimatechnik aufmerksam machen. Es muß in diesem Zusammenhang darauf hingewiesen werden, daß im Sommer die durch direkte Sonnenstrahlung anfallende Wärme ein Vielfaches der Wärme betragen kann, die aufgrund der Temperaturdifferenz zwischen der Außenluft und der Luft innerhalb von Gebäuden übertragen wird.

Die der Erdoberfläche zugeführte Gesamtstrahlung wird als Globalstrahlung bezeichnet. Diese setzt sich aus der direkten Sonnenstrahlung, der diffusen Sonnenstrahlung und der Gegenstrahlung (Eigenstrahlung der Atmosphäre) zusammen. Der Begriff der Zirkumglobalstrahlung wurde eingeführt für die von allen Seiten auf eine Kugel fallende Strahlung. FRANK[197] hat festgestellt, daß der für die Klimatechnik bedeutungs-

---

[191] DIEM, M.: Meteorologische Daten in R. PLANK: Handbuch der Kältetechnik, Band 1. Berlin/Göttingen/Heidelberg: Springer 1954, S. 250–315.

[192] STRIGEL, W.: Klimatabelle für 237 ausgewählte Orte der Erde. DKV Arbeitsblätter 0-20 und 0-21. Karlsruhe: C. F. Müller 1953. Beilagen zu Kältetechnik 5 (1956), Heft 9 und 10.

[193] RECKNAGEL-SPRENGER: Taschenbuch für Heizung, Lüftung und Klimatechnik, 55. Jahrg. München-Wien: Oldenbourg 1968, S. 15.

[194] BERLINER, P.: Die jahreszeitliche Häufigkeitsverteilung der Luftenthalpie in Deutschland. Kältetechnik 9 (1957), Heft 5, S. 138–142.

[195] BERLINER, P.: Zur Häufigkeitsverteilung der Luftenthalpie in Deutschland. Kältetechnik 13 (1961), Heft 1, S. 34.

[196] STEINER, K.: Die maximale Enthalpie der atmosphärischen Luft. Kältetechnik 10 (1958), Heft 1, S. 12–13.

[197] FRANK, W.: Die Zirkum-Globalstrahlung am Alpennordrand und ihr Einfluß auf die Wärmebilanz von Gebäuden. Heizung-Lüftung-Haustechnik 14 (1963), Nr. 7, S. 221–224.

volle Strahlungsgewinn von Gebäuden durch die Zirkumglobalstrahlung besser zu beschreiben ist als durch die Globalstrahlung.

Als Anhaltspunkt für die zu erwartenden Strahlungsenergien möge der in Abb. 1.42 dargestellte Tagesgang der Sonnenstrahlung dienen, der auf Meßergebnissen von CAMMERER und CHRISTIAN[198] beruht, die im Monat Juli für 50° nördlicher Breite ermittelt wurden. Es muß aber erwähnt werden, daß in den dargestellten Werten die Gegenstrahlung (Himmelsstrahlung) und die Rückstrahlung der Erdoberfläche nicht enthalten sind. Hierauf hat REINDERS[199] bereits hingewiesen. Untersuchungen über

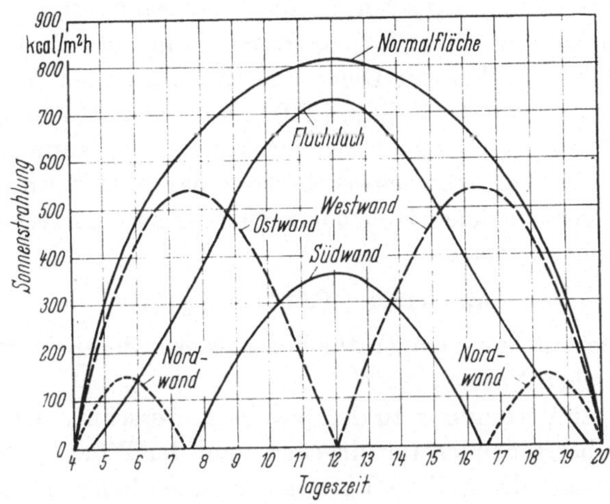

Abb. 1.42 Tagesgang der auf verschiedene Gebäudeflächen auftreffenden Sonnenstrahlung.

die tatsächliche Größe der bei der Auslegung von Anlagen der Klimatechnik zu erwartenden Strahlungsenergien sind im Gange (vgl. hierzu auch [200]).

Eine sehr wichtige Einflußgröße auf die Intensität der Sonnenstrahlung stellt die Trübung der Atmosphäre dar, wie sie durch Dunst- und Staubschichten insbesondere über Großstädten hervorgerufen wird. Die Höhe der durch Trübung hervorgerufenen Intensitätsabnahme der Sonnenstrahlung, die täglichen und jährlichen Schwankungen unterworfen ist, kann zwischen einem Gebirgs- oder Küstenort und einer im Binnen-

[198] CAMMERER, J. S., u. W. CHRISTIAN: Wärmew. Nachr. Hausbau Bd. 7 (1934) S. 116 u. 138; Bd. 8 (1935) S. 121.

[199] REINDERS, H.: Die atmosphärische Strahlung als Einflußgröße auf die Wärmehaltung von Gebäuden. Heizung-Lüftung-Haustechnik 12 (1961), Nr. 11, S. 340–346.

[200] FRANK, W.: Wärmeverbrauch und Gradtagzahlen besonnter Räume in Abhängigkeit von Fensterrichtung und Fenstergröße. Heizung-Lüftung-Haustechnik 12 (1961), Nr. 1, S. 9–14.

land gelegenen Industriestadt bis zu etwa 50 % betragen. Hierüber hat NEHRING[201] ausführliche Untersuchungen angestellt.

1.75 Luftdruck und Wind

Die die Erdkugel umgebende Luftschicht übt infolge ihres Gewichts auf die Erdoberfläche und auf alle in der Lufthülle befindlichen Gegenstände einen bestimmten Druck aus, der an der Erdoberfläche im Mittel etwa

$$760 \text{ mm Q. S.} \;\triangleq\; 10332 \text{ kp/m}^2 \;\triangleq\; 1{,}01 \text{ bar}$$

beträgt. Infolge meteorologischer Einflüsse schwankt dieser Luftdruck etwa zwischen 720 und 800 mm Q. S. Durch die mit der Entfernung von der Erdoberfläche abnehmende Dichte der Luft wird auch der Luftdruck mit der Höhe geringer (vgl. Tab. 1.20). Das einem Höhenunterschied $h_2 - h_1$ in km entsprechende Druckverhältnis p_2/p_1 kann unter Vernachlässigung der nur sehr schwer bestimmbaren Differenz der Luftfeuchtigkeit in verschiedenen Höhen mit Hilfe der barometrischen Höhenformel berechnet werden:

$$h_2 - h_1 = (18{,}4 + 0{,}067\, t_m)\, \lg (p_1/p_2)\,. \tag{1.95}$$

Dabei ist t_m die mittlere Temperatur der zwischen den beiden Höhen h_1 und h_2 befindlichen Luftschicht.

In sehr enger Verbindung zu den jeweils an verschiedenen Orten der Erdoberfläche herrschenden Luftdrücken steht der Wind als horizontale Luftbewegung deshalb, weil die Luft aus Gebieten hohen Druckes in die

Tabelle 1.20 *Luftdruck und Temperatur in verschiedenen Höhen über der Erdoberfläche* (nach DIN 5450[202])

Höhe in km	Luftdruck in Torr	Temperatur in °C
0	760	15
0,5	716	11,8
1,0	674	8,5
2	596	2,0
3	526	− 4,5
4	462	−11,0
6	354	−24,0
8	267	−37,0
10	198	−50,0
15	90	−56,5
20	41	−56,5

[201] NEHRING, G.: Über den Wärmefluß durch Außenwände und Dächer in klimatisierte Räume infolge der periodischen Tagesgänge der bestimmenden meteorologischen Elemente. Ges.-Ing. 83 (1962), Heft 7, S. 185–189; Heft 8, S. 230–242; Heft 9, S. 253–269.

[202] DIN 5450: Norm-Atmosphäre. Mai 1937.

Gebiete niedrigen Luftdruckes strömt. Außer diesem Druckunterschied sind für die Stärke und Richtung der Luftbewegung noch zwei Kräfte von Bedeutung, nämlich die ablenkende Kraft der Erdrotation und die Reibungskraft an der Erdoberfläche. Durch die Erdrotation werden die Winde auf der Nordhalbkugel rechtsläufig aus den Hochdruckgebieten heraus- und linksläufig in die Tiefdruckgebiete hineingeweht. Auf der Südhalbkugel erfolgt dieser Vorgang entsprechend umgekehrt. Die Größe der der Luftbewegung entgegengesetzten Reibungskraft ist abhängig von den Unebenheiten der Erdoberfläche. Daher sind die Windgeschwindigkeiten auf dem Meer im Durchschnitt wesentlich größer als auf dem Land. Diese Erscheinung schlägt sich auch in den Zahlen der mittleren Windgeschwindigkeiten in einigen deutschen Großstädten nieder: Hamburg 6 bis 7 m/s, Berlin 4 bis 5 m/s, München 1,5 bis 2 m/s. In diesem Zusammenhang muß besonders darauf hingewiesen werden, daß die Stadtlandschaft, d.h. der Häuserwald, durch die vermehrte Reibung die allgemeine Luftbewegung zusätzlich stark beeinflußt.

Eine sehr wichtige Erscheinung des mitteleuropäischen Klimas, die bei der Berechnung von Anlagen der Klimatechnik besonders zu beachten ist, ist die Tatsache, daß die meisten Winde, und insbesondere der größte Teil der starken Winde mit Geschwindigkeiten über 5 m/s aus westlichen Richtungen (W, SW, NW) wehen. Daraus ergibt sich für die Klimatechnik, daß in westliche Richtungen gelegene Räume von Gebäuden einen zusätzlichen Wärmebedarf haben, der auf zweierlei Weise entsteht: Erstens nimmt mit wachsender Windgeschwindigkeit der Wärmeübergang an der Außenwand zu, und zweitens erhöht sich gleichzeitig der natürliche Luftwechsel (Selbstlüftung) dieser Räume sehr stark.

1.8 Physiologische und hygienische Grundlagen

Zahlreiche Anlagen der Klimatechnik haben die Aufgabe, innerhalb der von Menschen besetzten Räume die klimatischen Verhältnisse gegenüber der äußeren Umgebung so zu korrigieren, wie es das körperliche Wohlbefinden der Rauminsassen erfordert. Aus dieser Forderung geht bereits eindeutig die Frage nach den Einflußgrößen auf das körperliche Wohlbefinden des Menschen hervor. Sicher ist, daß die Temperatur der den Menschen umgebenden Luft nicht die einzige wichtige Einflußgröße ist. Darauf besonders hinzuweisen erscheint deshalb notwendig, weil viele Anlagen der Klimatechnik – insbesondere Heizungsanlagen – auch heute noch nur unter Berücksichtigung der Raumlufttemperatur entworfen werden. Diese Tatsache zeigt deutlich, wie notwendig die Kenntnis der wichtigsten physiologischen und hygienischen Grundlagen für den Klimatechniker geworden ist.

1.81 Der Wärmehaushalt des menschlichen Körpers

Der Mensch als Warmblüter ist nicht in der Lage, seine Körpertemperatur – wie die Kaltblüter – der Umgebung anzupassen. Vielmehr wird durch die Verbrennungsprozesse im menschlichen Körper und entsprechende Wärmeabgabe an die Umgebung eine nahezu konstante Körpertemperatur zwischen 36,5 und 37,5 °C eingehalten. Der von dem Körper an die Umgebung übergehende Wärmestrom ist nach Gl. (1.39) eine Funktion der Wärmedurchgangszahl k, der Körperoberfläche und der Differenz zwischen Körper- und Umgebungstemperatur. Wie aus Tab. 1.21 ersichtlich ist, verändert sich die Wärmeabgabe eines normal bekleideten, sitzenden Menschen bei leichter Beschäftigung nur wenig mit der Temperatur der ihn umgebenden Luft. Das gilt insbesondere für den Bereich oberhalb 18 °C, während unterhalb 18 °C doch Maßnahmen erforderlich werden, mit denen ein stärkeres Ansteigen der Wärmeabgabe vermieden wird. Das kann z.B. durch Verringerung der Wärmedurchgangszahl k mit Hilfe einer besseren Isolierung (wärmere Kleidung) des Körpers geschehen. Oberhalb 18 °C ist eine starke Zunahme der Wasserdampfabgabe des menschlichen Körpers unter gleichzeitiger Verminderung der abgegebenen fühlbaren Wärme zu beobachten. Im Extremfall, bei dem die Umgebungstemperatur Körpertemperatur erreicht und damit das Temperaturgefälle als treibende Kraft für den Wärmezustand gleich Null wird, erfolgt sämtliche Wärmeabgabe des Körpers nur noch durch Verdunstung. Bei einer Verdampfungswärme des Wassers von etwa 600 kcal/kg muß durch die zahlreichen in der Haut vorhandenen Schweißdrüsen etwa 0,16 kg Wasser in der Stunde abgesondert werden, um keinen gesundheitsschädigenden Wärmestau im Körper hervorzurufen.

Die insgesamt vom menschlichen Körper abgegebene Wärme setzt sich zusammen aus den Wärmeabgaben durch

1. Wärmeleitung und Konvektion an die Umgebungsluft,
2. Wärmestrahlung an die umgebenden Flächen,
3. Verdunstung von Wasser,
4. warme und mit Feuchtigkeit gesättigte Atemluft und der Ausscheidung von warmen Stoffwechselprodukten.

Im Vergleich zu den unter 1. bis 3. genannten Einflüssen ist die Wärmeabgabe unter 4. vernachlässigbar klein (etwa 10 kcal/h). In diesem Zusammenhang können sich somit die Betrachtungen auf die Wärmeabgabe des menschlichen Körpers durch Wärmeleitung, Konvektion, Wärmestrahlung und Verdunstung konzentrieren. Dabei soll besonders auf den Strahlungsanteil hingewiesen werden, der bei Gleichheit von Raumlufttemperatur und Temperatur der den Menschen umgebenden Wände etwa gleich dem Konvektionsanteil der Wärmeabgabe ist. Bei Abweichung der Wandtemperaturen von der Lufttemperatur verändert sich der Strahlungsanteil entsprechend, ein wichtiger Punkt, der bei der Gestaltung der Umfassungswände geschlossener Räume und der Wärmedämmung besonders beachtet werden sollte.

Tabelle 1.21 *Wärmeabgabe des menschlichen Körpers bei ruhender Luft mit 30 bis 70% relative Luftfeuchtigkeit* (nach BERESTNEFF[203])

Lufttemperatur °C	Wärmeabgabe in kcal/h		
	als fühlbare Wärme	als latente Wärme	insgesamt
10	117	18	135
12	108	18	126
14	99	18	117
16	91	18	109
18	84	20	104
20	79	23	102
22	73	28	101
24	66	35	101
26	59	42	101
28	50	51	101
30	40	59	99
32	28	70	98

Tabelle 1.22 *Wärmeabgabe des menschlichen Körpers bei verschiedenen Tätigkeiten*

Art der Verrichtung	Wärmeabgabe in kcal/h
Schlafen	60
Ruhig sitzen	100
Ruhig stehen	110
Leichte Büroarbeit	115
Schreibmaschineschreiben	160
Leichte Werkstattarbeit	150–200
Langsam gehen	200
Mäßige Werkstattarbeit	200–250
Schwere Werkstatt- und Bauarbeit	250–500
Schnell gehen, tanzen	350
Laufen	500–600

Die in Tab. 1.21 eingetragenen Werte für die Wärmeabgabe des menschlichen Körpers gelten für einen sitzenden Menschen bei leichter Beschäftigung. Diese Werte erhöhen sich beträchtlich mit der Schwere der verrichteten Tätigkeit. Die hierfür in Tab. 1.22 zusammengestellten

---

[203] BERESTNEFF, A. A.: Neue amerikanische Heizungs-, Kühlungs- und Lüftungsmethoden für große öffentliche Räume. Ges.-Ing. 55 (1932), Nr. 41, S. 487 bis 489 u. Nr. 42, S. 503–506.

Zahlenwerte können allerdings nur als Richtwerte dienen, da die Wärmeabgabe im Einzelfall naturgemäß von verschiedenen Faktoren, wie der körperlichen Konstitution und Art und Zeitpunkt der Nahrungsaufnahme abhängen. Darüber hinaus ist die Möglichkeit der Akklimatisierung zu berücksichtigen, d. h. der im beschränkten Maße bestehenden Fähigkeit des menschlichen Organismus, sich bestimmten Bedingungen der Umgebung anzupassen. Diese Erscheinung ist beispielsweise bei der jahreszeitlichen Veränderung der Witterungsverhältnisse zu beobachten. Einzelheiten über die hierfür bedeutsamen Vorgänge im menschlichen Körper sind nicht genau bekannt und erfordern noch genaue Untersuchungen. WEZLER[204], HENSEL[205] und WENZLE[206] haben die Regelungsvorgänge aufgezeigt, mit denen der menschliche Körper bei verschieden schwerer körperlicher Arbeit und unter verschiedenen klimatischen Bedingungen seine Innentemperatur von etwa 37 °C halten kann.

1.82 Der Einfluß des thermischen Raumzustandes auf den Menschen

Unabhängig davon, daß der Mensch sich wechselnden Klimazuständen anpassen kann, werden doch die wichtigsten Klimafaktoren wertmäßig für einen bestimmten „Behaglichkeitsbereich" abgegrenzt. Bei diesen Klimakomponenten im engeren Sinne, die das thermische Wohlbefinden des Menschen beeinflussen, handelt es sich um die Lufttemperatur, die Temperatur der Umgrenzungsflächen, die Feuchtigkeit der Raumluft und die Luftgeschwindigkeit. [Zu den Klimakomponenten im weiteren Sinne gehören noch die Zusammensetzung der Raumluft (vgl. S. 131), die Beleuchtung (S. 68) und der Geräuschpegel (S. 78)]. Die für unsere geographischen Breiten anzustrebenden Werte der einzelnen Klimakomponenten sind in den VDI-Lüftungsregeln[207] niedergelegt. Danach gilt als behaglich eine Raumlufttemperatur von 19 bis 20 °C mit einem Feuchtigkeitsgehalt zwischen 35 und 60%, sofern bezüglich der Luftbewegung keine größeren Geschwindigkeiten als 0,15 m/s auftreten. Ferner wird vorausgesetzt, daß die Temperatur der Umgrenzungsflächen auch etwa in der Größenordnung der Lufttemperatur liegt,

[204] WEZLER, K.: Der Mensch in Hitze und Kälte. Kältetechnik 1. Sonderheft 1954, S. 2–11.

[205] HENSEL, H.: Physiologische Temperaturregelung und künstliches Klima. Heiz.-Lüft.-Haustechnik 9 (1958), Nr. 7, S. 170–176.

[206] WENZEL, H. G.: Temperaturregulation des Menschen bei körperlicher Arbeit unter verschiedenen klimatischen Bedingungen. Kältetechnik 13 (1961), Heft 1, S. 17–27.

[207] DIN 1946: Lüftungstechnische Anlagen (VDI-Lüftungsregeln). Blatt 1: Grundregeln, April 1960. Blatt 2: Lüftung von Versammlungsräumen, April 1960. Blatt 3: Lüftung von Fahrzeugen, Juni 1962. Blatt 4: Lüftung in Krankenanstalten, Mai 1963. Blatt 5: Lüftung von Schulen, August 1967.

damit die Strahlungs- und Konvektionsanteile bei der „trockenen Wärmeabgabe" ungefähr gleich sind (vgl. hierzu [207a]).

Die *Raumlufttemperatur* wird bei der Berechnung des Wärmebedarfs von Gebäuden nach DIN 4701[208] für Wohn- und Aufenthaltsräume mit 20 °C angenommen. Es handelt sich hierbei um einen Wert, der nur unter ganz bestimmten Voraussetzungen gültig ist. Zunächst einmal gilt eine Raumtemperatur von 20 °C nur dann als wärmephysiologisch günstig, wenn die Außentemperatur unter diesem Wert liegt, d.h. also in der kälteren Jahreszeit. Weiterhin sind Alter, Geschlecht und Gesundheitszustand der anwesenden Personen bei der Festlegung der Raumlufttemperatur zu berücksichtigen: Bei Frauen, älteren und kranken Personen kann sich der Wert von 20 °C mehr oder weniger stark erhöhen. In diesem Zusammenhang ist auch zu erwähnen, daß die in den USA als behaglich angesehene Raumlufttemperatur im Winter um 1 bis 2 °C höher liegt als in Mitteleuropa, was auf veränderte Lebens- und Kleidungsgewohnheiten zurückzuführen ist. Die wichtigsten Voraussetzungen für die Gültigkeit des Lufttemperaturwertes von 20 °C sind aber – wie oben bereits ausgeführt – entsprechende Oberflächentemperaturen und geringe Luftbewegung. Im Sommer liegt die wärmephysiologisch optimale Raumtemperatur höher als im Winter, weil mit einer leichteren Bekleidung der Menschen gerechnet werden muß. Der Temperaturwert der Raumluft wird sich mit der Außentemperatur verändern, und zwar so, daß die Differenz zwischen Außenluft- und Raumlufttemperatur zu höheren Außentemperaturen hin größer wird. Für Versammlungsräume fordern die VDI-Lüftungsregeln beispielsweise bei Außentemperaturen von 25 bis 32 °C Innentemperaturen von 23 bis 26 °C. Ein sehr wesentlicher Gesichtspunkt für die Wahl der günstigsten Raumlufttemperatur im Sommer ist die Aufenthaltsdauer der anwesenden Personen. Bei einer ganztägigen gleichmäßigen Belegung der Räume können die obengenannten Werte durchaus unterschritten werden, was in Räumen, in denen sich die anwesenden Personen nur kurzfristig aufhalten, auf jeden Fall vermieden werden muß.

Die *Wandtemperatur*, bzw. die mittlere Temperatur der den Menschen umgebenden Flächen, ist eine weitere Klimakomponente, die die Behaglichkeit innerhalb geschlossener Räume wesentlich beeinflussen kann. Nach Gl. (1.38a) läßt sich die Wärmeübergangszahl der Strahlung als Produkt aus Strahlungsaustauschzahl und Temperaturfaktor berechnen (vgl. S. 45). Das Ergebnis dieser Rechnung zeigt, daß die Wärmeübergangszahl der Strahlung etwa den gleichen Wert annimmt, wie die

---

[207a] KRANZ, P.: Calculating human comfort. ASHRAE-Journal 6 (1964), Nr. 9, S. 68–77.

[208] DIN 4701: Regeln für die Berechnung des Wärmebedarfs von Gebäuden. Januar 1959.

Wärmeübergangszahl der Konvektion, vorausgesetzt, daß die Wandtemperaturen der Lufttemperatur gleich sind. In diesem Fall ist also die von der Körperoberfläche (mittlere Temperatur 26 °C) abgestrahlte Wärme gleich der durch Konvektion abgegebenen (Idealzustand). Sinkt die mittlere Wandtemperatur wesentlich unter die Raumlufttemperatur, so erhöht sich die durch Strahlung abgegebene Wärme (bei konstantem Konvektionsanteil) und damit auch die dem Körper insgesamt entzogene Wärme. Es entsteht trotz ausreichender Raumlufttemperatur bei den im

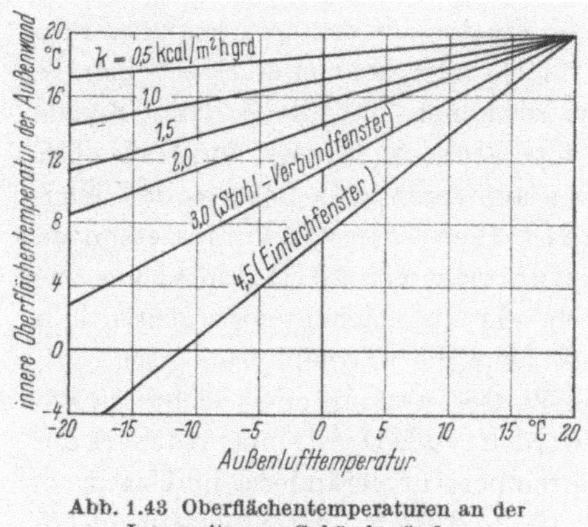

Abb. 1.43 Oberflächentemperaturen an der Innenseite von Gebäudewänden.

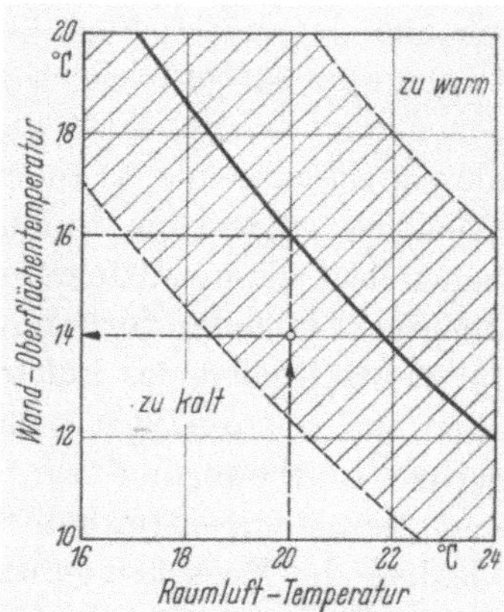

Abb. 1.44 Behaglichkeitsgrenzen der Oberflächentemperaturen (nach BEDFORD und LIESE).

Raum befindlichen Personen ein Unbehaglichkeitsgefühl (vgl. hierzu auch die Veröffentlichung von RAISS[208a]). In den Berechnungsregeln des Vereins Schweizerischer Centralheizungs-Industrieller wird als konsequente Folge dieser Erkenntnis nicht mehr mit der Raumlufttemperatur, sondern mit der resultierenden (empfundenen) Temperatur gerechnet, die gleich dem arithmetischen Mittel aus der Lufttemperatur und der Temperatur der umgebenden Wandoberflächen ist. Hierüber hat WEBER[209] berichtet. Die Temperaturen an den inneren Oberflächen von Wänden und Fenstern lassen sich größenordnungsmäßig als Funktion der Außenlufttemperatur und der Wärmedurchgangszahlen darstellen. Dem Diagramm Abb. 1.43 liegt eine konstante Raumlufttemperatur von 20 °C und eine Wärmeübergangszahl an der Innenseite von 7 kcal/m²h°C zugrunde. BEDFORD und LIESE haben angegeben (Abb. 1.44), in welchen Grenzen die

[208a] RAISS, W.: Strahlungs- oder Konvektionsheizung – Untersuchungen über das Raumklima. VDI-Berichte, Bd. 21 (1957). Düsseldorf: VDI-Verlag.

[209] WEBER, A. P.: Betrachtungen über die maßgebenden Temperaturen im geheizten Wohnraum. Schweiz. Bauzeitung 77 (1959), Nr. 11, S. 149–152. Referat in Heiz.-Lüft.-Haustechnik 10 (1959), Nr. 7, S. 205.

Oberflächentemperaturen in einem Raum in Abhängigkeit von der Lufttemperatur schwanken dürfen, ohne daß der Strahlungsaustausch mit
ihnen als unbehaglich empfunden wird. Bei 20 °C Lufttemperatur liegt
die Mitte des Behaglichkeitsbereiches bei etwa 16 °C mittlerer Oberflächentemperatur. Tiefere Temperaturen werden, je tiefer sie liegen, um
so kühler empfunden, wärmere um so wärmer.

Zu den Umgrenzungsflächen eines Raumes gehören außer den Wänden noch Fußboden und Decke, von denen der erstere wärmephysiologisch
insofern eine Sonderstellung einnimmt, als an ihn nicht nur Wärme abgestrahlt, sondern auch durch Leitung über die Fußsohlen abgegeben
wird. Dieser Erscheinung ist besonders bei der Auswahl geeigneter Fuß-
bodenbeläge Rechnung zu tragen (vgl. hierzu die Arbeiten von SCHÜLE[210],
CAMMERER[211] und FRANK[212]). Auch die Decke und ihre Oberflächentemperatur verdient besondere Beachtung, und zwar besonders dann,
wenn die Beheizung des Raumes mit Hilfe einer Deckenstrahlungsheizung
durchgeführt wird. Die physiologische Wirkung der Strahlungsheizung
haben KOLLMAR und LIESE[213, 214] ausführlich behandelt. Für Wohnräume
üblicher Größe soll die mittlere Deckentemperatur möglichst unter 35 °C
liegen.

Die *Luftfeuchtigkeit* hat besonders dann einen Einfluß auf die Behaglichkeit, wenn die Raumtemperatur einen bestimmten Wert überschreitet. Bei einer Lufttemperatur von 20 °C wird nur ein kleiner Teil der
vom menschlichen Körper abgegebenen Wärme durch Verdunstung abgegeben (vgl. Tab. 1.21). Dabei wird ein relativ großer Bereich (30 bis
70%) der Raumluftfeuchtigkeit als behaglich empfunden. Luftfeuchtigkeiten unter 30% und über 70% sind aus hygienischen Gründen zu vermeiden, weil bei sehr trockener Luft die Staubbildung durch Austrock-
nen von Möbeln, Teppichen und Kleidern begünstigt wird und bei großer Luftfeuchtigkeit durch Kondensation an kälteren Oberflächen die
Gefahr von Schimmelbildung besteht. Mit steigender Lufttemperatur

---

[210] SCHÜLE, W.: Untersuchungen über die Hauttemperatur des Fußes beim
Stehen auf verschiedenen Fußböden. Ges.-Ing. 75 (1954), Heft 23/24, S. 380–386.

[211] CAMMERER, J. S.: Hygienische Prüfung von Fußbodenbelägen. Boden und
Decke 1955, S. 238.

[212] FRANK, W.: Fußwärmeuntersuchungen am bekleideten Fuß. Ges.-Ing. 80
(1959), Heft 7, S. 193–201. – Die Wärmeabgabe des bekleideten und unbekleideten
Fußes. Ges.-Ing. 81 (1960), Heft 11, S. 333–336. – Kalorische Oberflächenbelastung,
Gesamtentwärmung und thermisches Behaglichkeitsempfinden. Ges.-Ing. 83 (1962),
Heft 2, S. 29–35.

[213] KOLLMAR, A., u. W. LIESE: Die Strahlungsheizung, 4. Aufl., München: Oldenbourg 1957.

[214] KOLLMAR, A.: Welche Deckentemperatur ist bei der Strahlungsheizung zulässig? Ges.-Ing. 75 (1954), Heft 1/2, S. 22–29. – Wärmephysiologische Berechnungen bei Heizdecken, Strahlplatten und Infrarotstrahlern. Ges.-Ing. 81 (1960), Heft
3, S. 65–84.

sinkt der als noch behaglich empfundene Feuchtigkeitsgehalt der Raumluft stark ab. Die Behaglichkeitsgrenze kann durch eine „Schwülekurve‟
(Abb. 1.45) dargestellt werden, in der die Lufttemperatur über der relativen Luftfeuchtigkeit aufgetragen wird. Die in Abb. 1.45 eingetragenen
Grenzwerte, die für einen normal gekleideten, ruhenden Menschen gelten,
verschieben sich bei körperlicher Tätigkeit und gleicher Lufttemperatur zu
niedrigeren Feuchtigkeitswerten. Über die Auswirkung der Luftfeuchtigkeit auf die Behaglichkeit haben GRANDJEAN und RHINER[214a] berichtet.

Die *Luftgeschwindigkeit* beeinflußt stark die Wärmeabgabe der Körperoberfläche und damit die thermische Behaglichkeit des Menschen.
Eine genaue Festlegung der Grenzen, außerhalb derer eine Luftbewegung als störend empfunden wird oder als gesundheitsschädlich angesehen werden muß, ist sehr schwierig, da diese von einigen Faktoren, wie z. B. dem Gesundheitszustand der Menschen und der Lufttemperatur, abhängen (vgl. hierzu die Ausführungen von BRADTKE und LIESE[215]). In den VDI-Lüftungsregeln wird die physiologisch vertret-

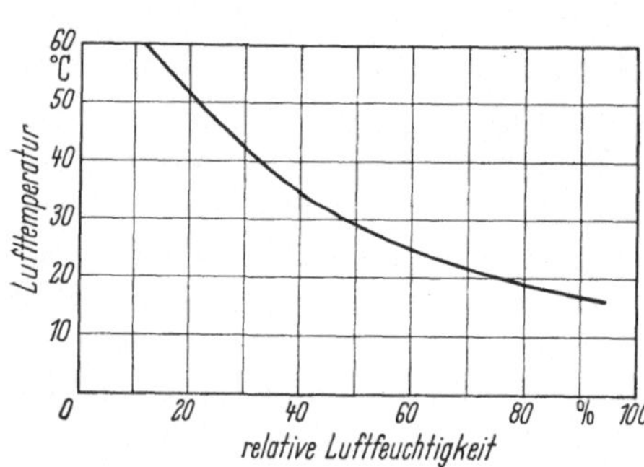

Abb. 1.45
Schwülekurve nach LANCASTER/CASTENS/RUGE.

bare Höchstgeschwindigkeit der Luft bei einer Lufttemperatur von 20 °C
mit 0,15 m/s, bei 23 °C mit 0,3 m/s und bei 26 °C mit 0,5 m/s angegeben.
Andererseits bezeichnet LIESE[216] ruhende (stagnierende) Luft ebenfalls
als wenig behaglich, da das aus der freien Natur bekannte An- und
Abschwellen der Luftbewegung für die Hautnerven einen günstigen Reiz
zur Regelung der Blutfülle der Haut darstellt. Als besonders störend auf
das Wohlbefinden wirkt die sog. Zugluft, bei der die bewegte Luft eine
niedrigere Temperatur als die Raumluft aufweist. Diese ist auf jeden
Fall zu vermeiden.

Mit der in der amerikanischen Klimatechnik gebräuchlichen „wirksamen Temperatur‟ werden die wesentlichen Behaglichkeitsgrößen Lufttemperatur, Luftfeuchtigkeit und Luftgeschwindigkeit zu einer Größe

---

[214a] GRANDJEAN, E., u. A. RHINER: Die Luftfeuchtigkeit und ihre Auswirkung
auf die Behaglichkeit in Wohn- und Arbeitsräumen. Ges.-Ing. 84 (1963), Nr. 12,
S. 362–364. Ref. in Heiz.-Lüft.-Haustechnik 15 (1964), Nr. 7, S. 267.
  [215] BRADTKE, F., u. W. LIESE: Hilfsbuch für raum- und außenklimatische Messungen, 2. Aufl., Berlin/Göttingen/Heidelberg: Springer 1952, S. 15ff.
  [216] LIESE, W.: Kritik und Praxis der Behaglichkeitsmessung. Ges.-Ing. 71
(1950), Heft 17/18, S. 286–288.

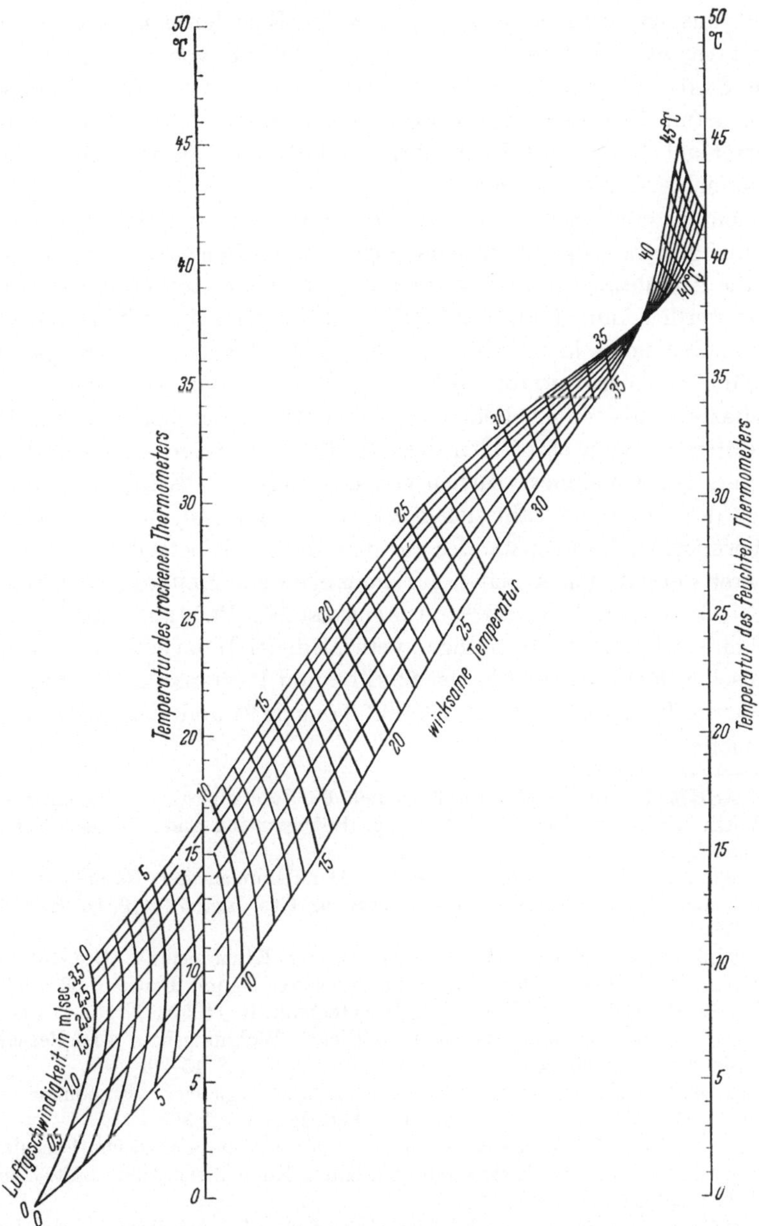

Abb. 1.46 Die wirksame Temperatur als Funktion einzelner Luftzustandsgrößen.

zusammengefaßt (vgl. hierzu ASHRAE Guide [216a]). In Abb. 1.46 ist das von den amerikanischen Klimaingenieuren verwendete Diagramm dargestellt, aus dem bei Kenntnis der genannten Einzelgrößen die wirksame Temperatur als Schnittpunkt der Verbindungslinie von der rechten zur linken Skala mit der Linie konstanter Luftgeschwindigkeit ermittelt werden kann. Wirksame Temperaturen von etwa 17 bis 22 °C werden entsprechend den für die USA gültigen Maßstäben als zum Behaglichkeitsbereich gehörig angesehen.

Einen aus der Lufttemperatur, Temperatur der Umgrenzungsflächen und Luftgeschwindigkeit zusammengesetzten Behaglichkeitsmaßstab stellt die Abkühlungsgröße dar, die mit Hilfe des Katathermometers ermittelt werden kann (vgl. S. 96). Obwohl die Messung mit dem Katathermometer noch keine Klimasummengröße liefert, die den ganzen Behaglichkeitsbegriff erfaßt, so kann doch die daraus erhaltene Behaglichkeitsziffer als guter Beurteilungsmaßstab angesehen werden. Die VDI-Lüftungsregeln empfehlen deshalb die Verwendung des Katathermometers bei Abnahmeversuchen von Lüftungs- und Klimaanlagen.

Aus der Reihe der zahlreichen Veröffentlichungen, die den Einfluß des thermischen Raumzustandes auf den Menschen betreffen, sei neben den bereits erwähnten Arbeiten auf diejenigen von LEUSDEN und FREYMARK[217], ROEDLER[218], LIESE[219], AUSTERWEIL[220], PLÖGER[221] und WENZEL[222] hingewiesen. Die Wirkungen verschiedener Heizverfahren auf den thermischen Raumzustand haben SCHÜLE und PREISENDANZ[223], SCHÜLE und FAUTH[224], KOLLMAR[225], RAISS und TÖPRITZ[226] und FRANK[226a] näher untersucht.

[216a] ASHRAE Guide and Data Book 1965/66, Fundamentals and Equipment. New York: American Society of Heating, Refrigerating and Air Conditioning Engineers, S. 107.

[217] LEUSDEN, F. P., u. H. FREYMARK: Darstellungen der Raumbehaglichkeit für den einfachen praktischen Gebrauch. Ges.-Ing. 72 (1951), Heft 16, S. 271–273.

[218] ROEDLER, F.: Hygienische Grundlagen der Klimatechnik. Ges.-Ing. 78 (1957), Heft 1/2, S. 1–8. – Der Mensch im geheizten Raum. Bauwelt 50 (1959). Nr. 4, S. 87–89. Referat in Heiz.-Lüft.-Haustechnik 10 (1959), Nr. 5, S. 139. – Die Gestaltung des Raumklimas im neuzeitlichen Wohnungsbau. VDI-Berichte Nr. 62 (1962) „Haustechnik und das Heim von morgen", S. 15–20.

[219] LIESE, W.: Neuere wärmephysiologische und hygienische Ergebnisse von klimatechnischer Bedeutung. Ges.-Ing. 81 (1960), Heft 12, S. 363–371.

[220] AUSTERWEIL, L.: Vergleich der durch das wärmephysiologische Verhalten bedingten, in der Lufttechnik verwendbaren Klima-Kennziffern. Heiz.-Lüft.-Haustechnik 11 (1960), Nr.3 , S. 67–74.

[221] PLÖGER, U.: Die analytische Klimabewertung als Grundlage klimatechnischer Maßnahmen. Heiz.-Lüft.-Haustechnik 11 (1960), Nr. 4, S. 87–91.

[222] WENZEL, H. G.: Die Einwirkungen des Klimas auf den arbeitenden Menschen. VDI-Berichte Nr. 72 (1963) „Heizung-Lüftung-Klimatisierung", S. 5–15. Referat in VDI-Zeitschr. 106 (1964), Nr. 17, S. 753–754.

1.83 Zusammensetzung der Raumluft

Möglichkeiten der Luftverunreinigung bestehen in Aufenthaltsräumen insbesondere durch Ausdünstungen und durch die Atemluft der anwesenden Personen. Bei gewerblichen Räumen kann hierzu noch die durch bestimmte Arbeitsprozesse hervorgerufene Luftverschlechterung treten. Der ruhende Mensch veratmet in der Stunde etwa 0,5 m³ Luft, der körperlich tätige bis 5 m³/h. Aus diesen Werten leitet sich die Frischluftrate von 20 m³/h ab, die jeder Person aus hygienischen und gesundheitlichen Gründen mindestens zur Verfügung stehen sollte. Sind Quellen besonderer Luftverschlechterung vorhanden, so erhöht sich dieser Wert entsprechend, wie z.B. in Räumen, in denen geraucht wird, auf mindestens 30 m³/h (vgl. hierzu die Arbeit von LIESE[227]). Außerdem kann bei Kenntnis der anfallenden Mengen der die Luft verunreinigenden Gase oder Dämpfe und der zulässigen Konzentrationen aus diesen Werten die erforderliche Frischluftmenge berechnet werden (vgl. hierzu RECKNAGEL-SPRENGER[228]). Für schwach besetzte Räume (Wohn- und Büroräume) ohne besondere Luftverschlechterung wird die erforderliche Frischluftrate praktisch immer durch die natürliche Fugenlüftung an Fenstern und Türen gedeckt.

Der Staubgehalt der Raumluft ist bei sauber gehaltenen Aufenthaltsräumen und bei normaler relativer Luftfeuchtigkeit gering. Bei zu trokkener Raumluft kann der Staubgehalt der Luft ansteigen und die Schleimhäute des Menschen mehr oder weniger stark reizen. Da Bakterien sehr oft an Staubteilchen gebunden sind, ist auch zur Verhinderung der Übertragung von Infektionskrankheiten möglichst staubfreie Luft anzustreben. Dies sollte dadurch geschehen, daß die Staubbildung in Aufenthaltsräumen weitgehend vermieden und dem Raum gut gereinigte, staubfreie Luft zugeführt wird.

---

[223] SCHÜLE, W., u. K. PREISENDANZ: Heiztechnische und raumklimatische Untersuchungen in Wohnungen mit Mehrraumheizungen. Heiz.-Lüft.-Haustechnik 6 (1955), Heft 3, S. 85–93.

[224] SCHÜLE, W., u. U. FAUTH: Heiztechnische und raumklimatische Untersuchungen in Wohnungen mit verschiedenen Heizeinrichtungen. Heiz.-Lüft.-Haustechnik 12 (1961), Nr. 9, S. 266–270.

[225] KOLLMAR, A.: Neue Erkenntnisse der Bewertung von Raumheizflächen. Heiz.-Lüft.-Haustechnik 13 (1962), Nr. 9, S. 274–279.

[226] RAISS, W., u. E. TÖPRITZ: Raumklimatische Messungen in Wohnräumen. Ges.-Ing. 82 (1961), Heft 12, S. 357–367.

[226a] FRANK, W.: Das Raumklima in radiator- und deckenbeheizten Räumen. Ges.-Ing. 85 (1964), Heft 9, S. 270–274.

[227] LIESE, W.: Bemessung der Luftrate bei Lüftungsanlagen. Ges.-Ing. 74 (1953), Heft 15/16, S. 254–255.

[228] RECKNAGEL-SPRENGER: Taschenbuch für Heizung, Lüftung und Klimatechnik, 55. Ausg. München-Wien: Oldenbourg 1968, S. 41–47 u. 958/959.

Über die möglichen physiologischen Auswirkungen der Luftionisierung wurde verschiedentlich berichtet[229, 230]. Zahlreiche allgemein gehaltene Untersuchungen, die zum größten Teil in den USA durchgeführt wurden, haben ergeben, daß negative Ionen (elektrisch geladene Teilchen) in verschiedener Hinsicht stimulierend wirken, während positive Ionen entweder wirkungslos waren oder unerwünschte Ergebnisse zeigten. HUMPHREYS und JENNINGS[231] haben in den in der Klimatechnik auftretenden Temperatur- und Ionenkonzentrationsbereichen die Wirkung von im Überschuß vorhandenen positiven oder negativen Ionen untersucht. Überraschenderweise zeigte sich dabei, daß der „Ioneneffekt" – wenn überhaupt vorhanden – doch zumindest so gering ist, daß er für allgemeine Anwendungsfälle der Klimatechnik wenig bedeutungsvoll wird. Damit dürfte sich wohl der vor einigen Jahren in den USA stark propagierte Einsatz von Ionengeneratoren in Klimaanlagen nur auf Sonderfälle beschränken.

---

[229] Ions in the air – What's their significance? Heating, Piping, Air Conditioning 33 (1961), Nr. 12, S. 100–102. Referat in Heiz.-Lüft.-Haustechnik 13 (1962), Nr. 11, S. 383.

[230] Einfluß und Wirkung der negativen Ionisation auf den menschlichen Organismus. Klimatechnik 5 (1963), Nr. 6, S. 14–15.

[231] HUMPHREYS, C. M., u. B. H. JENNINGS: Atmospheric Ions in Relation to Comfort and Other Responses of Normal Individuals. ASHRAE-Journal 4 (1962), Nr. 9, S. 55–70.

2. Berechnung und Entwurf klimatechnischer Anlagen

2.1 Ermittlung der erforderlichen Anlagenleistung

Jede Anlage der Klimatechnik ist für bestimmte Wärme-, Kälte- und Luftleistungen auszulegen. Auch die Be- oder Entfeuchtungsleistung kann als ein Bestandteil der Anlagenleistung angesehen werden. Allerdings wird nicht bei allen klimatechnischen Anlagen eine gleichzeitige Kontrolle aller Klimakomponenten – wie Raumlufttemperatur, Luftfeuchtigkeit und Luftzusammensetzung – gefordert. Ein großer Teil der praktisch ausgeführten Anlagen stellt sich vielmehr als reine Heizungs-, Kühl-, Lüftungs-, Be- oder Entfeuchtungsanlagen dar. Für diese Anlagentypen werden Verfahren zur Ermittlung der erforderlichen Anlagenleistung im folgenden näher behandelt. Der für Berechnung und Entwurf dieser Anlagen erforderliche Aufwand sollte dabei im Einzelfall den an die Zustandswerte gestellten Anforderungen angepaßt werden. Handelt es sich darum, in einer Anlage zwei oder mehr Klimakomponenten zu beeinflussen, so werden die einzelnen Berechnungsverfahren entsprechend zu kombinieren sein.

Die Leistung einer klimatechnischen Anlage, deren möglichst genaue Ermittlung am Anfang jeder Projektbearbeitung steht, wird im wesentlichen bestimmt von den Wärme- oder Kühlverlusten der zu klimatisierenden Räume und der Größe der Wärme- und Feuchtequellen innerhalb dieser Räume. Nur in speziellen Anwendungsfällen, z.B. bei Industrieklimaanlagen, läßt sich der Wärmedurchgang durch die Außenwände gegenüber dem durch bestimmte Fabrikationsprozesse bedingten Wärmeanfall innerhalb des Gebäudes vernachlässigen. In den weitaus meisten Fällen bestimmt der Transmissionswärmeverlust (oder Transmissionskühlverlust) mit der Lüftungswärme- oder -kühlleistung die von der klimatechnischen Anlage zu fordernde Gesamtleistung. Im Hinblick darauf sollte bei der Planung von Gebäuden, in die eine Anlage der Klimatechnik eingebaut werden muß – und praktisch alle Gebäude enthalten in unseren Regionen mindestens eine Heizungsanlage –, die Verminderung des Wärmedurchgangs durch geeignete Bauweise in erster Linie angestrebt werden. Denn eine wesentliche Voraussetzung für eine gut funktionierende und wirtschaftlich arbeitende klimatechnische Anlage ist eine gute Isolierung der zu klimatisierenden Räume gegenüber der Umgebung. Die durch einen ungenügenden Wärmeschutz verursachten Fehler lassen sich durch eine noch so sorgfältig geplante Klimaanlage kaum beseitigen. Auf die Tatsache, daß auch die Baugestaltung den Energiebedarf bei Klimaanlagen beeinflußt, hat RAISS[231a] besonders hingewiesen. Über vergleichende Untersuchungen unterschiedlicher Bauausführungen hinsichtlich der Investitions- und Betriebskosten haben BROCHER und GERDES[231b] berichtet.

2.11 Berechnung des Wärmebedarfs

Der Wärmebedarf eines beheizten Gebäudes ist im Beharrungszustand (bei konstanten Raumtemperaturen und außenklimatischen Bedingungen) gleich der Summe aller Wärmeverluste durch die Umschließungsflächen. Diese Wärmeverluste setzen sich zusammen aus dem Wärmedurchgang durch alle Wandbauteile (Transmissionswärmeverlust) und dem Lüftungswärmeverlust, der die Aufheizung der gewollt oder ungewollt (durch Undichtigkeiten) einströmenden Kaltluft berücksichtigt. Daraus ist zu erkennen, daß der Wärmebedarf eines Gebäudes allein abhängig ist von der Bauweise des Gebäudes, d. h. von Raumgröße und Art und Dimension der verwendeten Baumaterialien. Der Wärmebedarf eines Gebäudes ist also – wie in DIN 4701[232] hervorgehoben wird – „eine Gebäudeeigenschaft, die unter Benutzung vereinbarter Stoffwerte nach dieser Norm aus den Plänen des Gebäudes entsprechend den verwendeten Baustoffen errechnet wird" (vgl. hierzu auch die Veröffentlichungen von HAEDER[232a] und SPAETHE[232b]).

Die nach der genannten Norm durchzuführende Rechnung beginnt mit der Ermittlung des zuschlagfreien *Transmissionswärmeverlustes* Φ_0 (oder Q_0)[232c] nach der Beziehung

$$\Phi_0 = k\,A\,(t_i - t_a)\,, \tag{2.1}$$

<hr>

[231a] RAISS, W.: Baugestaltung, Bauweise und Wärmebedarf. Ges.-Ing. 86 (1965)· Nr. 5, S. 133–137.

[231b] BROCHER, E., u. D. GERDES: Möglichkeiten und Grenzen für die Verbesserung des baulichen Wärmeschutzes. Heiz.-Lüft.-Haustechn. 17 (1966), Nr. 4, S. 148 bis 150.

[232] DIN 4701: Regeln für die Berechnung des Wärmebedarfs von Gebäuden. Januar 1959.

[232a] HAEDER, W.: DIN 4701 – ihre Begriffe!, Berlin: Haenchen u. Jäh 1965.

[232b] SPAETHE, K.: Erläuterungen zur DIN 4701/59, Düsseldorf: Werner-Verlag 1966.

[232c] In DIN 4701 wird der Wärmebedarf mit dem Buchstaben Q bezeichnet. Nach DIN 1345 Technische Thermodynamik (Größen, Formelzeichen, Einheiten) ist Q stets das Formelzeichen für eine Wärme, während für den Wärmestrom (Dimension: kcal/h) das Zeichen Φ vorgesehen ist. Deshalb hier: Φ_0 Transmissionswärmebedarf, Φ_L Lüftungswärmebedarf.

wobei für k die Wärmedurchgangszahl der Gebäudewand, für A die Fläche des Bauteils und für t_i und t_a die Lufttemperaturen innen und außen einzusetzen sind. Die Wärmedurchgangszahl k kann nach Gl. (1.39a) aus den Wärmeleitzahlen und Dicken der Wandelemente und den Wärmeübergangszahlen an den Außen- und Innenflächen der betreffenden Wände berechnet werden. Als Erfahrungswerte können dabei für $\alpha_a = 20\ \mathrm{kcal/m^2 h\,°C}$ (für eine mittlere Windgeschwindigkeit von etwa $4\ \mathrm{m/s}$) und $\alpha_i = 7\ \mathrm{kcal/m^2 h\,°C}$ eingesetzt werden. Angaben über Wärmedurchgangszahlen häufig vorkommender Bauteile sind sowohl in DIN 4701 als auch insbesondere in DIN 4108[233] enthalten. Das letztgenannte Normblatt kann mit seinen Angaben über die Wärmedämmfähigkeit der Bauteile, die verschiedenen Wärmedämmgebiete Deutschlands, die Anforderung an den Wärmeschutz und Maßnahmen zu seiner Erreichung im wesentlichen als Grundlage für die einzuhaltenden Mindestforderungen an den Wärmeschutz von Gebäuden angesehen werden. Mehraufwendungen für einen über die in DIN 4108 genannten Mindestforderungen hinausgehenden Wärmeschutz – bis zum Vollwärmeschutz[234] – sind aus Behaglichkeits- und Wirtschaftlichkeitsgründen oft zu empfehlen. Auf die ausführliche Behandlung der mit dem Wärmeschutz zusammenhängenden Fragen von CAMMERER[235] und entsprechende Untersuchungen von BUCHMEIER[236], BALKOWSKI[237], MORITZ[238], OLSEN[239], TRIEBEL[240] und GEISLER[240a] soll an dieser Stelle deshalb besonders hingewiesen werden, weil dem für die Projektierung klimatechnischer Anlagen verantwortlichen Ingenieur doch häufig die Möglichkeit gegeben ist, die Bauweise des zu erstellenden Gebäudes im Hinblick auf den Wärmeschutz zu beeinflussen. In solchen Fällen helfen ausreichende

---

[233] DIN 4108: Wärmeschutz im Hochbau. Mai 1960.

[234] Als Vollwärmeschutz werden Wärmeschutzmaßnahmen bezeichnet, bei denen Wand-, Decken- bzw. Fußbodenoberflächen die einem maximalen Behaglichkeitszustand entsprechenden Wandtemperaturen von 16 bzw. 17 °C bei minimalen Außentemperaturen nicht unterschreiten.

[235] CAMMERER, J. S.: Wärme- und Kälteschutz in der Industrie, 4. Aufl., Berlin/Göttingen/Heidelberg: Springer 1962.

[236] BUCHMEIER, E.: 35 Prozent Heizkostenersparnis durch Vollwärmeschutz. Bau und Bauindustrie 1961, Heft 17, S. 631–633.

[237] BALKOWSKI, D.: Wirtschaftlich bauen mit Vollwärmeschutz. Deutsche Bauzeitung 67 (1962), Nr. 10, S. 800–804.

[238] MORITZ, K.: Erfahrungen mit der Wärmedämmung von Gebäuden. Klimatechnik 5 (1963), Nr. 6, S. 8–10 und Nr. 7, S. 14–17.

[239] OLSEN, F.: Wärmedämmung im Wohnungsbau. Heiz.-Lüft.-Haustechn. 14 (1963), Nr. 7, S. 225–227.

[240] TRIEBEL, W.: Der wirtschaftlich optimale Wärmeschutz und die Beheizung von Wohnungsbauten. Heiz.-Lüft.-Haustechn. 16 (1965), Nr. 12, S. 454–459.

[240a] GEISLER, K. W.: Optimaler Wärmeschutz ebener Wände mit Fenstern und Türen unter Berücksichtigung verschiedener Beheizungsarten. Heiz.-Lüft.-Haustechn. 17 (1966), Nr. 10, S. 369–373.

Kenntnisse geeigneter Wärmeschutzmaßnahmen, um auf die Planung einen für die klimatechnische Anlage und deren Wirkungsweise günstigen Einfluß ausüben zu können.

Häufig stellt auch die Dampfdiffusion durch wärmegeschützte Wände ein Problem dar, das aber durch richtig bemessene Dampfsperren in Verbindung mit einer geregelten Lüftung beherrscht werden kann. Der Niederschlag von Wasser oder die Eisbildung innerhalb der Schutzschicht muß durch zweckmäßige Ausführung des relativen spezifischen Diffusionswiderstandes der Sperrschicht und der durchlässigen Innenverkleidung vermieden werden (vgl. hierzu die Arbeiten von GLASER[241] und LEVY[242]).

Für die in Gl. (2.1) einzusetzenden Raumtemperaturen t_i sind in DIN 4701 entsprechend dem Verwendungszweck der zu beheizenden Räume bestimmte Richtwerte angegeben. Danach sind Wohnräume, in denen sich normal bekleidete Personen ohne körperliche Tätigkeit aufhalten, auf 20 °C zu beheizen. Die Temperaturen von nur kurzfristig benutzten Räumen (Flure, Treppenhäuser, Vorräume, Aborte) sind entsprechend niedriger, von Wasch- und Baderäumen entsprechend höher anzusetzen. Bei Verwaltungsgebäuden und Schulen, bei denen Flure und Treppenhäuser meist nicht abgeschlossen sind, empfiehlt es sich, zwecks Vermeidung von Zugerscheinungen diese Räume ebenfalls auf 20 °C zu heizen. Bei Krankenhäusern, Fabriken, Theatern, Kirchen usw. sind die Innentemperaturen aller Räume in Vereinbarung mit dem Auftraggeber festzusetzen. Richtwerte für die in den einzelnen Räumen von Krankenanstalten einzuhaltenden Lufttemperaturen und -feuchten sind in DIN 1946[243] enthalten. In diesem Zusammenhang sei bezüglich der Wahl eines geeigneten thermischen Raumzustandes auf die Ausführungen in Abschn. 1.82, S. 124 und insbesondere auf die Tatsache hingewiesen, daß die Raumlufttemperatur nicht das einzige Behaglichkeitsmaß darstellt. Besonders in Fällen unzureichenden Wärmeschutzes der Außenwände sollte zweckmäßigerweise mit einer resultierenden Temperatur, dem arithmetischen Mittel aus Lufttemperatur und Temperatur der umgebenden Wandflächen, gerechnet werden.

Für t_a in Gl. (2.1) ist die Lufttemperatur im Freien oder in dem dem zu beheizenden Raum benachbarten Raum einzusetzen. Als Außentemperaturen gelten die durch die geographische Lage bedingten mitt-

[241] GLASER, H.: Wärmeleitung und Feuchtigkeitsdurchgang durch Kühlraumisolierungen. Kältetechnik 10 (1958), Nr. 3, S. 86–91. – Zur Wahl der Diffusionswiderstandsfaktoren von mehrschichtigen Kühlraumwänden. Kältetechnik 11 (1959), Nr. 7, S. 214–218.

[242] LEVY, F. L.: Diagramme zur Beherrschung des Dampfdurchganges durch isolierte Wände. Kältetechnik 14 (1962), Nr. 2, S. 42–44.

[243] DIN 1946: Lüftungstechnische Anlagen (VDI-Lüftungsregeln), Blatt 4: Lüftung in Krankenanstalten. Mai 1963.

leren Jahresminima, die für Deutschland einer in DIN 4701 abgedruckten Klimazonenkarte entnommen werden können.

Auf den nach Gl. (2.1) zu berechnenden Transmissionswärmeverlust werden Zuschläge für Betriebsunterbrechungen, kalte Außenflächen und Himmelsrichtung erforderlich, die bis zu 35% betragen können (vgl. die entsprechenden Werte in DIN 4701). Mit dem in der deutschen Norm vorgesehenen Zuschlag für kalte Außenwände, der entsprechend dem Wärmedurchgangswert D der Umgrenzungswände gewählt werden muß, wird versucht, den Einfluß niedriger Oberflächentemperaturen der Umschließungsflächen zu kompensieren, ein Ziel, das einige ausländische Berechnungsregeln mit der obengenannten resultierenden Temperatur erreichen.

Der *Lüftungswärmebedarf* Φ_L ist erforderlich zur Erwärmung der Luftmengen, die durch Undichtheiten an Fenstern und Türen in den zu beheizenden Raum einströmen. Die in der deutschen Norm DIN 4701 angegebene Gleichung zur Berechnung dieses Wärmebedarfs

$$\Phi_L = \sum (a\,l)_A\,R\,H\,(t_i - t_a)\,z_E \tag{2.2}$$

berücksichtigt die Durchlässigkeit a und die Länge l sämtlicher Fugen von Fenstern und Türen, durch die Luft in den Raum eindringt, mit der Raumkenngröße R die Undichtheiten der Fenster und Türen, durch die Luft aus dem Raum abströmt, mit der Hauskenngröße H die Lage (geschützt oder frei) und Bauweise (Einzel- oder Reihenhaus) des Gebäudes und mit dem Wert z_E einen evtl. erforderlichen Eckfensterzuschlag. Die entsprechenden Werte sind in Tabellenform in DIN 4701 zusammengestellt. Aus der Berechnungsweise des Lüftungswärmebedarfs ist also ersichtlich, daß dieser wesentlich vom Windanfall und von der Bauweise (Fugendurchlässigkeit) des Hauses beeinflußt wird (vgl. hierzu die Untersuchungen von SCHÜLE[244]).

Der *Gesamtwärmebedarf* Φ_h berechnet sich dann als Summe aus dem mit einem Zuschlagsfaktor Z versehenen Transmissionswärmebedarf und dem Lüftungswärmebedarf zu

$$\Phi_h = \Phi_0 Z + \Phi_L. \tag{2.3}$$

Der Gesamtwärmebedarf eines Gebäudes, wie er sich aus DIN 4701 bei Einhaltung des Mindestwärmeschutzes nach DIN 4108 berechnet, ist in Abb. 2.1 als spezifischer, auf das Gebäudevolum bezogener Wärmebedarf in Abhängigkeit von Gebäudevolum und Anteil der Fensterfläche an den senkrechten Außenwänden für die Klimazone II ($-15\,°C$ Außentemperatur) bei Einbau von Verbundfenstern überschlägig dargestellt. Für

---

[244] SCHÜLE, W.: Luftdurchlässigkeit von Fenstern. Ges.-Ing. 82 (1961), Heft 6, S. 181–184. – Untersuchungen über die Luft- und Wärmedurchlässigkeit von Fenstern. Ges.-Ing. 83 (1962), Nr. 6, S. 153–162.

die in den Klimazonen I ($-12\,°C$) oder III ($-18\,°C$) auftretenden Verhältnisse oder bei Anwendung anderer Fensterbauarten sind bei den aus Abb. 2.1 abzulesenden Werten entsprechende Zuschläge oder Abzüge zu berücksichtigen. In diesem Zusammenhang muß darauf hingewiesen werden, daß der Transmissionswärmebedarf – einschließlich der Berücksichtigung der Himmelsrichtung – die für den Betrieb einer Heizungsanlage entscheidende Grundgröße ist, während die Lüftungswärme und andere Einflüsse nur zu einer als Reserve anzusehenden Vergrößerung der Heiz-

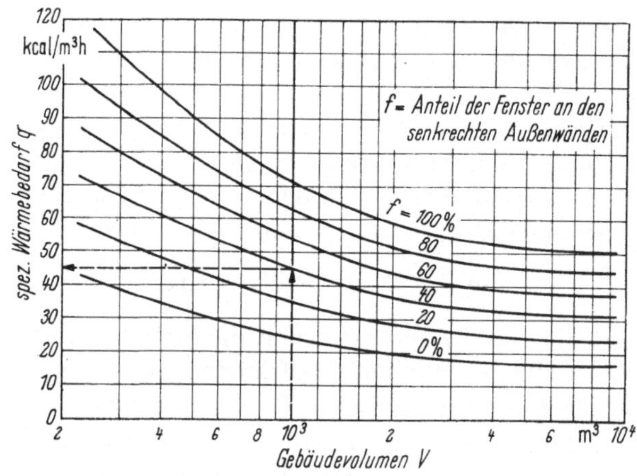

Abb. 2.1 Gesamtwärmebedarf eines Gebäudes nach DIN 4701 bei Einhaltung des Mindestwärmeschutzes nach DIN 4108.

flächen führen. Die Kenntnis des Verhältnisses von Reserve zu Grundgröße ist für die Beurteilung des Gebäudes und die zu erstellende Anlage von großer Bedeutung.

Das beschriebene Berechnungsverfahren zur Ermittlung des Wärmebedarfs eines Gebäudes gilt wohlbemerkt nur für den Beharrungszustand, der allerdings für die meisten in der Praxis vorkommenden Aufgaben zutrifft. *Abweichungen in der Wärmebedarfsberechnung* werden in bestimmten Sonderfällen erforderlich, wie z. B. bei selten beheizten Gebäuden[245], Gebäuden mit außergewöhnlich schwerer Bauart (Bunker), Räumen die vorwiegend an Erdreich angrenzen und bei Hochhäusern[246]. Die DIN 4701 enthalten im Anhang Hinweise für die rechnerische Behandlung dieser besonderen Fälle.

Zur *Durchführung der Wärmebedarfsberechnung* werden üblicherweise

---

[245] KRISCHER, O., u. W. KAST: Zur Frage des Wärmebedarfs beim Anheizen selten beheizter Gebäude. Ges.-Ing. 78 (1957), Nr. 21/22, S. 321–325.

[246] SCHÜLE, W.: Heizwärmeverbrauch bei Hochhäusern. Ges.-Ing. 82 (1961), Nr. 9, S. 261–264.

besondere Vordrucke verwendet, auf denen die beschriebenen Rechnungsgänge in tabellarischer Form durchgeführt werden können. Diese Art der Berechnung ist – insbesondere bei größeren Projekten – sehr arbeitsintensiv. Die Verwendung eines von Kubbe und Scholz[247] entwickelten Sonderrechenstabes führt bei gleichem Genauigkeitsanspruch zu einer wesentlichen Verringerung des Arbeitsaufwandes. Dem gleichen Zweck dient die „Gerberscheibe", über deren Anwendung Ohlenschläger[248] berichtet hat. Mit dem Verfahren der Wärmebedarfsberechnung setzt sich auch Gerber[249] auseinander und gibt eine Anleitung für eine rechnerische normfreie Berechnungsweise, die gegenüber den gültigen Normen zwar einen etwa 20% höheren Zeitaufwand erfordert, jedoch die Fehlererwartung um etwa 30% vermindern soll. Zum Zwecke einer Rationalisierung der Wärmebedarfsermittlung wird auch versucht, elektronische Rechenmaschinen hierfür einzusetzen. Untersuchungen über die Einsatzmöglichkeiten derartiger Rechenmaschinen haben Flach[250], Schmidthammer[251] und Gerber[252] angestellt.

Im engen Zusammenhang mit dem Wärmebedarf steht der *Wärmeverbrauch* (Brennstoffverbrauch) einer Heizungsanlage, der für die Bestimmung der Größe des Brennstofflagers oder für wirtschaftliche Vergleichsrechnungen wichtig ist. In der Fachliteratur wurden mehrere Verfahren zur Berechnung des Jahreswärmeverbrauchs angegeben, wobei offensichtlich die von Raiss[253] angegebene Beziehung den Einfluß der maßgebenden Faktoren am besten erkennen läßt (vgl. auch die VDI-Richtlinien 2067[254]). Danach berechnet sich der Jahreswärmeverbrauch Φ_a aus dem Wärmebedarf Φ_h, der Jahresgradtagzahl G, der Differenz zwischen der geforderten Raumtemperatur t_i und der mittleren Außentemperatur während der Heizperiode t_{am}, einem Berichtigungsfaktor y und einem

---

[247] Kubbe, K., u. M. Scholz: Sonderrechenstab „Wärmebedarf nach DIN 4701", herausgegeben vom Ausschuß für wirtschaftliche Fertigung (AWF) und der Heiztechnischen Zentrale (HTZ). Erhältlich durch den Beuth-Vertrieb, Berlin und Köln.

[248] Ohlenschläger, W.: Wärmebedarfsberechnung von Räumen. Heiz.-Lüft.-Haustechn. 8 (1957), Nr. 1, S. 19–20.

[249] Gerber, E.: Leitfaden zur Wärmebedarfsberechnung von Räumen, 3. Aufl., Zürich und Stuttgart: Rascher-Verlag 1962.

[250] Flach, W.: Zeitersparnis bei der Berechnung von Heizungsanlagen. Wärme-, Lüftungs- u. Ges.-Techn. 15 (1963), Nr. 5, S. 96 u. 101–103.

[251] Schmidthammer, H.: Die Wärmebedarfsberechnung auf der Maschine. Wärme-, Lüftungs- u. Ges.-Techn. 15 (1963), Nr. 5, S. 103–105.

[252] Gerber, E.: Elektronische Wärmebedarfsberechnung von Räumen. Heiz.-Lüft.-Haustechn. 15 (1964), Nr. 8, S. 283–284.

[253] Rietschel/Raiss: Lehrbuch der Heiz- und Lüftungstechnik, 14. Aufl., Berlin/Göttingen/Heidelberg: Springer 1963, S. 520ff.

[254] VDI-Richtlinien 2067: Richtwert zur Bestimmung der Wirtschaftlichkeit verschiedener Brennstoffe bei Warmwasser-Zentralheizungsanlagen, Düsseldorf: VDI-Verlag 1957 (in Neubearbeitung).

Einschränkungsfaktor e zu

$$\Phi_a = 24\,e\,y\,\frac{G}{t_i - t_{am}}\,\Phi_h\,. \tag{2.4}$$

Der Berichtigungsfaktor y berücksichtigt die Tatsache, daß der wirkliche Heizwärmebedarf bei voller Raumerwärmung kleiner ist als sich aus der Rechnung nach DIN 4701 ergibt. Wertmäßig liegt y etwa zwischen 0,6 und 0,85 und kann überschlägig dem Verhältniswert Transmissionswärmeverlust zu Gesamtwärmeverlust gleichgesetzt werden. Aus dem Jahreswärmebedarf kann dann der Jahresbrennstoffbedarf B_a unter Berücksichtigung des Brennstoffheizwertes H_u und des Gesamtwirkungsgrades des Heizvorganges berechnet werden:

$$B_a = \frac{\Phi_a}{H_u\eta}\,. \tag{2.5}$$

Überschläglich können nach RECKNAGEL-SPRENGER[255] für den Brennstoffverbrauch bei den verschiedenen Brennstoffarten folgende Werte angenommen werden:

Koks:	$B_a = 0{,}35\;\Phi_h$ kg/Jahr
Braunkohlenbriketts:	$B_a = 0{,}5\;\Phi_h$ kg/Jahr
Stadtgas:	$B_a = 0{,}4$ bis $0{,}5\;\Phi_h\,\mathrm{m^3}$/Jahr
Heizöl:	$B_a = 0{,}18$ bis $0{,}2\;\Phi_h$ kg/Jahr
Elektrizität:	$B_a = 1{,}1$ bis $1{,}5\;\Phi_h$ kWh/Jahr

Einen genauen Wirtschaftlichkeitsvergleich dieser Brennstoffe hat SCHMIDT[256] für Zentralheizungsanlagen verschiedener Gebäudearten durchgeführt.

2.12 Die Kühllastberechnung

Die Kühllast eines von der Sonne bestrahlten Raumes setzt sich unter der Voraussetzung, daß die Außentemperatur über der des Raumes liegt, zusammen aus

1. dem Wärmedurchgang durch Wand und Fenster infolge des Temperaturgefälles von außen nach innen und unter gleichzeitiger Berücksichtigung der Sonnenstrahlung (Transmissionswärme),

2. der Wärmestrahlung durch die Fenster,

3. der Wärmeentwicklung im Raum, d.h. den von den Menschen und technischen Einrichtungen (Maschinen, Beleuchtungskörpern) abgegebenen Wärmen.

---

[255] RECKNAGEL-SPRENGER: Taschenbuch für Heizung, Lüftung und Klimatechnik, 55. Jahrg. München-Wien: Oldenbourg 1968, S. 713.

[256] SCHMIDT, J.: Vergleich der Wirtschaftlichkeit verschiedener Brennstoffe für Zentralheizungsanlagen von Wohnbauten. Heiz.-Lüft.-Haustechn. 15 (1964), Nr. 10, S. 362–367.

Während für die Berechnung des Wärmeverlustes im Winter in den DIN 4701 genaue Richtlinien gegeben sind, wurden für die Berechnung der Kühllast, d.h. der unter ungünstigsten Bedingungen aus einem klimatisierten Raum abzuführenden Wärme, noch keine Berechnungsgrundlagen erarbeitet. Entsprechende VDI-Richtlinien[257] sind z.Z. in Vorbereitung. Bislang kann das in DIN 4701 für die Ermittlung des Wärmebedarfs angegebene Berechnungsverfahren in entsprechender Weise auch auf die Berechnung der unter 1. genannten Grundlast im Sommerbetrieb angewendet werden. Die Größe der *Transmissionswärme* berechnet sich also auch für den Sommerbetrieb unter Benutzung der Gl. (2.1). Die Schwierigkeit besteht hier gegenüber dem Winterbetrieb nur darin, daß der Einfluß der Sonnenstrahlung auf die Gebäudeerwärmung berücksichtigt werden muß. Das kann durch die von den amerikanischen Klimatechnikern eingeführte Sonnenlufttemperatur (sol-air temperature) t_s geschehen (vgl. hierzu die Ausführungen im ASHRAE Guide[258]). Diese Sonnenlufttemperatur ist eine fiktive Temperatur der Außenluft, bei der die äußere Oberflächentemperatur der Wand t_{wa} den gleichen Wert wie unter der Sonnenbestrahlung und einem bestimmten Windanfall annehmen würde. Durch Gleichsetzen des in beiden Fällen an die äußere Wandfläche übergehenden Wärmestromes

$$a\,I + \alpha_a\,(t_a - t_{wa}) = \alpha_a\,(t_s - t_{wa}) \tag{2.6}$$

kann die Sonnenlufttemperatur t_s aus der Außenlufttemperatur t_a, der Sonnenstrahlungsintensität I, der Absorptionszahl a und der Wärmeübergangszahl an der Außenwand α_a berechnet werden zu

$$t_s = t_a + \frac{a\,I}{\alpha_a}. \tag{2.6a}$$

Bei der Berechnung des Wärmedurchgangs durch eine in eine bestimmte Himmelsrichtung orientierte Wandfläche ist zur Ermittlung der Sonnenlufttemperatur t_s der periodische und nahezu sinusförmige Verlauf der Außenlufttemperatur t_a entsprechend Abb. 1.38 zu berücksichtigen. Als Maximalwert kann hierbei die für den jeweiligen Aufstellungsort der Klimaanlage gültige Berechnungstemperatur (Trockentemperatur) eingesetzt werden. Berechnungstemperaturen (Trocken- und Feuchttemperaturen) für verschiedene deutsche Orte sind in Tab. 2.1 zusammengestellt. Es handelt sich hierbei um Temperaturwerte, die an den genannten Orten während eines Beobachtungszeitraums von etwa 15 Jahren

---

[257] VDI-Richtlinien 2078: Kühlbedarf von Gebäuden, Düsseldorf: VDI-Verlag (in Vorbereitung).

[258] ASHRAE Guide and Data Book 1965/66. Fundamentals and Equipment. New York: American Society of Heating, Refrigerating and Air Conditioning Engineers, S. 498ff.

höchstens an 5 Tagen im Jahr erreicht wurden. Die genannten Temperaturen gelten für dicht bebautes Gelände. Bei aufgelockerter Bebauung kann von den Tabellenwerten 1 °C abgezogen werden.

Tabelle 2.1 *Auslegungsfeucht- und Trockentemperaturen für die Berechnung von Klimaanlagen*

Ort	Auslegungs-trockentemperatur °C	Auslegungs-feuchttemperatur °C
Berlin	31	22
Essen	29	21
Frankfurt a.M.	32	21
Freiburg	33	22
Hamburg	29	21
Hannover	30	21
Karlsruhe	33	22
Kassel	31	21
München	30	21
Stuttgart	32	21

Die durch die Sonnenstrahlung bedingte (fiktive) Erhöhung der Außenlufttemperatur berechnet sich aus der den einzelnen Wandflächen entsprechend Abb. 1.42 zugeordneten Strahlungsintensitäten I unter Annahme einer bestimmten Absorptionszahl a und einer Wärmeübergangszahl α_a. Die Absorptionszahl ist allein von der Wandoberfläche abhängig, als mittlerer Wert kann $a = 0{,}7$ angenommen werden. Für die Wärmeübergangszahl an der äußeren Wandoberfläche α_a wurde bei der Wärmebedarfsberechnung (Winterbetrieb) ein mittlerer Wert von $\alpha_a = 20$ kcal/m²h°C zugrunde gelegt. Da im Sommer allgemein eine geringere Luftbewegung als im Winter erwartet werden kann, ist hier eine Verringerung der mittleren Wärmeübergangszahl auf $\alpha_a = 15$ gerechtfertigt. Die hieraus berechneten Sonnenlufttemperaturen t_s sind für verschiedene Wandflächen zusammen mit dem Tagesgang der Außenlufttemperatur t_a (Maximalwert 32 °C) in Abb. 2.2 dargestellt. Bezüglich der Größe der bei der Berechnung der Sonnenlufttemperaturen anzusetzenden Strahlungsintensitäten wird auf die Ausführungen in Abschn. 1.74 und die dort angegebenen Literaturstellen hingewiesen. Wesentlich beeinflußt wird die Strahlungsintensität von der geographischen Lage (Breitengrad) der Klimaanlage und der Trübung der Atmosphäre.

Die für den Wärmedurchgang durch die Gebäudewand maßgebende Oberflächentemperatur ändert sich nun – wie aus Abb. 2.1 ersichtlich – entsprechend den tageszeitlichen Änderungen der Außenlufttemperaturen und der Sonnenstrahlung. Diese periodische Änderung setzt sich mit einer gewissen zeitlichen Verzögerung auf die Innenfläche der Wand fort.

Die Untersuchungen von LINKE[259] haben gezeigt, daß der Abstand vom Maximum der Strahlung zum Maximum der Kühllast u.U. mehrere Stunden betragen kann. Gleichzeitig tritt eine Amplitudendämpfung f ein. Beide Größen, Phasenverschiebung φ und Dämpfungsfaktor f, sind von der Stärke und dem Baustoff der Wand abhängig. Über den Einfluß der Speicherfähigkeit von Gebäuden auf die Kühllast hat

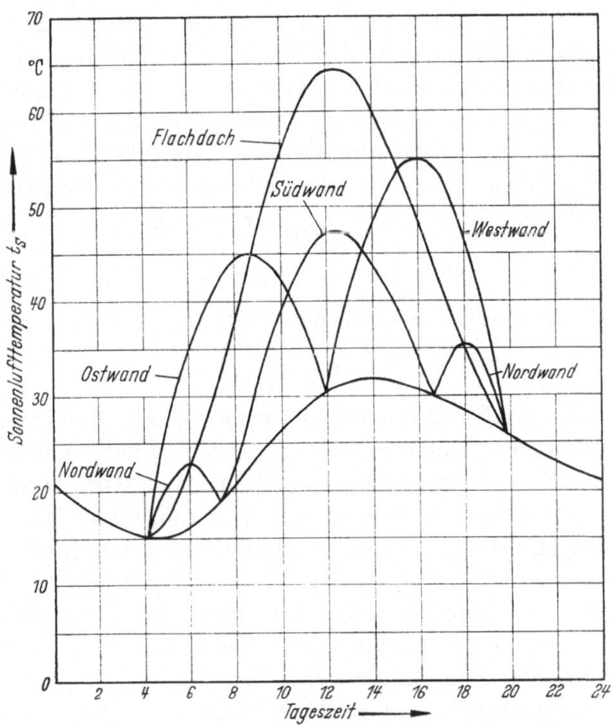

Abb. 2.2 Tagesgang der Außenluft- und Sonnenlufttemperaturen für verschiedene Umgrenzungsflächen (nach [262]).

ZIEMBA[260] einige Angaben gemacht (vgl. hierzu auch die Ausführungen von QUENZEL[260a]). Genaue Unterlagen über die Größen von φ und f sind bislang nur in der amerikanischen Literatur verfügbar. Unter Berücksichtigung dieser Werte kann dann der Wärmestrom durch die

[259] LINKE, W.: Die Berechnung der Kühllast klimatisierter Vielraumgebäude. Wärme-, Lüftungs- und Ges.-Technik 12 (1960), Nr. 12, S. 257–265.

[260] ZIEMBA, W.: Speicherfähigkeit der Baukonstruktion als Kriterium für die Bestimmung einer Klimaanlage. Schweiz. Blätter f. Heiz. und Lüft. 29 (1962), Nr. 2, S. 42–47.

[260a] QUENZEL, K.-H.: Die Berechnung der Kühllast zu klimatisierender Gebäude. Klimatechnik 7 (1965), Nr. 11, S. 4–10, Nr. 12, S. 3–10; 8 (1966), Nr. 1, S. 14–18.

Außenwand zu einer beliebigen Zeit berechnet werden zu

$$\Phi = k\,A\,(t_{sm} - t_i) + f\,k\,A\,(t_s - t_{sm})\,. \tag{2.7}$$

Dabei ist k die Wärmedurchgangszahl, A die Größe der Wandfläche, t_s die Sonnenlufttemperatur zu einem um die Verzögerung φ früheren Zeitpunkt, t_{sm} die mittlere Sonnenlufttemperatur (Tagesmittel) und t_i die konstante Innenraumtemperatur. Zur Berechnung des Wärmestromes Φ nach Gl. (2.7) müssen also die für die bestimmte Wandbauart und Wandlage gültigen φ- und f-Werte und der Tagesgang der Sonnenlufttemperatur am Standort der Klimaanlage bekannt sein.

Sämtliche oben näher definierten Einflüsse auf die Wärmeströmung durch die Umgrenzungswände klimatisierter Räume können – einem Vorschlag amerikanischer Klimatechniker folgend – in einer äquivalenten Temperaturdifferenz $\Delta t_{\mathrm{äq}}$ zusammengefaßt werden:

$$\Delta t_{\mathrm{äq}} = t_{sm} - t_i + f\,(t_s - t_{sm})\,. \tag{2.8}$$

Dabei vereinfacht sich Gl. (2.7) zu der Beziehung

$$\Phi = k\,A\,\Delta t_{\mathrm{äq}}\,. \tag{2.7 a}$$

Äquivalente Temperaturdifferenzen für verschiedene Wand- und Dachkonstruktionen sind in Abhängigkeit von der Wandlage und der Tageszeit im ASHRAE Guide [261] zusammengestellt. Auch RIETSCHEL/RAISS[262] und RECKNAGEL-SPRENGER[263] geben eine Auswahl dieser Werte für bestimmte Anwendungsfälle. Die angegebenen Werte gelten für eine Außenlufttemperatur von 95 °F (35 °C), eine Tagesschwankung der Temperatur von 20 °F (11,1 °C) und die Sonnenstrahlung am 1. August an einem Ort von 40° nördlicher Breite. Für abweichende klimatische Bedingungen (Standort, Jahreszeit usw.) müssen Korrekturfaktoren angewendet werden, für die Werte ebenfalls im ASHRAE Guide angegeben sind.

Der *Wärmestrom durch Fensterflächen* hat – insbesondere bei Gebäuden mit relativ hohem Glasflächenanteil – einen großen Einfluß auf das Ergebnis der Kühllastberechnung. Dabei wird der Wärmestrom, der durch Transmission über die Glasflächen in den gekühlten Raum gelangt, durch die oben näher beschriebene Wärmedurchgangsrechnung ermittelt. Ein sehr erheblicher Wärmeanfall ergibt sich aber außerdem noch infolge der Sonneneinstrahlung durch die Fensterflächen klimatisierter Räume. Die Größe der bei der Kühllastberechnung zu berücksichtigenden Strahlungswärme hängt außer von der Lage der Fensterfläche insbesondere

---

[261] Siehe Fußnote 258, S. 501–510.

[262] RIETSCHEL/RAISS: Lehrbuch der Heiz- und Lüftungstechnik, 14. Aufl., Berlin/Göttingen/Heidelberg: Springer 1963, S. 551–552.

[263] RECKNAGEL-SPRENGER: Taschenbuch für Heizung, Lüftung und Klimatechnik, 55. Jahrg., München-Wien: Oldenbourg 1968, S. 966/967.

von der Fensterkonstruktion, der verwendeten Glasart und Art und Anordnung einer evtl. zu verwendenden Sonnenschutzeinrichtung ab. Der Gang der Strahlung durch eine Fensterscheibe ist in Abb. 2.3 näher erläutert. Dabei ist zu erkennen, daß von der auf die Fensterfläche auftreffenden Sonnenstrahlungsenergie ein bestimmter Anteil durch das Glas durchtritt und in den Raum einfällt, ein bestimmter Anteil wird vom Glas absorbiert, und ein anderer Teil wird reflektiert. Die Durchlässigkeit der verschiedenen Glassorten schwankt bei Normalgläsern etwa zwischen 0,7 und 0,9, d. h. 70 bis 90 % der senkrecht auf eine Glasfläche auftreffenden Strahlungsenergie fallen je nach Glasart in den Raum ein. Bei di-

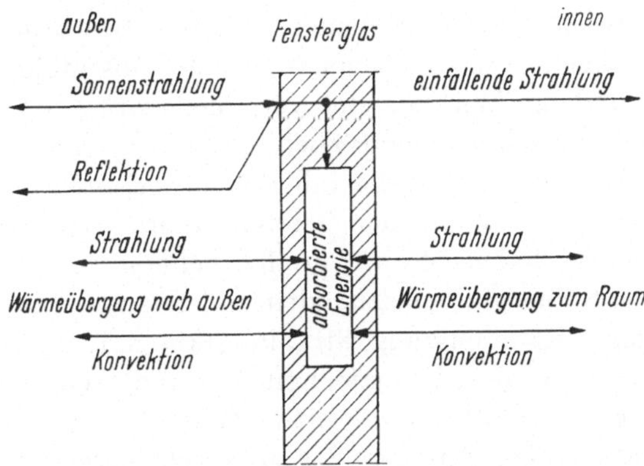

Abb. 2.3 Die Verhältnisse beim Auftreffen von Sonnenstrahlen auf Fensterglas.

rekter Sonnenbestrahlung unter einem zwischen 0 und 90° liegenden Einfallswinkel ermäßigen sich die oben genannten Durchlaßfaktoren entsprechend (vgl. hierzu die in [263] angegebenen Tabellenwerte). Die vom Glas absorbierte Wärmeenergie wird durch Strahlung und Konvektion sowohl nach außen als auch nach innen in den Raum abgegeben.

Die durch das Fensterglas in den Raum eindringende Wärme fällt nun keineswegs ohne zeitliche Verzögerung als Kühllast an. Vielmehr ist die Strahlungsabsorption der atmosphärischen Luft so gering, daß die einfallende kurzwellige Sonnenstrahlung erst die Umgrenzungswände und Einrichtungsgegenstände erwärmen muß, bevor zwischen diesen und der Raumluft ein Wärmeaustausch durch Konvektion eintreten kann (vgl. hierzu die Ausführungen unter 1.73, S. 113). Der Einfluß der Wärmeeinstrahlung durch Fensterflächen auf die Kühllast ist also ebenso wie der Wärmedurchgang durch die Wandflächen ein zeitlich verzögerter Vorgang, der bei der Kühllastermittlung in entsprechender Weise berücksichtigt werden muß.

Eine wesentliche Verringerung der Kühllast läßt sich durch die Verwendung geeigneter Sonnenschutzeinrichtungen erreichen. Dabei gibt es mehrere Sonnenschutzarten (Markisen, Außenjalousie, Innenjalousie, Vorhang), deren Vor- und Nachteile keineswegs pauschal beurteilt werden können. Vielmehr müssen bei der Auswahl wirtschaftliche und betriebliche Erwägungen sehr genau berücksichtigt werden. So kann z.B. bei der Verwendung von wärmedurchlässigem Glas eine Innenjalousie oder ein Kunststoffvorhang mit einer möglichst großen Reflektionswirkung unter Umständen hinsichtlich des erreichten Sonnenschutzes einer außenliegenden Jalousie durchaus ebenbürtig sein und bezüglich der Bedienung und Wartung erhebliche Vorteile bringen. Hierüber hat HALL[264] einige interessante Untersuchungen angestellt. Auch die Veröffentlichungen von CAEMMERER[265], ROEDLER und SCHLÜTER[266] und FRANK[266a] zu diesem Thema verdienen besondere Beachtung. Insgesamt ist zu sagen, daß gerade das Problem der Sonneneinstrahlung in klimatisierte Räume und die Wirkung der verschiedenartigen Sonnenschutzeinrichtungen in der Klimatechnik noch keineswegs als gelöst angesehen werden kann. Hiervon zeugen die zahlreichen Arbeiten amerikanischer Fachleute[267-270], die erst in den letzten Jahren zu diesem Thema Stellung genommen haben. Eine Veröffentlichung von WILD[270a] zeigt den modernsten Stand von Glasfassaden und Sonnenschutz. Sie erklärt Wärmedurchgang, Raumnutzung, Strahlungsklima, Lichtdurchlässigkeit sowie Kosten und gibt dem Klimatechniker Grundlagen zur Berechnung.

Wärmequellen innerhalb klimatisierter Räume können ebenfalls einen mehr oder minder großen Anteil an der zu berechnenden Kühllast haben. Hierzu gehören in erster Linie die von den im Raum befindlichen Per-

---

[264] HALL, W. M.: Bau- und Betriebserfahrungen von Großklimaanlagen. Ges.-Ing. 85 (1964), Nr. 5, S. 133–146.

[265] CAEMMERER, W.: Beitrag zum Problem des Sonnenschutzes von Fenstern. Ges.-Ing. 83 (1962), Nr. 12, S. 349–357.

[266] ROEDLER, F., u. G. SCHLÜTER: Das Wohn- und Arbeitsklima in Häusern mit großen Glasflächen. Ges.-Ing. 84 (1963), Nr. 7, S. 193–203 u. Nr. 8, S. 235–240.

[266a] FRANK, W.: Sonne-Fenster-Raumklima. Klimatechnik 8 (1966), Nr. 4, S. 6 bis 12.

[267] OZISIK, N., u. L. F. SCHUTRUM: Der Einfluß von Vorhängen auf die Sonneneinstrahlung. ASHRAE-Journ. 2 (1960), Nr. 6, S. 53–56. Referate in Ges.-Ing. 81 (1960), Nr. 11, S. 342 und 82 (1961), Nr. 10, S. 313.

[268] JAROS, A. L.: Der Einfluß ungeschützter Fensterflächen auf die Auswahl von Klimaanlagen. ASHRAE-Journ. 3 (1961), Nr. 1, S. 66–69. Referat in Kältetechnik 13 (1961), Nr. 9, S. 316–317.

[269] SCHUTRUM, L. F.: Wärmeanfall bei der Sonneneinstrahlung durch Fensterglas. ASHRAE-Journ. 3 (1961), Nr. 12, S. 73–75. Referat in Kältetechnik 14 (1962), Nr. 6, S. 196.

[270] STEPHENSON, D. G., u. G. P. MITALAS: Der Wärmeeinfall durch Fenster und dessen Berechnung. ASHRAE-Journ. 4 (1962), Nr. 2, S. 41–46. Referate in Ges.-Ing. 83 (1962), Nr. 7, S. 208 u. Kältetechnik 15 (1963), Nr. 1, S. 10.

[270a] WILD, E.: Fensterflächen und Klimatechnik. Heiz.-Lüft.-Haustechn. 16 (1965), Nr. 11, S. 426–430.

sonen, Maschinenanlagen und Beleuchtungskörpern auf die Raumluft übertragenen Wärmeströme. Die Wärmeabgabe von Personen kann bei der Kühllastberechnung unter Ansetzen der in Tab. 1.21 und 1.22 angegebenen Werte entsprechend der Belegungsstärke des zu klimatisierenden Raumes und der Tätigkeit der Personen berücksichtigt werden. Dabei ist der Unterschied der Wärmeabgabe durch fühlbare und latente Wärme zu beachten. Bei maschinellen Einrichtungen (Heizanlagen und Motoren) ist die zugeführte Energie unter Berücksichtigung des Wirkungsgrades in die Ermittlung der Kühllast aufzunehmen. Laufen die Anlagen nicht ständig unter voller Belastung, so sind von den Nennleistungen entsprechende Abzüge zu machen. Auch die Leistung elektrischer Beleuchtungskörper wird fast vollkommen in Wärme umgesetzt, muß also bei der Kühllastberechnung voll angesetzt werden. Ausnahmen hiervon gibt es nur bei Beleuchtungsanlagen mit besonderer Luftabsaugung oder eigener Luftkühlung. Auf die Möglichkeit der Anwendung dieser sog. light troffers zur Verminderung der Kühllast in Räumen mit vorwiegend elektrischer Beleuchtung von einer hohen Beleuchtungsintensität wird besonders hingewiesen.

Mit der Ermittlung der Transmissionswärme durch die Umgrenzungswände, des Wärmestromes durch die Fensterflächen und der Wärmeentwicklung innerhalb des Raumes kann die Kühllast des zu klimatisierenden Raumes als Summe dieser Einzelkomponenten berechnet werden. Dabei ist zu beachten, daß in vielen Anwendungsfällen, wie z.B. bei Theatern oder Betrieben der Textilindustrie, die inneren Wärmequellen den Hauptanteil der Kühllast stellen. Bei der Kühllastberechnung für derartige Anlagen kann die Ermittlung des Wärmeanfalls von außen unter Umständen weniger aufwendig als bei reinen Wohn- oder Bürogebäuden durchgeführt oder in Extremfällen ganz vernachlässigt werden. Eine ausführliche Darstellung des Berechnungsvorganges bei der Kühllastermittlung zu klimatisierender Gebäude enthält die Veröffentlichung von QUENZEL[270b].

Die Kühllast Φ_k des zu klimatisierenden Raumes bzw. die Summe der Kühllasten einzelner Räume bei zentral klimatisierten Vielraumgebäuden stellt zwar im allgemeinen den Hauptanteil der geforderten *Kühlleistung* Φ_{KL} dar, zuzüglich zu der Kühllast müssen aber bei der Berechnung der Kühlleistung noch die Beträge berücksichtigt werden, die sich aus der Kühlung und Entfeuchtung der zugeführten Außenluft Φ_{LE}, dem Wärmeeinfall in die Luftkanäle Φ_V und der Ventilatorleistung Φ_N ergeben:

$$\Phi_{KL} = \Phi_k + \Phi_{LE} + \Phi_V + \Phi_N. \tag{2.9}$$

[270b] QUENZEL, K. H.: Die Berechnung der Kühllast zu klimatisierender Gebäude. Klimatechnik 7 (1965), Nr. 11, S. 4–10, Nr. 12, S. 3–10, u. 8 (1966), Nr. 1, S. 14–18.

10*

Bezüglich der Ermittlung der bei der Kühlung und Entfeuchtung (oder Befeuchtung) der zugeführten Außenluft abzuführenden Wärmeströme wird auf die Ausführungen in Abschn. 1.15 verwiesen. Die Kanalverluste werden durch Berechnung des Wärmedurchgangs von der Umgebung an die strömende Luft erfaßt unter Berücksichtigung der Strömungsgeschwindigkeit der Luft und der Temperatur der Nebenräume, durch die die Luftkanäle geführt werden. Als Ventilatorleistung sind die Leistungsaufnahmen von Zu- und Abluftventilatoren in Gl. (2.9) einzusetzen.

2.13 Ermittlung des Luftbedarfs

Die einem zu klimatisierenden Raum in der Zeiteinheit zuzuführende Luftmenge kann entsprechend der Art der Anlage nach verschiedenen Bemessungsgrundsätzen ermittelt werden. Dabei werden im wesentlichen zwei Möglichkeiten für die Berechnung der erforderlichen Zuluftmenge unterschieden:

1. Bestimmung nach der Luftverschlechterung in gewerblichen Räumen.

2. Bestimmung nach der Luftrate, d.h. nach dem je Person erforderlichen Luftstrom. Dieses Verfahren wird bei Aufenthalts- und Versammlungsräumen angewendet.

Bei *Luftverschlechterungen* infolge von Dämpfen, Gasen, Staub oder eines übermäßig starken Wärmeanfalls innerhalb des klimatisierten Raumes kann durch Aufstellung von Bilanzgleichungen die Frage nach dem erforderlichen Luftstrom beantwortet werden. Bei einem Anfall von Schadstoffen im Raum ist bei einer solchen Bilanz die Menge des im Raum in der Zeiteinheit anfallenden schädlichen Stoffes K zuzüglich der mit der Außenluft zugeführten Schadstoffmenge $\dot{V} \cdot k_a$ dem Schadstoffgehalt der Abluft bzw. der Raumluft $\dot{V} \cdot k_i$ gleichzusetzen:

$$K + \dot{V} k_a = \dot{V} k_i. \qquad (2.10)$$

k_a ist die Schadstoffkonzentration der Zuluft und k_i die erwünschte oder zulässige Konzentration des schädlichen Stoffes in der Raumluft jeweils in cm³/m³ oder mg/m³. Die höchstzulässigen Schadstoffkonzentrationen, die in einem Arbeitsraum von darin beschäftigten Personen bei 8stündiger Arbeitszeit ohne ernste Gefährdung dauernd ertragen werden, sind als MAK-Werte (Maximale Arbeitsplatzkonzentration) bekannt geworden und in einer MAK-Wertliste[271] zusammengestellt. Der erforderliche

---

[271] Herausgegeben vom Bundesinstitut für Arbeitsschutz in Koblenz. Auszug hieraus in RECKNAGEL-SPRENGER: Taschenbuch für Heizung, Lüftung und Klimatechnik, 55. Jahrg., S. 42–45.

Zuluftstrom $\dot{V}$ errechnet sich dann aus Gl. (2.10) zu

$$\dot{V} = \frac{K}{k_i - k_a} \,. \tag{2.10a}$$

Voraussetzungen für die richtige Ermittlung des erforderlichen Luftbedarfs bei Luftverschlechterungen durch Dämpfe, Gase und Staub nach Gl. (2.10a) sind eine sichere Bestimmung der anfallenden Schadstoffmenge, gleichmäßige Verteilung und zeitlich konstanter Anfall der Schadstoffe und Dauerlüftung ohne Umluft. Bestehen Zweifel darüber, ob diese Bedingungen konsequent erfüllt sind, empfiehlt es sich auf jeden Fall, den nach Gl. (2.10a) rechnerisch ermittelten Zuluftstrom entsprechend zu erhöhen. Für die Vorausbestimmung der Zuluftmenge bei industriellen Lüftungsanlagen in Räumen, in denen gesundheitsschädliche oder arbeitsbehindernde Gase oder Dämpfe anfallen, hat MÜLLER[272] einige Berechnungsverfahren abgeleitet bzw. zusammengestellt.

Ein spezieller, in der Praxis sehr häufig auftretender Fall der Luftverschlechterung ist die Wasserverdunstung und Anreicherung der Raumluft mit Wasserdampf. Grundlage für die Ermittlung des Luftbedarfs ist dabei die Berechnung der in dem zu belüftenden Raum verdunstenden Wassermenge. Diese läßt sich analog zur Wärmeübergangsberechnung ermitteln aus der Verdunstungszahl σ, der Wasseroberfläche A und der Differenz zwischen dem Feuchtegrad x_s der gesättigten Luft an der Wasseroberfläche und dem Feuchtegrad x der Luft in großer Entfernung:

$$M_w = \sigma A \, (x_s - x)\,. \tag{2.11}$$

Die Verdunstungszahl σ in kg/m²h gibt dabei die Wassermenge an, die in der Zeiteinheit auf einem Quadratmeter Fläche ausgetauscht wird. Sie ist im wesentlichen abhängig von der Luftgeschwindigkeit. Unter atmosphärischen Bedingungen und für Temperaturen bis zu etwa 50 °C kann die von SPRENGER[272a] angegebene Beziehung zur Ermittlung der Verdunstungszahl σ aus der Luftgeschwindigkeit w dienen:

$$\sigma = 25 + 19\,w\,. \tag{2.12}$$

Dabei ist die Luftgeschwindigkeit über der Wasseroberfläche in m/s einzusetzen.

Zu praktisch gleichen Ergebnissen führt auch eine ältere Gleichung von DALTON, die sich gegenüber Gl. (2.11) dadurch unterscheidet, daß die Feuchtegrade durch die auf den Gesamtdruck bezogenen Partial-

---

[272] MÜLLER, K. G.: Bestimmung der erforderlichen Zuluftmengen bei lufttechnischen Anlagen. Heiz.-Lüft.-Haustechn. 12 (1961), Nr. 7, S. 216–222, Nr. 8, S. 257 bis 260, u. Nr. 9, S. 287–291.

[272a] SPRENGER, E.: Verdunstung von Wasser an offenen Oberflächen. Heizung u. Lüftung 17 (1943), S. 7–8.

druckdifferenzen des Wasserdampfes ersetzt sind:

$$M_w = 45{,}6\,C\,A\,\frac{p_s - p_w}{p}\,. \qquad (2.11\,\text{a})$$

Die Konsante C entspricht hier der in Gl. (2.11) angegebenen Verdunstungszahl σ. Entsprechend der Luftgeschwindigkeit sind folgende Werte einzusetzen:

Für ruhige Luft ($w \approx 0{,}5$ m/s): $C = 0{,}55$,
für mäßig bewegte Luft ($w \approx 1{,}0$ m/s): $C = 0{,}71$,
für stark bewegte Luft ($w \approx 1{,}5$ m/s): $C = 0{,}86$.

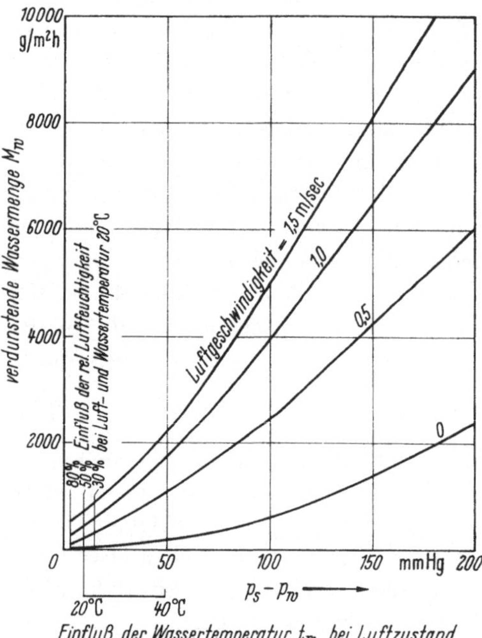

Abb. 2.4 Die Wasserverdunstung an Wasseroberflächen in Abhängigkeit von Wassertemperatur und Luftgeschwindigkeit ($p = 760$ mm QS).

Für einen Gesamtdruck von $p = 760$ mm QS und mit einem Faktor $C = 0{,}63$ (Mittelwert zwischen ruhiger und bewegter Luft) vereinfacht sich Gl. (2.11 a) zu

$$M_w = 37{,}8\,(p_s - p_w)$$

in g/m² h,

wobei die Partialdrücke in mm QS einzusetzen sind. Die an Wasseroberflächen verdunstende Wassermenge kann aus Abb. 2.4 als Funktion von Wassertemperatur, Luftzustand und Luftgeschwindigkeit bei Atmosphärendruck ermittelt werden. Der Darstellung in Abb. 2.4 liegen die oben angegeben Beziehungen zugrunde.

Während auf diese Weise die an den Wasseroberflächen in Schwimmbecken oder Wannenbädern auftretende Wasserverdunstung der Größe nach relativ genau zu erfassen ist, macht die Ermittlung der Wasserverdunstung in Duschräumen größere Schwierigkeiten. Dort wird der Wasserstrom in Brauseköpfen fein verteilt, so daß sich eine sehr große Wasseroberfläche bildet. Das fallende Wasser erfährt außerdem noch eine Beschleunigung. Da die theoretische Berechnung der Wasserverdunstung für diesen Fall äußerst schwierig ist, werden die Ergebnisse von Versuchen als Berechnungsgrundlage herangezogen. Entsprechende Untersuchungen haben ergeben, daß die Temperatur des Duschwassers auf dem Weg vom Brausekopf bis zum Bodenablauf etwa um 6 °C absinkt (Wassereintrittstemperatur 37 °C, Luftzustand 22 °C, 80% relative Luftfeuchtigkeit). Bei einem Wasserverbrauch von 900 l/h und unter der Annahme, daß etwa 20% der vom Duschwasser abgegebenen Wärme zur Erwärmung der Luft und der Wandflächen dient, errechnet sich der bei einer Dusche zur Verdunstung aufgewendete Wärmestrom zu

$$900 \cdot 0{,}8 \cdot 1{,}0 \cdot 6{,}0 = 4\,320 \, \text{kcal/h} \,.$$

Bei einer Verdampfungswärme von 575 kcal/kg entspricht dieser Wärmestrom einem Strom verdunstenden Wassers von etwa 7,5 kg/h. Um die bei bestimmten Wasser- und Luftzuständen (s. oben) ermittelten Versuchsergebnisse auch bei anderen Verhältnissen anwenden zu können, werden die Ergebnisse auf die vereinfachte Daltonsche Verdunstungsgleichung zurückgeführt und die Konstante ermittelt, mit der die Partialdruckdifferenz zur Berechnung der verdunstenden Wassermenge multipliziert werden muß. Unter Annahme eines C-Wertes von 0,71 (mäßig bewegte Luft) errechnet sich die Konstante zu 210, wodurch sich die Beziehung zur Ermittlung der Wasserverdunstung bei Duschen darstellt zu

$$M_w = 210\,(p_s - p_w) \quad \text{in g/h} \,.$$

Auf die Berücksichtigung eines angemessenen Zeitfaktors bei Anlagen, die nicht dauernd in Betrieb sind, ist zu achten.

Für den Fall der Temperaturerhöhung der Raumluft infolge eines Wärmeanfalls lautet die Bilanzgleichung:

$$\Phi_1 + \dot{V} c_L t_a = \Phi_2 + \dot{V} c_L t_i \,. \tag{2.13}$$

Aus dem Wärmegewinn im Raum Φ_1, dem Wärmeverlust des Raumes Φ_2 und der Differenz der spezifischen Enthalpien von Abluft und Zuluft berechnet sich der erforderliche Zuluftstrom zu

$$\dot{V} = \frac{\Phi_1 - \Phi_2}{c_L\,(t_i - t_a)} \,. \tag{2.13 a}$$

Der Wärmegewinn im Raum Φ_1 umfaßt in diesem Zusammenhang sämtliche Wärmen, die zur Erhöhung der Raumlufttemperatur beitragen, d. h. die Transmissionswärme durch die Umgrenzungswände, die Strahlungswärme durch Fensterflächen und die durch Personen und technische Einrichtungen hervorgerufene Wärmeentwicklung innerhalb des Raumes.

Nach der *Luftrate* wird der erforderliche Zuluftstrom bei Aufenthalts- und Versammlungsräumen ermittelt, d. h. bei Räumen, in denen eine Luftverschlechterung im wesentlichen durch die im Raum anwesenden

Personen hervorgerufen wird. Gemäß DIN 1946[273] sind dabei für Außenlufttemperaturen zwischen 0 und 26 °C folgende Luftraten anzusetzen:

Räume mit Rauchverbot 20 m³/h je Person,
Räume ohne Rauchverbot 30 m³/h je Person.

Hierbei handelt es sich um Mindestwerte, die nach Möglichkeit innerhalb des angegebenen Temperaturbereiches der Außenluft um 10 m³/h
je Person zu erhöhen sind (vgl. hierzu die Ausführungen von LIESE[274]).
Bei Außenlufttemperaturen unter 0 °C können die Luftraten – um einen
wirtschaftlichen Betrieb der Anlage zu gewährleisten – stufenweise auf
niedrigere, in DIN 1946 angegebene Werte erniedrigt werden.

Die angegebenen Mindestluftraten von 20 bzw. 30 m³/h je Person
sind zwar vom hygienischen Standpunkt unbedenklich und zulässig, zur
Einhaltung einer bestimmten vorgegebenen Raumlufttemperatur muß
aber der Zuluftstrom oft größer gewählt werden, als sich aus dem Mindestwert der Außenluftrate ergibt. RIETSCHEL/RAISS[275] hat nachgewiesen,
daß bei einer trockenen Wärmeabgabe von 70 kcal/h und einem Zuluftstrom von 20 m³/h je Person die Temperaturdifferenz zwischen Raumluft und Zuluft etwa 12 °C betragen müßte, wobei Zugerscheinungen un-
vermeidlich sind. In solchen Fällen empfiehlt sich die Durchführung einer
Bilanzrechnung, wie sie für gewerbliche Räume erforderlich ist. Der Temperaturunterschied zwischen Raumluft und Zuluft muß dann entsprechend der Luftführung und der Art der Auslässe begrenzt werden. Als
Richtwerte für diese Temperaturdifferenz können bei der Kühlung von
Aufenthaltsräumen und Verwendung von normalen Zuluftöffnungen
2 bis 3 °C, bei Verwendung von perforierten Decken wegen der besseren
Durchmischung 5 bis 7 °C angesetzt werden. In Hochdruckklimaanlagen
mit Sekundärluftansaugung können Temperaturunterschiede bis zu etwa
15 °C zugelassen werden.

Die *Luftwechselzahl* ist ein Begriff, der häufig im Zusammenhang mit
der Ermittlung des Luftbedarfs gebraucht wird. Bei den für verschiedene
Raumarten angegebenen Luftwechselzahlen (vgl. Tab. 2.2) handelt es
sich um reine Erfahrungswerte, die sich aus dem geförderten Luftstrom
dividiert durch den Rauminhalt ergeben. Die Luftwechselzahl ist mit
einer gewissen Vorsicht anzuwenden, da die Verteilung der Zuluft im
Raum sehr unterschiedlich sein kann. Deshalb sollte die Luftwechselzahl
in erster Linie zur Kontrolle der aus Bilanzen oder Luftraten ermittelten

---

[273] DIN 1946: Lüftungstechnische Anlagen (VDI-Lüftungsregeln). Blatt 1,
Grundregeln. April 1960.

[274] LIESE, W.: Bemessung der Luftrate bei Lüftungsanlagen. Ges.-Ing. 74
(1953), Nr. 15/16, S. 254–255.

[275] RIETSCHEL/RAISS: Lehrbuch der Heiz- und Lüftungstechnik, 14. Aufl., Ber-
lin/Göttingen/Heidelberg: Springer 1963, S. 240.

Luftströme dienen. Dazu ist sie besonders deshalb sehr gut geeignet, weil sie die Schwierigkeit einer Lüftungsaufgabe besonders bezüglich der möglichen Zugerscheinungen kennzeichnet. Die damit zusammenhängende Frage der Luftbewegung in klimatisierten Räumen hat REGEN-SCHEIT[276] eingehend untersucht.

Tabelle 2.2 *Luftwechselzahlen verschiedener Raumarten*

Raumart	Luftwechsel in der Stunde
Bibliotheken	4–8
Verkaufsräume	4–8
Garagen	5–8
Schulen	5–8
Krankenhaus- und Praxisräume	5–10
Versammlungsräume	5–10
Büroräume	6–8
Kinos und Theater	6–8
Gaststätten	6–12
Operationsräume	8–10
Küchen entspr. Größe und Einrichtung	10–30
Wäschereien und Plättereien	15–20

2.2 Klimatisierungsverfahren und Anlagensysteme

Vor dem eigentlichen Entwurf einer Anlage der Klimatechnik sind zwei Fragen zu entscheiden:

1. Wieweit soll die Luftkonditionierung getrieben werden?
2. Welches Anlagensystem wird verwendet?

Zunächst stellt sich also die Frage nach dem anzuwendenden Klimatisierungs*verfahren*, das als einzelnes Verfahren oder zusammengesetzt aus mehreren der in der Klimatechnik möglichen Einzelverfahren angewendet werden soll. Die wichtigsten dieser Einzelverfahren sind

Heizung der Raumluft,
Kühlung der Raumluft,
Lüftung (Erneuerung der Raumluft),
Be- oder Entfeuchtung der Raumluft,
Luftreinigung.

Klimatisieren im idealen Sinne ist der Prozeß der Luftbehandlung unter gleichzeitiger Anwendung aller genannten Einzelverfahren. Nicht

---

[276] REGENSCHEIT, B.: Die Luftbewegung in klimatisierten Räumen. Kältetechnik 11 (1959), Nr. 1, S. 3–11.

in allen Fällen machen aber die Anforderungen des zu klimatisierenden Raumes eine Vollklimatisierung erforderlich. Vielmehr werden sehr häufig einzelne Verfahren allein oder in Verbindung mit einem oder mehreren der anderen erwähnten Verfahren in selbständigen Anlagen angewendet. Beispiele dieser sog. Teilklimaanlagen sind

Heizungsanlagen,
Lüftungsanlagen,
Luftkühlanlagen (Lüftung und Kühlung),
Befeuchtungsanlagen (Befeuchtung, Kühlung und Lüftung).

Bei jedem dieser Verfahren und dem entsprechenden Anlagentyp haben sich jeweils einzelne *Systeme* für bestimmte Anwendungsfälle als besonders geeignet erwiesen. Die folgenden Ausführungen enthalten eine Zusammenstellung der wichtigsten dieser Systeme bei den jeweiligen Anlagentypen. Bei der Projektierung einer klimatechnischen Anlage hat die Auswahl des betreffenden Klimatisierungssystems unter Berücksichtigung der Gestehungs- und Betriebskosten, der Anpassungsfähigkeit an die betrieblichen Erfordernisse und der hygienischen Eignung zu erfolgen. Daneben spielen auch klimatische Bedingungen, Bauweise und Ausführung des Bauwerks und ästhetische Gesichtspunkte eine Rolle.

2.21 Klimaanlagen

Unter dem Begriff „Klimaanlagen" sollen in diesem Zusammenhang die Anlagen der Klimatechnik verstanden werden, die Temperatur, Feuchte und Reinheit der Raumluft innerhalb vorgeschriebener Grenzen halten. Es wurde bereits darauf hingewiesen, daß im strengen Sinne alle klimatechnischen Anlagen – also auch reine Heizungs- und Lüftungsanlagen – Klimaanlagen sind. Bei dem in diesem Abschnitt behandelten Anlagentyp handelt es sich also um „Vollklimaanlagen" im Sinne der strengeren Nomenklatur. Dabei möge aber die Einschränkung gelten, daß in bestimmten Anwendungsfällen einzelne der für eine Klimaanlage charakteristischen Verfahren fehlen können. Nach ihrem Verwendungszweck werden zwei große Gruppen von Klimaanlagen unterschieden:

Komfortklimaanlagen und
Industrieklimaanlagen.

Komfortklimaanlagen haben die Aufgabe, die klimatischen Verhältnisse in Aufenthaltsräumen den menschlichen Bedürfnissen anzupassen. Zu den Aufenthaltsräumen können dabei Wohnräume, Theater, Versammlungsräume, Büros, Hörsäle, Verkaufsräume, Passagierräume in Landfahrzeugen, Flugzeugen und Schiffen gerechnet werden. Komfortklimaanlagen dienen auch in Heißbetrieben (Bergwerke, Hüttenbetriebe) zur Schaffung erträglicher Arbeitsbedingungen und können zur physiologischen Prüfung oder Heilbehandlung von Menschen bei verschiedenen Klimaten verwendet werden. Der Bereich der von den Komfortklimaanlagen herzustellenden Luftzustände entspricht den physiologischen und hygienischen Ansprüchen (vgl. hierzu Abschn. 1.8), die der Jahreszeit entsprechend veränderlich sein können. Als Temperaturbereich kann 20 bis 27 °C und als Feuchtigkeitsbereich 35 bis 65 % relative Luftfeuchte angenommen werden. Während die Raumtemperatur innerhalb der genannten Grenzen auf jede gewünschte Temperatur mit einer Toleranz von $\pm$ 0,5 bis 1 °C einstellbar sein muß, kann die Luftfeuchtigkeit bei Komfortanlagen (mit Ausnahme der zur physiologischen Prüfung und Heilbehandlung dienenden Anlagen) ohne merklichen Einfluß auf das Wohlbefinden weitgehend nach wirtschaftlichen Gesichtspunkten gewählt werden. Eine Punktregelung der relativen Luftfeuchtigkeit ist also hier nicht notwendig. Für den Winterbetrieb genügt gewöhnlich eine Feuchteregelung, die ein Unterschreiten der relativen Feuchte von 35 % gerade verhindert. Für den Sommerbetrieb ist die Feuchteregelung deshalb meistens zu entbehren, weil die relative Feuchte bei genügend tiefer Kühlflächentemperatur ohne besondere Maßnahmen innerhalb der zulässigen Grenzen bleibt.

Industrieklimaanlagen sind vorzugsweise den Bedürfnissen zu lagernder oder zu verarbeitender Stoffe oder bestimmter Verarbeitungsprozesse angepaßt. Hierzu gehören Anlagen für Textilbetriebe, Druckereien, Tabak- und Süßwarenfabriken, feinmechanische Werkstätten und Meß- und Kaltlagerräume. Ein wesentliches Kennzeichen der Industrieklimaanlage gegenüber der Komfortanlage ist die Tatsache, daß in den meisten Fällen sowohl eine genaue Temperaturregelung als auch eine präzise Feuchteregelung gefordert werden muß, wobei häufig sogar an die Luftfeuchtigkeit höhere Ansprüche als an die Raumtemperatur gestellt werden. Und zwar ist die Feuchteregelung deshalb besonders wichtig, weil das zu lagernde oder zu verarbeitende Gut einen ganz bestimmten Wassergehalt haben soll, der von der relativen Feuchtigkeit der Raumluft abhängt. Entsprechend der Vielfalt der Bearbeitungsvorgänge in den verschiedenen Industriezweigen und den Anforderungen an bestimmte Lagerbedingungen sind die Temperatur- und Feuchtebereiche bei Industrieklimaanlagen wesentlich größer als bei Komfortanlagen. In Industrieanlagen müssen Temperaturen von etwa $-$ 40 °C (in Kaltlagerräumen) bis zu $+$ 38 °C (bei der Oxydation des Leinöls in der Linoleumindustrie) und relative Luftfeuchtigkeiten von 10 % (in der pharmazeutischen Industrie) bis zu etwa 95 % (beim Konditionieren von Garn und Gewebe in der Textilindustrie) beherrscht werden. BRANDI[277] hat eine Zusammen-

---

[277] BRANDI, O. H.: Grundsätzliches zur Heizung, Lüftung und Klimatisierung von Fertigungsstätten. Z. VDI 58 (1956). S. 526–532 u. 589–594.

stellung der in den verschiedenen Industriebetrieben erforderlichen Raumluftzuständen gegeben (vgl. hierzu auch RECKNAGEL-SPRENGER[278]). Einige Beispiele sind in Tab. 2.3 zusammengestellt. Die zulässige Regelabweichung beträgt hier im Normalfall $\pm 0,5$ bis 2 °C und ± 2 bis 3% relative Luftfeuchtigkeit. Für Prüfräume zur Ermittlung der Materialeigenschaften oder zur Funktionsprüfung von Maschinen und Apparaten bei Tropen-, Winter-, Höhen- oder Wechselklima gelten besondere Bedingungen, die in den entsprechenden Normen[279] festgelegt sind.

Tabelle 2.3 *Klimabedingungen in Industriebetrieben*

Betrieb	Temperatur °C		rel. Feuchte %	
	von	bis	von	bis
Woll- und Baumwollspinnerei	24	29	50	70
Druckerei	20	28	40	60
Tabakverarbeitung	20	24	55	65
Süßwarenindustrie	15	27	30	65
Gummiindustrie	24	33	25	30
Pharmazeutische Industrie	21	27	10	50
Filmfabrikation	15	27	40	65
Brauereien	4	15	50	85

Der *Aufbau einer Klimaanlage* sei an dem Beispiel einer Zentralklimaanlage erläutert, die als Einkanal-, Zonen- oder Zweikanalanlage der Klimatisierung ein- oder mehrräumiger Gebäude dient. Die Aufbereitung der Luft erfolgt dabei in einer Klimazentrale (Abb. 2.5), in der die wichtigsten Bestandteile der Klimaanlage zusammengefaßt sind. Dazu gehören die erforderlichen Einrichtungen zur Bewegung, Reinigung, Erwärmung, Kühlung, Befeuchtung und Trocknung der Luft. Außerdem gehören zu der Klimazentrale noch die Kammer zur Mischung von Außenluft und Umluft und die erforderlichen Schalt- und Regelgeräte.

Da die Art der *Regelung* einer Klimaanlage weitgehend den Aufbau einer Klimazentrale, die Zuordnung der einzelnen Apparate und die Luftführung bestimmt, besteht beim Entwurf von Klimaanlagen die erste Aufgabe darin, das zur Erreichung des gewünschten Zweckes er-

---

[278] RECKNAGEL-SPRENGER: Taschenbuch für Heizung, Lüftung und Klimatechnik, 55. Jahrg., München-Wien: Oldenbourg 1968, S. 746–747.

[279] DIN 40046: Vornorm klimatische Prüfungen. Juni 1960. – DIN 50010: Werkstoff- und Geräteprüfung, Begriffe. November 1961. – DIN 50012: Prüfraum. August 1954. – DIN 50013: Werkstoffprüfung, Temperaturstufen. Dezember 1959. – DIN 50014: Normalklimate. Dezember 1959. – DIN 50015: Konstantklimate. Dezember 1959. – DIN 50016: Wechselklimate. Dezember 1962. – DIN 50017: Schwitzwasserklimate. Entwurf Juli 1960. – DIN 50019: Freiluftklimate. Entwurf Juli 1963.

forderliche Regelverfahren festzulegen. Hierfür sind zu bestimmen: der Regelbereich von Temperatur und relativer Feuchte, die zulässige Regelabweichung dieser beiden Größen, die zulässige Totzeit und Anlaufzeit bei Einstellung auf einen anderen Zustand. Dabei müssen übertriebene Forderungen vermieden werden, da sonst Anschaffungs- und Betriebskosten übermäßig hoch ansteigen. Aus den gewählten Regelbereichen ergeben sich die mindestens erforderlichen Heiz- und Kühlmitteltemperaturen und Be- oder Entfeuchtungsleistungen der Anlage. (Die für die

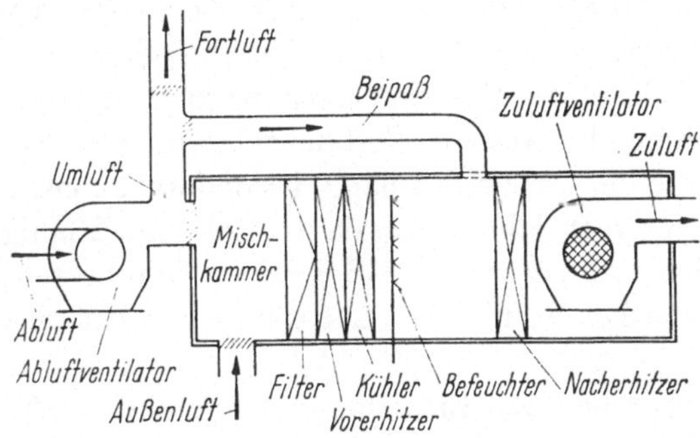

Abb. 2.5 Schemabild einer Klimazentrale.

Klimatechnik wichtigsten regelungs- und steuerungstechnischen Grundlagen sind in Abschn. 1.6 zusammengestellt. Vgl. hierzu auch die Buchveröffentlichung von F. WEBER[280]).

In Abb. 2.5 ist eine Klimazentrale in einer der üblichen Ausstattungen im Schemabild dargestellt. In dieser Abbildung sind einige Bezeichnungen für Luft verschiedener Zustände eingetragen, die zunächst erläutert werden sollen:

Außenluft ist die aus dem Freien angesaugte Luft,
Zuluft ist die dem Raum zugeführte Luft,
Abluft ist die aus dem Raum abgeführte Luft,
Umluft ist der Teil der Abluft, der dem Raum wieder zugeführt wird,
Fortluft ist die ins Freie geführte Luft.

In der *Mischkammer* der Klimazentrale trifft die Außenluft mit der Umluft zusammen und vermischt sich mit dieser. Dieses Luftgemisch wird vom Zuluftventilator durch die einzelnen Apparate der Zentrale und anschließend in den zu klimatisierenden Raum geführt. Das Mischungsverhältnis Außenluft/Umluft kann durch entsprechend angeordnete Drosselklappen eingestellt werden. Ein Teil der Umluft kann durch Füh-

---

[280] WEBER, F.: Messen, Regeln und Steuern in der Lüftungs- und Klimatechnik, Düsseldorf: VDI-Verlag 1965.

rung im Beipaß zur Nachwärmung herangezogen werden, wodurch sich neben der Einsparung an Betriebskosten die Regelfähigkeit verbessert. Die automatische Steuerung oder Regelung der Anlage erfolgt von Temperatur- und Feuchtefühlern, die im Raum, in den Zu- und Abluftkanälen und in der Zentrale selbst angeordnet sein können.

Die *Luftreinigung* von Staub, Ruß, Bakterien und anderen Verunreinigungen erfolgt im Luftfilter, dessen Bauart in erster Linie von dem verlangten Reinheitsgrad der Luft bestimmt ist. Von den in der Klimatechnik gebräuchlichsten Luftfilterbauarten sind die ölbenetzten Metallfilter mit einer Abscheidung bis zu einer Korngröße von etwa 1 μm, Papier- und Stoffilter bis zu 0,1 μm und Elektrofilter bis zu 0,01 μm zu erwähnen. Die einzelnen Filterbauarten werden in Abschn. 2.46 noch ausführlich behandelt. Auf die Veröffentlichung von BLANKENBURG[281] sei schon in diesem Zusammenhang besonders hingewiesen. — Auch der Luftwäscher einer Klimazentrale besitzt eine Reinigungswirkung. Dabei ist jedoch zu beachten, daß gewisse Staubarten, insbesondere der feine fetthaltige Staub, im Luftwäscher nicht niedergeschlagen werden.

Der *Vorwärmer* dient zur Erwärmung der gereinigten Mischluft. Seine Aufgabe besteht darin, die Luft so weit vorzuwärmen, daß bei der späteren Befeuchtung und der dabei eintretenden Verdunstungskühlung der Taupunkt der Zuluft nahezu erreicht wird (vgl. hierzu die Darstellung der Luftbehandlung im Enthalpie-Konzentrations-Diagramm Abb. 2.6 bzw. im Temperatur-Konzentrations-Diagramm Abb. 2.7). Die Heizleistung des Vorwärmers, der nur im Winterbetrieb der Anlage benötigt wird, kann durch einen Taupunktfühler entsprechend gesteuert werden.

Der *Luftkühler* (Oberflächenkühler) dient zur Kühlung und Entfeuchtung der Luft im Sommerbetrieb. Die Kühlung der Luft im Luftkühler wird dabei so weit getrieben, daß entweder der Temperaturzustand oder der Wassergehalt der Zuluft erreicht wird.

In dem *Luftwäscher* (Luftbefeuchter) wird die durchgeleitete Luft befeuchtet, bis zu einem gewissen Grad gereinigt, gekühlt oder erwärmt. Die Frage, wann eine Kühlung und wann eine Erwärmung der Luft mit der Befeuchtung verbunden ist, wurde in Abschn. 1.15 ausführlich beantwortet. Die gebräuchlichste Art der Luftbefeuchtung ist die mit Hilfe der Wasserzerstäubung (Abkühlung der Luft). Dabei wird in der Sprühkammer, die entweder aus Blech hergestellt oder gemauert sein kann, Wasser in Düsen fein zerstäubt, so daß es nebelartig die ganze Kammer erfüllt. Die Luft nimmt dabei nahezu bis zur vollen Sättigung Feuchtigkeit auf und erreicht dabei fast den Taupunkt (vgl. Abb. 2.6 und 2.7). Die möglichen Zustandsänderungen in der Sprühkammer einer

---

[281] BLANKENBURG, R.: Moderne Luftfiltertechnik. Ges.-Ing. 81 (1960), Nr. 4, S. 97–104.

Klimaanlage werden von HÄUSSLER[281a] und SCHREIBER[281b] eingehend erläutert. In den meisten Fällen arbeitet der Luftwäscher mit Umlaufwasser, das vom Ablauftank den Düsen über eine Pumpe wieder zugeführt wird. Bei Komfortanlagen wird der Luftwäscher in der Regel nur im Winterbetrieb eingesetzt, während bei Industrieanlagen mit einem großen Wärmeanfall in den zu klimatisierenden Räumen und geforderter konstanter relativer Luftfeuchtigkeit (z. B. in Textilbetrieben) der Luftwäscher das ganze Jahr über in Betrieb ist.

Der *Tropfenabscheider*, der hinter dem Luftwäscher angeordnet ist. hat die Aufgabe, die von der Luft mitgerissenen Wassertropfen zurückzuhalten. Er besteht in den meisten Fällen aus zickzackförmigen Blechen. Beim Durchgang durch die Zwischenräume zwischen den einzelnen Blechen wird die Luft mehrmals umgelenkt, wobei die Wassertropfen durch die Prallwirkung auf den Oberflächen der Bleche zurückbleiben und ablaufen.

Im *Nachwärmer* wird der Luft noch so viel Wärme zugeführt, daß die erforderliche Zulufttemperatur erreicht wird. Diese Zulufttemperatur liegt bei einer Raumerwärmung (Winterbetrieb) etwas über und bei einer Raumkühlung (Sommerbetrieb) etwas unter der gewünschten Raumtemperatur. Die Wärmeleistung des Nachwärmers kann von einem Raumtemperatur- oder Ablufttemperaturfühler der automatischen Regelanlage gesteuert werden.

Der *Zuluftventilator* kann – wie im Schemabild Abb. 2.5 dargestellt – am Ende der Klimazentrale angeordnet werden. In einigen Fällen, insbesondere dann, wenn keine Beipaßführung der Luft als Umgehung einzelner Aufbereitungsstufen der Klimazentrale vorgesehen ist, besteht auch die Möglichkeit der Anordnung des Zuluftventilators vor der Klimazentrale. Es ist Aufgabe des Zuluftventilators, die Zuluft durch die Luftaufbereitungskammern und über ein Kanalnetz in die zu klimatisierenden Räume zu führen. Wirkungsgrad (bis zu etwa 90 %) und Laufruhe des Ventilators sind mit entscheidend für den einwandfreien Betrieb der Klimaanlage.

Ein *Abluftventilator* wird dann erforderlich, wenn die Abluft aus dem Raum über größere Entfernungen geführt werden muß. Dieser Ventilator saugt die Luft aus den Räumen ab und drückt sie entweder ins Freie oder führt sie der Klimazentrale zur Neuaufbereitung wieder zu. Bei entsprechender Abstimmung der Leistungen von Zu- und Abluftventilatoren aufeinander lassen sich in den zu klimatisierenden Räumen entweder Über- oder Unterdrücke einstellen.

[281a] HÄUSSLER, W.: Zustandsänderungen in der Sprühkammer einer Klimaanlage. Kältetechnik 18 (1966), Nr. 3, S. 116–121.

[281b] SCHREIBER, R.: Experimentelle Untersuchungen über den Wärme- und Stoffaustausch in der Sprühkammer einer Klimaanlage. Kältetechnik 18 (1966), Nr. 9, S. 326–330.

Einen wesentlichen Bestandteil jeder zentralen Klimaanlage stellt das *Kanalnetz* dar. Es hat die Aufgabe, den Räumen die aufbereitete Luft zuzuführen und die verbrauchte Luft aus den Räumen abzuführen. Wegen seiner großen Bedeutung hinsichtlich der Luftleistung und der Kosten der Anlage muß das Kanalnetz sorgfältig geplant und ausgeführt sein (bezüglich der Kanalnetzberechnung vgl. die Ausführungen in Abschn. 2.4). Bei der Planung und Ausführung der Kanäle müssen geringer Strömungswiderstand und gute Reinigungsfähigkeit besonders beachtet werden. Gegen Kälte- bzw. Wärmeverluste sind die Kanäle zu isolieren. Bei Komfortanlagen besteht in der Regel die Forderung, daß sich das Kanalnetz unauffällig in den Bau einfügt.

Berechnung und Entwurf von Klimaanlagen erfordern eine zusammenhängende Betrachtung der in den einzelnen, vorstehend beschriebenen Luftaufbereitungseinrichtungen auftretenden physikalischen Vorgänge. Diese Vorgänge – Mischen, Erwärmen, Kühlen, Befeuchten, Entfeuchten – lassen sich in sehr übersichtlicher Form in den beiden bekannten Zustandsdiagrammen feuchter Luft darstellen. Es sind dies das Molliersche Enthalpie-Konzentrations-$(h,x\text{-})$Diagramm, das in Europa am häufigsten benutzt wird, und das Temperatur-Konzentrations-$(t,x\text{-})$Diagramm in der von CARRIER vorgeschlagenen Form, das von den amerikanischen Klimatechnikern vorwiegend angewendet wird (s. S. 30). In beiden Diagrammen lassen sich die Luftzustände (Temperatur und Feuchtigkeit) genauestens verfolgen, wie sie sich an einzelnen Punkten einer Klimaanlage einstellen. Die Diagramme liefern die Werte, die für die Berechnung und Auslegung einzelner Apparate erforderlich sind. In den Abb. 2.6 bis 2.9 sind die Zustandsänderungen der Luft in einer Klimaanlage im Sommer- und Winterbetrieb dargestellt. In den Abb. 2.6 und 2.8 sind die beiden extremen Betriebszustände jeweils im h,x-Diagramm, in den Abb. 2.7 und 2.9 im t,x-Diagramm eingetragen. Dabei handelt es sich um zwei der vielen möglichen Vorgänge, deren Darstellungen in den beiden Klimadiagrammen gegenübergestellt werden.

Beim *Sommerbetrieb* der Klimaanlage (Abb. 2.6 und 2.7) wird Außenluft vom Zustand A_S (32 °C, 38 %) mit Raumluft (Umluft) vom Zustand R_S (26 °C, 42 %) in der Mischkammer der Klimazentrale in einem bestimmten Verhältnis gemischt. Der Zustandspunkt des Luftgemisches M_S (27,5 °C, 41 %) liegt auf der Verbindungsgeraden zwischen A_S und R_S, wobei das Streckenverhältnis $\overline{A_S M_S}/\overline{R_S M_S}$ das Mengenverhältnis Umluft : Außenluft angibt. Die Mischluft vom Zustand M_S wird durch den Luftkühler (Oberflächenkühler) geführt und dabei bis zum Zustand K (12,5 °C, 90 %) gekühlt und entfeuchtet. Der Zustandspunkt K liegt nahezu auf einer Geraden zwischen M_S und dem zur mittleren Kühlmitteltemperatur gehörigen Sättigungszustand 0, der von der Luft nur bei unendlich großer Kühlfläche erreicht wird. Der Kühlvorgang im

Luftkühler soll so eingerichtet werden, daß die Luft hier bereits die von der Zuluft geforderte absolute Feuchtigkeit erreicht hat. Im Nachwärmer wird diese Luft dann auf den Zuluftzustand E_S (19 °C, 60 %)

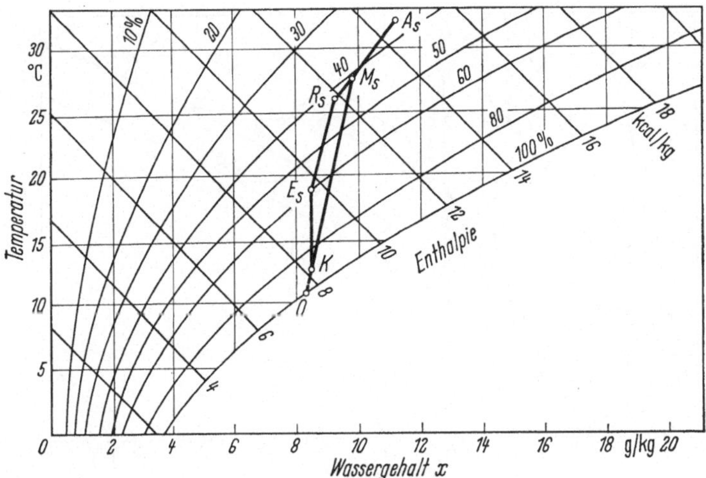

Abb. 2.6 Betriebsschaubild einer Klimaanlage bei Sommerbetrieb im h,x-Diagramm.

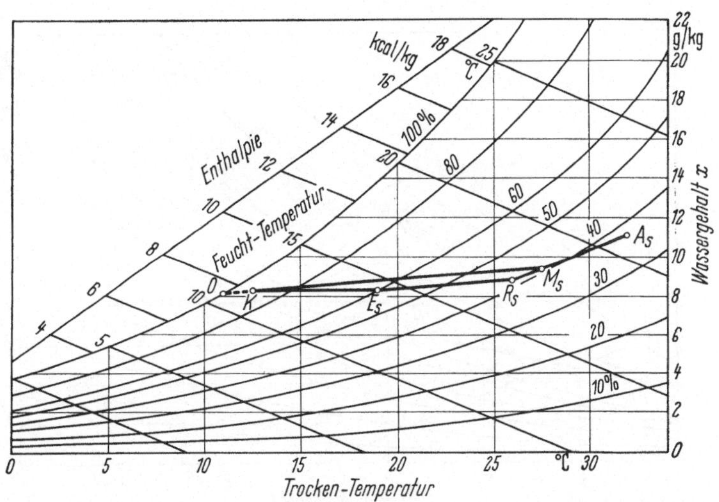

Abb. 2.7 Betriebsschaubild einer Klimaanlage bei Sommerbetrieb im t,x-Diagramm.

gebracht. Die in den Raum eingeblasene Luft nimmt dort Wärme und Feuchtigkeit auf und wird mit dem Zustand R_S wieder aus dem Raum abgesaugt.

Für den *Winterbetrieb* der Anlage (Abb. 2.8 und 2.9) wird ein Temperaturzustand der Außenluft A_w unter 0 °C angenommen. Durch die

11 Loewer, Klimatechnik

Mischung dieser Außenluft mit Umluft vom Raumluftzustand R_w (22 °C. 50%) ergibt sich wiederum der Zustandspunkt M_w des Luftgemisches auf der Verbindungsgeraden zwischen A_w und R_w. Die Mischluft wird durch

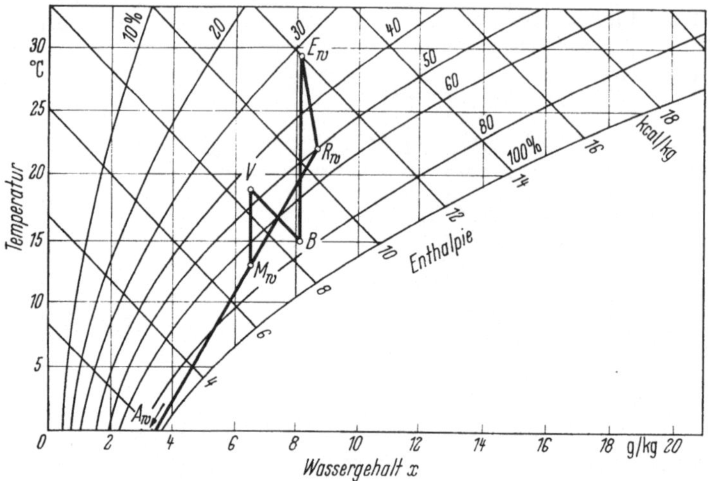

Abb. 2.8 Betriebsschaubild einer Klimaanlage bei Winterbetrieb im h,x-Diagramm.

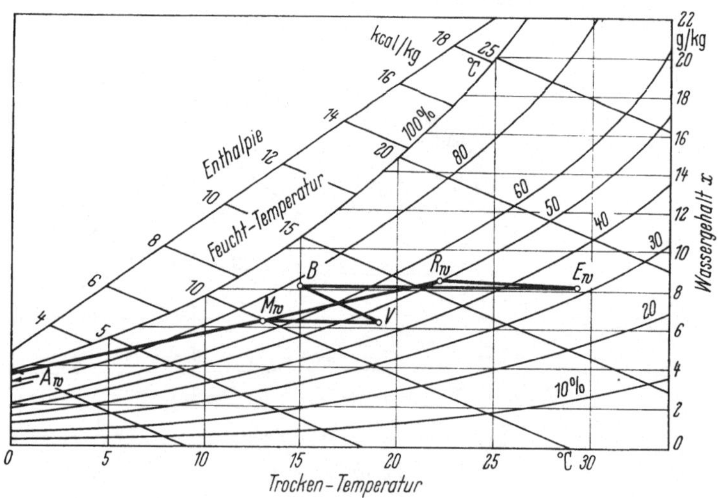

Abb. 2.9 Betriebsschaubild einer Klimaanlage bei Winterbetrieb im t,x-Diagramm.

den Vorwärmer geführt, den sie im Zustand V (19 °C, 46%) verläßt. Die Befeuchtung verläuft von V nach B (15 °C, 75%) praktisch parallel zu den Linien konstanter Enthalpie (vgl. hierzu die Ausführungen in Abschn. 1.15, S. 26). Dabei ist vorausgesetzt, daß die Befeuchtung der

Luft durch Einspritzen von Wasser im Luftwäscher erfolgt. Die Luft kühlt sich dabei wieder ab und erreicht gleichzeitig die absolute Feuchtigkeit der Zuluft. Die Luft vom Zustand B geht dann durch den Nachwärmer, in dem sie auf den Zuluftzustand E_w (29 °C, 31 %) erwärmt wird. Die Temperatur t_{EW} liegt in den Diagrammdarstellungen (Abb. 2.8 und 2.9) höher als die Raumtemperatur t_{RW}, da vorausgesetzt wird, daß der Wärmebedarf des Raumes – mindestens zu einem Teil – von der zentralen Klimaanlage gedeckt werden muß. Die Zulufttemperatur kann aber auch im Winter unter der Raumtemperatur liegen, und zwar dann, wenn der Wärmeanfall im Raum größer als die Wärmeabgabe nach außen (Transmissionsverlust) ist. Der Wassergehalt der Zuluft soll in dem dargestellten Beispiel etwas kleiner sein als derjenige der Raumluft, da im Raum eine geringe Feuchtigkeitsmenge laufend von der Luft aufgenommen werden muß. Mit dem Zustand R_w wird die Luft dann aus dem klimatisierten Raum wieder weggeführt.

Die *Berechnung von zentralen Klimaanlagen* ist getrennt für Sommer- und Winterbetrieb anhand der Zustandsdiagramme der feuchten Luft durchzuführen. Für den Sommerbetrieb ist dabei zunächst die von der Anlage zu fordernde Kühlleistung Φ_{KL} zu berechnen (s. S. 140), aus der sich dann der erforderliche Luftstrom, d.h. die in der Zeiteinheit benötigte Luftmenge, ergibt nach der Beziehung

$$\dot{L}_s = \frac{\Phi_{KL}}{h_{RS} - h_{ES}}. \tag{2.14}$$

Die Enthalpiewerte h_R und h_E sind aus den Betriebsschaubildern im h,x- oder t,x-Diagramm abzulesen, wobei für die Enthalpiedifferenz annähernd gilt

$$h_{RS} - h_{ES} = c_{PL}(t_{RS} - t_{ES}). \tag{2.14a}$$

Die zulässige Temperaturdifferenz $t_{RS} - t_{ES}$, d.h. die Untertemperatur der in den Raum eintretenden Zuluft wird wesentlich von der Luftwechselzahl und Zuluftverteilung bestimmt. In Abschn. 2.13 wurde bereits darauf hingewiesen, daß entsprechend der verwendeten Luftauslässe Untertemperaturen von 2 bis 15 °C möglich sind.

Für den Winterbetrieb errechnet sich der Zuluftstrom entsprechend aus dem nach Gl. (2.3) zu ermittelnden Wärmebedarf Φ_h und der Differenz der Zuluft- und Raumluftenthalpien zu

$$\dot{L}_w = \frac{\Phi_h}{h_{EW} - h_{RW}}. \tag{2.15}$$

Beim Winterbetrieb sind in der Regel größere Temperaturdifferenzen zwischen der jeweiligen Zuluft- und Raumtemperatur (Übertemperaturen) zuzulassen. Die Lufteintrittstemperatur kann bei Industrieanlagen

60 bis 80 °C, bei Komfortanlagen 30 bis 60 °C betragen. Die für den Sommer- und Winterbetrieb errechneten Zuluftströme sind aufeinander abzustimmen, wobei nach Möglichkeit versucht werden sollte, die Anlage ganzjährig mit einem konstanten Luftstrom $\dot{L} = \dot{L}_S = \dot{L}_W$ zu fahren.

Die erforderliche Kühlleistung des Luftkühlers berechnet sich aus der Beziehung

$$\Phi_{K\upsilon} = \dot{L}\,(h_{MS} - h_K)\,, \tag{2.16}$$

während die vom Nachwärmer aufzubringende Heizleistung wie folgt ermittelt wird:

$$\Phi_{NS} = \dot{L}\,(h_{ES} - h_K)\,. \tag{2.17}$$

Wenn der Lufteintrittszustand E_S allein durch den Luftkühler erreicht werden kann, entfällt die Einschaltung des Nachwärmers im Sommerbetrieb. Diese Möglichkeit ergibt sich aber nur, wenn eine hohe relative Raumluftfeuchtigkeit gefordert ist oder ein Kühlmittel mit einer niedrigen Temperatur zur Verfügung steht.

Im Winterbetrieb wird die Funktion des im Sommerbetrieb eingesetzten Luftkühlers vom Vorwärmer übernommen, dessen Leistung sich errechnet aus der Beziehung

$$\Phi_V = \dot{L}\,(h_V - h_{MW})\,. \tag{2.18}$$

Durch mehr oder weniger starke Vorwärmung wird der gewünschte und regelbare Wasserdampfgehalt (Taupunktregelung) der Luft erreicht. Der Grad der Vorwärmung bestimmt also die relative Feuchte und der Grad der späteren Nachwärmung die Temperatur der Zuluft. Der Befeuchtungsvorgang im Sprühdüsenwäscher – auf den sich diese Betrachtungen der Einfachheit halber beschränken – erfolgt bei nahezu konstanter Enthalpie. Der dabei erreichte Wasserdampfgehalt x_B ist abhängig vom Ausgangszustand x_V und dem Wirkungsgrad η_b der Befeuchtungseinrichtung. Dieser Befeuchtungswirkungsgrad ist definiert als das Verhältnis der Abkühlung der Luft Δt_L zu der Differenz zwischen Lufteintrittstemperatur t_V und Feuchtkugeltemperatur der Luft t_f:

$$\eta_b = \frac{\Delta t_L}{t_V - t_f}\,. \tag{2.19}$$

Die Abkühlung der Luft läßt sich aus den Zustandsdiagrammen ablesen zu

$$\Delta t_L = t_V - t_B\,. \tag{2.19 a}$$

Bei normalen Luftwäschern mit einer Länge von etwa 1,8 m bei einer Düsenreihe oder 2,5 m bei zwei Düsenreihen und einer Luftgeschwindigkeit von ungefähr 2,5 m/s hat der Befeuchtungswirkungsgrad im Mittel folgende Größe:

1 Rohrreihe in Luftrichtung spritzend	$\eta_b = 60$ bis 65%,
1 Rohrreihe gegen Luftrichtung spritzend	$\eta_b = 65$ bis 70%,
2 Rohrreihen in Luftrichtung spritzend	$\eta_b = 85$ bis 90%,
2 Rohrreihen in und gegen Luftrichtung spritzend	$\eta_b = 90$ bis 95%,
2 Rohrreihen gegen Luftrichtung spritzend	$\eta_b = 93$ bis 98%.

In den Nachwärmer tritt die Luft im Winterbetrieb mit dem Zustand B ein, wobei sich die Heizleistung des Nachwärmers berechnet zu

$$\Phi_{NW} = \dot{L}\,(h_{EW} - h_B)\,. \tag{2.20}$$

Die Gesamtwärmeleistung im Winterbetrieb ist dann die Summe aus Heizlast und Erwärmung und Befeuchtung der Außenluft:

$$\Phi_W = \dot{L}\,(h_{EW} - h_{MW})\,. \tag{2.21}$$

Außer den Zentralklimaanlagen, deren Aufbau in Abb. 2.5 an einem Beispiel dargestellt wurde, gibt es in der Klimatechnik noch zwei weitere Anlagentypen, die in bestimmten Anwendungsfällen der zentralen Anlage gleichwertig oder überlegen sind. Es handelt sich hierbei um Dezentralklimaanlagen und Klimageräte.

Als *Dezentralklimaanlagen* werden Anlagen bezeichnet, bei denen nur ein Teil der bei der Klimatisierung erforderlichen Verfahren der Luftaufbereitung zentral durchgeführt wird. Einige Vorgänge der Luftkonditionierung erfolgen vielmehr innerhalb des zu klimatisierenden Raumes oder für eine Raumgruppe. Dieses Klimatisierungssystem ist am besten geeignet für vielräumige Gebäude, da es eine individuelle Regelung der Raumtemperatur gestattet und damit dem Benutzer ein Höchstmaß an Komfort bietet. Die in den Räumen vorhandenen Einzelgeräte enthalten von kaltem oder warmem Wasser durchströmte Wärmeaustauscher und geeignete Möglichkeiten zur Luftumwälzung. Nach der Art der Luftumwälzung und Frischluftzufuhr werden als Bauarten dieser Einzelgeräte Ventilator- und Induktionskonvektoren unterschieden, deren Funktionsweise bei der detaillierten Beschreibung von Anlagen der Klimatechnik und deren Bauelementen erläutert wird (vgl. Abschn. 3.23, 3.34 u. 3.42). Die einzelnen Konvektoren können nun im einfachsten Fall mit einem Wärmeträger von einer bestimmten Temperatur versorgt werden. Da diese Art der Klimatisierung aber nicht den unterschiedlichen Belastungsfällen an verschiedenen Punkten eines großen Gebäudes Rechnung trägt, wurde zunächst das Dreileitersystem (three-pipe system) entwickelt, bei dem warmes und kaltes Wasser den zu einzelnen Zonen zusammengefaßten Verbrauchern zugeführt wird (Abb. 2.10). Die für die betreffende Zone erforderliche Wassertemperatur wird durch entsprechende Mischung der beiden Wasserströme in einem automatischen Ventil eingestellt. Das aus den einzelnen Konvektoren abfließende Wasser wird in einer gemeinsamen Rücklaufleitung wieder der Klimazentrale zugeführt. Als nachteilig haben sich bei diesem System die nicht zu vermeidenden Mischverluste in der Rücklaufleitung erwiesen. Eine Verbesserung wurde durch getrennte Rückführung des in den einzelnen Zonen anfallenden Rücklaufwassers erreicht (zoned return). Die weitaus besten Ergebnisse bezüglich Regelmöglichkeit und Wirtschaftlichkeit erbringt jedoch das Vierleitersystem, bei dem Kalt- und Warmwasser sowohl getrennt den einzelnen Geräten zugeführt als auch getrennt wieder zur Klimazentrale zurückgeführt werden (Abb. 2.11). Allerdings erfordert dieses System auch die höchsten Investitionskosten. Zu der Regelung von Dreileiter- und Vierleitersystemen haben BARTH[282] und HOLLMANN[283] ausführlich Stellung genommen.

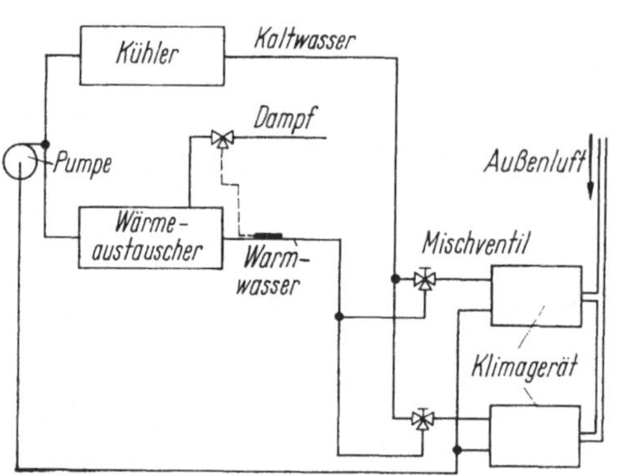

Abb. 2.10 Schematische Darstellung des Dreileitersystems bei Klimaanlagen.

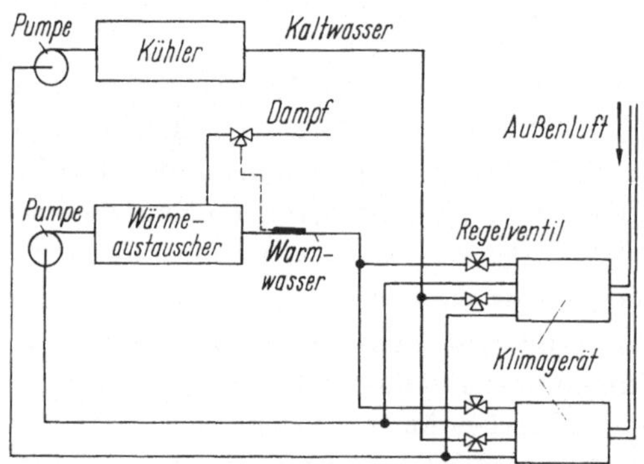

Abb. 2.11 Schematische Darstellung des Vierleitersystems bei Klimaanlagen.

Klimageräte sind Anlagen kleiner und mittlerer Leistung mit eingebauter Kältemaschine, die zur Klimatisierung einzelner Räume oder Raumgruppen dienen. Diese Geräte können für den Fenster- oder Wandeinbau, als Truhen- oder Schrankgeräte gestaltet sein (vgl. hierzu die Beschreibung der Funktionsweise in Abschn. 2.63).

---

[282] BARTH, R. M.: Three-pipe control considerations. ASHRAE-Journal 5 (1963), Nr. 11, S. 53–58.

[283] HOLLMANN, W.: Automatische Regelung von Dreirohr-Induktions-Systemen. Klimatechnik 5 (1963), Nr. 3, S. 3–10. – Automatische Regelung von Vierrohr-Systemen. Klimatechnik 6 (1964), Nr. 1, S. 3–9.

Für die Wahl eines geeigneten Klimaanlagensystems können vielfältige Gesichtspunkte eine Rolle spielen. TIREL[284] hat die wichtigsten Punkte zusammengestellt, wobei er Funktion, Installationskosten, Dauer und Belastung durch Amortisation, Energie- und Wasserverbrauch, Bedienungs- und Unterhaltungskosten zu den fundamentalen Voraussetzungen für die Beurteilung und Auswahl eines Klimasystems rechnet. Bei Auswahl einer geeigneten Industrieklimaanlage kann die von LAAKSO[285] durchgeführte Zusammenstellung der Investitions- und Betriebskosten verschiedener Anlagen in Industriebetrieben wertvolle Hilfe leisten.

2.22 Heizungsanlagen

Als eines der ältesten Klimatisierungsverfahren ist die Heizung der Raumluft bekannt (vgl. hierzu die Ausführungen zur historischen Entwicklung der Klimatechnik), denn unter bestimmten klimatischen Verhältnissen stellt sich die Beheizung von Aufenthaltsräumen als unumgängliche Forderung dar. Dabei muß von der Gebäudeheizung erwartet werden, daß sie den nach DIN 4701 zu berechnenden Wärmebedarf deckt und eine entsprechende Wärmelieferung gewährleistet. Außerdem muß die Wärmeabgabe der Heizquelle den wärmephysiologischen Ansprüchen gerecht werden und eine möglichst gleichmäßige Empfindungstemperatur (Mittelwert aus Luft- und mittlerer Wandtemperatur) in den beheizten Räumen gewährleisten. Das bedingt eine gute Regelbarkeit der Heizungsanlage. Möglichst gefahrloser und wirtschaftlicher Betrieb der Anlage sind weitere wichtige Forderungen.

Die verschiedenen Heizungssysteme werden unterschieden

a) nach der Lage der Feuerstätte in

 örtliche Heizungen (Einzelöfen),
 Zentralheizungen,
 Fernheizungen;

b) nach der Art der Wärmeabgabe in

 Konvektionsheizungen,
 Strahlungsheizungen,
 kombinierte Heizungen;

c) nach der Energiequelle in

 Kohle-, Öl-, Gas- oder elektrische Heizungen.

---

[284] TIREL, J.: Choix des systèmes de conditionnement d'air. Industries Thermiques 6 (1960), Nr. 12, S. 565–573. Referat unter dem Titel „Die richtige Systemwahl für Klimaanlagen" in Heiz.-Lüft.-Haustechn. 13 (1962), Nr. 11, S. 374–375.

[285] LAAKSO, H.: Ein Beitrag zur Ermittlung der Anlage- und Betriebskosten von Klimaanlagen in Industriebetrieben. Heiz.-Lüft.-Haustechn. 9 (1958), Nr. 6, S. 139–141.

Bei der örtlichen Heizung sind für die Wahl der Heizgeräte (Kamine, Kachelöfen, kohle-, öl- oder gasbeheizte Einzelöfen, Elektroheizgeräte) in erster Linie das örtliche Klima und wirtschaftliche Gesichtspunkte maßgebend. Auf eine ausführliche Behandlung der örtlichen Heizungen mit den zahlreichen Bauarten von Heizgeräten kann an dieser Stelle verzichtet werden, da sie als klimatechnische Anlagen im modernen Sinne ständig an Bedeutung verlieren. Es wird deshalb auf die ausführliche Behandlung dieses Heizungssystems im heizungstechnischen Fachschrifttum[286-290] verwiesen.

Die Zentral- oder Sammelheizung ist hingegen als echte Anlage der modernen Klimatechnik zu werten und verdient deshalb auch in diesem Zusammenhang eine entsprechende Berücksichtigung. Zentralheizungsanlagen sind dadurch gekennzeichnet, daß die für die zu beheizenden Räume erforderliche Wärmeenergie zentral erzeugt und den einzelnen Räumen mit Hilfe eines Wärmeträgers zugeführt wird. Die bekanntesten Wärmeträger in der Heizungstechnik sind Wasser und Luft. Bei der Verwendung von Wasser als Wärmeträger sind je nach Aggregatzustand Dampf- und Wasserheizungsanlagen zu unterscheiden.

Die *Dampfheizung* ist ein Heizungssystem, das zu Beginn der Entwicklung von Zentralheizungsanlagen stark verbreitet war, mit der technischen Vervollkommnung derartiger Anlagen aber – zumindest im Komfortbereich – aus noch näher zu erläuternden Gründen stark an Bedeutung verlor. Bei der Dampfheizung wird in Heizkesseln Dampf erzeugt, der durch Rohrleitungen den Heizkörpern zugeführt wird, in diesen bei konstanter Temperatur kondensiert und als Kondensat den Kesseln wieder zufließt. In der erwähnten Kondensation bei konstanter Temperatur liegt bereits ein wesentlicher Nachteil dieses Systems, da sich die Wärmeabgabe der Heizflächen nur schwer dem jeweiligen witterungsbedingten Wärmebedarf anpassen läßt. Die Dampfheizung als Niederdruckdampfheizung (Kondensationstemperatur bis zu 110 °C) und ganz besonders als Hochdruckdampfheizung mit Kondensationstemperaturen bis zu etwa 250 °C besitzt deshalb als Anlage der Klimatechnik nur noch in solchen Anwendungsfällen Bedeutung, wo auf eine genaue Regelung der Wärmezufuhr verzichtet werden kann und wo sich außer-

---

[286] Recknagel-Sprenger: Taschenbuch für Heizung, Lüftung und Klimatechnik, 55. Jahrg., München-Wien: Oldenbourg 1968, S. 260–294.

[287] Rietschel/Raiss: Lehrbuch der Heiz- und Lüftungstechnik, 14. Aufl., Berlin/Göttingen/Heidelberg: Springer 1960, S. 1–20.

[288] Grohmann, H.: Heizungen, München: F. Bruckmann 1958.

[289] Haus, R.: Die technische Entwicklung des Ölofens im letzten Jahrzehnt. Heiz.-Lüft.-Haustechn. 14 (1963), Nr. 12, S. 75–78.

[290] Kämper/Hottinger/von Gonzenbach: Die Heiz- und Lüftungsanlagen in den verschiedenen Gebäudearten, 3. Aufl., Berlin/Göttingen/Heidelberg: Springer 1954, S. 82–93.

dem die der Sattdampftemperatur entsprechende, hohe Oberflächentemperatur der Heizfläche hygienisch nicht störend bemerkbar macht. Bevorzugtes Anwendungsgebiet der Dampfheizung ist heute noch die Beheizung vorwiegend gewerblich genutzter Räume und die Fernleitung der Wärme. Im letztgenannten Bereich ist allerdings in jüngster Zeit die Heißwasserheizung in Konkurrenz mit der Dampfheizung eingetreten.

Die *Warmwasserheizung* ist ohne Zweifel das insgesamt am meisten verbreitete Heizungssystem. Dabei wird der Komfortbereich ganz eindeutig von dieser Heizungsart beherrscht, bei der das in den Kesseln erwärmte Wasser durch Rohrleitungen den Heizkörpern zugeführt wird, sich dort abkühlt und zu den Kesseln zurückfließt. Die maximale Vorlauftemperatur ist im Normalfall 90 °C, die Rücklauftemperatur 70 °C. Nach der den Wasserumlauf bewirkenden Antriebskraft werden Schwerkraft- und Pumpenwarmwasserheizungen unterschieden. Bei der Schwerkraftheizung wird der wirksame Druck durch den Dichteunterschied zweier Flüssigkeitssäulen mit verschieden hoher Temperatur erzeugt. Er läßt sich ermitteln aus der Anlagenhöhe h und den Dichten ϱ_v und ϱ_r des Vor- und Rücklaufwassers zu

$$p = h\,(\varrho_r - \varrho_v)\,. \tag{2.22}$$

Die einwandfreie Funktion einer Schwerkraftanlage setzt allerdings voraus, daß zwischen Kesselmitte und der Mitte des tiefsten Heizkörpers noch eine für den Wasserumlauf ausreichende Höhendifferenz vorhanden ist. Die Planung der Schwerkraftheizung erfordert eine genaue Ermittlung der Auftriebskräfte und eine sorgfältige Auslegung des Rohrnetzes (vgl. hierzu die Ausführungen von KOPP[291]). Die Rohrweiten der Verteilungsleitungen müssen relativ groß gehalten werden, um die Strömungsverluste auf ein Minimum zu beschränken.

Diese Gründe und die Möglichkeit des schnelleren Aufheizens und der Verbesserung der Regelung haben in zunehmendem Maße zum Einsatz von Umwälzpumpen in Warmwasserheizungsanlagen geführt. Diese Entwicklung wurde durch das Vordringen der Öl- und Gasfeuerung bei Heizungsanlagen begünstigt. Während bei einem durchbrennenden Kokskessel die Wärmeabfuhr durch das Heizmittel durchaus langsam erfolgen kann, muß bei einem nach dem Zweipunktverfahren geregelten Gas- oder Ölkessel, der entweder mit voller Leistung oder gar nicht arbeitet, für eine schnelle Wärmeabfuhr gesorgt werden. Diese Aufgabe der Umwälzung einer größeren Wassermenge übernimmt die Pumpe, die sowohl in den Vorlauf wie in den Rücklauf eingebaut werden kann.

Entsprechend der Rohrführung werden bei Warmwasserheizungsanlagen Einrohr- und Zweirohrsysteme unterschieden. Das Rohrnetz

---

[291] KOPP, L.: Die Wasserheizung, Berlin/Göttingen/Heidelberg: Springer 1958.

einer Zweirohranlage kann unabhängig von der Art des Wasserumlaufes (Schwerkraft oder Pumpe) mit oberer Verteilung (Abb. 2.12) oder mit unterer Verteilung (Abb. 2.13) ausgeführt werden. Bei der oberen Ver-

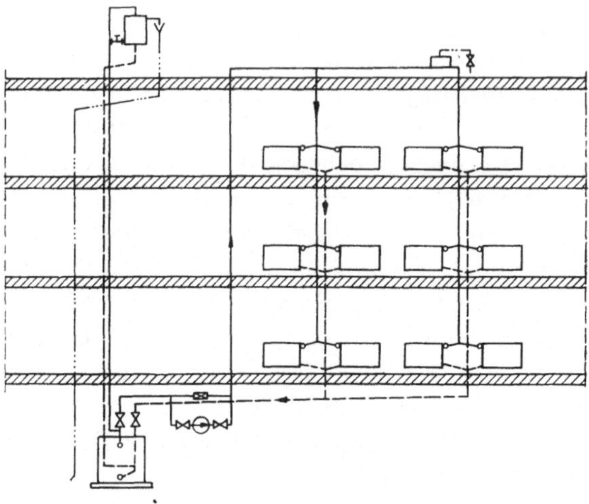

Abb. 2.12 Schematische Darstellung einer offenen Pumpenwarmwasserheizung mit oberer Verteilung.

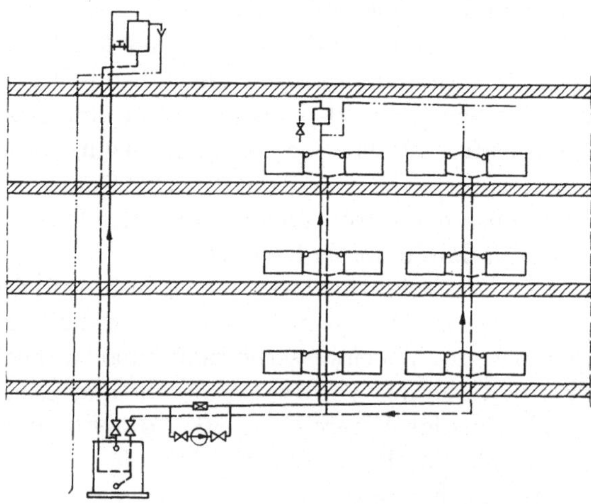

Abb. 2.13 Schematische Darstellung einer offenen Pumpenwarmwasserheizung mit unterer Verteilung (Pumpe im Vorlauf).

teilung wird der gesamte Wasserstrom bis zum höchsten Punkt, an dem sich das Ausdehnungsgefäß befindet, hochgeführt. Von dort gelangt es über die Fallstränge zu den einzelnen Heizkörpern. Diese Rohrführung bewirkt einen verstärkten Wasserumlauf (von Bedeutung nur bei der Schwerkraftanlage) infolge der zusätzlichen Auskühlung in den Fallsträngen. Andererseits erfordert die obere Verteilung aber einen Mehraufwand an Rohrleitung gegenüber der unteren Verteilung, bei der die Verteilungsleitungen des Vorlaufes im Kellergeschoß zu den Steigleitungen geführt werden. Die Entlüftung des gesamten Rohrnetzes erfolgt hierbei – etwas schwieriger als bei der oberen Verteilung – durch Entlüftungsventile an den oberen Enden der Steigstränge und an den Heizkörpern.

Bei der Einrohrheizung (Abb. 2.14 und 2.15) führt nur eine Rohrleitung vom Kessel ausgehend an allen Heizkörpern vorbei und wieder zum Kessel zurück. Dieses System beschreitet praktisch einen Mittelweg zwischen parallel- und hintereinandergeschalteten Heizkörpern, indem

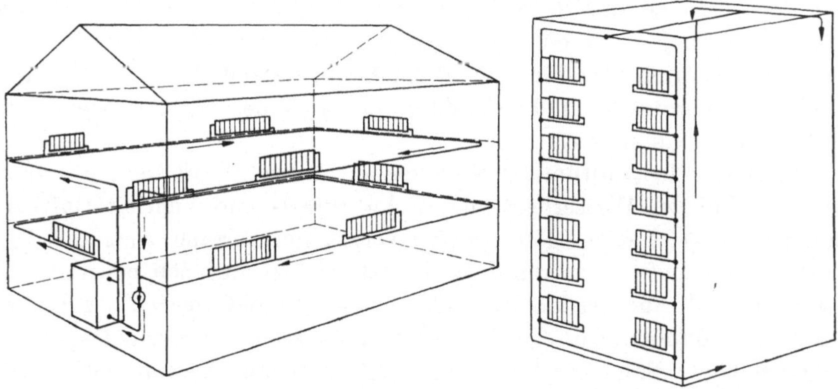

Abb. 2.14 Waagerechte Einrohrheizung in Zweikreisschaltung.

Abb. 2.15 Prinzipschaltbild der senkrechten Einrohrheizung in Mehrkreisschaltung.

von dem ganzen durch einen Heizkreis fließenden Heizwasser jeweils nur ein Teil durch den Heizkörper und der Rest durch eine Kurzschlußstrecke geleitet wird. Eine Regulierung der Heizleistung einzelner Heizkörper ist durch Regulierung des Heizwasserstromes in der Abzweigleitung möglich. Bei der in Abb. 2.14 dargestellten waagerechten Rohrführung können mehrere Heizkreise übereinander angeordnet werden, wobei eine geschoßweise Regelung des Wasserstromes und geschoßweise Absperrung möglich sind. In Abb. 2.15 ist die Einrohrheizung mit senkrechter Rohrführung dargestellt, die in erster Linie für vielgeschossige Bauten (Hochhäuser) geeignet ist (vgl. hierzu die Ausführungen von TREML[292]). Als Nachteil der Einrohrheizung darf die Tatsache nicht unerwähnt bleiben, daß durch ein Abstellen einzelner Heizkörper die Heizleistung der restlichen, im gleichen Heizkreis liegenden Heizkörper beeinflußt wird.

---

[292] TREML, P.: Hochhausheizung mit Einrohrsystem. Heiz.-Lüft.-Haustechn. 14 (1963). Nr. 1. S. 6–9.

MÖHLENBROCK[293] und SEYBOLD[294] haben Anleitungen für die Berechnung
der Einrohrheizung gegeben und Ausführungsbeispiele mitgeteilt. In einer
sehr ausführlichen Darstellung führt REICHOW[295] aus, wann das System
der waagerechten Einrohrheizung zweckmäßig anzuwenden ist. Insbesondere gibt er Anhaltspunkte für die Berechnung der Rohrdurchmesser.

Bei der *Luftheizung*, die Luft als Wärmeträger benutzt, unterscheidet
man entsprechend der Art der Lufterwärmung Feuerluftheizungen und
Dampf- bzw. Wasserluftheizungen (vgl. die Ausführungen in Abschn.
3.12). Die letzte Art scheidet in dieser Betrachtung aus, da sie bereits
bei den Klimaanlagen (Abschn. 2.21) behandelt wurde. Denn die mittelbare Erwärmung der Luft in dampf- oder wasserbeheizten Geräten ist ja
ein klimatechnisches Verfahren, das bei fast allen Klimaanlagen angewendet wird. Die unmittelbare Erwärmung der Luft an den Heizflächen
einer Feuerstelle, des mit Kohle, Öl oder Gas beheizten Lufterhitzers,
ist ein Verfahren, das für sich in der Heizungstechnik anzutreffen ist.
Unter Luftheizung sei in diesem Zusammenhang deshalb die reine Feuerluftheizung verstanden.

Nach der den Luftumlauf bewirkenden Antriebskraft werden – ähnlich wie bei der Wasserheizung – Schwerkraft- und Ventilatorlufthei-
zungen unterschieden. Bei der Schwerkraftluftheizung wird die Bewegung der Luft allein durch ihren natürlichen Auftrieb bewirkt. Sie
kann deshalb nur bei kleinen Anlagen angewendet werden – z.B. bei
kleinen Einfamilienhäusern –, bei denen die zu beheizenden Räume in
unmittelbarer Nähe der Feuerstelle liegen, so daß die Luft auf ihrem
Weg keine großen Widerstände zu überwinden hat. Bei größeren Entfernungen zwischen Feuerstelle und den zu beheizenden Räumen ist
eine mechanische Luftförderung, d.h. der Einbau eines Ventilators, unumgänglich. Die Anordnung des Lufterhitzers und der Luftverteilung
für eine Wohnhausbeheizung zeigt Abb. 2.16.

Insgesamt hat die Luftheizung gegenüber der Wasserheizung den
Vorteil, daß die Heizkörper in den zu beheizenden Räumen entfallen können. Außerdem ist es bei zentraler Lufterwärmung möglich,
die Rückluft zu filtern, mit Frischluft zu mischen und zu befeuchten.
Bei der Planung einer Luftheizung ist allerdings auf richtige Bemessung
des Wärmeaustauschers, des Frischluftanteils und – zur guten Durchlüftung und Vermeidung von Zugerscheinungen – der Größe und Lage
der Luftauslässe zu achten. Durch zusätzlichen Einbau eines Kühl-

---

[293] MÖHLENBROCK, W.: Die Einrohrheizung – Berechnung und Ausführungsbeispiele. Heiz.-Lüft.-Haustechn. 15 (1964), Nr. 6, S. 216–219.

[294] SEYBOLD, K.: Die waagerechte Einrohrheizung für PVC-isolierte Kupferrohre. Wärme-, Lüftungs- und Gesundheitstechnik 17 (1965), Nr. 2, S. 37–39.

[295] REICHOW, G.: Die waagerechte Einrohrheizung, 3. Aufl., Berlin: Marhold-
Verlag 1964.

aggregates kann die Luftheizung zu einer Vollklimaanlage erweitert werden. Auf Einzelheiten bezüglich der Ausführung von modernen Mehrraum- Luftheizungsanlagen, insbesondere der Luftverteilung und Temperaturregelung, sind MÜRMANN[296], DAU[297] und SCHMIDT[298] eingegangen. Eine Buchveröffentlichung von BERGMANN[299] enthält wichtige Grundlagen und Tabellenwerte zur Berechnung von Luftheizungsanlagen.

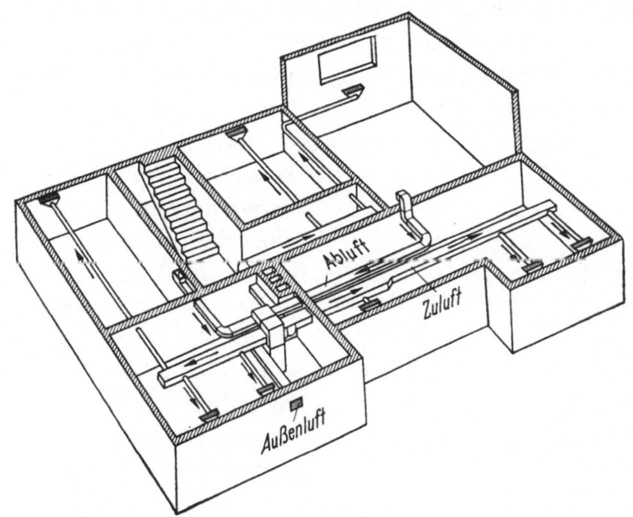

Abb. 2.16 Luftheizung für ein Wohnhaus mit im Keller aufgestelltem Lufterhitzer.

Auf die wirtschaftliche Beheizung von Großräumen (Sälen, Werk- und Ausstellungshallen) mit Hilfe der Feuerluftheizung sei an dieser Stelle noch besonders hingewiesen. Diese Anlagen arbeiten meistens im reinen Umluftbetrieb und mit relativ hohen Lufttemperaturen (vgl. hierzu die Ausführungen von REICHOW[300] und ALLMENRÖDER[301]).

Auch die zur Wärmeerzeugung verwendete *Energieform* (Kohle, Öl, Gas, Strom) stellt ein wichtiges, die Wirtschaftlichkeit einer Anlage mitbestimmendes Unterscheidungsmerkmal in der Heizungstechnik dar. Die technische Entwicklung auf diesem Gebiet wird deshalb wesentlich von

[296] MÜRMANN, H.: Luftheizungs- und Lüftungsanlagen im neuzeitlichen Wohnungsbau. Klimatechnik 5 (1963), Nr. 2, S. 8–14.

[297] DAU, W.: Die Gas-Warmluftheizung im Wohnungsbau. Gaswärme 13 (1964), Nr. 4, S. 149–153.

[298] SCHMIDT, K. H.: Die neuzeitliche Warmluftheizung in Etagenwohnung und Einfamilienhaus. Heiz.-Lüft.-Haustechn. 15 (1964), Nr. 4, S. 117–124.

[299] BERGMANN, A.: Lüftung und Luftheizung. Der Heizungsingenieur Band 3, Düsseldorf: Werner-Verlag 1965.

[300] REICHOW, G.: Heizung, Lüftung und Klimatisierung von Großräumen, 2. Aufl., Berlin: Marhold-Verlag 1695.

[301] ALLMENRÖDER, E.: Heizungs- und Lüftungsanlagen in Großfertigungshallen. VDI-Berichte Nr. 52C. Düsseldorf: VDI-Verlag 1961.

der billigsten, verfügbaren Energieform beeinflußt. Dabei ist zu erwarten, daß sich die elektrische Energie in Fortsetzung der Entwicklungslinie

$$\text{Kohle} \rightarrow \text{Öl} \rightarrow \text{Gas} \rightarrow \text{Strom}$$

mit zunehmender Verbreitung der Energiegewinnung aus der Kernspaltung durchsetzen sollte. Der noch relativ große Vorrat an natürlichen Energiequellen (Kohle, Öl, Gas) hat den Drang zu den Leistungsreaktoren bislang noch gebremst. Heizöl ist heute zweifellos noch die billigste Energieform zur Wärmeerzeugung, kann diese Vorrangstellung allerdings möglicherweise in naher Zukunft bereits an das Gas abgeben, das bei der Wärmeerzeugung in Heizungsanlagen zusätzliche Vorteile bietet. Als Grundlage für Wirtschaftlichkeitsberechnungen unter Verwendung einer der genannten Energieformen können die VDI-Richtlinien 2067[302] dienen. Wie sehr gerade der Energieträger die Wirtschaftlichkeit verschiedener Zentralheizungssysteme beeinflußt, haben SCHMIDT[303], KRIENKE[304] und STREWE, GASIOROWSKI und FRIEDLE[305] ausführlich erläutert.

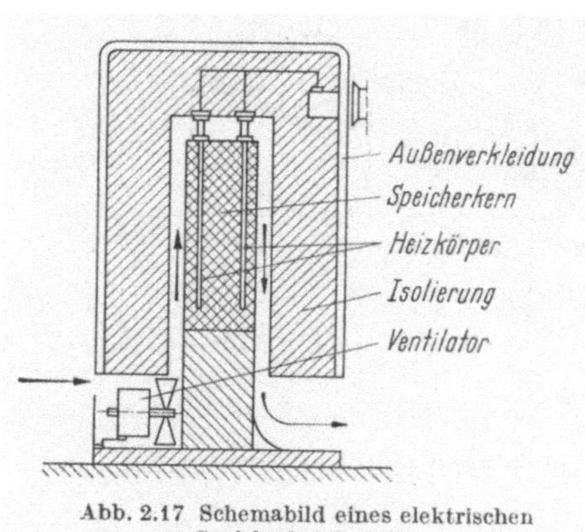

Abb. 2.17 Schemabild eines elektrischen Speicherheizkörpers.

An dem Beispiel der *elektrischen Speicherheizung* für ein Mehrfamilienhaus bzw. für eine Schule haben LIEBERT[306] und SCHÜTTE[307] gezeigt, daß die elektrische Energie auch heute schon unter gewissen Umständen wirtschaftlich zu Heizzwecken eingesetzt werden kann. Dabei wird der

[302] VDI-Richtlinien 2067: Richtwerte zur Bestimmung der Wirtschaftlichkeit verschiedener Brennstoffe bei Warmwasser-Zentralheizungsanlagen. Düsseldorf: VDI-Verlag 1957 (in Neubearbeitung).

[303] SCHMIDT, J.: Vergleich der Wirtschaftlichkeit verschiedener Brennstoffe für Zentralheizungsanlagen von Wohnbauten. Heiz.-Lüft.-Haustechn. 15 (1964), Nr. 10, S. 362–367.

[304] KRIENKE, C. F.: Die Kosten einer Ölheizung und ein Kostenvergleich mit anderen Energiearten. Heiz.-Lüft.-Haustechn. 18 (1967), Nr. 5, S. 175–179.

[305] STREWE, W.: Wärmeerzeugung mit festen Brennstoffen. – GASIOROWSKI, K.: Wärmeerzeugung mit flüssigen Brennstoffen. – FRIEDLE, H.: Wärmeerzeugung mit gasförmigen Brennstoffen. Vorträge auf der 9. Berliner Gesundheitstechnischen Tagung 1964. Referat in Heiz.-Lüft.-Haustechn. 15 (1964), Nr. 12, S. 442–443.

[306] LIEBERT, H.: Planung und Betrieb einer Nachtstrom-Speicherheizung als Vollheizung in einem Sechsfamilienhaus. Heiz.-Lüft.-Haustechn. 16 (1965), Nr. 5, S. 177–186.

[307] SCHÜTTE, A.: Elektrische Speicherheizung für große Schulen. Heiz.-Lüft.-Haustechn. 16 (1965), Nr. 5, S. 196–199.

preisgünstige Nachtstrom im Speicherheizkörper für die Raumheizung während des Tages genutzt. Die Elektrospeicheröfen (Abb. 2.17) besitzen einen hochhitzebeständigen Speicherkern, der von eingebauten Heizelementen in der Nacht den Witterungsverhältnissen entsprechend erwärmt wird. Eine Isolierschicht um den Speicherkern verhindert weitgehende Wärmeverluste während des Aufheizvorganges. Die Isolierung ist von einer aus Stahlblech oder keramischen Platten bestehenden Verkleidung umgeben. Bei Bedarf wird der Vorrat des Wärmespeichers durch erzwungene Konvektion an die Raumluft abgegeben. Ein eingebauter Ventilator fördert Luft durch den Speicherkern, wo sich die Luft erwärmt und an der Vorderseite des Gerätes austritt. Dabei wird die Wärmeabgabe durch eine raumtemperaturabhängige Ein- und Ausschaltung des Ventilators genau dem jeweiligen Bedarf angepaßt (vgl. hierzu auch KEEFER[307a]).

Die elektrische Speicherheizung hat gegenüber brennstoffbefeuerten Zentralheizungsanlagen den Vorteil, daß Brennstofflagerräume und Einrichtungen zur Ableitung von Abgasen nicht erforderlich sind. Dadurch verringern sich die Anlagekosten erheblich. Ein wirtschaftlicher Betrieb von Elektrospeicheröfen ist möglich bei Strompreisen unter 0,04 bis 0,05 DM/kWh. Bei der elektrischen Speicherraumheizung treten besondere Steuer- und Regelprobleme auf, mit denen sich KIRN[308] ausführlich auseinandergesetzt hat und deren Lösung die Voraussetzung für einen wirtschaftlichen Einsatz dieser Heizungsart darstellt. Veröffentlichungen von RAISS[308a] enthalten Ergebnisse von Untersuchungen, die mit Elektrospeicheröfen in Wohnhäusern durchgeführt wurden.

2.23 Lüftungsanlagen

Nach der Definition in DIN 1946[309] besteht die Hauptaufgabe lüftungstechnischer Anlagen in der Erneuerung der Raumluft. Daneben tritt in vielen Fällen noch die zweite Aufgabe, einen bestimmten Raum gegenüber den Nachbarräumen oder der Atmosphäre unter Überdruck bzw. Unterdruck zu setzen, um unerwünschte Luftströmungen nur in einer bestimmten Richtung auftreten zu lassen. Mit der Lufterneuerung sollen alle Verunreinigungen der Raumluft (Gase, Dämpfe, Stäube) so weit entfernt werden, daß sie weder gesundheitsschädlich oder belästi-

---

[307a] KEEFER, P.: Die elektrische Nachtstrom-Speicherheizung in Gegenwart und Zukunft. Heizung 1 (1966), Nr. 3, S. 62–64.

[308] KIRN, H.: Die elektrische Speicherraumheizung und ihre Steuer- und Regelprobleme. Heiz.-Lüft.-Haustechn. 16 (1965), Nr. 10, S. 392–400.

[308a] RAISS, W.: Elektrospeicheröfen in eingeschossigen Einfamilienhäusern. Ges.-Ing. 84 (1963), Nr. 10, S. 289–295. – Der elektrische Speicherofen in Wohnbauten. Heiz.-Lüft.-Haustechn. 18 (1967), Nr. 8, S. 313–318.

[309] DIN 1946: Lüftungstechnische Anlagen (VDI-Lüftungsregeln). Blatt 1: Grundregeln, April 1960.

gend wirken, noch die Arbeitsvorgänge in Werkräumen stören. Die aus wärmephysiologischen Gründen vielfach erforderliche Veränderung der Temperatur oder Feuchte der Raumluft kann – in bestimmten Grenzen auch ohne Aufbereitung der Luft durch Kühlung oder Trocknung – ebenfalls ein Anliegen der Lüftung sein.

Entsprechend den wirksamen Kräften werden grundsätzlich zwei Lüftungsverfahren unterschieden, und zwar die freie und die erzwungene Lüftung. Die freie Lüftung, zu der im wesentlichen die Fugenlüftung, Fensterlüftung und Schachtlüftung gehören, soll hier nicht behandelt werden, da sie nur beschränkt als klimatechnisches Verfahren angesprochen werden kann (vgl. hierzu [310]). Eigentliche Lüftungsverfahren bzw. -anlagen sind solche, bei denen dem zu lüftenden Raum unter Verwendung eines Ventilators eine bestimmte Luftmenge zugeführt und dadurch eine Lüftung „erzwungen" wird (Ventilatoranlagen). Zu unterscheiden sind hierbei reine Zuluftanlagen (Drucklüftungen) mit Anordnung des Ventilators im Zuluftstrom, reine Abluftanlagen (Absaugungsanlagen oder Sauglüftungen) mit Anordnung des Ventilators im Abluftstrom oder kombinierte Anlagen (Zu- und Abluftanlagen), bei denen sowohl Zuluft- als auch Abluftventilatoren eingesetzt werden[311].

Die konventionelle Lüftungsanlage ist die Niederdruckanlage mit Ventilatorförderdrücken bis zu 50 mm WS. Bei großen Anlagen mit weitverzweigtem Kanalnetz werden bei niedrigem Förderdruck und entsprechend geringen Luftgeschwindigkeiten notwendigerweise die Kanalquerschnitte unwirtschaftlich groß. Für derartige Zwecke haben sich die Hochdruckanlagen mit Förderdrücken bis zu 200 mm WS und Luftgeschwindigkeiten bis zu 25 m/s eingeführt, die allerdings bezüglich der Geräuschdämmung in vielen Fällen besondere Maßnahmen erfordern und den Planer oft vor schwierige Aufgaben stellen.

Das Schema einer Lüftungsanlage ist in Abb. 2.18 dargestellt, in der die Benennungen der Luft auf dem Weg durch die Anlage eingetragen sind.

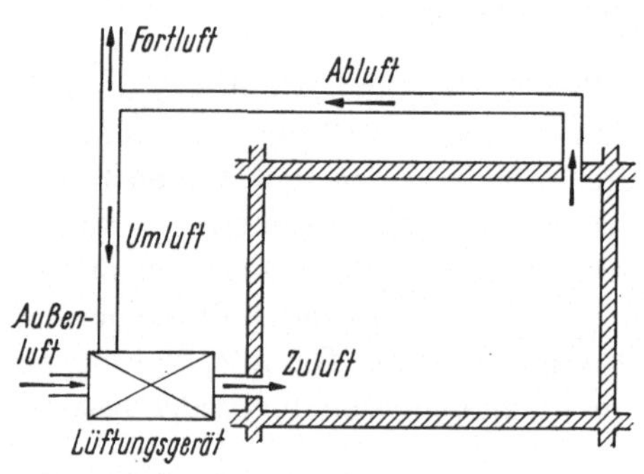

Abb. 2.18 Schema einer Lüftungsanlage.

---

[310] RIETSCHEL/RAISS: Lehrbuch der Heiz- und Lüftungstechnik, 14. Aufl., Berlin/Göttingen/Heidelberg: Springer 1963, S. 244–248.

[311] Die Bezeichnungen Be- und Entlüftungsanlagen (anstelle von Druck- und Sauglüftungen) sollten vermieden werden. Sie sind einmal sprachlich falsch und erwecken andererseits den Eindruck, daß es sich bei der „Belüftung" nur um eine Luftzuführung und bei der „Entlüftung" nur um eine Luftabführung handele.

Die gesamte dem Raum zugeführte Luft wird als „Zuluft", die gesamte aus dem Raum abströmende Luft als „Abluft" bezeichnet. Ein Teil der Abluft kann als „Umluft" dem Raum wieder zugeführt, ein anderer Teil als „Fortluft" ins Freie abgeführt werden. „Außenluft" heißt der aus dem Freien entnommene Teil der Zuluft bis zum Zusammentreffen mit der Umluft.

Je nach dem Zweck der Lüftungsanlage kommen Unter- oder Überdrucklüftungen in Frage. Unterdruck im Raum verhindert das Abströmen von Gasen und Dämpfen in Nebenräume, während Überdruck das Eindringen dieser Luftverunreinigungen in den zu lüftenden Raum vermeidet. Unterdruck kann durch eine größere Bemessung des Abluftventilators erreicht werden, während entsprechend bei Überdruck die Leistung des Zuluftventilators größer gewählt werden muß. Allerdings ist zu beachten, daß es sich bei den dabei auftretenden Über- oder Unterdrücken um kaum meßbare Drücke handelt. Nur in besonders gut abgedichteten Räumen können Über- oder Unterdrücke von etwa 2 bis 5 mm WS auftreten, die bereits das Öffnen und Schließen von Türen und Fenstern erschweren.

Neben der Ermittlung der erforderlichen Luftströme aufgrund der geforderten Luftraten und dem stündlichen Luftwechsel (vgl. hierzu Abschn. 2.13) stellt die ausreichende Bemessung der Luftwege und Luftdurchlässe eine der wichtigsten Aufgaben bei der Projektierung von Lüftungsanlagen dar. Bezüglich der Kanalnetzberechnung wird auf die ausführliche Behandlung in Abschn. 2.42 verwiesen. An dieser Stelle sei nur erwähnt, daß es sich bei der richtigen Auswahl der Luftgeschwindigkeiten in Lüftungsanlagen im wesentlichen um Erfahrungswerte handelt, die sich unter Berücksichtigung von Investitions- und Betriebskosten (Energiebedarf) und der möglichen Geräuschbelästigung als wirtschaft-

Tabelle 2.4 *Übliche Luftgeschwindigkeiten in Lüftungskanälen und Luftdurchlässen*

Art des Kanals bzw. der Öffnung	Luftgeschwindigkeit	
	von m/s	bis
Kanäle in Hochdruckanlagen	20	25
Hauptkanäle von Industrieanlagen (Niederdruckanlagen)	8	12
Nebenleitungen von Industrieanlagen		8
Zu- und Abluftkanäle von Komfortanlagen:		
Hauptkanäle	5	7
Nebenleitungen	3	5
Zuluftöffnungen	entsprechend der Anordnung	
Abluftöffnungen in der Aufenthaltszone	2	3
außerhalb der Aufenthaltszone	3	4

lich erwiesen haben. Einige dieser Luftgeschwindigkeiten sind in Tab. 2.4 zusammengestellt. Bei der Wahl der Luftgeschwindigkeit ist zu beachten, daß der Widerstand im Kanal mit dem Quadrat der Strömungsgeschwindigkeit wächst, wodurch unter Umständen relativ hohe Ventilatorleistungen erforderlich werden.

Bei Eintritt in den zu lüftenden Raum darf die Luft keine zu hohen Geschwindigkeiten erreichen, da sonst Zugerscheinungen auftreten. Nach DIN 1946 „Lüftungstechnische Anlagen" müssen Luftgeschwindigkeit und Lufttemperatur in der Aufenthaltszone so aufeinander abgestimmt sein, daß unbeabsichtigte Abkühlungsreize durch Zugluft vermieden werden. Die Forderungen an die Zugfreiheit hängen u. a. von der Zweckbestimmung des Raumes ab. In Räumen mit festen Sitzplätzen gelten die in Abb. 2.19 angegebenen Grenzwerte als Kriterium für die Zugfreiheit. Ist die Luftströmung nicht eindeutig von vorn auf die Personen gerichtet, so müssen unter Umständen niedrigere Geschwindigkeitswerte angesetzt werden.

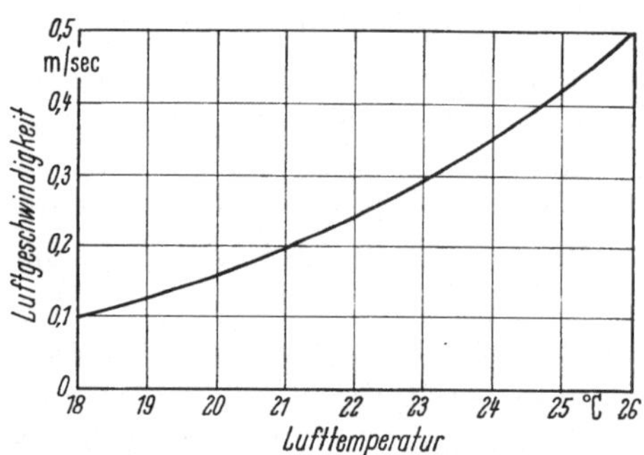

Abb. 2.19 Zulässige Luftgeschwindigkeit beim Anblasen sitzender Personen von vorn in Abhängigkeit von der Lufttemperatur.

Die am meisten angewendeten Zuluftdurchlässe sind Gitter, Schlitze und Düsen. Bei normaler Anwendung dieser Durchlässe bei den meisten Arten der Verdrängungslüftung interessiert im allgemeinen bei der Berechnung der Anlage nur der Widerstand des jeweiligen Durchlasses. Bei Strahllüftungen hingegen, d.h. bei Anlagen mit weitreichendem Luftstrahl, müssen Zuluftgeschwindigkeit, Art, Aufteilung und Anordnung der Durchlässe den jeweiligen Bedingungen besonders angepaßt werden, um eine gleichmäßige und zugfreie Raumlüftung zu gewährleisten. In solchen Fällen ist es nötig, die charakteristischen Größen der Strahllüftung, wie Zentralgeschwindigkeit, Wurfweite, Mischungsverhältnis und Ausbreitungswinkel, zu ermitteln (vgl. hierzu die Ausführungen in Abschn. 2.45, S. 223).

Räumen mit hohem Luftwechsel wird die Luft in zunehmendem Maße über Lochdecken zugeführt, wodurch eine gute, gleichmäßige Luftverteilung bei gleichzeitiger Durchmischung erreicht wird. Der Zuluftstrom, der über die Lochdecke eingebracht wird, sollte im Normalfall zwischen 80 und 120 m³/h je m² Deckenfläche liegen. Falls auch gekühlte Luft dem Raum zugeführt wird, so soll die perforierte Decke möglichst nicht höher als 4 m über dem Fußboden liegen, da sich sonst Luftschichtungen ausbilden können. Für die überschlägliche Ermittlung der Einblasegeschwindigkeit kann die Faustformel $w = H - 1$ (in m/s) gelten.

Die Abluft ist bezüglich der Zugerscheinungen nicht so gefährlich wie die Zuluft, da sie den Öffnungen allseitig etwa wie durch eine Kugelfläche zuströmt. In kurzer Entfernung von der Abluftöffnung herrscht daher wegen der großen Fläche keine nennenswerte Strömungsgeschwindigkeit mehr. Deshalb können Abluftöffnungen auch unten im Raum in der Nähe des Aufenthaltsbereiches angeordnet werden. Zulässige Luftgeschwindigkeiten im freien Querschnitt von Abluftöffnungen sind in Tab. 2.4 angegeben.

Auf einige für die Planung zentraler Lüftungsanlagen wichtige Gesichtspunkte sei zusammenfassend im folgenden besonders hingewiesen. Nach Möglichkeit sollten Zu- und Abluftventilatoren eingesetzt werden, wobei der Abluftstrom zur Vermeidung von Zugerscheinungen etwa 10 bis 20 % kleiner als der Zuluftstrom gewählt werden kann. Als Zuluft muß Warmluft nicht unter 18 °C zugeführt werden. Bei Kühlung im Sommer oder bei starker Besetzung von Aufenthaltsräumen soll die Zulufttemperatur höchstens 2 bis 4 °C unter der Raumlufttemperatur liegen. Die Stelle der Außenluftansaugung muß geschützt vor Wind und irgendwelchen Verunreinigungen möglichst in der Nähe von Grünanlagen angeordnet werden. In unzugänglichen Luftkanälen sollten bestimmte Luftgeschwindigkeiten nicht unterschritten werden, um Staubablagerungen in den Luftwegen zu vermeiden. Falls mit einem hohen Feuchtigkeitsanfall zu rechnen ist, sind die Abluftsammelkanäle mit Gefälle zu verlegen und mit Entwässerungsmöglichkeiten zu versehen. Fortluftkanäle sind ins Freie zu führen und so anzuordnen, daß keine Gefahr des Wiederansaugens besteht oder andere vermeidbare Belästigungen auftreten können. Bauaufsichtliche Richtlinien für die Anordnung und Ausbildung von Luftschächten, Luftkanälen und Lüftungszentralen enthält die DIN 18610[312]. Besonders zu beachten sind noch die Forderungen über Sperrvorrichtungen in einzelnen Brandabschnitten (vgl. S. 220).

In vielen Fällen muß aus baulichen Gründen auf ein Kanalnetz verzichtet werden. Dann können *dezentrale Lüftungsanlagen* eingesetzt werden, die – in der Nähe der Außenwand eines Gebäudes angeordnet – Außenluft ansaugen, aufbereiten und dem zu lüftenden Raum zuführen. Eine solche Anlage, die als Ventilatorkonvektor bezeichnet wird, ist in Abb. 3.17 dargestellt. Bei dieser Anlage werden Umluft und Außenluft durch einen Ventilator über eine Wärmeaustauschfläche gesaugt. Über die Eignung dieses Anlagentyps insbesondere für die Lüftung in Schulen hat SCHUSTER[313] berichtet (vgl. hierzu auch die Ausführungen in Abschn. 3.23).

---

[312] DIN 18610: Luftschächte, Luftkanäle und Lüftungszentralen für Gebäude. Richtlinien für ihre Anordnung und Ausbildung. Entwurf Oktober 1959.

[313] SCHUSTER G. D.: Lüftungskonvektoren für die Heizung und Lüftung von Schulen. Klimatechnik 5 (1963), Nr. 12. S. 18–20.

2.24 Be- und Entfeuchtungsanlagen

Bei lufttechnischen Anlagen mit hohen Anforderungen genügt es nicht, nur die Temperatur zu regeln, sondern es muß auch die relative Luftfeuchtigkeit den Bedürfnissen entsprechend verändert und in einem bestimmten, gewünschten Bereich konstant gehalten werden können. Diese Forderung setzt das Vorhandensein einwandfrei funktionierender Einrichtungen zur Be- und Entfeuchtung voraus.

Befeuchtungsanlagen haben die Aufgabe, der Raumluft Feuchtigkeit zuzuführen und damit deren Wassergehalt zu erhöhen. Hierfür haben sich in der Praxis im wesentlichen zwei Verfahren eingeführt: der Zusatz von Dampf und die Wasserzerstäubung. Bei dem Dampfzusatz erfolgt die Zustandsänderung im Zustandsdiagramm feuchter Luft entlang einer Linie konstanter Temperatur (vgl. Abb. 1.5 und 1.6), während sich der Luftzustand bei der Wasserzerstäubung nahezu entlang einer Linie konstanter Enthalpie verändert (genau entlang einer Linie gleicher Kühlgrenztemperatur). Im letzteren Fall muß die Verdampfungswärme mit der Luft zugeführt werden. Die Luft kühlt sich also beim Durchgang durch den Wasserschleier unter gleichzeitiger Feuchtigkeitsaufnahme ab. Dieser Effekt der Abkühlung ohne Wärmezu- oder -abfuhr (adiabatische Kühlung) ist in vielen praktischen Fällen – insbesondere bei der Sommerklimatisierung – neben der Luftbefeuchtung sehr erwünscht. Aus diesem Grunde bestehen die meisten in der Klimatechnik eingesetzten Befeuchtungsanlagen aus sog. Luftwäschern, die – wie die Bezeichnung zum Ausdruck bringt – auch noch eine begrenzte Luftreinigung bewirken (bezügl. der Wirkungsweise dieser Luftwäscher und seiner Berechnung unter Berücksichtigung des Befeuchtungswirkungsgrades vgl. die Ausführungen in Abschn. 2.21, S. 154).

Die Luftbefeuchtung mit Dampfeinblasung hat Vorteile bei reinen Luftheizungs- oder Lüftungsanlagen, bei denen eine Kühlwirkung überflüssig oder unerwünscht ist. Der erforderliche Dampf kann dabei direkt aus der Dampfleitung einer Heizungsanlage entnommen oder in besonderen Anlagen erzeugt werden, deren Ausführung Rüb[314] ausführlich beschreibt. Bei der Entnahme des Dampfes aus der Heizungsanlage besteht allerdings die Gefahr, daß mit dem Dampf andere Verunreinigungen in die Luft gelangen und dadurch Geruchsbelästigungen auftreten.

Die *Entfeuchtung* der Luft spielt ebenfalls in der Raumluftkonditionierung eine große Rolle. Dabei haben sich die beiden Verfahren der Entnebelung und Entfeuchtung eingeführt, bei denen der absolute Feuchtigkeitsgehalt der Luft vermindert wird. Als Entnebelung wird die Besei-

---

[314] Rüb, F.: Einrichtungen für die Dampf-Luftbefeuchtung. Klimatechnik 8 (1966), Nr. 7, S. 3–8.

tigung bzw. Verhütung einer Schwadenbildung bezeichnet, während unter einer Entfeuchtung generell die Herabsetzung der Luftfeuchtigkeit ohne die Voraussetzung der Nebelbildung zu verstehen ist. Während bei der Entnebelung – auf die hier nicht näher eingegangen werden soll, da sie für die Klimatechnik von untergeordneter Bedeutung ist – möglichst trockene Warmluft in den Schwaden eingeblasen wird, kann die Entfeuchtung entweder durch Abkühlung der Luft unter den Taupunkt oder durch Aufsaugen der Feuchtigkeit mittels fester oder flüssiger Absorptionsstoffe bzw. durch Anlagerung an feste Adsorptionsstoffe erfolgen. Auf die Möglichkeit der Luftentfeuchtung durch Frischluftzufuhr mit geringerem Wassergehalt wurde bereits in Abschn. 2.13 hingewiesen. Dort wurden auch Verfahren zur Berechnung der verdunstenden Wassermenge und des erforderlichen Luftbedarfs angegeben.

Die in der Klimatechnik am häufigsten angewendete Art der Luftentfeuchtung ist das Ausfällen der Luftfeuchtigkeit unter Einsatz von Kältemaschinen. Infolge der Taupunktunterschreitung schlägt sich im Verdampfer oder Luftkühler Luftfeuchtigkeit in Form von Tauwasser oder Reif nieder, wodurch die hindurchgeleitete Luft getrocknet wird (vgl. die Darstellung in den Zustandsdiagrammen feuchter Luft, Abb. 1.5 und 1.6). Bemerkenswert ist, daß es zur Wasserausscheidung nicht erforderlich ist, die Luft bis zur Taupunkttemperatur abzukühlen. Wesentlich ist nur, daß die Temperatur der Kühleroberfläche unterhalb der Taupunkttemperatur der Luft liegt. Der aus dem Luftstrom $\dot{L}$ auszuscheidende Wasserstrom $\dot{W}$ ergibt sich aus der Feuchtebilanzrechnung

$$\dot{W} = \dot{L}\,(x_1 - x_2)\,, \tag{2.23}$$

und die für die Kühlung der Luft und Abführung des Wasserstromes $\dot{W}$ erforderliche Kühlleistung Φ_E aus der Beziehung

$$\Phi_E = \dot{L}\,(h_1 - h_2) + \dot{W}\,\Delta h_w\,. \tag{2.24}$$

Dabei ist Δh_w die zur Ausscheidung von 1 kg Wasserdampf im Kühler abzuführende Wärme.

Bei der Luftentfeuchtung durch Sorptionsstoffe, die NETZ[315] ausführlich diskutiert hat, wird die Luft mit Absorptions- oder Adsorptionsstoffen in Berührung gebracht, die die Eigenschaft haben, Wasserdampf aufzusaugen oder anzulagern. Solche Absorptionsmittel sind Flüssigkeiten mit der Fähigkeit, Wasserdampf aufzunehmen. Hierfür verwendet werden anorganische oder organische Flüssigkeiten und Lösungen, wie z.B. Schwefelsäure und wäßrige Lösungen der Kalzium- und Lithiumsalze (Lithiumchlorid, Lithiumbromid). Adsorptionsmittel sind feste,

---

[315] NETZ, H.: Luftentfeuchtungsanlagen. Heiz.-Lüft.-Haustechn. 12 (1961), Nr. 5, S. 139–141.

porige Stoffe mit großer innerer Oberfläche, wie Silica-Gel (Kiesel-Gel), Aluminiumhydroxyd und Zellulose. Adsorptiv oder absorptiv wirkende Trockenmittel werden in der Klimatechnik insbesondere bei der Entfeuchtung von Luft mit tiefer Temperatur eingesetzt. Entsprechende Anlagen, die mit einer Möglichkeit zur Regenerierung der verwendeten Substanzen versehen sein müssen, werden für praktisch alle vorkommenden Betriebsfälle hergestellt.

Sowohl für die Befeuchtung als auch für die Entfeuchtung der Raumluft wurden kleine, handliche, teils fahrbare Geräte entwickelt, die mit gutem Erfolg überall dort eingesetzt werden können, wo sich eine größere Anlage nicht lohnt oder die Be- bzw. Entfeuchtungseinrichtung nicht Bestandteil einer geplanten oder bereits vorhandenen Klimaanlage ist (vgl. [316]).

2.25 Wärmepumpe

Als Wärmepumpen werden Anlagen bezeichnet, die in der Lage sind, die bei Umgebungstemperatur anfallende – und deshalb technisch wertlose – Wärme durch Aufwendung mechanischer Energie auf ein höheres Temperaturniveau zu bringen und damit technisch verwertbar zu machen. Die Wärmepumpe ist deshalb zunächst als Sonderform einer Wärmeerzeugungsanlage anzusprechen. Ihre Arbeitsweise, die der einer Kältemaschinenanlage gleicht, und die Möglichkeit der Umschaltung von Heiz- auf Kühlbetrieb hebt die Wärmepumpe in ihrer Bedeutung für das gesamte Gebiet der Klimatechnik über die bekannten Wärmeerzeugungsanlagen hinaus.

Die Bauelemente einer Wärmepumpe sind die gleichen wie die einer Kältemaschinenanlage, nämlich Kompressor, Kondensator, Drosselventil und Verdampfer (vgl. S. 36 bis 42). Der einzige Unterschied in der Arbeitsweise beider Anlagen besteht darin, daß die Kältemaschinenanlage einem Raum durch Verdampfung des Kältemittels Wärme entzieht und damit die Temperatur des Raumes herabsetzt, während die Wärmepumpe einem Raum durch Kondensation des Wärmeträgers Wärme zuführt. Bei der in Abb. 2.20 dargestellten Arbeitsweise der Wärmepumpe saugt der Kompressor das dampfförmige Arbeitsmittel aus dem Verdampfer an und verdichtet es auf einen höheren Druck. In dem Kondensator wird der Dampf verflüssigt, wobei die Wärme an einen Wärmeträger, z. B. das Heizwasser einer Warmwasserheizung, abgegeben wird. Die zur Verdampfung des Arbeitsmittels erforderliche Wärme kann verschiedenen Quellen entnommen werden. Bei kleineren Anlagen genügt es sehr oft schon, den Verdampfer im Erdreich zu verlegen, das

---

[316] Be- und Entfeuchtung der Luft durch Einzelgeräte. Heiz.-Lüft.-Haustechn. 7 (1956), Nr. 6, Beilage S. IV.

zu allen Jahreszeiten über die zur Verdampfung des Arbeitsmittels erforderliche Wärme verfügt. Diese Wärme kann auch Flußwasser, Grundwasser oder der Umgebungsluft entzogen werden. Der wesentliche Vorteil der Wärmepumpe gegenüber anderen Heizungsarten besteht darin, daß bei dieser im Idealfall reversiblen Heizung aus 1 kWh elektrischer Energie nicht nur 860 kcal, sondern je nach den äußeren Bedingungen das Drei- bis Vierfache als Heizenergie gewonnen werden können, da man ja Wärme von tiefer Umgebungstemperatur auf die gewünschte hohe

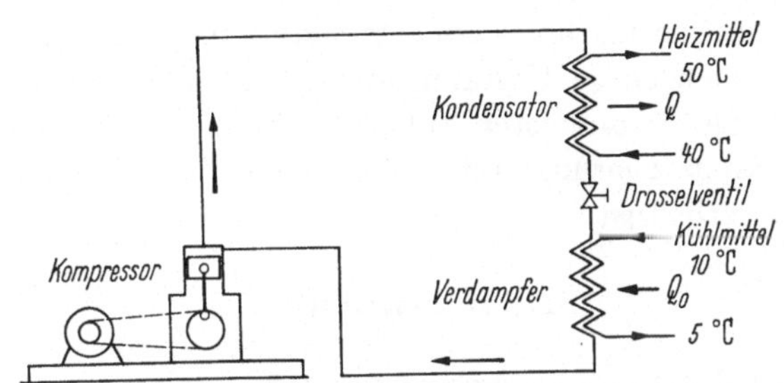

Abb. 2.20 Schematische Darstellung des Wärmepumpenprozesses.

Heiztemperatur zu heben vermag. Auf die zahlreichen Veröffentlichungen die sich in jüngster Zeit mit der Arbeitsweise und den Einsatzmöglichkeiten von Wärmepumpenanlagen auseinandersetzen, sei an dieser Stelle besonders verwiesen (vgl. hierzu die Arbeiten von BACH[317, 318], GYSIN[319], KUBLI[320], LIEDING[321], v. CUBE[322, 323] und den Bericht über eine Wärmepumpe zur Wohnhausbeheizung[324]).

Die Leistungsziffer ε, die bereits bei der Behandlung der Kältemaschinenanlagen (Abschn. 1.16) als charakteristische Größe auftrat, gibt das Verhältnis der erzielbaren Wärmeleistung zu dem Wärmeäquivalent der

---

[317] BACH, K.: Das Prinzip der Wärmepumpe. Der Kälte-Klima-Praktiker 5 (1965), Nr. 3, S. 44–49.

[318] BACH, K.: Sind Wärmepumpen wirtschaftlich? Kältetechnik 9 (1957), Nr. 8, S. 226–230.

[319] GYSIN, W.: Anwendungen der Wärmepumpe. Kältetechnik 9 (1957), Nr. 8, S. 230–232.

[320] KUBLI, H.: Heizungswärmepumpen. Kältetechnik 9 (1957), Nr. 8, S. 233 bis 237.

[321] LIEDING, F.: Neue Bauart einer kombinierten Kälte- und Wärmepumpen anlage. Kältetechnik 9 (1957), Nr. 8, S. 244–246.

[322] VON CUBE, H. L.: Stand der Anwendung von Wärmepumpen. Z. Allgemeine Wärmetechnik 5 (1954), S. 194.

[323] VON CUBE, H. L.: Ausnutzungsmöglichkeiten der Sonnenenergie durch Wärmepumpen. Kältetechnik 9 (1957), Nr. 8, S. 246–248.

[324] Wärmepumpe zur Wohnhausbeheizung. Klimatechnik 6 (1964), Nr. 8, S. 6 bis 8.

aufgewendeten Arbeit bei der Wärmepumpe an:

$$\varepsilon = \frac{\Phi}{A\,L}\,. \tag{2.25}$$

In der Praxis lassen sich effektive Leistungsziffern des Wärmepumpenprozesses zwischen 3 und 4 erreichen. Trotzdem lassen sich Wärmepumpen bislang meistens nur dort wirtschaftlich einsetzen, wo neben dem Wärmebedarf gleichzeitig ein Kühlbedarf vorliegt. Die Forderung nach gleichzeitiger Kühlung liegt in den höheren Anschaffungskosten einer Wärmepumpenanlage gegenüber einer normalen elektrischen Heizung begründet. Daneben ist die Wärmeerzeugung mit einer Wärmepumpenanlage ohne gleichzeitige Kühlung auch dann noch wirtschaftlich vertretbar, wenn die Stromkosten außergewöhnlich niedrig sind oder eine ganzjährige Klimatisierung mit Heizung im Winter und Kühlung im Sommer erforderlich ist.

2.3 Rohrleitungen

Als Verteileinrichtungen flüssiger und dampfförmiger Stoffe stellen Rohrleitungen wichtige Bestandteile klimatechnischer Anlagen dar. Die Rohrleitungen bewerkstelligen dabei den Transport der im wesentlichen als Wärmeträger dienenden Stoffe, die mit verschiedenen Drücken und unterschiedlichen Temperaturen in bestimmten Strömen den Wärme oder Kälteerzeugern und den entsprechenden Verbrauchern bzw. deren vor- und nachgeschalteten Aggregaten zugeleitet oder von ihnen abgeleitet werden. Das Rohrnetz einer klimatechnischen Anlage hat einen relativ hohen Anteil an der Wirtschaftlichkeit der Anlage. Das gilt sowohl für die Investitions- als auch für die Betriebskosten. Dem Planer eines solchen Rohrnetzes obliegt deshalb die nicht immer ganz leichte Aufgabe, zwischen niedrigen Investitions- und hohen Betriebskosten und umgekehrt die wirtschaftlichste Lösung auszuwählen, die gleichzeitig alle technischen Anforderungen und Sicherheitserfordernisse erfüllt.

Bei der Bemessung von Rohrleitungen muß im allgemeinen zunächst der Durchmesser unter Berücksichtigung des zulässigen Druckverlustes berechnet werden. In Fällen, wo die durchströmende Flüssigkeit ein Wärme- oder Kälteträger ist – was ja bei Rohrleitungen in Klimaanlagen fast immer zutrifft –, spielen bei der Bemessung der Rohrleitungen außer den Druckverlusten auch die Wärmeverluste eine große Rolle. In solchen Fällen sind deshalb bei der Ermittlung des wirtschaftlichsten Rohrdurchmessers die Wärmeverluste bei der Rohrströmung noch besonders zu beachten. Außerdem sind auch im Hinblick auf Temperatur und Druck des strömenden Mediums häufig besondere Anforderungen an eine Rohrleitung zu stellen. Daneben können für die Rohrleitung auch Festigkeitsberechnungen erforderlich werden.

2.31 Druckverlustberechnung und Rohrleitungsdimensionierung

Der Druckabfall, der infolge des in einer geraden Rohrleitung auftretenden Druckverlustes und durch Einzelwiderstände, wie Querschnittsänderungen, Krümmer, Abzweige und Absperrorgane, hervorgerufen wird, kann nach den in Abschn. 1.22 (S. 54 bis 59) angegebenen Verfahren berechnet werden. Diese Berechnungsverfahren stellen relativ einfache Möglichkeiten dar zur Ermittlung der Dimensionen von Rohrleitungssystemen, in denen Stoffströme zwischen verschiedenen Punkten des Systems transportiert werden. Auf die weitere Vereinfachung dieser Berechnungen durch Anwendung graphischer Verfahren wurde bereits hingewiesen.

Ein für den Klimatechniker sehr wichtiger Sonderfall der Rohrleitungsberechnung ist die Berechnung eines Rohrnetzes mit in bestimmten Abständen angeordneten Wärmeaustauschern, in denen der im Rohrnetz strömende Wärmeträger entweder Wärme abgibt (Heizvorgang) oder Wärme aufnimmt (Kühlvorgang). In der Heizungstechnik sind für diesen Anwendungsfall Berechnungsverfahren entwickelt worden, die jeweils die Besonderheiten des Betriebes (Schwerkraft- und Pumpenbetrieb) und der Rohrleitungsführung (Zweirohrsystem mit oberer oder unterer Verteilung, Einrohrsystem) berücksichtigen. Relativ hohe Anforderungen an die Rohrleitungsberechnung stellt dabei der – heute nur noch selten angewendete – *Schwerkraftbetrieb* von Heizungsanlagen. Hierbei beruht die den Wärmeträger in Umlauf haltende Kraft auf dem Gewichtsunterschied zwischen der kälteren und damit schwereren Wassersäule im Rücklauf und der wärmeren und damit leichteren Wassersäule im Vorlauf. Der hier wirksame Druck berechnet sich aus dem Höhenunterschied h zwischen Kessel- und Heizkörpermitte, der Dichte ϱ_v des Vorlaufwassers und der Dichte ϱ_r des Rücklaufwassers zu

$$p = h\,(\varrho_r - \varrho_v)\,. \tag{2.26}$$

Dieser wirksame Druck p steht dem strömenden Wärmeträger (Heizmedium) zur Überwindung aller Rohrleitungswiderstände zur Verfügung. Es sind dies die nach Gl. (1.53) zu berechnenden Reibungswiderstände $R \cdot l$ der geraden Rohrstrecken und die Einzelwiderstände aller Einbauteile, wie Rohrbogen, Ventile, Querschnittsverengungen, Abzweige, Heizkessel, Heizkörper usw., deren Druckabfall Z unter Berücksichtigung des Widerstandsbeiwertes ζ eines Einzelwiderstandes aus der Beziehung

$$Z = \zeta\,\frac{\varrho}{2}\,w^2 \tag{2.27}$$

ermittelt werden kann. Die Summe beider Widerstände muß beim Schwerkraftbetrieb im Stromkreis jedes Heizkörpers kleiner oder höchstens gleich dem wirksamen Druck p sein, damit eine Strömung des Wärmeträgers und damit ein Wärmetransport erfolgen kann:

$$p \geqq \sum (Rl) + \sum Z \, . \tag{2.28}$$

Nach einem von RAISS[325] angegebenen Verfahren wird die Rohrnetzberechnung einer Schwerkraftwarmwasserheizung im Zweirohrsystem in

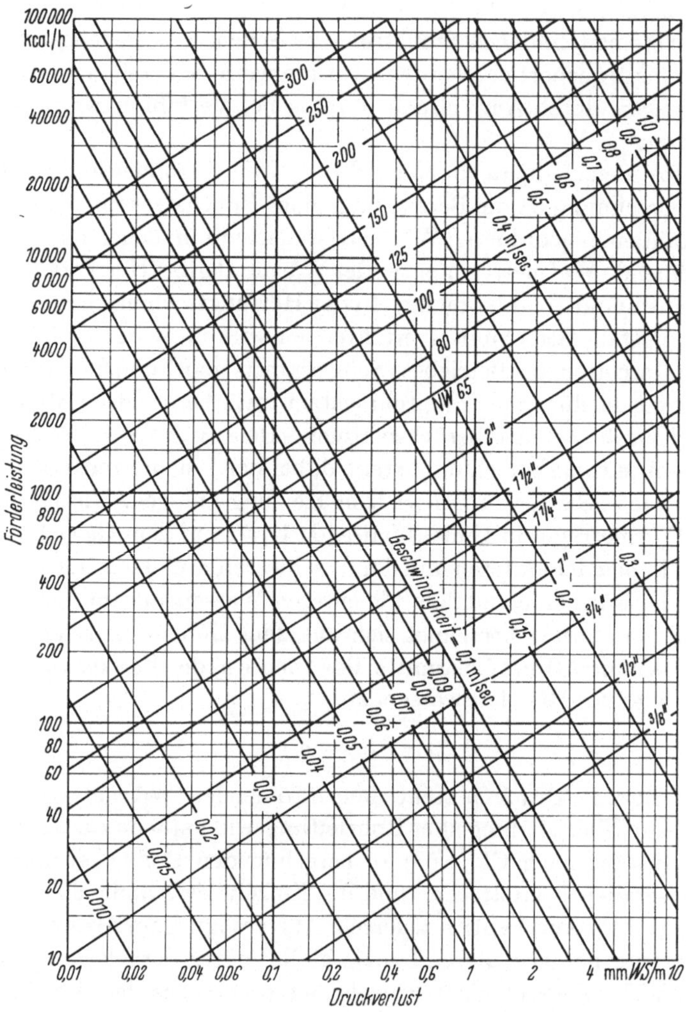

Abb. 2.21 Diagramm zur Ermittlung der Rohrdurchmesser von Stahlrohren bei Warmwasserschwerkraftheizungen (Temperaturspreizung zwischen Vor- und Rücklauf 1 °C).

---

[325] RIETSCHEL/RAISS: Lehrbuch der Heiz- und Lüftungstechnik, 14. Aufl., Berlin/Göttingen/Heidelberg: Springer 1963, S. 461–513.

eine vorläufige und eine endgültige Rechnung unterteilt. In der vorläufigen Rechnung wird zunächst der wirksame Druck für den ungünstigsten Stromkreis ermittelt. Das ist normalerweise der Stromkreis mit dem am niedrigsten über dem Kessel und am weitesten von diesem entfernt liegenden Heizkörper. Von dem hier verfügbaren wirksamen Druck werden zunächst etwa 33% für die in diesem Stromkreis eingebauten Einzelwiderstände abgezogen. Der verbleibende Betrag steht für die Rohrreibung zur Verfügung. Er ergibt, durch die Länge des Stromkreises dividiert, den in einem Meter Rohrlänge auftretenden Druckverlust R. Aus Arbeitsdiagrammen, die in der in Abb. 2.21 dargestellten Art aufgebaut sind, läßt sich dann unter Berücksichtigung des erforderlichen Heizmittelstromes bzw. der zu fördernden Wärmemenge ein vorläufiger Rohrdurchmesser entnehmen. In der gleichen Weise werden – unter Benutzung besonderer Vordrucke – die vorläufigen Rohrdurchmesser der anderen Stromkreise ermittelt.

Ausgehend von dem vorläufigen Durchmesser werden aus dem Arbeitsdiagramm Strömungsgeschwindigkeit und Druckverlust jeweils für eine Teilstrecke ermittelt. Durch Multiplikation des endgültigen Druckverlustes R mit der Länge l der Teilstrecke ergibt sich der Reibungswiderstand der betreffenden Teilstrecke. Die Summe der Reibungswiderstände $R \cdot l$ aller Teilstrecken des Heizkreises stellt den Anteil der Rohrreibungsverluste am gesamten Widerstand des Heizkreises dar. Außerdem werden anhand des Rohrplanes und des Strangschemas die Widerstandsbeiwerte ζ der Einzelwiderstände bestimmt. Die Summe aller ζ-Werte einer Teilstrecke ergibt in Abhängigkeit von der Strömungsgeschwindigkeit nach Gl. (2.27) die sog. Widerstandshöhe Z. Die Summe aller Widerstandshöhen eines Stromkreises macht den Anteil der Einzelwiderstände am gesamten Widerstand des Heizkreises aus. Dieser Gesamtwiderstand $\Sigma (R \cdot l) + \Sigma Z$ des Heizkreises wird mit dem wirksamen Druck p verglichen. Entspricht dieser Vergleich der Gl. (2.28), so können die Teilstrecken mit den ermittelten Rohrdurchmessern ausgeführt werden. Trifft das jedoch nicht zu, so muß für eine oder mehrere Teilstrecken – und zwar für solche mit den größten Widerstandsanteilen – ein größerer Durchmesser gewählt und mit diesem die endgültige Rechnung in der beschriebenen Weise erneut durchgeführt werden.

In Abb. 2.22 ist das Strangschema einer Heizungsanlage mit unterer Verteilung zur Erläuterung des angegebenen Berechnungsverfahrens dargestellt. H_1 ist der am ungünstigsten gelegene Heizkörper, für dessen Stromkreis die Berechnung zuerst durchgeführt werden muß. Der Stromkreis des Heizkörpers 1 ist in die Teilstrecken 1 bis 6 unterteilt, die Teilstrecken 1, 2, 5 bis 9 gehören zu dem Stromkreis des Heizkörpers 2 und die Teilstrecken 1, 6, 10 bis 12 zu dem Stromkreis des am günstigsten gelegenen Heizkörpers 3.

Die Wärmeverluste in den Rohrleitungen können eine mehr oder weniger große Veränderung des wirksamen Druckes bewirken. Und zwar tritt bei Heizungsanlagen mit oberer Verteilung durch die Abkühlung des Heizwassers eine wesentliche Erhöhung der Umtriebskräfte ein, die in der vorläufigen Rechnung durch einen Zuschlag zum wirksamen Druck und zu den Heizflächen berücksichtigt wird. Bei der endgültigen Rechnung müssen die Abkühlung in den einzelnen Teilstrecken, die entspre-

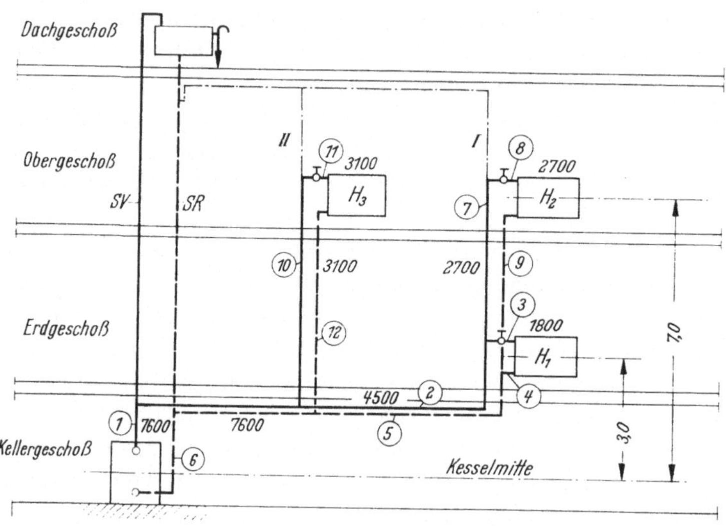

Abb. 2.22 Strangschema einer Warmwasserheizungsanlage mit Einteilung in Teilstrecken und Eintragung der entsprechenden Wärmeströme nach [326].

chenden Teildrücke und der endgültige wirksame Druck in jedem Stromkreis ermittelt werden. Die Druckverluste in den Stromkreisen müssen den wirksamen Drücken wieder annähernd gleich sein. Bei Anlagen mit unterer Verteilung ist die durch den Wärmeverlust der Rohrleitung bedingte Veränderung der Drücke gering und deshalb meistens vernachlässigbar.

Bei *Pumpenheizungen* stehen zur Überwindung der Rohrleitungswiderstände der Pumpendruck p_p und der Auftriebsdruck p_s zur Verfügung, wobei die Größe des Auftriebsdruckes gegenüber der des Pumpendruckes – insbesondere bei niedrigen Gebäuden – meist zu vernachlässigen ist. Der wirksame Druck ist hierbei

$$p = p_p + p_s. \qquad (2.29)$$

Hinsichtlich der Abhängigkeit der in den Rohrleitungen auftretenden Widerstände vom wirksamen Druck gilt auch hier die Gl. (2.28). Dabei

---

[326] RIETSCHEL/RAISS: Lehrbuch der Heiz- und Lüftungstechnik, 14. Aufl., Berlin/Göttingen/Heidelberg: Springer 1963, S. 477.

ist zu berücksichtigen, daß mit einer Verkleinerung der Rohrabmessungen der erforderliche Pumpendruck wächst. Geringere Investitionskosten bei den Rohrleitungen und geringere Wärmeverluste bedingen somit höhere Betriebskosten. Die wirtschaftlich günstigste Lösung liegt bei Heizungsanlagen bei Wassergeschwindigkeiten zwischen 0,5 und 1,5 m/s (bei Fernleitungen etwa 3 m/s). Unter normalen Verhältnissen ist also in Hauptverteilleitungen mit einem Druckverlust von 10 bis 15 mm WS/m zu rechnen. Größere Wassergeschwindigkeiten können auch störende Geräusche verursachen.

Bei *Dampfheizungen* ist der verfügbare Druck durch den Betriebsdruck der Kesselanlage gegeben, der je nach Ausdehnung der Heizungsanlage gewöhnlich etwa 0,05 bis 0,2 atü beträgt. Der am Kessel herrschende Druck soll bei Eintritt des Dampfes in die Heizkörper so weit abgesenkt sein, daß sich jeder angeschlossene Heizkörper bei voll geöffnetem Ventil noch mit Dampf füllt, ohne daß Dampf in die Kondensatrücklaufleitungen eintritt. Ein Druck von etwa 100 bis 200 mm WS vor den Heizkörperventilen erfüllt diese Forderung. Für die Dimensionierung der einzelnen Teilstrecken des Rohrnetzes gilt für jeden Heizkörperstromkreis die Gl. (2.28) unter Berücksichtigung des Dampfbetriebes, wobei der wirksame Druck p gleich der Differenz zwischen dem Betriebsdruck des Kessels und dem Dampfdruck vor den Heizkörperventilen zu setzen ist.

Die Kondensatleitungen müssen so bemessen sein, daß sie bei Inbetriebnahme der Anlage eine möglichst rasche Entlüftung der Dampfleitungen ermöglichen und die während des Betriebes anfallenden Kondensatströme ohne Stau dem Dampferzeuger wieder zuleiten können. Die rechnerische Ermittlung dieser Vorgänge zur Festlegung der Leitungs-

Tabelle 2.5 *Durchmesser der Kondensatleitung von Niederdruckdampfheizungen nach* RIETSCHEL *(Angabe in 1000 kcal/h der für die Kondensatbildung dem Dampf entzogenen Wärme)*

Durch-messer d NW	Hochliegende Leitungen		Tiefliegende Leitungen		
			waagerecht oder senkrecht		
	waagerecht	senkrecht	$l \leq 50$ m	$l = 50 \cdots 100$ m	$l > 100$ m
15	4	6	28	18	8
20	15	22	70	45	25
25	28	42	125	80	40
32	68	100	270	175	85
40	104	155	375	250	115
50	215	320	650	440	215
60	425	635	1250	850	425
65	500	750	1500	1050	500
80	750	1120	2250	1500	750
100	1250	1850	3500	2400	1250

querschnitte ist äußerst schwierig. Kondensatleitungen werden deshalb nach den von RIETSCHEL angegebenen, in Tab. 2.5 zusammengestellten Erfahrungswerten dimensioniert.

2.32 Wärmeverluste und Rohrleitungsisolierung

In der Klimatechnik dienen die Stoffströme in Rohrleitungen in den weitaus meisten Anwendungsfällen als Wärmeträger. Zwischen der Temperatur des in einer Rohrleitung strömenden Stoffes und der Umgebungstemperatur sind deshalb mehr oder weniger große Unterschiede vorhanden. Durch den natürlichen Wärmeaustausch zwischen Körpern verschiedener Temperatur ergeben sich dadurch Energieverluste, die so niedrig wie möglich gehalten werden sollten.

Grundlage für die *Berechnung der Wärmeverluste* bei der Strömung in Rohrleitungen sind die allgemeinen Gesetze der Wärmeübertragung, auf die in Abschn. 1.17 (S. 42 bis 48) eingegangen wurde. Dort sind auch die für den Wärmedurchgang durch nichtisolierte und isolierte Rohrwandungen wichtigen Beziehungen zusammenfassend dargestellt. Die Betrachtungen sollen sich deshalb an dieser Stelle auf die für die Ausführung einer Rohrleitungsisolierung notwendigen Ermittlungen beschränken.

Für zalreiche Rohrdurchmesser und Isolierstärken wurden die Ergebnisse der Wärmeverlustberechnungen bereits tabellarisch oder in Nomogrammform zusammengestellt, wodurch die Auswahl der geeigneten Isolierstärke wesentlich erleichtert wird. So gibt POHLMANN[327] eine Zahlentafel, in der die bei isolierten Rohrleitungen je Meter Rohrlänge und 1 °C Temperaturdifferenz stündlich durchgehenden Wärmeströme mit einer für die Praxis ausreichenden Genauigkeit dargestellt sind. Ausführliche Wärmeverlusttafeln für Rohrleitungen werden in einem Tabellenbuch der Firma Grünzweig und Hartmann[328] veröffentlicht (vgl. Tab. 2.6). Diese Veröffentlichung enthält außerdem die Vergrößerung der Wärmeverluste von Rohrleitungen durch Windanfall und die Bestimmung der Übertemperatur von Rohren. Umfangreiche tabellarische Zusammenstellungen der Ergebnisse von Wärmeverlustberechnungen enthalten die VDI-Richtlinien 2055[329]. Im Buderus-Lollar-Handbuch[330] sind die Wärmeverluste unisolierter und isolierter Rohrleitungen in Diagrammen bzw. Nomogrammen dargestellt.

---

[327] POHLMANN, W.: Taschenbuch für Kältetechniker, 14. Aufl., Karlsruhe: C. F. Müller 1961, S. 524.

[328] Wärmetechnische Isolierung und Schallschutz, 21. Aufl. 1968. Herausgegeben von der Grünzweig u. Hartmann AG, Ludwigshafen: 1963.

[329] VDI-Richtlinien 2055: Wärme- und Kälteschutz. Berechnungen, Garantien, Meßverfahren und Lieferbedingungen für Wärme- und Kälte-Isolierungen, Düsseldorf: VDI-Verlag, Dezember 1958.

[330] Buderus-Lollar-Handbuch. Herausgegeben von den Buderusschen Eisenwerken Wetzlar. 31. Ausgabe 1965, S. 461–462.

Tabelle 2.6 *Wärmeverluste unisolierter Rohrleitungen (aus* [318]*)*

| Luftzustand | Rohrdurch-messer in mm | Stündlicher Wärmeverlust in kcal/lfdm h | | | | |
| | | Temperaturdifferenz zwischen Wandung und Luft | | | | |
		50 °C	100 °C	200 °C	300 °C	400 °C
Ruhende Luft	50/57	95	235	660	1340	2375
	100/108	175	430	1215	2470	4400
	150/159	250	620	1750	3600	6400
	200/216	335	830	2345	4825	8650
	300/318	485	1195	3410	7000	12600
	400/420	630	1560	4470	9200	16600
	500/520	770	1910	5470	11300	20400
5 m/s Wind-anfall	50/57	370	745	1570	2570	3800
	100/108	600	1225	2620	4350	6550
	150/159	815	1660	3580	6000	9200
	200/216	1030	2100	4570	7700	11900
	300/318	1390	2860	6300	10800	16800
	400/420	1730	3550	7900	13600	21400
	500/520	2070	4220	9450	16300	25900

Für die *Festlegung der Isolierstärke* sind betriebliche und wirtschaftliche Forderungen maßgebend. Betriebliche Forderungen können sein: Einhaltung eines bestimmten Temperaturabfalles des Wärmeträgers in der Rohrleitung, Berührungsschutz der Leitung, Vermeidung von Schwitzwasserbildung auf einer Kälteisolierung. Die Isolierdicke ist zunächst nach den betrieblichen Forderungen auszulegen. Dann ist zu prüfen, ob sich nach wirtschaftlichen Gesichtspunkten größere Isolierstärken ergeben. Dabei gibt es für die Dicke einer Isolierung eine wirtschaftliche Grenze, oberhalb der der Mehrpreis der Isolierung durch die Vermeidung von Wärmeverlusten nicht mehr aufgewogen wird. Zur Ermittlung dieser wirtschaftlichen Isolierstärken bei Rohren hat BÄCKSTRÖM[331] umfangreiche Berechnungen angestellt. Auch von CAMMERER[332] und GRIGULL[333-335] wurde in einigen Veröffentlichungen das Problem der Ermittlung der notwendigen Isolierstärken an Rohrleitungen ausführlich und unter verschiedenen Gesichtspunkten behandelt. Die VDI-Richtlinien 2055 enthalten ebenfalls eine Anleitung zur Ermittlung der wirtschaftlichen Isolierdicke für Wärme- und Kälteisolierungen.

---

[331] BÄCKSTRÖM-EMBLICK: Kältetechnik, 3. Aufl., Karlsruhe: G. Braun 1965.

[332] CAMMERER, J. S.: Der Wärme- und Kälteschutz in der Industrie, 4. Aufl., Berlin/Göttingen/Heidelberg: Springer 1962.

[333] GRIGULL, U.: Die Ermittlung der wirtschaftlichen Isolierdicke. Brennst.-Wärme-Kraft 2 (1950) S. 125.

[334] GRIGULL, U.: Wärmeverluste isolierter Rohrleitungen. Brennst.-Wärme-Kraft 3 (1951) S. 253–258.

[335] Wärmeverluste isolierter Rohrleitungen. Arbeitsblätter 15–18 der Zeitschr. Brennst.-Wärme-Kraft, Aug./Sept. 1951.

Für die Ermittlung der Isolierdicke bei Rohrleitungen in der Klimatechnik sind gegenüber den angegebenen Berechnungsverfahren vereinfachende Annahmen zulässig. Damit kommt man zu einem Näherungs-
verfahren, bei dem sich die wirtschaftliche Isolierdicke von dem Rohrdurchmesser und einer Größe R darstellen läßt. R stellt das Produkt aus
den wichtigsten betrieblichen Einflußgrößen dar, wie Wärmepreis P in
DM/Gcal, Temperaturdifferenz Δt zwischen der Temperatur des Wärmeträgers und der Temperatur der Umgebungsluft, der Jahresbenutzungs-
dauer z in Stunden. Dabei ist

$$R = P\,\Delta t\,z\,10^{-8}\,. \tag{2.30}$$

Den Zusammenhang zwischen der wirtschaftlichen Isolierdicke, dem
Rohrdurchmesser und der Größe R für Mineralwolleisolierungen und

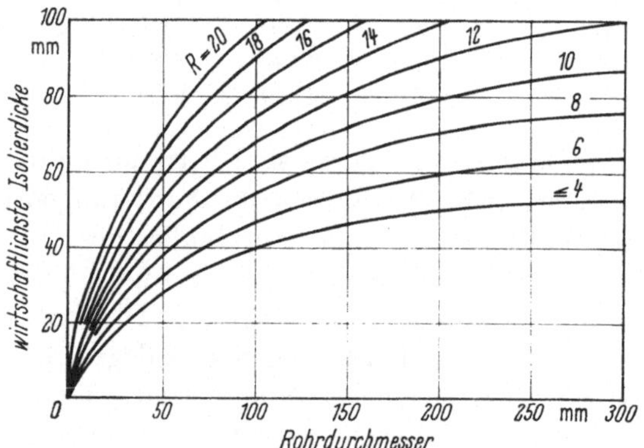

Abb. 2.23 Diagramm zur vereinfachten Ermittlung der wirtschaftlichen Isolierdicke.

Isoliermaterialien mit etwa gleicher Wärmeleitzahl ist in Abb. 2.23 dargestellt. Dabei ist der Kapitaldienst für Abschreibungen und Zinsen
für die Isolierung mit 20% berücksichtigt. Bei unterbrochenem Betrieb
der Anlage muß der Einfluß der Speicherung auf die Wärmeverluste ab-
geschätzt und bei der Festlegung der Betriebsstundenzahl z berücksichtigt werden. Bei Dampfleitungen kann mit der tatsächlichen Betriebs-
zeit gerechnet werden, da im Heizmittel keine größeren Wärmen gespei-
chert sind und die Wärmeverluste nach Stillsetzen der Anlage praktisch
durch die geringe Wärmeabgabe während des Anwärmens ausgeglichen
werden.

CAMMERER hat in seinem Buch der Schwitzwasserbildung an Rohren
besondere Beachtung geschenkt. Die Vermeidung von Schwitzwasserbildung an Isolierungen ist wichtig, da die Feuchtigkeit die Wärmeleitfähigkeit der Isolierung erhöht. Somit sollte die Temperatur der Ober-

fläche höchstens dem Taupunkt der Luft gleichkommen. Der Ermittlung der notwendigen Isolierstärke zur Vermeidung von Schwitzwasserbildung an kalten Oberflächen dient das Arbeitsblatt[336]. Tab. 2.7 enthält Richtwerte für die erforderliche Isolierstärke zur Vermeidung von Schwitzwasserbildung bei verschiedenen Rohrdurchmessern, Temperaturdiffe-

Tabelle 2.7 *Erforderliche Isolierstärke zur Vermeidung von Schwitzwasserbildung bei Korkschalen* (aus POHLMANN[327])

Äußerer Rohr- ⌀ mm	Temperatur-differenz °C	Erforderliche Isolierstärke in mm bei Luft von 20°C und relativer Feuchtigkeit in % von			
		70	80	85	90
38	20	15	25	45	55
	40	25	35	55	90
	60	40	50	75	125
	80	60	75	100	160
57	20	15	25	45	60
	40	30	40	65	90
	60	45	60	85	130
	80	65	80	110	170
108	20	20	30	50	70
	40	35	45	65	110
	60	55	70	95	150
	80	75	90	120	185
159	20	20	35	60	80
	40	35	55	80	115
	60	55	80	115	150
	80	75	105	140	200
267	20	20	35	60	80
	40	40	60	85	120
	60	60	85	115	170
	80	80	120	170	230

renzen und relativen Luftfeuchtigkeiten. Oft kann allerdings bei hohen Luftfeuchtigkeiten eine Tauwasserbildung nicht verhindert werden, weil weder eine Klimatisierung der Raumluft noch eine Beheizung der gefährdeten Oberfläche in Frage kommt und auch eine genügend dicke Kälteisolierung aus Wirtschaftlichkeits- oder Platzgründen nicht angebracht werden kann. In solchen Fällen muß zumindest die Stärke der zu erwartenden Tauwasserbildung bekannt sein, um die Oberfläche wirksam schützen und die entstehende Flüssigkeit ableiten zu können. Hierzu

---

[336] CAMMERER, J. S.: Ermittlung der notwendigen Isolierstärke zur Vermeidung von Schwitzwasserbildung. DKV-Arbeitsblatt 2-04. Karlsruhe: C. F. Müller 1951.

kann die Bestimmung der Tauwasserbildung nach einem Arbeitsblatt[337] durchgeführt werden.

Die *Isoliermaterialien*, die als Wärmeschutzstoff zu verwenden sind, sollten im Idealfall folgende Eigenschaften haben: niedrige Wärmeleitfähigkeit, geringes spezifisches Gewicht, geringe Wasseraufnahme, gute Verarbeitungsfähigkeit, ausreichende Festigkeit, Luftundurchlässigkeit und Unbrennbarkeit. Nicht bei allen der in der Praxis verwendeten Isoliermaterialien sind in gleichem Maße diese Eigenschaften verwirklicht. Deshalb muß beim Entwurf von Fall zu Fall aus den zur Verfügung stehenden Materialien eine Auswahl getroffen werden, die sich in erster Linie danach richten wird, wieweit die angestrebten Eigenschaften erfüllt werden.

Als Isoliermaterialien kommen feinpulverige oder feinfaserige, leichte Stoffe mit viel Luftzwischenraum in Frage. Während früher als Wärmeisoliermassen in erster Linie Mineralwolle, Kork und Korkprodukte (Expansit, Korkstein) verwendet wurden, haben in den letzten 20 Jahren chemisch hergestellte Schaumstoffe (Iporka, Styropor, Moltopren) immer größere Bedeutung erlangt. Alle diese Isoliermassen werden bei der Rohrisolierung vielfach als geformte Elemente, wie Schalen, Platten, Zöpfe usw. angewendet. Aluminiumfolien, die durch ihr hohes Reflexionsvermögen den Wärmeaustausch durch Strahlung weitgehend verhindern, können zur Rohrisolierung in einer Dicke von 0,01 bis 0,05 mm in kon-

Tabelle 2.8 *Wärmeleitzahlen von Isolierstoffen*

Materialien	Temperatur °C	λ kcal/m h °C
Aluminiumfolien:		
„Alfol“-Planverfahren, 10 mm Folienabstand	− 10	0,0236
„Alfol“-Knitterverfahren	− 10	0,032
Glasfaser, lose	0	0,028–0,027
	100	0,043–0,041
Iporka	0	0,027
	50	0,037
	100	0,047
Kork, roh		0,14–0,26
Korkschalen		0,045
Korksteinplatten, imprägniert	0	0,035–0,038
	50	0,041–0,045
Seidenzöpfe	0	0,039
Styropor	0	0,029
	20	0,031
	60	0,039

---

[337] CAMMERER, J. S.: Bestimmung der Tauwasserbildung an Rohren und Wänden. DKV-Arbeitsblatt 2-25. Karlsruhe: C. F. Müller 1958.

zentrischen Schichten von 1 bis 2,5 cm Abstand unter Verwendung von Abstandhaltern angeordnet werden. In Tab. 2.8 sind Wärmeleitzahlen verschiedener Isoliermaterialien, die für Rohrleitungsisolierungen in Frage kommen, zusammengestellt.

Isolierungsarbeiten an Rohrleitungen sind in hohem Maße lohnintensiv. Die Kosten für eine Rohrleitungsisolierung lassen sich also nur durch Verminderung der Montagezeit senken. Erzeugnisse wie die im folgenden beschriebenen sollen einer Vereinfachung der Isolierungsmontage bei Rohrleitungen gegenüber herkömmlichen Verfahren dienen. So werden Halbschalen aus Polystyrol-Hartschaum angeboten, die an Längsnaht und Stirnseite mit einem Falz versehen sind. Sorgfältig verarbeitet soll dieser Falz eine fugenversetzte zweilagige Isolierung ersetzen. Wärmeisolierte Kupferrohre sind mit einem Kunststoffstegmantel aus Polyvinylchlorid (Abb. 2.24, oben) oder – bei Durchmessern über 22 mm – mit einer von einem PVC-Schutzmantel umgebenen Schaumstoffisolierung (Abb. 2.24, unten) versehen. Abb. 2.25 stellt ebenfalls eine Schaumstoffisolierung mit Kunststoffmantel dar, der durch einen Gleitverschluß rasch zu verschließen ist. Das verwendete Isoliermaterial ist bis zu einer oberen Temperaturgrenze von 120 °C für die Rohrleitungsisolierung geeignet.

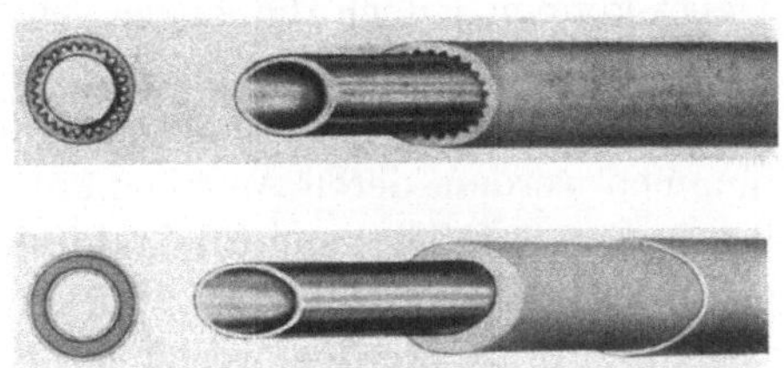

Abb. 2.24 Wärmeisoliertes Kupferrohr (WICU-Rohr) mit PVC-Stegmantel (oben) und mit Schaumstoffisolierung (unten).

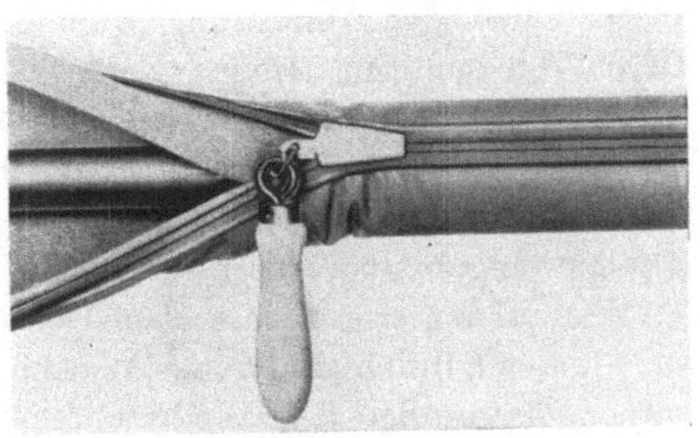

Abb. 2.25 Schaumstoffisolierung mit Kunststoffmantel (Isomat).

2.33 Rohrwerkstoffe und -bauarten

Von den Aufgaben der in klimatechnischen Anlagen eingebauten Rohrleitungen steht der Transport flüssiger und dampfförmiger Wärmeträger im Vordergrund. Da in den weitaus meisten Fällen Wasser als Wärmeträger verwendet wird, soll sich hier die Betrachtung auf Leitungen beschränken, die Wasser in flüssigem und dampfförmigem Zustand und bei allen möglichen Temperaturen führen. Die gebräuchlichsten Materialien hierfür sind Stahl und Kupfer.

Die in der Klimatechnik üblichen Drücke und Temperaturen lassen die Verwendung von Stahlrohren in gewöhnlicher Handelsgüte zu, über deren technische Lieferbedingungen die DIN 1629 unterrichtet. Hierzu gehören die Gewinderohre nach DIN 2439 bis 2442 in geschweißter und nahtloser Ausführung und nahtlose Stahlrohre (Siederohre) nach DIN 2448. Betriebsdruck und -temperatur bestimmen die Wahl des zu verwendenden Rohres. Dabei können überwiegend Gewinderohre nach DIN 2439 und DIN 2440 in den kleineren Dimensionen und handelsüblichen Rohre nach DIN 2448 mit normaler Wandstärke in den größeren Dimensionen verwendet werden. Nur bei sehr hohen Drücken müssen Rohre mit Gütevorschriften und stärkeren Wandungen gewählt werden. Dabei können jedoch die zu verwendenden Wanddicken zu den Rohrdurchmessern und Nenndrücken den einschlägigen Normblättern (z. B. DIN 2442 Gewinderohre mit Gütevorschrift, Nenndruck 1 bis 100) entnommen werden, deren Angaben auf Erfahrungswerten beruhen. Lediglich in Sonderfällen kann für Stahlrohre die Berechnung der Wanddicke gegen Innendruck nach DIN 2413 durchgeführt werden.

Kupferrohre werden wegen ihrer Korrosionsbeständigkeit, leichten Verlegbarkeit und der geringen Rohrreibungsverluste bevorzugt angewendet. Nachteilig ist der höhere Materialpreis gegenüber Stahl. Bei kleineren Abmessungen (etwa unter NW 25) wird sehr oft allerdings der höhere Materialpreis durch Lohneinsparungen beim Verlegen der Rohre ausgeglichen. Die Abmessungen der Kupferrohre sind in DIN 1754 und DIN 1786 genormt. Gegen gleichzeitige Verwendung von Stahl und Kupfer in Installationsanlagen bestehen keine Bedenken, sofern die Alkalität des Wassers gering ist ($p < 9{,}0$), bzw. die verschiedenen Materialien in der der Spannungsreihe entsprechenden Anordnung (Stahl vor Kupfer) eingebaut werden.

Wie auf anderen technischen Gebieten haben in den letzten Jahren auch in der Klimatechnik verschiedene Arten von Kunststoffen als Rohrleitungsmaterialien Eingang gefunden. Hier haben sich besonders Polyvinylchlorid (PVC) und Polyäthylen durchgesetzt. Geringes spezifisches Gewicht, glatte Oberflächen im Rohrinnern, dadurch geringer Druckabfall und einfache und billige Montage sind neben ihrer chemischen Beständigkeit einige der besonderen Vorzüge, die die Kunststoffrohre auch für den Klimatechniker interessant machen. Als nachteilig ist zu erwähnen, daß die genannten Kunststoffe nur in einem begrenzten Temperaturbereich angewendet werden können und daß ihre Belastbarkeit durch Druck wesentlich geringer als die von Metallen ist. Einen Preisvergleich für Rohrleitungen aus verschiedenen Werkstoffen gibt Tab. 2.9.

In diesem Zusammenhang ist zu erwähnen, daß auf dem europäischen Markt neuerdings ein mit Glasseidengewebe verstärktes Rohr (Glasfaser-Epoxydharz-Rohr) zu erhalten ist, das in den USA entwickelt wurde und sich dort schon seit einigen Jahren bewährt hat[338]. Besonders bemerkenswert an diesem Rohrmaterial erscheint die hohe Festigkeit (Berstdruck 300 atm, Temperaturdauerbeständigkeit zwischen -55 und $+150\,^\circ$C) und der extrem niedrige Reibungswiderstand. Der Ausdehnungskoeffizient soll dem des Stahls entsprechen, und die Isolierwirkung wird also so gut bezeichnet, daß eine zusätzliche Wärmedämmung in vielen Fällen entbehrlich ist.

Tabelle 2.9 *Rohrpreise*

Material	Spez. Gewicht kg/dm³	USA-Preise DM/m		
		¹/₂ Zoll	1¹/₂ Zoll	2 Zoll
Grauguß	7,9	1,20	1,47	4,62
korrosionsbeständiger Stahl	8,1	17,60	42,83	52,05
Kupfer	8,9	3,71	12,59	18,43
Aluminium	2,7	2,53	6,36	7,84
Polyäthylen	0,92	1,93	6,43	8,26
PVC, hart	1,3	2,05	6,50	9,50

Die in klimatechnischen Anlagen verlegten Rohre erfahren durch Erwärmung und Abkühlung *Längenänderungen*, die bei der Anlage des Rohrnetzes zu beachten und für deren Ausgleich unter Umständen besondere Vorkehrungen zu treffen sind. Die Wärmeausdehnung beträgt bei einer Erwärmung um $100\,^\circ$C bei Stahlrohren $1,2$ mm/m, bei Kupferrohren $1,7$ mm/m. Diese Rohrdehnungen müssen ungehindert erfolgen können, ohne Schäden am Bauwerk oder an der Anlage hervorzurufen. Die in jedem Rohrnetz vorhandenen Richtungsänderungen (Rohrbögen) nehmen diese Dehnungen ohne weiteres auf. Besondere Maßnahmen werden nur bei langen geraden Strecken erforderlich, wobei als kritische Länge für Stahlrohre in Heizungsanlagen ein Wert von etwa 15 bis 20 m angenommen werden kann. Bei größeren Längen müssen Dehnungsausgleicher als Lyrabögen, U-Bogen-Ausgleicher oder Axialkompensatoren (Wellrohrausgleicher) eingebaut werden. Lyrabögen und U-Bogen-Ausgleicher haben gegenüber den Axialkompensatoren den Vorteil der größeren Betriebssicherheit, ihr großer Platzbedarf kann allerdings nachteilig sein.

Die *Rohrbefestigungen* mussen so angebracht werden, daß sie eine ungehinderte Bewegung der Rohre zulassen. Nur an wenigen Punkten des Rohrnetzes, und zwar im Normalfall in der Mitte zwischen zwei Ausdehnungsstellen, ist eine Festlegung des Rohres in sogenannten Festpunktkonstruktionen erforderlich.

---

[338] Kältetechnik 15 (1963) S. 32.

2.34 Rohrverbindungen

Der Zusammenbau von Rohrleitungsteilen kann durch Flansch-, Schraub-, Schweiß- oder Lötverbindungen erfolgen. Flansche werden als lösbare und Schweißungen als unlösbare Rohrverbindungen vorwiegend bei Stahlrohrleitungen und bei größeren Rohrdimensionen angewendet, während Schraub- und Lötverbindungen in der Hauptsache bei Kupferrohren und bei kleineren Rohrabmessungen vertreten sind.

Die Frage nach der am besten geeigneten Verbindungsart muß unter weitgehender Berücksichtigung von sicherheitstechnischen und wirtschaftlichen Gesichtspunkten beantwortet werden. In erster Linie ist dabei für Rohrleitungen in klimatechnischen Anlagen die Forderung nach absoluter Dichtheit zu stellen. Fachmännisch ausgeführte Schweißverbindungen sind in dieser Hinsicht auf jeden Fall zu befürworten. Außerdem sind Flansch- und Schraubverbindungen in der Regel teurer als unlösbare Verbindungen. Lösbare Rohrverbindungen sollten aber trotz des höheren Preises immer dort angewendet werden, wo von Zeit zu Zeit mit einem Auseinanderbau zu rechnen ist.

Schweißverbindungen können als preiswerte und zuverlässige Rohrverbindungen angesehen werden, sofern sie fachgerecht ausgeführt sind. Hierzu gehört das sachgemäße Vorrichten der Rundnaht, die zwei Rohrenden verbindet, und die Festlegung der geeigneten Schweißfugenform. Für unlegierte und niedriglegierte Stähle sind die Schweißfugenformen in DIN 2559 enthalten. Die in der Klimatechnik verwendeten Rohrstähle werden sowohl autogen als auch elektrisch geschweißt. Auf die Möglichkeit der rückseitigen Verzunderungen der Schweißnähte durch die Reaktion des Sauerstoffs der Innenluft mit den Wurzelschmelzen wird besonders hingewiesen. Schweißnähte mit starker Wurzeloxydation können in bestimmten Anwendungsfällen in der Klimatechnik unerwünscht sein, da die Gefahr besteht, daß Zunderteilchen von dem durchströmenden Medium abgelöst werden, sich in engen Leitungsquerschnitten oder Regelorganen festsetzen und dort zu erheblichen Betriebsstörungen führen. Die Nahtwurzeloxydation läßt sich durch Bestreichen der Schweißnahtrückseiten mit Flußmittelpasten, durch Abdecken der Nahtrückseiten oder durch Anwendung eines geeigneten Schutzgases (Argon, Stickstoff, Wasserstoff) vermeiden.

Lötverbindungen sind den Schraubverbindungen insbesondere deshalb überlegen, weil sie eine dauerhafte Dichtigkeit gewährleisten, sofern Lötfittings in Verbindung mit einem geeigneten Lot und Flußmittel angewendet werden. Es können Lötfittings aus Kupfer, Rotguß oder Messing (genormt in DIN 8931 bis 8937) verwendet werden. Bei einer Lötverbindung handelt es sich stets um eine überlappte Verbindung, bei der das Lot durch die Kapillarwirkung zwischen den beiden Überlappungen in den Spalt der Lötstelle gesaugt wird. Dieser Kapillarspalt soll möglichst eng und gleichmäßig sein. Entsprechend der Schmelztemperatur des verwendeten Lotes wird Weich- und Hartlöten unterschieden. Weichlöten erfordert eine geringe Anwärmzeit und niedrige Flammentemperatur. Das Werkstück verzundert auch ohne Verwendung von Schutzgas nicht. Außerdem sind Weichlote – im wesentlichen Zinnlote – billiger als die für Hartlötungen verwendeten Silberlote. Die Arbeitstemperatur für die Ausführung von Hartlötungen liegt zwischen 600 und 720 °C. Bei diesen Temperaturen besteht ebenfalls – wie beim Schweißen – die Gefahr der Verzunderung. Auf die bei der Verarbeitung von Lötfittings in Kälte- und Klimaanlagen zu beachtenden Gesichtspunkte hat URF[339] besonders hingewiesen.

Flanschverbindungen werden in der Hauptsache dort eingesetzt, wo zu erwarten ist, daß Armaturen oder Rohrleitungsteile ausgewechselt werden müssen. Entsprechend der Konstruktion und der Anbaumöglichkeit an das Rohr sind zu unterscheiden:

normale Flansche,
Gewindeflansche,
Walzflansche,
Vorschweißflansche,
lose Flansche mit Bördel oder Bund.

Die Abmessungen dieser Flansche sind für alle Rohrnennweiten genormt (DIN 2500 bis 2504, 2512, 2513, 2517, 2518 und 2631 bis 2637), und es sollten Flanschverbindungen nach Möglichkeit nur nach den bestehenden DIN-Normen ausgeführt werden. Die Normung, die sich auf die verschiedenen Ausführungsformen erstreckt, ist nach Druckstufen geordnet. Eine Berechnung der Flanschverbindung sollte nur in besonderen Belastungsfällen nach DIN 2505 durchgeführt werden. Wegen der verschiedenen, teilweise unkontrollierbaren Einflußgrößen ist auch hiernach nur eine mittelbare Berechnung der Abmessungen der Teile von Flanschverbindungen möglich.

Für Hochdruckanlagen hat sich der Vorschweißflansch gut bewährt. Er wird deshalb auch in Anlagen der Klimatechnik bevorzugt angewendet. Während für Rohrleitungen, die Kühlmittel oder Wärmeträger führen, normalerweise Flansche mit glatter Dichtungsfläche ausreichen, sind bei Leitungen, die unter einem höheren Druck stehen, die Dichtungen entweder durch Nut und Feder oder durch Vor- und Rücksprung gegen Herausdrücken zu sichern. Als Dichtungsmaterialien für Flanschverbindungen werden allgemein Gummi, Asbest, Leder, Metalle (Kupfer, Nickel, Weicheisen, V2A, Aluminium), Vulkanfiber und Metall-Weich-

---

[339] URF, L.: Der Lötverbinder in der Kälte- und Klimatechnik. Kältetechnik 13 (1961), Nr. 9, S. 306–308.

stoff-Dichtungen verwendet. Bei der Auswahl eines geeigneten Materials, das als Berührungsdichtung in Frage kommt, ist sorgfältig zu prüfen, ob das Dichtungsmaterial chemisch beständig ist gegen einen Angriff des in den Rohrleitungen strömenden Mediums. Über die Anwendungsmöglichkeiten der verschiedenen Dichtungsmaterialien hat TRUTNOVSKY[340, 341] ausführlich berichtet.

Es muß noch besonders darauf hingewiesen werden, daß Flanschverbindungen einen großen Materialaufwand und dauernde Überwachung verlangen. Da abnehmbare Flanschisolierungen nur schwer durchzuführen und relativ kostspielig sind, unterbleibt die Isolierung der Flansche meistens, wodurch sich zusätzliche Energieverluste ergeben. Deshalb sollten Flanschverbindungen wirklich nur dort angewendet werden, wo sie – z. B. aus Montagegründen – nicht durch Schweißverbindungen ersetzt werden können.

Schraubverbindungen (Rohrverschraubungen) werden ebenfalls als lösbare Verbindung von Rohrleitungen in der Klimatechnik angewendet, und zwar vorwiegend bei kleineren Rohrdimensionen. Sie können als lötlose oder gelötete Rohrverschraubungen ausgebildet sein und sind entsprechend den bestehenden DIN-Normen auszuführen (DIN 2360 bis 2366, 2370 bis 2376, 3851, 3861, 3866, 3870 und 3900 bis 3912). Die aus Stahl oder Temperguß hergestellten Verschraubungen werden als gerade Verschraubung oder als Winkelverschraubung, mit flacher oder konischer Dichtfläche hergestellt und verwendet. Für sie gilt bezüglich ihrer Verwendung grundsätzlich das gleiche wie für die Flanschverbindungen: Da es sich um eine relativ teuere Rohrverbindung handelt, sollten sie nur an solchen Stellen einer Rohrleitung verwendet werden, wo ein häufiges Lösen der Verbindung erforderlich ist. Ein charakteristisches Beispiel einer sinnvollen Verwendung von Rohrverschraubungen stellt der Heizkörperanschluß in Heizungsanlagen dar.

Als spezielle Rohrverschraubung, die sich für Stahl- und Kupferrohre gleich gut eignet, ist die „Ermeto"-Verschraubung zu erwähnen (Abb. 2.26). Hier wird eine Abdichtung ohne irgend-

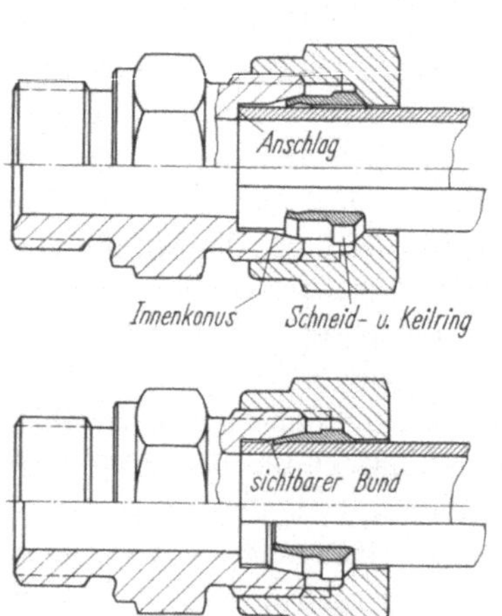

Abb. 2.26 Ermeto-Verschraubung vor und nach dem Anziehen der Überwurfmutter.

[340] TRUTNOVSKY, K.: Berührungsdichtungen an ruhenden Maschinenteilen. Z. VDI 84 (1940) S. 277–282.
[341] TRUTNOVSKY, K.: Dichtungen, Berlin/Göttingen/Heidelberg: Springer 1949.

welches Dichtungsmaterial erreicht, indem ein Stahlring beim Anziehen der Mutter in die Rohroberfläche eindringt und einen sichtbaren Bund aufwirft, der die dichte Verbindung zwischen Rohr und Verbindungsstück herstellt. „Ermeto"-Verschraubungen werden als einfache Rohrverbindungen, als Reduzier- und Manometerverschraubungen und als Mehrfach- und Abzweigverschraubungen hergestellt.

2.35 Zeichnerische Darstellung und Kennzeichnung von Rohrleitungen

Aufbau und Wirkungsweise klimatechnischer Anlagen und deren Rohrleitungsführung lassen sich in einfacher Weise in Schaltplänen und Rohrzeichnungen darstellen. In die Schaltpläne (auch Wärmeschaltbilder genannt) werden nur die funktionsmäßig wichtigsten Teile einer Anlage eingezeichnet. Für die Darstellung der Rohrleitungen, Rohrleitungsanlagen und Einbauteile werden bestimmte Sinnbilder verwendet. Hierdurch wird die Möglichkeit gegeben, Rohrleitungsanlagen mit einfachen Zeichen übersichtlich und klar darzustellen. Alle Sinnbilder, die allgemein in Rohrleitungsplänen angewendet werden, sind in den beiden Normblättern DIN 2429 „Sinnbilder für Rohrleitungsanlagen" und DIN 2430 Blatt 2 bis 4 „Formstücke für Rohrleitungen; Übersicht und Sinnbilder" festgelegt. Die Grundleitung wird in der Schemazeichnung immer durch einen einzelnen, durchgezogenen Strich dargestellt. Die farbige Gestaltung dieser Darstellungen entspricht den Kennfarben der in den Rohrleitungen strömenden Medien. In Abb. 2.27 ist das Schaltschema einer Wärmeversorgungsanlage für die Beheizung, Lüftung und Warmwasserversorgung eines aus verschiedenen Bauteilen bestehenden Gebäudekomplexes – hier ohne farbige Kennzeichnung des Durchflußstoffes – dargestellt. Aufgabe eines solchen Schaltbildes ist es nicht, die Arbeitsweise der Anlage genauestens zu erläutern, sondern vielmehr die Schaltung der Rohrleitungen und Apparate festzulegen. Nach den Schaltplänen werden die Rohrleitungspläne angefertigt, aus denen genaue Einzelheiten zu ersehen sind.

Die *Kennzeichnung von Rohrleitungen* erfolgt in der Praxis durch Rohrnormalfarben, die nach DIN 2403 „Kennzeichnung von Rohrleitungen nach dem Durchflußstoff" und DIN 2404 „Kennfarben für Heizungsrohrleitungen" genormt sind. Dabei werden ganz allgemein die Kennfarben in der in Tab. 2.10 näher erläuterten Weise angewendet. Kombinationen dieser Kennfarben, die streifenförmig auf die Rohrleitungen aufgebracht werden oder – entsprechend der Neuausgabe der DIN 2403 – farbige Schilder mit Kennzahlen geben zusätzlich besondere Hinweise auf den Durchflußstoff. Bei Anwendung von Kennzahlen gibt die Zahl vor dem Punkt die Gruppennummer an, zu welcher der Durchflußstoff gehört. Die Zahl hinter dem Punkt bezeichnet die Gattung des Durchflußstoffes.

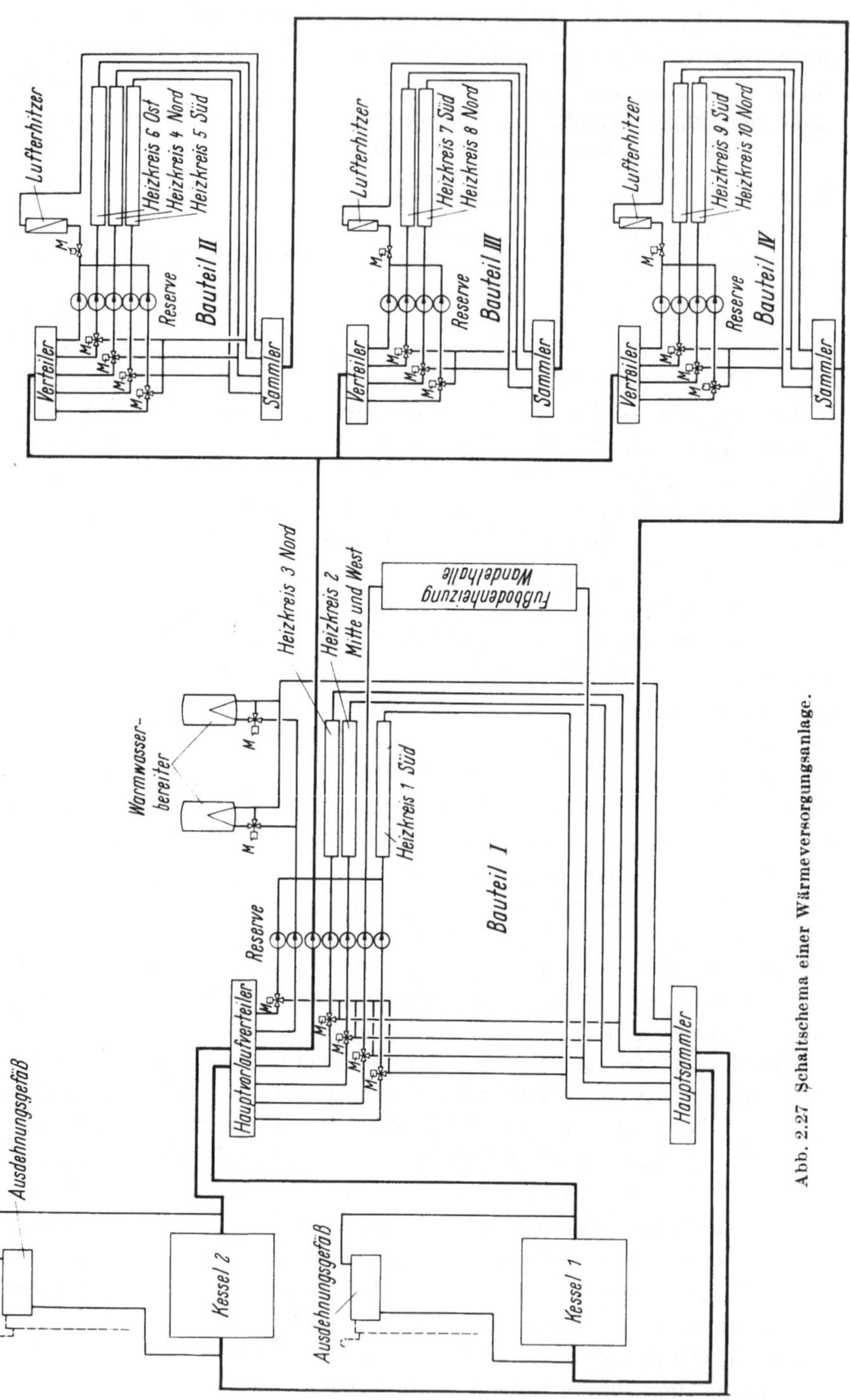

Abb. 2.27 Schaltschema einer Wärmeversorgungsanlage.

Tabelle 2.10 *Kennfarben für Rohrleitungen*
a) in Betrieben aller Art (nach DIN 2403)

Kennfarbe	Kennzahl	Stoffgattung
grün	1	Wasser
rot	2	Dampf
blau	3	Luft
gelb	4	brennbare Gase
	5	nichtbrennbare Gase
orange	6	Säuren
violett	7	Laugen
braun	8	brennbare Flüssigkeiten
	9	nichtbrennbare Flüssigkeiten
grau	0	Vakuum

b) in Heizungsanlagen (nach DIN 2404)

Kennfarbe	Leitungsart
orange	Niederdruckdampfleitung
hellgrün	Kondensatleitung
rot (zinnober)	Heizungsvorlauf ⎱ (Heißwasser, Warmwasser)
blau	Heizungsrücklauf ⎰
hellblau	Kaltwasserleitung
karminrot	Warmwasserversorgung, Zuleitung
violett	Warmwasserversorgung, Umlauf
braun	Luftleitung

Sicherheitsvorlauf und Sicherheitsrücklauf tragen zusätzlich auf der fertigen Leitung die Bezeichnung SV bzw. SR.

Beispiel: Durchflußstoff Ammoniakgas.
Gas (allgemein): Kennfarbe gelb
                Kennzahl 4 (brennbares Gas)
Ammoniak: gelb–violett–gelb–violett–gelb
                (alte Kennzeichnung)
                Kennzahl 4.6 auf gelbem Untergrund
                (neue Kennzeichnung)

Es ist im allgemeinen nicht erforderlich, die fertig verlegten Rohrleitungen in ihrer ganzen Länge in der Kennfarbe zu streichen. Vielmehr genügt für die Bezeichnung der einheitlich in einer neutralen Farbe gestrichenen Rohre das Anbringen von entsprechend farbigen Ringen oder Schildern. Dem Verwendungszweck entsprechende Unterscheidungen werden durch hellere oder dunklere Tönung der Kennfarben gemacht. Diese sind dann durch eine Farbtafel auf den Rohrleitungsplänen zu erläutern. Druckangaben können durch Anbringen mehrerer farbiger Striche gekennzeichnet und entsprechend erläutert werden.

Für die Kennzeichnung von Luftkanälen und Anlagenteilen der Lüftungstechnik in der zeichnerischen Darstellung wird folgende Ausführung empfohlen:

Zuluft	lila,
Außenluft	grün,
Abluft und Fortluft	gelb,
Umluft	orange,
Apparate	grau.

2.4 Luftverteileinrichtungen

In den meisten Anwendungsfällen der Klimatechnik kann die Luftaufbereitung (Luftkonditionierung) nicht – wie die Lufterwärmung bei einer Warmwasserzentralheizung – in dem zu klimatisierenden Raum durchgeführt werden. Die aufbereitete Luft muß in solchen Fällen in dem jeweils erforderlichen Strom und in dem gewünschten Luftzustand vom Ort der Aufbereitung zu dem betreffenden Raum und mindestens ein Teil der verbrauchten Raumluft von dem Raum zur Klimastation transportiert werden. Erforderlich hierfür ist eine Verteileinrichtung, die im wesentlichen aus drei Teilen besteht, und zwar aus Ventilator, Kanalnetz und Luftauslaß.

Es ist Aufgabe des Ventilators, der Luft eine ausreichende Geschwindigkeit zu erteilen und deren Druck so zu erhöhen, daß die durch Rohrreibung und Einzelwiderstände auftretenden Verluste überwunden werden können. Über die Verteilleitungen (Kanäle) muß die Luft den einzelnen Räumen zugeführt werden, und die Aufgabe der Luftauslässe besteht in der richtigen Verteilung der konditionierten Luft im Raum. Zugerscheinungen und Geräuschbelästigungen innerhalb des Raumes sollten dabei weitgehend vermieden werden.

Die genannten Luftverteileinrichtungen sollen in den folgenden Abschnitten in ihrer Wirkungsweise in klimatechnischen Anlagen näher beschrieben werden. Dabei wird versucht, die für einen Anlagenentwurf wichtigen Grundlagen und Gesetzmäßigkeiten zu erfassen.

2.41 Ventilatoren

Die in klimatechnischen Anlagen eingesetzten Ventilatoren müssen die erforderlichen Luftströme fördern unter Erzeugung einer bestimmten Gesamtdruckdifferenz Δp_g zwischen Saug- und Druckstutzen des Ventilators. Diese Gesamtdruckdifferenz, die auch als Förderdruck bezeichnet wird, setzt sich zusammen aus einem statischen und einem dynamischen Druckanteil:

$$\Delta p_g = \Delta p_s + \Delta p_d. \tag{2.31}$$

Der *statische Druck* p_s ist der Druck, den eine parallel zur Rohrwand strömende Flüssigkeit (Gas) auf die Wand ausübt. Der statische Druck verändert sich auf dem Strömungsweg laufend, und zwar wird er infolge der auftretenden Strömungsverluste in Strömungsrichtung kleiner. Die größtmögliche statische Druckdifferenz tritt folglich in einem System bei einem bestimmten Strömungszustand zwischen Saug- und Druckseite eines Ventilators auf. Diese Druckdifferenz stellt den aus der Summe der Reibungs- und Einzelwiderstände gebildeten Gesamtwiderstand des Kanalsystems in der in Gl. (1.57) angeschriebenen Form dar. Diese Widerstände können bei einem Ventilator beliebig auf Saug- und Druckseite verteilt sein. Die Anordnung eines Ventilators kann also innerhalb eines Kanalsystems – verglichen mit der Pumpenanordnung in Flüssigkeitssystemen – freizügiger erfolgen.

Der *dynamische Druck* p_d ist die Drucksteigerung, die bei plötzlichem Abbremsen eines Flüssigkeits- oder Gasstromes auftritt. Er ist gleichzeitig der Druck, der zur Beschleunigung der Flüssigkeit (oder des Gases) aus der Ruhe auf eine Geschwindigkeit w erforderlich ist. Er ist dem Quadrat der Geschwindigkeit proportional und dargestellt durch die Beziehung

$$p_d = \frac{\varrho}{2}\, w^2 \,. \tag{2.32}$$

Der dynamische Druckanteil eines Ventilators dient nur zur Beschleunigung der Luft auf Ausblasgeschwindigkeit. Die zu seiner Erzeugung erforderliche Antriebsleistung ist als verloren zu betrachten, sofern nicht ein Teil dieses dynamischen Druckes mittels Diffusor in statischen Druck umgewandelt werden kann. Der Energiebedarf eines Ventilators wächst also mit der Größe der Ausblasgeschwindigkeit bei gleichem Luftstrom und gleichem statischen Druck. Größere, langsam laufende Ventilatoren haben somit gegenüber kleinen, schnellaufenden Ventilatoren – neben der geringeren Geräuschentwicklung – den Vorteil des kleineren Energiebedarfes, ein Gesichtspunkt, der bei der Auswahl eines Ventilators berücksichtigt werden muß.

Die *Leistung eines Ventilators* ist das Produkt aus Förderstrom und Förderdruck (Gesamtdruckdifferenz):

$$N = \dot{V}\, \Delta p_g \,. \tag{2.33}$$

Bei der Berechnung der dem Ventilator zuzuführenden Energie N_z ist der Wirkungsgrad des Ventilators in die Rechnung einzuführen, der die im Ventilator auftretenden Verluste (Verlust wegen der endlichen Schaufelzahl, Gehäuseverlust, Stoßverlust, Spaltverlust und Reibungsverluste) berücksichtigt:

$$N_z = \frac{\dot{V}\, \Delta p_g}{\eta} \,. \tag{2.33a}$$

Das *Betriebsverhalten* eines Ventilators wird durch die Kennlinie dargestellt, die einen Zusammenhang zwischen Förderdruck und Förderstrom gibt (Abb. 2.28). In dieser jeweils durch Prüfstandsmessung ermittelten Kennlinie wird die Gesamtdruckdifferenz dargestellt als Funktion des Volumstromes. In vielen Fällen ist auch die Angabe der statischen Druckdifferenz üblich. Im Interesse einer zutreffenden Anwendung und Beurteilung der Ventilatoren empfiehlt sich die Beachtung der Ausführungen von BEITEN[342] und die Angabe von Begriffen und Formelzeichen unter Berücksichtigung der DIN 24161[343].

Der Verlauf einer Ventilatorkennlinie ist abhängig von der Bauart des Ventilators, im besonderen von Schaufelform und Schaufelzahl. Einzelheiten hierüber enthält RIETSCHEL/RAISS[344] in einer anschaulichen, für die Anwendungsfälle der Klimatechnik ausreichenden Darstellung. Drehzahländerungen wirken sich in einer parallelen Verschiebung der Kennlinie aus. Die Kennlinien eines Ventilators für verschiedene Drehzahlen sind somit kongruente Kurven, deren Scheitelpunkte auf einer durch den Nullpunkt gehenden Parabel liegen. Diese in das Kennfeld (Abb. 2.28) eingezeichneten Parabeln stellen Widerstände verschiedener Kanalnetze mit den darin eingebauten Apparaten dar. Der Verlauf dieser sog. Netzkennlinie ergibt sich aus Gl. (1.57),

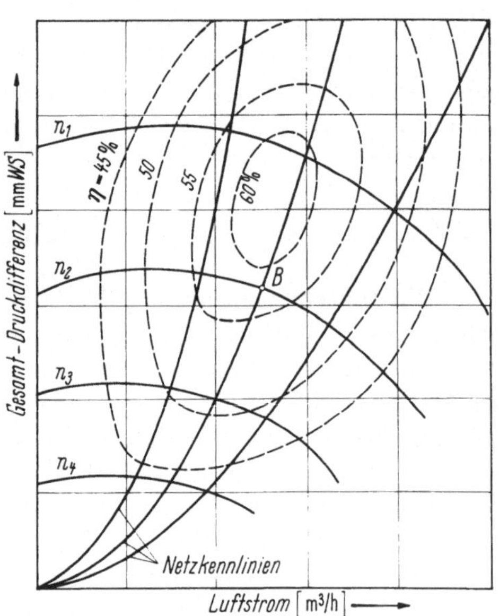

Abb. 2.28 Ventilatorkennfeld.

nach der der Druckverlust dem Quadrat des Förderstromes proportional ist. Der Betriebspunkt eines Ventilators (Punkt *B* in Abb. 2.28) ist dann der Schnittpunkt einer Ventilatorkennlinie mit der Kennlinie des angeschlossenen Kanalnetzes.

Die Ventilatorwirkungsgrade stellen sich in dem Kennfeld des Venti-

[342] BEITEN, W.: Eindeutige Druckangaben für die Auswahl von Ventilatoren. Heiz.-Lüft.-Haustechn. 9 (1958), Nr. 10, S. 265–268.

[343] DIN 24161: Ventilatoren. Begriffe – Zeichen – Einheiten. November 1960.

[344] RIETSCHEL/RAISS: Lehrbuch der Heiz- und Lüftungstechnik, 14. Aufl., Berlin/Göttingen/Heidelberg: Springer 1963, S. 453.

lators als in sich geschlossene Kurven dar, die ihrer Form wegen als
Muschelkurven bezeichnet werden. Der Betriebszustand mit dem besten
Wirkungsgrad ist als Punkt im Zentrum der Muschel zu finden. Bei der
Darstellung der Ventilatorkennlinie im doppeltlogarithmischen Maßstab

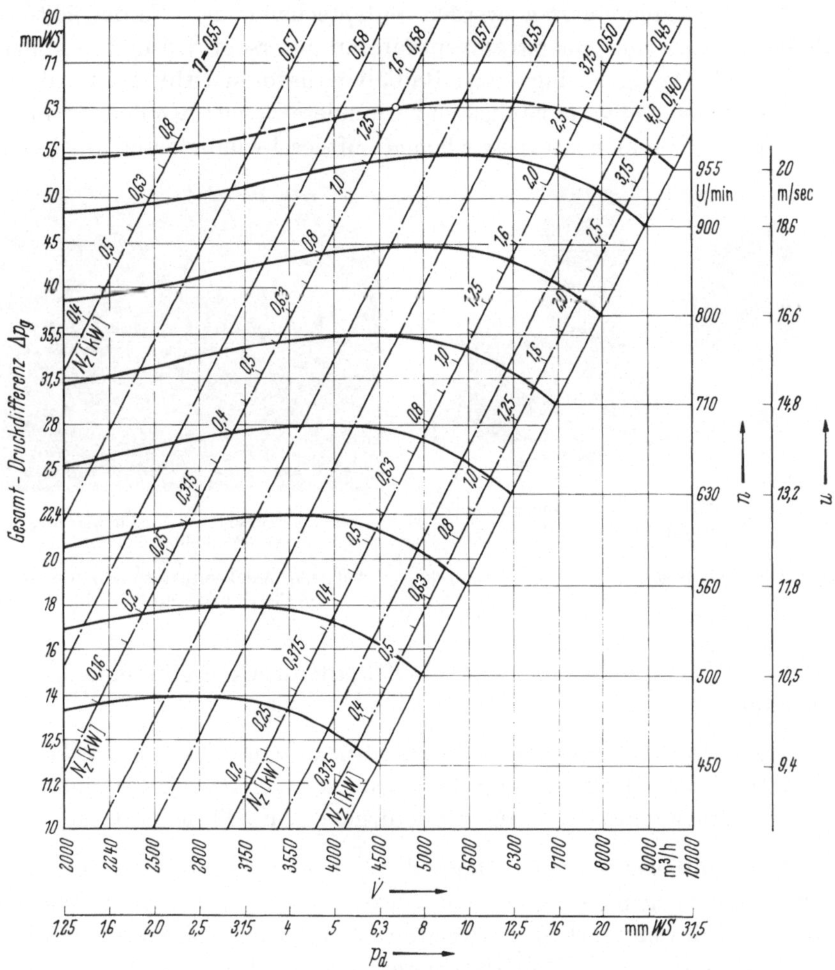

Abb. 2.29 Ventilatorkennfeld in logarithmischem Maßstab (Pollrich Radialventilator
Type LL 80/R 400).

(Abb. 2.29) ergibt sich gegenüber der Darstellung im linearen Maßstab
eine größere Übersichtlichkeit (die Wirkungsgradkurven sind Geraden)
und die bessere Möglichkeit, die wesentlichen, für eine Ventilatorauswahl
wichtigen Größen in leicht verständlicher Form in die Darstellung mit
einzubeziehen. So enthält Abb. 2.29 in dem für die Lüftungstechnik

interessanten Bereich außer den Kennlinien und den Wirkungsgradkurven noch Angaben über die Leistungsaufnahme. Außerdem sind zusammen mit den Drehzahlen die für die Untersuchung von Geräuschfragen wichtigen Umfangsgeschwindigkeiten und in Verbindung mit dem Förderstrom der dynamische Druck angegeben.

Als *Ventilatorbauarten* werden entsprechend der Förderrichtung Radial-, Axial- und Querstromventilatoren unterschieden und in klimatechnischen Anlagen eingesetzt. Radialventilatoren (Abb. 2.30), die in der Lüftungstechnik am häufigsten verwendete Bauart, werden zur Luftförderung in Kanälen mit relativ hohen Luftgeschwindigkeiten und gegen

Abb. 2.30 Radialventilator für Lüftungszwecke
(Werkphoto Pollrich).

Abb. 2.31 Axialventilator für Lüftungszwecke (Werkphoto Pollrich).

größere Widerstände eingesetzt. Der Förderdruck ergibt eine Unterscheidung in

Niederdruckventilatoren für Förderdrücke von 0 bis 100 mm WS,
Mitteldruckventilatoren für Förderdrücke von 100 bis 300 mm WS,
Hochdruckventilatoren für Förderdrücke von 300 bis 1000 mm WS.

Axialventilatoren (Abb. 2.31) finden besonders bei der Förderung von Luftströmen gegen geringe Förderdrücke, z. B. bei reinen Abluftanlagen mit kurzen Kanalstrecken, Verwendung. Vergleichsweise geringe Förderdrücke gegenüber dem Radialventilator sind das Hauptkennzeichen des Axialventilators.

Bei den Querstromventilatoren tritt die Luft über einen Teil des Umfanges des Laufrades ein und über einen anderen Teil wieder aus. Da Querstromventilatoren gegen Druckänderungen sehr empfindlich sind, ist ihr Einsatz in der Lüftungstechnik im wesentlichen auf kleinere Heiz- und Lüftungsgeräte beschränkt.

Eine ausführlichere Beschreibung der Ventilatorbauarten mit eingehender Erläuterung der für eine Auswahl wichtigen charakteristischen

Eigenschaften und Merkmale der einzelnen Ventilatortypen enthält die einschlägige Fachliteratur[345-347], auf die hier besonders verwiesen wird. An dieser Stelle soll nur noch auf die für den Einsatz von Ventilatoren in lufttechnischen Anlagen wichtige Frage der Ventilatorgeräusche hingewiesen werden. Dabei muß unterschieden werden zwischen den vermeidbaren und den unvermeidbaren Ventilatorgeräuschen. Zu der Gruppe der vermeidbaren Geräusche gehören solche, die durch schwingende Maschinenteile, Unwucht des Laufrades, Lager, Antriebsmotor usw. verursacht werden. Diese Geräusche lassen sich in den meisten Fällen relativ leicht durch geeignete konstruktive Maßnahmen ausschalten. Unvermeidbar hingegen sind die Luftgeräusche (Drehklang, Turbulenzgeräusch und Wirbelgeräusch). Von diesen ist das Wirbelgeräusch die bei weitem stärkste Geräuschquelle in einem Ventilator, die seine absolute Schallleistung und sein Frequenzspektrum bestimmt (vgl. hierzu die Ausführungen in Kap. 1.4 Schalltechnische Grundlagen). Eingehende Untersuchungen theoretischer und experimenteller Art haben ergeben, daß bei Radial- und Axialventilatoren der Schalleistungspegel etwa mit der fünften Potenz der Umfangsgeschwindigkeit wächst. Bei Axialventilatoren ist dabei im allgemeinen ein etwas stärkeres Anwachsen der Schalleistung mit der Umfangsgeschwindigkeit als bei Radialventilatoren festzustellen. Nach einer von ZELLER und STANGE[348] angegebenen Beziehung läßt sich die Gesamtlautstärke in DIN-Phon als Funktion von Umfangsgeschwindigkeit, Ansauggeschwindigkeit und Förderdruck errechnen (weitere Angaben hierzu sind in Kap. 1.44 enthalten). Die Veröffentlichung von LAUX[349] enthält Angaben über die Entstehung von Ventilatorgeräuschen, über Gesetzmäßigkeiten für die Schalleistung von Axial- und Radialventilatoren und ihre Abhängigkeit vom Betriebspunkt des Ventilators.

2.42 Dimensionierung von Luftverteilungsleitungen

Grundlage für die Dimensionierung von Luftverteilungsleitungen (Kanälen) ist eine möglichst genaue Ermittlung des auftretenden Druckverlustes. Diese Berechnungen können nach den in Abschn. 1.22 angegebenen Beziehungen durchgeführt werden, wobei der Gesamtdruckverlust als Summe der Druckverluste in geraden Leitungsstrecken glei-

---

[345] ECK, B.: Ventilatoren, 4. Aufl., Berlin/Göttingen/Heidelberg: Springer 1962

[346] MODE, F.: Ventilatoranlagen, 3. Aufl., Berlin: de Gruyter 1961.

[347] RECKNAGEL-SPRENGER: Taschenbuch für Heizung, Lüftung- und Klimatechnik, 55. Jahrg., München-Wien: Oldenbourg 1968, S. 770–786.

[348] ZELLER, W., u. H. STANGE: Vorausbestimmung der Lautstärke von Axialventilatoren. Heiz.-Lüft.-Haustechn. 8 (1957), Nr. 12, S. 322–323.

[349] LAUX, H.: Geräusche in Lüftungs- und Klimaanlagen. Entstehung, Messung, Ausbreitung. Heiz.-Lüft.-Haustechn. 15 (1964), Nr. 10, S. 345–358.

chen Querschnittes und der Druckverluste in Einzelwiderständen zu bestimmen ist.

Die *Reibungsverluste in geraden Leitungen* werden – analog zu Gl. (1.53) – als spezifischer, auf die Länge bezogener Reibungswiderstand angegeben:

$$R = \lambda \frac{\varrho}{2\,d}\,w^2\,.\tag{2.34}$$

Die Widerstands- oder Reibungszahl λ kann dabei für normal glatte Blechleitungen wegen der relativ großen Durchmesser und des geringen Einflusses der Rohrrauhigkeit mit Hilfe des in Gl. (1.55) angeschriebenen Potenzgesetzes von BLASIUS ermittelt werden. Wegen der größeren Wandrauhigkeit gegenüber Blech sind bei Verwendung anderer Materialien die nach Gl. (1.55) berechneten Widerstandszahlen mit Korrekturfaktoren zu multiplizieren, und zwar bei

Holz und Asbestzement   mit 1,25,
Rabitz, glatt   mit 1,3,
glattem bis rauhem Putz   mit 1,5, bis 1,8,
Mauerwerk, unverputzt   mit 2,0.

Bei rechteckigen Querschnitten mit den Kantenlängen a und b muß der hydraulisch gleichwertige Durchmesser nach der Beziehung

$$d_{gl} = \frac{2\,a\,b}{a+b}\tag{2.35}$$

berechnet und in Gl. (2.34) eingesetzt werden.

Wegen des großen Arbeitsaufwandes für die Berechnung des spezifischen Reibungswiderstandes nach Gl. (2.34) wurden zur Vereinfachung der Druckverlustberechnung Diagramme aufgestellt, aus denen der Druckabfall in glatten, runden Blechrohrleitungen auf einfache Weise als Funktion von Luftstrom, Rohrdurchmesser und Strömungsgeschwindigkeit abgelesen werden kann. Das in Abb. 2.32 dargestellte Diagramm gilt für Luft mit einer Dichte von 1,2 kg/m³ (Lufttemperatur etwa 20 °C) und einem Luftdruck von 760 mm QS. Bei einer Lufttemperatur von 50 °C ist entsprechend der geringen Dichte der Luft mit einer Verringerung des Reibungswiderstandes um etwa 10% gegenüber den aus Abb. 2.32 abgelesenen Werten zu rechnen. Auf den Einfluß des Wasserdampfgehaltes in der Luft auf die Dichte und damit auf den Druckverlust strömender Luft wird besonders hingewiesen (vgl. hierzu Abschn. 1.15, S. 26). Bei höheren Lufttemperaturen (oberhalb 50 °C) ist dieser Einfluß bei der Druckverlustberechnung möglicherweise zu berücksichtigen. Für andere Rohrleitungsmaterialien als Blech sind die in Abb. 2.32 abgelesenen Widerstandswerte mit den oben angegebenen Korrekturfaktoren zu multiplizieren.

Die durch *Einzelwiderstände* hervorgerufenen Druckverluste in Luftverteilungsleitungen werden durch die Widerstandsbeiwerte der einzelnen
Bauelemente (Bögen, Abzweigungen, Querschnittsänderungen, Absperrorgane u.a.) gekennzeichnet und können nach Gl. (1.57) berechnet werden. Die Größe des Widerstandsbeiwertes ist von der Art des Leitungs-

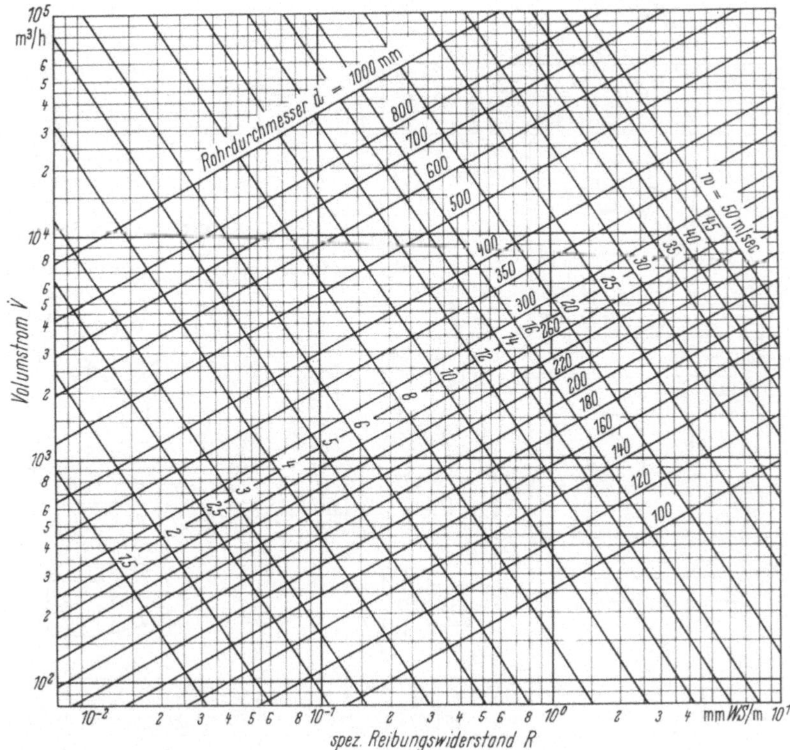

Abb. 2.32 Spezifischer Druckverlust von strömender Luft in glatten Blechrohrleitungen.

stückes und der Querschnittsform abhängig und bei Einzelwiderständen
mit geradem Durchgang durch physikalisch begründete Gesetze erfaßbar.
Bei Einzelwiderständen mit Ablenkung des Luftstromes aus seiner Richtung lassen sich die Widerstandsbeiwerte nur durch Versuche bestimmen. Einige der in der Lüftungstechnik am häufigsten vorkommenden
Einzelwiderstände sind mit ihren Widerstandsbeiwerten in Abb. 2.33 zusammengestellt. Bei der Ermittlung des in einem Kanalnetz auftretenden
Gesamtdruckverlustes ist zu beachten, daß die Verluste durch Einzelwiderstände sehr oft genau so groß sind wie die Reibungsverluste oder
diese gar noch übersteigen. Dadurch unterscheidet sich das Auslegungs-

14*

verfahren einer Luftverteilungsleitung sehr wesentlich von dem einer Rohrleitung in der Heizungstechnik, bei deren Druckverlustberechnung Zuschläge für Einzelwiderstände in einer bestimmten Höhe zulässig sind.

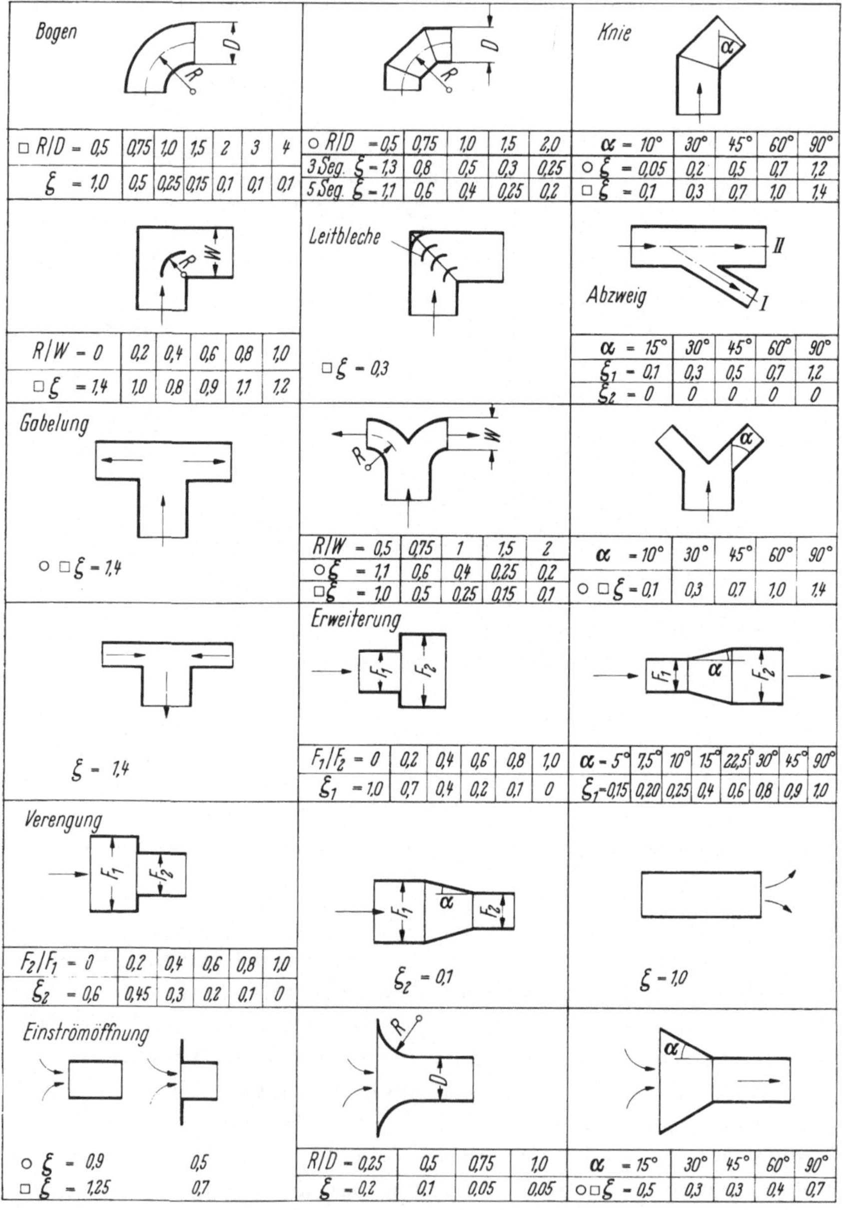

Abb. 2.33 Widerstandsbeiwerte von Einzelwiderständen in Luftverteilungsleitungen (Lufttemperatur 20 °C, Luftdruck 760 mm QS).

Bei der Dimensionierung von Luftkanälen hingegen empfiehlt es sich, auch die Druckverluste durch Einzelwiderstände möglichst genau zu erfassen.

Wegen des relativ hohen Anteils der Einzelwiderstände am gesamten Druckverlust in einer Lüftungsanlage hat SCHENK[349a] für den spezifischen Rohrreibungswiderstand R den gleichwertigen Widerstandsbeiwert ζ_R je Meter Kanallänge eingeführt. Dieses Verfahren führt zu einer Vereinfachung der Kanalnetzberechnung bei gleichzeitiger guter Übereinstimmung mit den Ergebnissen der klassischen Rechenmethoden.

Die *Auslegung der Verteilungskanäle* einer Lüftungsanlage kann nach den folgenden Methoden durchgeführt werden:

1. Methode der Geschwindigkeitsabnahme,
2. Methode des konstanten Druckgefälles,
3. Methode des Druckrückgewinns.

Die Methode der Geschwindigkeitsabnahme beruht auf der Festlegung der Luftgeschwindigkeiten nach Erfahrungswerten. Dabei sind die Geschwindigkeiten in der Nähe des Ventilators am größten und nehmen mit wachsender Entfernung vom Ventilator stetig ab. Bei Lüftungs- und Klimaanlagen für Aufenthaltsräume sollten die Luftgeschwindigkeiten in Hauptkanälen 5 bis 7 m/s und in Nebenkanälen 3 bis 5 m/s nicht überschreiten, um die Strömungsgeräusche der Anlage unter dem Geräuschpegel der zu lüftenden Räume zu halten. In Industrieanlagen sind höhere Geschwindigkeiten zulässig. Bei Hochdruckanlagen können Luftgeschwindigkeiten bis zu 25 m/s angewendet werden, wenn entsprechende Geräuschdämmung vorgesehen wird (vgl. hierzu auch Tab. 2.4, S. 177). Mit der vorgegebenen Geschwindigkeit und dem bekannten Luftstrom werden der gleichwertige Durchmesser des ausgewählten Kanalquerschnittes nach Gl. (2.35) und der spezifische Druckverlust (Druckgefälle) aus Abb. 2.32 ermittelt. Zunächst ist dann der Druckverlust des Kanalzuges mit dem größten Gesamtwiderstand durch Addition der Reibungswiderstände der geraden Strecken und der Einzelwiderstände von Krümmern, Übergangsstücken usw. zu bestimmen. Der Widerstand dieses Kanalzuges ist maßgebend für die Ventilatorgröße. Die Widerstandsberechnung erfolgt am besten unter Verwendung eines Formblattes in der in Abb. 2.34 dargestellten Art. Die Abzweigkanäle werden ebenfalls durch Wahl der Geschwindigkeiten in der gleichen Weise bemessen. Dabei ist durch Abgleichen Gleichgewicht in der Nebenstrecke herzustellen. Falls dieser Punkt nicht berücksichtigt wird, kann nach der Seite des kleineren Widerstandes mehr Luft als vorgesehen strömen. Möglichkeiten zur Erhöhung des Widerstandes und damit zur Verringe-

[349a] SCHENK, E.: Vereinfachte Berechnung von Luftkanälen. Ges.-Ing. 82 (1961). Nr. 4. S. 97–103.

214   2. Berechnung und Entwurf klimatechnischer Anlagen

rung des Luftstromes in der Nebenstrecke bestehen in der Wahl einer entsprechend engen Leitung auf der ganzen Länge (Geräusch!), in dem Einbau einer Drosselscheibe oder Drosselkappe oder in einem örtlichen Einziehen des Abzweiges, wodurch auf der Seite der Einengung ein Stoßverlust auftritt. Verstellbare Drosselvorrichtungen sind im allgemeinen schon notwendig, um ein so dimensioniertes Kanalsystem einzuregulieren.

Teilstrecke	Luftstrom		Geschwindigkeit	Kanalquerschnitt	Kanalabmessungen (bei rechteckigen Kanälen)	Durchmesser (gleichw. Durchmesser)	Länge d. Teilstrecke	Druckgefälle	Reibungsverlust	dynamischer Druck	Widerstandsbeiwert	Druckverlust der Einzelwiderstände	Druckverlust in der Teilstrecke	Summe d. Druckverluste (v. Kanalende)	Bemerkungen
	$\dot V$		v	A	$a \cdot b$	d	l	R	$R \cdot l$	p_d	ξ	Z	$Rl + Z$	$\Sigma Rl + Z$	
	m³/h	m³/sec	m/sec	m²	mm·mm	mm	m	$\frac{\text{mmWS}}{\text{m}}$	mmWS	mmWS	–	mmWS	mmWS	mmWS	
1	2	3	4	5	6	7	8	9	10	11	12	13	14	15	16
1															
2															
3															

Abb. 2.34 Formblatt für Widerstandsberechnungen von Luftleitungen.

Die zweite Methode der Kanalnetzberechnung beruht auf der Annahme eines konstanten Druckgefälles. Das Druckgefälle, d.h. der spezifische, auf die Länge bezogene Druckverlust, ist dabei in dem ganzen System annähernd gleich groß. Diese Methode ist besonders vorteilhaft bei symmetrischen Kanalnetzen oder solchen, deren Zweige alle etwa den gleichen Widerstand haben. Nach dieser Methode berechnet, erfordern sie im allgemeinen nur geringes Einregulieren. Hingegen muß in Anlagen, deren Stränge große Unterschiede in den Widerständen aufweisen, der kürzeste Strang mitunter beträchtlich gedrosselt werden. Die Verminderung des Luftstromes ergibt bei gleichbleibendem Druckgefälle – wie aus dem Diagramm Abb. 2.32 ersichtlich – eine Geschwindigkeitsabnahme zum Kanalende hin.

Bei der Methode des Druckrückgewinns werden die einzelnen Abschnitte des Kanalsystems so bemessen, daß der Druckverlust in einem Abschnitt genau so groß ist wie der Wiedergewinn an statischem Druck durch Umsetzen von Geschwindigkeitsenergie in Druckenergie an dem vorangegangenen Abzweig. Die Anfangsgeschwindigkeit in dem Hauptkanal wird im Hinblick auf den Gesamtdruckverlust und die Strömungsgeräusche gewählt. Dann nimmt die Geschwindigkeit in Strömungsrichtung nach jedem Abgang stufenweise ab, und zwar so, daß durch die Druckumsetzung der statische Druck konstant bleibt. Dabei kann der Kanalquerschnitt am Anfang des Systems trotz kleiner werdendem Luftstrom wachsen oder zumindest konstant bleiben, während er gegen Ende des Kanalsystems abnimmt. Diese Methode bewährt sich vor allem bei Hochgeschwindigkeitsanlagen und bei großen, langen Kanalzügen mit zahlreichen, unmittelbar am Kanal angebrachten Auslaßgittern. An allen Punkten des Systems herrschen gleicher Druck und damit an den Luftauslässen leicht bestimmbare Austrittsgeschwindigkeiten, die praktisch keine Nachregulierung erfordern. Bei Kanalsystemen mit zahlreichen Einzelwiderständen und Richtungsänderungen, durch die die Umsetzung des Geschwindigkeitsdruckes in statischen Druck vermindert wird, läßt sich dieses Verfahren nicht anwenden, das zudem einen relativ großen Arbeitsaufwand erfordert. Eine erhebliche Vereinfachung der Berechnung bringt auch hier die Verwendung von Diagrammen, wie sie das im ASHRAE-Guide[350] dargestellte Berechnungsverfahren enthält (vgl. auch die ausführlichen Darlegungen mit Beispielen von Brandi[351]).

Die praktische Berechnung normaler Niedergeschwindigkeitssysteme erfolgt im allgemeinen unter Anwendung der Methode der Geschwindigkeitsabnahme mit möglichst weitgehender Beibehaltung eines bestimmten Druckgefälles. Dabei ist der Verlauf der Linien konstanter Geschwindigkeit zu den Linien konstanten Druckgefälles zu berücksichtigen (vgl. hierzu das Diagramm Abb. 2.32). Die vom Anfang zum Ende eines Kanalsystems eintretende Verminderung des Volumstromes sollte unter Geschwindigkeitsabnahme mit möglichst konstantem Druckgefälle vor sich gehen.

An dieser Stelle sei auf eine Veröffentlichung von Rákóczy[352] besonders hingewiesen, die die Grundlagen der Berechnung des Strömungsverlustes der einzelnen Kanalelemente in Lüftungs- und Klimaanlagen zusammenfaßt und in der der Rechnungsgang für ein zusammenhängendes Nieder- und Hochdruckkanalsystem ausgearbeitet wird, um den gesamten Strömungsverlust eines solchen Systemes bestimmen zu können. Bei diesen Berechnungen werden jeweils die Druckrückgewinne berücksichtigt. Damit kann nicht nur die Größe des Druckverlustes zahlenmäßig erfaßt werden, sondern man erhält Hinweise, wie das günstigste Kanalsystem bezüglich der Strömungsverhältnisse, luftseitigen Einregulierung, Luftgeräusche und Wirtschaftlichkeit in einer bestimmten Anlage entsprechend der gewünschten Luftführung und Luftverteilung ausgelegt werden muß. Durch die Verwendung von Diagrammen und Nomo-

---

[350] ASHRAE Guide and Data Book 1965/66, Fundamentals and Equipment, New York: American Society of Heating, Refrigerading and Air Conditioning Engineers, S. 572ff.

[351] Brandi, O. H.: Eternit-Handbuch. Kanäle für Lüftung-Klima-Abgas. 1. Berechnungsgrundlagen. Frankfurt-Wien: Ullstein-Verlag. Wiesbaden-Berlin: Bauverlag 1964.

[352] Rákóczy, T.: Druckverlust-Berechnung und Auslegung von Lüftungs- und Klimakanälen. Heiz.-Lüft.-Haustechn. 16 (1965), Nr. 12, S. 467–472 u. 17 (1966). Nr. 5, S. 175–178.

grammen kann die Berechnung der Druckverluste praktisch ohne mechanische Rechenarbeit durchgeführt werden.

Bei der Auslegung von verzweigten Luftleitungssystemen sind die analytischen und graphischen Verfahren zur Bestimmung der Strom- und Druckverteilung trotz zahlreicher Vereinfachungen aufwendig und zeitraubend. Hier bieten sich neben Strömungsmodellen vor allem elektrische Analogieverfahren als Lösungsmöglichkeiten an, deren wesentlichste Verfahren von POHLE[353] grundsätzlich beschrieben werden.

2.43 Wärmeverluste und Kanalisolierung

Bei der Förderung eines Luftstromes in einer Luftverteilungsleitung ist der Luftzustand (Temperatur und Feuchtigkeit) auf dem Transportweg möglichst unverändert zu erhalten. Das kann nur durch eine ausreichende Isolierung geschehen, für deren Bemessung im wesentlichen die gleichen Forderungen maßgebend sind, wie sie bereits bei der Behandlung der Rohrleitungsisolierung (s. S. 190) genannt wurden. Allerdings steht bei der Kanalisolierung die Einhaltung eines maximalen Temperaturgefälles vom Anfang bis zum Ende des Luftkanales im Vordergrund.

Grundlage für die *Berechnung des Temperaturabfalles* in einer Luftleitung von der Länge L sind die in Abschn. 1.17 (S. 42 bis 48) abgeleiteten allgemeinen Gesetze der Wärmeübertragung. Danach ist der Wärmeverlust auf dem Transportweg darzustellen durch die beiden Beziehungen.

$$\Phi = k\,L\,U\,\vartheta_m \tag{2.36}$$

und

$$\Phi = \dot{V}\,c\,\Delta t. \tag{2.37}$$

Hierin bedeuten:

k die Wärmedurchgangszahl in kcal/m²h°C,
L die Kanallänge in m,
U den Kanalumfang in m,
ϑ_m die mittlere Temperaturdifferenz zwischen innen und außen in °C,
$\dot{V}$ den Volumstrom in m³/h,
c die spezifische Wärme der Luft in kcal/m³°C,
Δt den gesuchten Temperaturabfall.

Die Zusammenfassung der beiden Gln. (2.36) und (2.37) führt zu dem Temperaturquotient

$$\frac{\Delta t}{\vartheta_m} = \frac{k\,L\,U}{\dot{V}\,c}. \tag{2.38}$$

[353] POHLE, R.: Möglichkeiten zur Bestimmung der Mengenstrom- und Druckverteilung in stark verzweigten Luftleitungssystemen. Heiz.-Lüft.-Haustechn. 14 (1963), Nr. 10, S. 355–360.

Die mittlere Temperaturdifferenz kann als logarithmisches Mittel nach Gl. (1.42) oder als arithmetisches Mittel

$$\vartheta_m = \frac{\vartheta_1 + \vartheta_2}{2}$$

eingesetzt werden. Der Unterschied in den Ergebnissen beider Mittelwertberechnungen ist dann gering, wenn das Verhältnis ϑ_1/ϑ_2 klein, d. h. der Temperaturverlauf auf beiden Seiten der Wärmeübertragungsfläche annähernd linear ist. Dieser Fall trifft bei dem Wärmeaustausch zwischen strömender Luft in Kanälen und der Umgebungsluft praktisch immer zu. Unter Verwendung des arithmetischen Mittelwertes für die Temperaturdifferenz und unter Berücksichtigung der Tatsache, daß

$$\vartheta_2 = \vartheta_1 - \Delta t$$

ist (vgl. Abb. 2.35), berechnet sich der Temperaturabfall in dem Kanal zu

$$\Delta t = \frac{2\,k\,L\,U}{2\,\dot V\,c + k\,L\,U}\,\vartheta_1. \qquad (2.39)$$

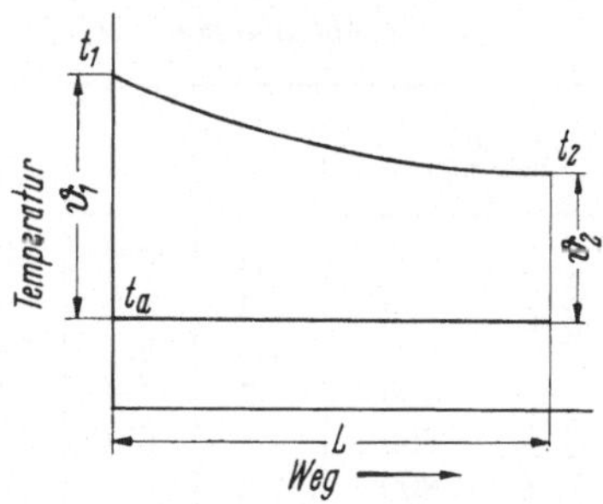

Abb. 2.35 Temperaturverlauf in Luftkanälen.

Bei sehr großem Temperaturgefälle (unisolierte Leitung, große Temperaturdifferenz zwischen innen und außen) kann die Berücksichtigung der logarithmischen mittleren Temperaturdifferenz erforderlich werden. Der Temperaturabfall berechnet sich dann zu

$$\Delta t = \frac{e^Z - 1}{e^Z}\,\vartheta_1 \qquad (2.40)$$

mit dem Exponenten

$$Z = \frac{k\,L\,U}{\dot V\,c}.$$

Die Wärmedurchgangszahl k ist nach Gl. (1.39a) aus den Wärmeübergangszahlen an der Außen- und Innenseite der Kanalwand und den Dikken und Wärmeleitzahlen des Wandmaterials zu berechnen. Für die Wärmeübergangszahl an der Kanalaußenfläche kann in normalen Anwendungsfällen der bei der Transmissionswärmeberechnung von Gebäuden an Innenwänden gebräuchliche Erfahrungswert von 7 kcal/m²h°C eingesetzt werden. Wärmeübergangszahlen zwischen strömender Luft und Kanalinnenflächen können mit der aus der Nusseltschen Ähnlichkeitstheorie (vgl. Abschn. 1.17) abgeleiteten Beziehung

$$a_i = \frac{3{,}6\,w^{0,75}}{d^{0,25}} \qquad (2.41)$$

berechnet werden. Bei rechteckigen Querschnitten ist in Gl. (2.41) der hydraulisch gleichwertige Durchmesser

$$d_{gl} = \frac{4A}{U}$$

mit der Querschnittsfläche A und dem Umfang U einzusetzen. In Tab. 2.11 sind Wärmeübergangszahlen an Kanalinnenwänden in Abhängigkeit von der Strömungsgeschwindigkeit und dem gleichwertigen Durchmesser zusammengestellt.

Tabelle 2.11 *Wärmeübergangszahlen von strömender Luft an glatte Kanalwände in Abhängigkeit von Strömungsgeschwindigkeit und Durchmesser*

α_i in kcal/m² h °C	Strömungsgeschwindigkeit w in m/s								
	1	2	4	6	8	10	12	15	20
100	6,4	10,8	18,1	24,5	30,5	36,0	41,2	48,6	60,4
200	5,4	9,1	15,3	20,6	25,6	30,3	34,7	40,8	50,8
300	4,8	8,2	13,8	18,6	23,2	27,4	31,3	37,0	45,9
400	4,5	7,6	12,8	17,3	21,5	25,4	29,1	34,4	42,6
600	4,1	6,9	11,6	15,7	19,5	23,0	26,4	31,1	38,6
800	3,8	6,4	10,7	14,5	18,1	21,3	24,4	29,0	35,8
1000	3,6	6,1	10,2	13,8	17,1	20,2	23,3	27,4	33,9

(lichter Durchmesser in mm)

Bei unisolierten Blechkanälen kann der Wärmeleitwiderstand der Kanalwand gegenüber den Wärmeübergangswiderständen innen und außen vernachlässigt werden. Andere Kanalmaterialien (z. B. Holz oder Asbestzement) erfordern eine Berücksichtigung der Isolierwirkung der Kanalwand. Bei besonderer Isolierung der Kanäle mit Isoliermaterialien in einer Stärke von 20 mm und mehr wird der Einfluß des Wärmeleitwiderstandes so groß, daß die Wärmeübergangswiderstände innen und außen vernachlässigt werden können.

Bei vergleichsweise hoher Oberflächentemperatur der Kanalaußenwand und einer ausreichend großen Strahlungsaustauschzahl (vgl. Wärmestrahlung in Abschn. 1.17) ist neben dem konvektiven Wärmeübergang der Wärmeübergang durch Strahlung entsprechend Gl. (1.38) bei der Ermittlung der Wärmeverluste zu berücksichtigen.

Aus der Darstellung des Temperaturabfalles in Gl. (2.39) bzw. (2.40) ist der Einfluß des Kanalumfanges auf den Wärmeverlust zu erkennen. Gegenüber einem Kanal mit rundem Querschnitt sind – entsprechend dem jeweils größeren Umfang – bei gleicher Strömungsgeschwindigkeit bei Kanälen mit quadratischem Querschnitt eine Erhöhung des Wärmeverlustes um etwa 5 % und bei Kanälen mit rechteckigem Querschnitt (Seitenverhältnis 1 : 2) eine Erhöhung um etwa 10 % zu erwarten.

In Abb. 2.36 ist der auf die Länge bezogene Temperaturabfall für unisolierte und isolierte Luftkanäle für verschiedene Temperaturdifferenzen am Kanalanfang dargestellt. Diese Darstellung gilt nur für einen bestimmten Spezialfall, nämlich für die in der Legende zu Abb. 2.36 angegebene Kanalabmessung und den dort genannten Förderstrom (ohne Berücksichtigung der Verluste durch Strahlung). Dieses Beispiel läßt deutlich den Sinn einer Kanalisolierung, gleichzeitig aber auch die Grenze der wirtschaftlichen Isolierstärke in klimatechnischen Anlagen mit etwa 20 bis 30 mm erkennen. Die Arbeitstafel 7 in VDI 2087[354] dient zur schnellen Ermittlung des Temperaturabfalles in Luftkanälen mit Isolierungen verschiedener Wärmeleitwiderstände.

Für die *Ausführung von Kanalisolierungen* eignen sich Schaumstoffplatten oder Glas- und Steinwollematten, die mit Hilfe eines Spezialklebers auf den Kanaloberflächen befestigt werden können. Bei Verwendung von Mineralwollematten ist die Anbringung einer Rohnesselbandage als Oberflächenschutz zu empfehlen. Auf die größere Brandsicherheit der Mineralwolleisolierung gegenüber der Schaumstoffisolierung sei besonders hingewiesen.

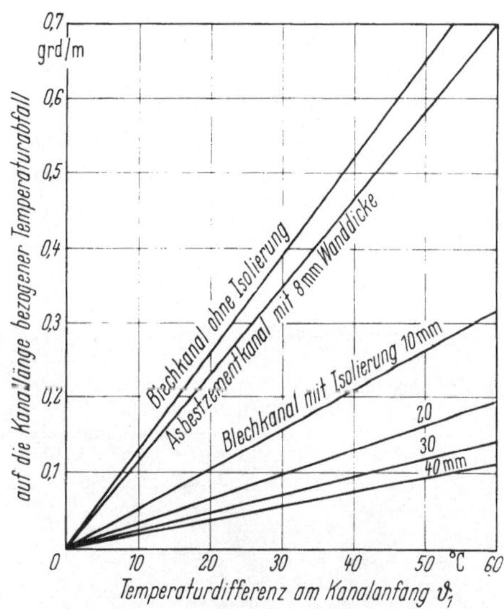

Abb. 2.36 Temperaturabfall in unisolierten und isolierten Luftkanälen nach Gl. (2.39) für Kanal 500/250 mm: $U = 1{,}5$ m; Förderstrom 2000 m³/h: $w = 4{,}5$ m/s; Wärmeleitzahl des Isoliermaterials: $\lambda = 0{,}035$ kcal/m h °C.

2.44 Ausführung und Anordnung von Luftkanälen

Bei dem Entwurf von Luftverteilungsleitungen stehen Druck- und Wärmeverluste zwar im Vordergrund, daneben sind aber noch eine Reihe weiterer Gesichtspunkte zu beachten, die im wesentlichen in der DIN 18610[355] als technische Forderungen zusammengestellt sind. Danach müssen „Luftschächte, Luftkanäle und Lüftungszentralen für Gebäude so geplant und ausgeführt werden, daß sie den Anforderungen genügen,

---

[354] VDI-Richtlinie 2087: Luftkanäle. Bemessungsgrundlagen, Schalldämpfung. Temperaturabfall und Wärmeverluste. März 1961.

[355] DIN 18610, Blatt 1: Luftschächte, Luftkanäle und Lüftungszentralen für Gebäude – Richtlinien für ihre Anordnung und Ausbildung. Entwurf Oktober 1959.

die an die Standsicherheit, den Brandschutz, den Feuchtigkeitsschutz, den Schall- und Wärmeschutz sowie an die Hygiene von solchen Anlagen zu stellen sind".

Die Außenluftansaugung muß möglichst an einer von direkter Sonneneinstrahlung, Wind und Fremdstoffen (Staub, Rauch, Ruß) geschützten Stelle erfolgen. Durch ein entsprechendes Gitter muß das Eindringen von Blättern, Tieren usw. in den Außenluftkanal vermieden werden. Weiterhin ist darauf zu achten, daß der Außenluftkanal möglichst kurz ausfällt. Um Kurzschluß zwischen den Außenluft- und Fortluftströmen zu vermeiden, ist die Fortluftöffnung möglichst weit entfernt von der Außenluftentnahmstelle und besonders gegen Wind geschützt anzuordnen.

Abb. 2.37 Luftkanäle aus verzinktem Stahlblech, im Vordergrund außen mit Steinwolleplatten isoliert (Werkphoto Grünzweig u. Hartmann).

Die Luftkanäle müssen dicht und standsicher sein, aus nichtbrennbaren Baustoffen bestehen und glatte Innenflächen haben. Dabei sind als glatt zu bezeichnen: Wandungen aus Blech, Kunststoff, Asbestzement, Steinzeug oder Beton mit geringer Rauhigkeit (Feinbeton mit geschlossenem Gefüge). Werden zur Verteilung der Luft gemauerte Kanäle verwendet, so ist darauf zu achten, daß deren Wandungen einen guten Glattstrich erhalten. Für Stahlblechkanäle(Abb.2.37) ist oberflächengeschütztes Feinblech mit einer Mindestdicke nach DIN 1946, Blatt 1 zu verwenden. Die erforderliche Steifigkeit der Kanäle kann durch zusätzliches Anbringen von Falzen, Stegen oder Rippen erreicht werden. Luftkanäle aus Asbestzement sind in Abb. 2.38 abgebildet.

Jeder Brandabschnitt eines Gebäudes sollte nach Möglichkeit ein besonderes Kanalsystem erhalten. Werden mehrere Brandabschnitte durch gemeinsame Kanäle versorgt, so muß der durch eine Brandmauer geführte Kanal zu beiden Seiten des Mauerdurchbruches abgesetzt und mit einer Sperrvorrichtung (Feuerschutzklappe) nach DIN 18610, Blatt 1, Ziff. 6 abriegelbar sein. Eine solche Sperrvorrichtung muß sich bei einer Temperatur von etwa 70 °C selbsttätig in Richtung der Luftströmung schließen (Abb. 2.39).

Zur Vermeidung großer Widerstandsbeiwerte (im Sinne der Ausführungen in Abschn. 2.42) müssen die Kanäle strömungsgünstig gestaltet werden. Übergänge zwischen verschiedenen Querschnitten sind allmählich auszuführen. Bei Bögen sind Abrundungen mit möglichst großen

Abb. 2.38 Luftkanäle aus Asbestzement (Werkphoto Eternit AG).

Abb. 2.38 Luftkanäle aus Asbestzement (Werkphoto Eternit AG).

Radien, bei unvermeidbaren scharfen Umlenkungen Leitbleche vorzusehen. In den Kanal hineinragende Bauteile sind zur Vermeidung von Wirbelbildungen in den Ecken gut auszufüllen.

Abb. 2.39 Feuerschutzklappe mit Schmelzlotauslösung, Endschalter und Handverstellung (Werkphoto Trox).

Die Luftkanäle müssen leicht gereinigt werden können. Sie sind zu diesem Zweck mit einer ausreichenden Zahl von dicht verschließbaren Reinigungsverschlüssen zu versehen. Bei einem hohen Feuchteanfall in den zu lüftenden Räumen sind die Abluftkanäle mit Gefälle zu verlegen und mit Entwässerungsmöglichkeiten auszustatten.

Bezüglich des Schallschutzes (S. 78 und 99) müssen die Kanäle den in DIN 4109 „Schallschutz im Hochbau" gestellten Anforderungen entsprechen. Bereits ein ohne besondere Dämpfungsmaßnahmen ausgeführtes Kanalnetz setzt den von der Ansaugseite herrührenden Störpegel herab. Diese als „natürliche Dämpfung" bezeichnete Pegelminderung beruht auf einer teilweisen Reflexion des in das System eintretenden Störschalles an Unstetigkeitsstellen, wie Umlenkungen, Verzweigungen u. a. (vgl. hierzu die Veröffentlichung von ORT[356]). Die Möglichkeit der natürlichen Dämpfung sollte bei dem Entwurf eines Kanalnetzes vor dem Einsatz von Schalldämpfern (Abb. 2.40) ausgenutzt werden. Angaben zur Berechnung des schalldämpfenden Einflusses im Luftkanal enthält die VDI-Richtlinie 2087[354] unter Ziff. 2.

Abb. 2.40 Schalldämpfer für den Einbau in Lüftungskanäle.

Die in den Luftverteilungsleitungen anzuordnenden Maschinen, Apparate und Einrichtungen, die der Aufbereitung und Verteilung der Luft und meß- und regeltechnischen Aufgaben dienen, sollten nach Möglichkeit zusammengefaßt und in einem besonderen Raum, der Lüftungs- oder Klimazentrale, untergebracht werden. Der Raumbedarf für derartige Zentralen ist – insbesondere bei Anlagen mit großen Luftleistungen – oft sehr erheblich (vgl. Tab. 2.12) und erfordert eine frühzeitige Berücksichtigung bei der Ausarbeitung des ersten Bauentwurfes durch den Architekten. Die in Tab. 2.12 angegebenen Werte für Flächenbedarf und

Tabelle 2.12 *Ungefährer Raumbedarf für Lüftungs- und Klimazentralen*
(nach DIN 1946)

| Luftleistung m³/h | Flächenbedarf | | Raumhöhe m |
	Lüftungszentralen m	Klimazentralen m	
5 000	2,2 · 3,5	2,5 · 4,5	2,4
10 000	2,5 · 4,5	3,0 · 5,5	2,4
20 000	3,0 · 5,5	3,5 · 6,5	2,6
30 000	3,5 · 6,5	4,0 · 7,5	2,8
50 000	4,0 · 7,5	4,5 · 8,5	3,0
75 000	4,7 · 8,5	5,5 · 9,5	3,0
100 000	5,5 · 9,5	6,5 · 11,0	4,0

---

[356] ORT, A.: Schalldämpfung in Lüftungskanälen. Technika v. 19. 3. 1965. Referat in Kältetechnik 18 (1965), Nr. 6, S. 251–252.

Raumhöhe sollten nur als Anhaltswerte betrachtet werden, die einen Überblick über den mindestens erforderlichen Raumbedarf verschaffen. Im Einzelfall hängt dieser selbstverständlich von verschiedenen Faktoren ab, so z. B. von den Fragen, ob Zu- und Abluftventilatoren, Wärmeaustauscher usw. einzeln oder in Zentralgeräten angeordnet, ob in der Lüftungszentrale noch Anlagen zur Wärme- und Kälteerzeugung aufgestellt werden, und von der Größe und Anordnung zu verwendender Schalldämpfer.

2.45 Luftdurchlässe

Als Luftdurchlässe werden die Durchtrittsöffnungen für die Luft bezeichnet, die das Luftverteilungssystem von der äußeren Umgebung oder von dem zu lüftenden Raum trennen. Als solche sind sie die einzigen Anlagenteile, an denen innerhalb des zu lüftenden Raumes das Vorhandensein einer klimatechnischen Anlage zu erkennen ist. Die richtige Auswahl und Anordnung der Luftdurchlässe mit einer zweckmäßigen Luftgeschwindigkeit im Durchlaß ist bei der Projektierung von Lüftungsanlagen im Hinblick auf eine gute Durchlüftung des Raumes ohne Auftreten von Zugerscheinungen von großer Bedeutung. Zugluft ist dabei eine Luftströmung, die wegen ihrer Temperatur, Feuchtigkeit und Geschwindigkeit mehr Wärme von der menschlichen Körperoberfläche abführt, als diese normalerweise abgeben würde (vgl. hierzu Abb. 2.19 und die Veröffentlichung von Nevins[357]).

Nach der *Art der Luftführung und Luftverbesserung* im Raum werden im wesentlichen zwei Lüftungsarten unterschieden: die Verdrängungslüftung und die Strahllüftung. Der Begriff der „Luftverdrängung" beruht dabei auf der Vorstellung einer durch relativ große Zuluftöffnungen mit geringer Geschwindigkeit eingeführten Zuluft, die die verbrauchte Luft vor sich her „drängt" und über entsprechende Abluftöffnungen aus dem gelüfteten Raum hinausschiebt. Zugerscheinungen sind bei der Verdrängungslüftung kaum zu befürchten, dafür können aber innerhalb des Raumes je nach Anordnung der Zu- und Abluftdurchlässe größere Temperatur- und Qualitätsunterschiede der Luft auftreten.

Bei der *Strahllüftung* wird – anders als bei der Verdrängungslüftung – der Gedanke der Luftverbesserung durch ein möglichst intensives Mischen zwischen Raumluft und Zuluft (Luftverdünnung) verwirklicht. Eine wesentliche Eigenschaft der Strahllüftung ist dabei die Erscheinung, daß die mit relativ hoher Geschwindigkeit austretende Zuluft als Primärluft an den Grenzschichten mit der ruhenden Raumluft in Berührung kommt und diese als Sekundärluft in den Luftstrom einbezieht (Induk-

---

[357] Nevins, R. G.: Zugerscheinungen bei Klimaanlagen und ihre Vermeidung. ASHRAE-Journal 3 (1961), Nr. 7, S. 41–43. Referat in Kältetechnik 13 (1961), Nr. 9, S. 319.

tionswirkung). Im Gegensatz zu der Verdrängungslüftung ist bei der Strahllüftung wegen der erheblich höheren Lufteintrittsgeschwindigkeit eine möglichst genaue Erfassung der Strömungsvorgänge – insbesondere im Hinblick auf die Vermeidung von Zugerscheinungen – kaum zu umgehen. Dabei sind in erster Linie die in Abschn. 1.23 dargelegten strömungstechnischen Grundlagen für den Durchfluß durch Drosselgeräte zu beachten.

Die in der Praxis der Strahllüftung angewendeten Berechnungsverfahren gehen von den Strömungsgesetzen des isothermen Freistrahls aus, wobei zwischen dem runden Strahl und dem ebenen Strahl zu unterscheiden ist. Die wichtigste Größe ist die axiale Geschwindigkeit in der Entfernung x, die mit w_x bezeichnet wird und die zur Ermittlung der Wurfweite dient. Als Wurfweite wird dabei die Entfernung vom Auslaß verstanden, bei der die Luftgeschwindigkeit einen bestimmten zulässigen Wert nicht überschreitet (vgl.

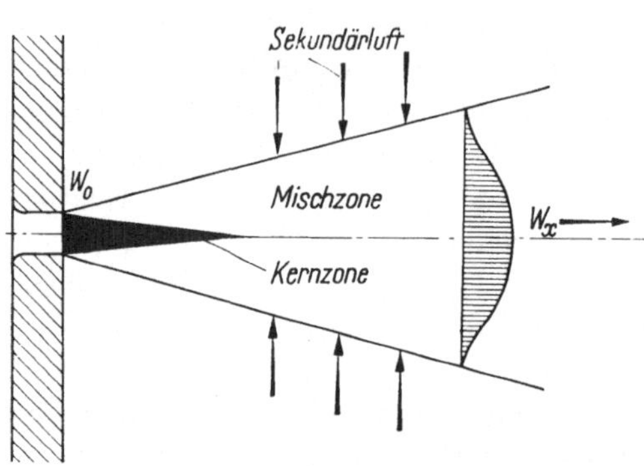

Abb. 2.41 Ausbreitung des isothermen Freistrahls.

Abb. 2.41). Diese Geschwindigkeit läßt sich berechnen aus der Beziehung

$$w_x = K \frac{\sqrt{A}}{x} w_0 . \tag{2.42}$$

Dabei bedeuten K die Auslaßkonstante (bei Düsen 7,0, bei geraden Steggittern 5,5), A die Fläche des Auslasses und w_0 die Geschwindigkeit im Auslaßquerschnitt. Bei scharfkantigen Auslässen ist die Lufteinschnürung durch Einführung einer Kontraktionszahl in Gl. (2.42) zu berücksichtigen. Bei unendlich langen Schlitzen ist wegen der fehlenden seitlichen Ausdehnung die Geschwindigkeitsabnahme von w_0 auf w_x wesentlich kleiner als bei runden Auslässen, so daß sich die Wurfweite erhöht. Die Wurfweiten von Luftstrahlen, die aus unendlich langen Wandschlitzen austreten, können in Abhängigkeit von Schlitzhöhe und Austrittsgeschwindigkeit aus einem in [358] dargestellten Diagramm abgelesen werden. Ist die Temperatur des austretenden Strahles von der Temperatur der Umgebungsluft wesentlich verschieden (nichtisothermer Strahl), so beeinflußt der Temperaturausgleich zwischen Zuluft und Raumluft

---

[358] RECKNAGEL-SPRENGER: Taschenbuch für Heizung. Lüftung und Klimatechnik, 55. Jahrg., München-Wien: Oldenbourg 1968, S. 852.

die Strömungsverhältnisse und erfordert bezüglich der Wurfweitenberechnung besondere Überlegungen. Weitere Hinweise für die richtige Bemessung von Luftdurchlässen bei Strahllüftung und entsprechende Untersuchungsergebnisse enthalten RIETSCHEL/RAISS[359] und die Veröffentlichungen von BECHER[360] und LINKE[361].

Als *Bauformen der Luftdurchlässe* werden im wesentlichen Wand-, Boden- und Deckendurchlässe unterschieden. Die einfachste Ausführung des Wanddurchlasses stellen schmale Längsschlitze in den Seitenwandungen der Luftkanäle dar. Eine Richtung des Luftstrahles und eine gleichmäßige Beaufschlagung des Durchlaßquerschnittes kann hierbei nur durch zusätzliche konstruktive Maßnahmen (Leitbleche, veränderlicher Querschnitt) erreicht werden. Für die Einführung größerer Luftströme werden größere Öffnungsquerschnitte erforderlich, die als Rahmengitter mit jalousieähnlichen Leitblechen ausgebildet sein können. Diese Leitbleche können verstellbar sein und damit eine Richtung des Luftstrahls den Erfordernissen entsprechend ermöglichen (Abb. 2.42).

Abb. 2.42 Lüftungsgitter aus Stahl mit einzeln einstellbaren, waagerechten Tropfenlamellen, diffusorartig ausgebildetem Rand und verdeckter Schraubbefestigung (Werkphoto Trox).

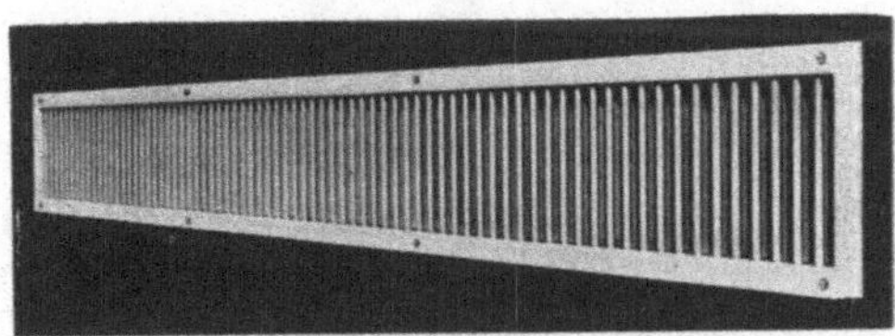

Abb. 2.43 Gitterband aus Stahl mit einzeln einstellbaren, senkrechten Tropfenlamellen und Schraubbefestigung (Werkphoto Trox).

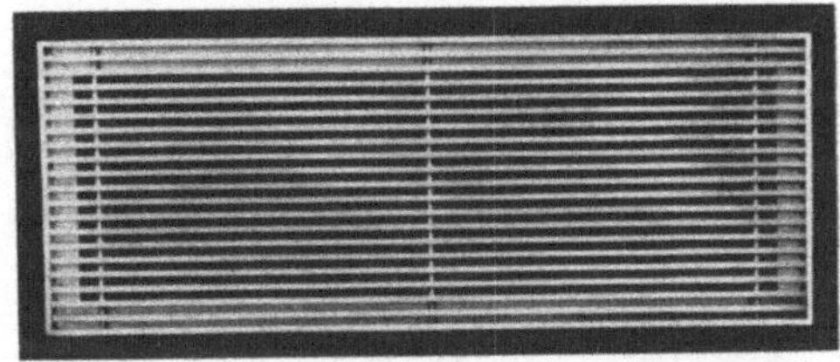

Abb. 2.44 Fußbodengitter aus Aluminium mit feststehenden Profillamellen (Werkphoto Trox).

Eine Regelung des durchtretenden Luftstromes läßt sich mit Hilfe einer im Gitter eingebauten, verstellbaren Drosselvorrichtung bewirken. Die

---

[359] RIETSCHEL/RAISS: Lehrbuch der Heiz- und Lüftungstechnik, 14. Aufl. Berlin/Göttingen/Heidelberg: Springer 1963, S. 536–543.

[360] BECHER, P.: Luftstrahlen aus Ventilationsöffnungen. Ges.-Ing. 71 (1950), S. 139–145.

[361] LINKE, W.: Eigenschaften der Strahllüftung. Kältetechnik 18 (1966), Nr. 3. S. 122–126.

Lüftungsgitter können aus verschiedenen Werkstoffen (Stahl, Aluminium, Kunststoff) in verschiedenen Frontansichten, als Gitterbänder (Abb. 2.43) und in trittfester Ausführung als Bodengitter (Abb. 2.44) hergestellt und geliefert werden, um alle technischen und architektonischen Anforderungen zu erfüllen.

Eine Sonderform des Luftdurchlasses stellt das Lüftungsventil (Abb. 2.45) dar, das in der Hauptsache als Abluftventil für geringe Luftströme entwickelt wurde. Die strömungsgünstige Formgebung von Einströmring und Ventilteller bewirkt geringe Luftgeräusche auch bei relativ großen Widerständen. Diese Lüftungsventile werden deshalb vorzugsweise in Anlagen mit kleinen Kanalquerschnitten eingesetzt. Durch einfaches Drehen des Ventiltellers läßt sich der Luftwiderstand im Ventil und damit die Größe des durchtretenden Luftstromes verändern. Der Einströmring ist so ausgebildet, daß die einströmende Luft mit der Wand nicht in Berührung kommt. Die Bildung eines Schmutzrandes um das Ventil ist somit nicht möglich. Das ganze Ventil läßt sich zur bequemen Reinigung mit einem Griff aus dem Einbaurahmen entfernen.

Abb. 2.45 Lüftungsventil in Kunststoffausführung (Werkphoto Trox).

Deckenluftauslässe erfordern besondere konstruktive Maßnahmen zur Vermeidung von Zugerscheinungen. Das kann durch horizontale Ablenkung des Luftstromes hinter dem Auslaß, durch Geschwindigkeitsverminderung in diffusorartigen Querschnittserweiterungen (Anemostat) oder durch Induktion (Ansaugen und Vermischen mit der Raumluft) erreicht werden. Dabei zu verwendende Durchlässe sind in den Abb. 2.46 und 2.47 darge-

Abb. 2.46 Deckenluftauslaß in quadratischer Ausführung (Werkphoto Trox).

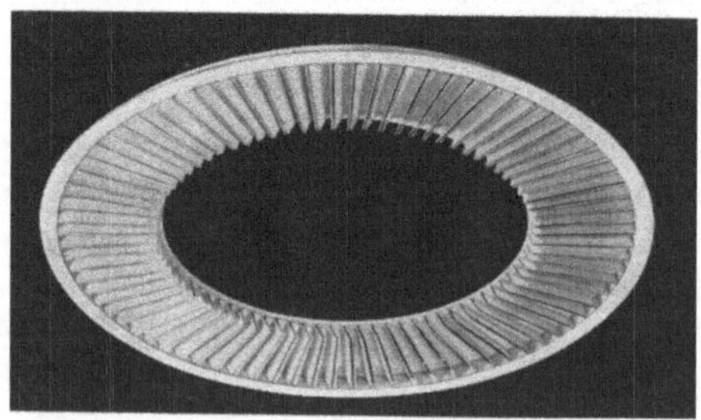

Abb. 2.47 Induktionsdeckenluftauslaß (Drallauslaß) (Werkphoto Rox).

stellt. Für Räume mit großem Luftbedarf bieten perforierte Decken (Lochdecken) die Möglichkeit einer gleichmäßigen Zuluftverteilung mit geringer Lufteintrittsgeschwindigkeit (vgl. hierzu die Veröffentlichung von RYDBERG[362]). Selbst bei hohen Lufteintrittsgeschwindigkeiten werden Zugerscheinungen dadurch vermieden, daß durch die feine Unterteilung des Luftstromes die Mischung mit der Raumluft und die Geschwindigkeitsverminderung unmittelbar in Deckennähe erfolgt. Über den Zusammenhang zwischen Deckenhöhe und Ausblasgeschwindigkeit vgl. die Ausführungen in Abschn. 2.23, S. 178. Als Material für die einzelnen Lochplatten der perforierten Decke kommen Gips, Stahlblech, Aluminiumblech, Preßspanplatten u. a. in Frage. Auf die Möglichkeit der gleichzeitigen Ausbildung als schallschluckende Decke wird besonders hingewiesen.

Die recht komplizierte Frage der Auswahl und Anordnung der ver-

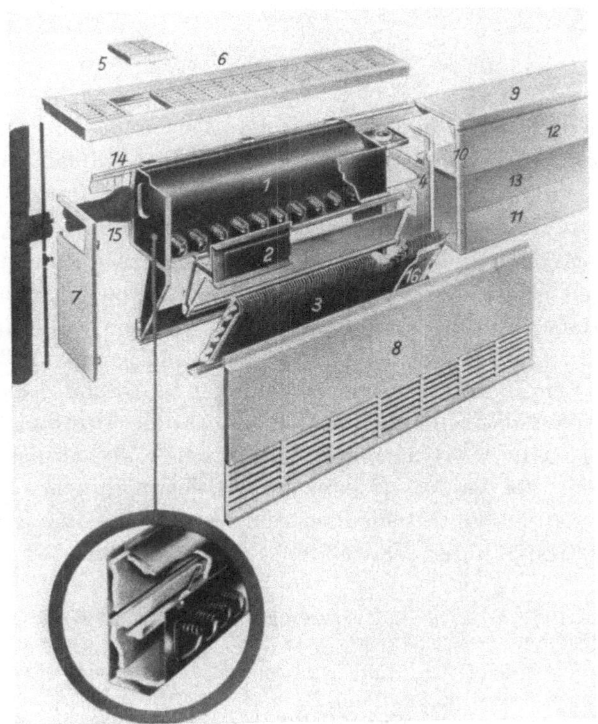

Abb. 2.48 Aufbau eines Induktionskonvektors (Werkphoto Carrier).
1 Primärluft; *2* Beipaßklappe; *3* Wärmeaustauscher; *4* Thermostat; *5* Austrittsgitter; *6* Abdeckung; *7* Seitenteile; *8* Frontverkleidung; *9* bis *13* als Ablage ausgebildetes Endstück; *14* Aufhängung; *15* Luftkanal; *16* Luftfilter.

---

[362] RYDBERG, J.: Lufteinblasung durch perforierte Decken. Ges.-Ing. 84 (1963), Nr. 2, S. 33–38.

15*

schiedenen Luftdurchlaßtypen und der Luftführung im Raum wird in den Veröffentlichungen von REGENSCHEIT[363], RYDBERG[364, 365] und BECHER[366] eingehend untersucht.

Induktionskonvektoren werden als Sonderbauarten von Luftdurchlässen speziell in Hochdruckklimaanlagen eingesetzt (vgl. hierzu die Veröffentlichungen von ARNOLD[367]). Bei den Induktionskonvektoren tritt ein bestimmter Strom zentral aufbereiteter Primärluft durch eine große Anzahl von Düsen aus und saugt dabei durch Induktionswirkung Raumluft (Sekundärluft) über einen Wärmeaustauscher an (Abb. 2.48). Das Luftgemisch tritt dann am oberen Ende des Konvektors durch ein Lüftungsgitter in den Raum aus. Eine individuelle Regelung der Zulufttemperatur ist bei dem in Abb. 2.48 dargestellten Induktionskonvektor mit Hilfe einer Beipaßklappe möglich. Entsprechend der Stellung dieser Klappe kann die Sekundärluft vollständig oder teilweise durch den Wärmeaustauscher strömen bzw. an diesem vorbeigeleitet werden.

2.46 Luftfilter

Die Forderung nach einem der Nutzungsart angepaßten Raumluftzustand bezieht sich nicht nur auf die klassischen Klimafaktoren Temperatur, Feuchtigkeit und Luftbewegung, sondern in immer stärkerem Maße auch auf die Reinheit der Raumluft von Gasen, Rauch, Stäuben, biologischen Keimen und sonstigen Beimengungen, wie sie in unterschiedlichen Mengen in der atmosphärischen Luft enthalten sind (über die Zusammensetzung der atmosphärischen Luft vgl. die Ausführungen in Abschn. 1.72). Sowohl die für Klimaanlagen angesaugte Außenluft als auch die aus dem Raum entnommene Abluft (vgl. Abschn. 1.83) sind verunreinigt, wobei die Konzentration und Art der Verunreinigung der Außenluft je nach Ort, Umgebung, klimatischen Verhältnissen, Tages- und Jahreszeit, die der Abluft je nach dem Verwendungszweck des klimatisierten Raumes unterschiedlich sein kann. Eine Reinigung dieser beiden Luftströme unter Verwendung von Luftfiltern ist somit aus

[363] REGENSCHEIT, B.: Die Luftbewegung in klimatisierten Räumen. Kältetechnik 11 (1959), Nr. 1, S. 3–11.

[364] RYDBERG, J.: Maximale Kühlleistungen und Luftmengen bei verschiedenen Einblasrichtungen. Ges.-Ing. 84 (1963), Nr. 6, S. 161–164.

[365] RYDBERG, J.: Eigenschaften verschiedener Lufteinlaßtypen. Vortrag auf dem XVIII. Kongreß für Heiz., Lüft., Klimatechnik. Kongreßbericht S. 75–86. Düsseldorf: Klepzig-Verlag 1964.

[366] BECHER, P.: Luftverteilung in gelüfteten Räumen. Heiz.-Lüft.-Haustechn. 17 (1966), Nr. 7, S. 248–255 und Nr. 10, S. 379–384.

[367] ARNOLD, J.: Induktionsapparat in Hochdruckklimaanlagen. Ges.-Ing. 80 (1959), Nr. 6, S. 161. – Hochdruckklimaanlagen, insbesondere Anlagen mit Klimakonvektoren. Ges.-Ing. 82 (1961), Nr. 5, S. 133–144.

hygienischen Gründen, aber auch aus betriebstechnischen Gründen
(Schutz der Klimaanlage selbst) praktisch immer erforderlich[368].

Da bei dem Betrieb einer Lüftungsanlage dem gelüfteten Raum im
Normalfall wesentlich mehr Luft als bei natürlichem Luftwechsel zugeführt wird, würde sich ohne Einsatz von Filtereinrichtungen der Staub-
anfall bedeutend vergrößern. Ein Teil des Staubes würde zwar mit der
Abluft wieder weggeführt, doch infolge der geringen Luftgeschwindigkeit
im Raum könnte sich immer noch ein großer Teil der zugeführten Staubmenge absetzen. Entsprechend den für die Lüftung von Versammlungsräumen geltenden DIN-Vorschriften[369] müssen Außenluft und Umluft so
weit gereinigt werden, daß die Zuluft nicht mehr als 0,5 mg Staub je m³
Luft enthält. Daraus ergibt sich ein Entstaubungsgrad (Verhältnis von ab-
geschiedener Staubmenge zum Staubgehalt der Rohluft) von etwa 90%.
Er kann in Sonderfällen bis über 99% gesteigert werden, wodurch sich
diese Räume praktisch staubfrei halten lassen. Über die für die einzelnen Anlagentypen erforderlichen Reinigungseffekte geben die einschlägigen Normen und Richtlinien Auskunft.

Charakteristische Kennzeichen der verschiedenen Luftfilterbauarten
sind die Abscheidung von Stäuben verschiedener Korngrößen und der
Widerstand, den das Filtermaterial dem Luftstrom entgegensetzt. Dabei werden die in klimatechnischen Anlagen eingesetzten Luftfilter im
wesentlichen in die drei Leistungsstufen Grob-, Fein- und Feinstfilter
eingeteilt. Grobfilter erlauben eine praktisch 100%ige Entstaubung bei
Korngrößen über 10 µm und haben einen Luftwiderstand zwischen 5 und
10 mm WS. Bei Feinfiltern wird eine nahezu vollständige Entstaubung
von Korngrößen über 1 µm mit einem
Luftwiderstand von 10 bis 20 mm WS
erreicht. Für die Entfernung von Stäuben mit einer Korngröße unter 1 µm
sind Feinstfilter geeignet, deren Luftwiderstand mit 50 bis 100 mm WS
entsprechend hoch ist.

Als Bauarten mechanischer *Grob-
luftfilter* werden ölbenetzte Metall-
luftfilter oder Trockenschichtluftfilter
(Grobfaserluftfilter) in Form von manuell zu bedienenden Luftfilterplatten
oder -packs verwendet (Abb. 2.49).
Die Filter sind in Luftfilterwänden

Abb. 2.49 Trockenschicht-Luftfilterpack
(Werkphoto Delbag).

---

[368] ROEDLER, F.: Luft-Entstaubung für Versammlungsräume aller Art als luft-
hygienisches Anliegen. Ges.-Ing. 73 (1952), Nr. 7/8, S. 116–120.
[369] DIN 1946: Lüftungstechnische Anlagen (VDI-Lüftungsregeln). Blatt 2:
Lüftung von Versammlungsräumen. April 1960.

oder -gehäusen angeordnet und müssen in regelmäßigen Zeitabständen entweder gereinigt oder erneuert werden. Bei starkem Staubgehalt der Luft ist eine möglichst große Staubspeicherfähigkeit der Filter erwünscht. Für große Luftströme können selbsttätig angetriebene, benetzte Metallumlauffilter oder Trockenschicht-Rollband-Filter eingesetzt werden, bei denen die Reinigung bzw. Erneuerung des Filtermaterials automatisch erfolgt (Abb. 2.50).

Mechanische *Fein- und Feinstluftfilter* sind Faservliese geeigneter Faserstärke (Papier, Glasfaser, Kunststofffaser, Textilien), die wie die entsprechenden Grobfilter in Form von manuell auswechselbaren Luftfilterpacks in Luftfilterwänden oder -gehäusen angeordnet sind. Zu den Fein- und Feinstluftfiltern zählen auch die Elektrofilter, in denen die in der Luft enthaltenen, abzuscheidenden Staubteilchen zunächst positiv aufgeladen und anschließend in der sogenannten Abscheidezone von negativ geladenen Platten angezogen und so abgeschieden werden. Mit diesem Verfahren läßt sich ein guter Entstaubungsgrad besonders im Feinst-

Abb. 2.50 Trockenschicht-Bandluftfilter (Werkphoto Delbag).

1 Staubluftseite; *2* Antriebselement; *3* Einbaurahmen; *4* Aufwickelspule.

staubkornbereich (Tabakrauch, Nebel, Pollen, Bakterien) erreichen (vgl. hierzu die Ausführungen von OCHS[370] und JESSNITZ[371]). Voraussetzung ist allerdings die Einhaltung einer maximalen Anströmgeschwindigkeit von etwa 1 bis 2 m/s. Als Spitzenerzeugnisse auf dem Gebiet der technischen Luft- und Gasreinigung sind die Elektrofilter erwartungsgemäß teuer in der Anschaffung, im Betrieb allerdings äußerst billig, da sie kaum nennenswerte Unterhaltungskosten verursachen, nahezu keinem Verschleiß unterliegen und bei richtiger Wartung eine fast unbegrenzte Lebensdauer haben.

Aktivkohlefilter[372] lassen sich zur Adsorption von Geruchsstoffen, Gasen und Dämpfen verwenden und werden hierzu in Form von einzelnen

---

[370] OCHS, H.-J.: Ölabscheidung mit Elektro-Luftfiltern. Klimatechnik 2 (1960), Nr. 7, S. 4–6. – Elektro-Luftfilter in Be- und Entlüftungsanlagen. Klimatechnik 8 (1966), Nr. 11, S. 20–24 u. 45–49.

[371] JESSNITZ, W.: Elektrische Filter für Klimaanlagen. Heiz.-Lüft.-Haustechn. 15 (1964), Nr. 9, S. 328–329.

[372] SCHÜTZ, H.: Der Einsatz von Aktivkohle zur Geruchsadsorption in Klima- und Belüftungsanlagen. Wärme-, Lüft.- und Gesundh.-Technik 17 (1965), Nr. 3, S. 52–62.

Zellen im Luftstrom angeordnet. – *Fettfilter* werden bei Küchenlüftungsanlagen in den Abluftdurchlässen angeordnet, um Fett- und Kochdünste zurückzuhalten, die bei Eintritt in die Klimaanlage zu einer Verschmutzung der Luftkanäle und des Ventilators führen können. Fettfilter müssen durch Auswaschen regelmäßig gereinigt werden.

Auswahl und Einsatz einer bestimmten Filterbauart hat jeweils nach den an die Luftreinheit zu stellenden Ansprüchen und unter Beachtung der meist unterschiedlichen Betriebsbedingungen und der jeweils herrschenden Staubverhältnisse zu erfolgen. Wichtig ist vor allen Dingen, daß für den Einbau der Luftfilter bauseitig ausreichend Platz vorgesehen wird, da mitunter große Filterflächen benötigt werden können. Durch Schrägstrom oder V-förmige Ausführung der Filter kann u. U. Platz eingespart werden. Über die in den verschiedenen Anwendungsgebieten der Klimatechnik einzusetzenden Luftfilterbauarten haben BECKER[373], SCHÜTZ[374], RÜB[375] und OCHS[376] in verschiedenen Veröffentlichungen ausführlich berichtet.

Voraussetzung für einen technisch einwandfreien und wirtschaftlichen Betrieb von Luftfilteranlagen ist eine ausreichende Wartung. Diese wird häufig dadurch erschwert oder vernachlässigt, daß der Verschmutzungsgrad der eingebauten Filter nur bei stillstehender Lüftungsanlage beurteilt werden kann. Das Luftfilter muß hierzu im Normalfall aus der Anlage entfernt werden. Wesentlich erleichtern läßt sich die Wartung durch kontinuierliche Messung des Durchflußwiderstandes mit Hilfe von Flüssigkeitsmanometern (U-Rohr- oder Schrägrohrmanometern) in der in Abschn. 1.52 beschriebenen Form. Übermäßig angestiegener Widerstand zeigt an, daß die Staubaufnahmefähigkeit der Filtermedien erschöpft ist und bei Naßluftfiltern Reinigung und Benetzung oder bei Trockenschichtluftfiltern Auswechselung der Luftfilterpacks erforderlich sind. Bei Einsatz spezieller Filterüberwachungsgeräte kann auch bei Überschreiten eines bestimmten Durchflußwiderstandes ein akustisches oder optisches Signal ausgelöst werden.

[373] BECKER, F. H.: Grenzen der Leistungsfähigkeit von Luftfiltern für lüftungstechnische Anlagen. Heiz.-Lüft.-Haustechn. 10 (1959), Nr. 12, S. 321–326.

[374] SCHÜTZ, H.: Moderne Luftfilter für Klimaanlagen. Heiz.-Lüft.-Haustechn. 15 (1964), Nr. 9, S. 329–332.

[375] RÜB, F.: Raumluftfilter in der Lüftungs- und Klimatechnik. Klimatechnik 7 (1965), Nr. 7, S. 14–20 u. Nr. 9, S. 17–20.

[376] OCHS, H.-J.: Luftfilter und Filterwirkung. Klimatechnik 1 (1959), Nr. 1, S. 5–6. – Luftfilter für Klimaanlagen. Klimatechnik 1 (1959), Nr. 3, S. 4–8. – Keim-Luftfilter. Klimatechnik 2 (1960), Nr. 4, S. 4–7. – Luftreinigung in vollklimatisierten Gebäuden. Heiz.-Lüft.-Haustechn. 15 (1964), Nr. 11, S. 394–399. – Anforderung an die Luftreinhaltung in Hochdruck-Klima-Anlagen. Klimatechnik 8 (1966), Nr. 3, S. 6–10 und Nr. 4, S. 24–30. – Die Nutzanwendung von Luftfiltern in Klimaanlagen. Heiz.-Lüft.-Haustechn. 17 (1966), Nr. 5, S. 183–187. – Ansprüche an die Luftreinheit in Klima-Anlagen. Klimatechnik 8 (1966), Nr. 10, S. 4–10.

2.5 Wärmeversorgung bei klimatechnischen Anlagen

2.51 Wärmewirtschaft

Aufgabe der Wärmewirtschaft ist die möglichst kostengünstige Erzeugung, Fortleitung und Verwendung der Wärme. Da die Betriebskosten klimatechnischer Anlagen wesentlich vom Wärmepreis beeinflußt werden, sind wärmewirtschaftliche Überlegungen gerade in der Klimatechnik von besonderer Bedeutung.

Die in klimatechnischen Anlagen benötigte Wärme wird zum überwiegenden Teil durch die Verbrennung fester, flüssiger oder gasförmiger Brennstoffe erzeugt. Hinter diesen tritt die Verwendung von Strom zur Wärmeerzeugung zur Zeit noch stark zurück und wird sich voraussichtlich erst nach dem Verbrauch der Vorräte an natürlichen Brennstoffen mit der dann erforderlichen Energiegewinnung aus der Kernspaltung durchsetzen. Daß sich die elektrische Energie unter besonderen Umständen (billige Stromerzeugung durch Wasserkraft, billiges Nachtstromdargebot) auch heute schon wirtschaftlich zur Wärmeerzeugung in klimatechnischen Anlagen einsetzen läßt, sei dabei nicht bestritten (vgl. S. 174).

Als *feste Brennstoffe* für die Wärmeerzeugung sind insbesondere Steinkohle, Braunkohle und Koks zu erwähnen. Diese haben in Deutschland bis etwa 1950 fast ausschließlich den Wärmeenergiebedarf gedeckt.

Im Jahr 1965 war die Kohle zwar noch mit etwa 60 % Hauptenergielieferant in Deutschland, es ist jedoch zu erwarten, daß ihr Anteil an der deutschen Energieversorgung bis zum Jahr 1975 auf etwa 40 % zurückgeht. In den übrigen europäischen Ländern sind die Verhältnisse ähnlich. In den USA beträgt der Anteil der festen Brennstoffe an der Primärenergie im Jahr 1965 bereits nur noch etwa 20 %. Für diese schwindende Bedeutung der Kohle gibt es im wesentlichen zwei Gründe:

1. die steigenden Kosten für Kohle und andere feste Brennstoffe,
2. die relativ hohe Luftverunreinigung bei der Verbrennung fester Brennstoffe.

Die hohen Kosten fester Brennstoffe insbesondere gegenüber dem Heizöl (vgl. Tab. 2.13) sind in erster Linie bedingt durch die starke Begrenzung in den Rationalisierungs- und Mechanisierungsmöglichkeiten bei der Kohlegewinnung und durch den Zwang zur Ausbeutung weniger ergiebiger und schlechter erreichbarer Lagerstätten.

Die Luftverunreinigung erfolgt bei der Verbrennung fester Brennstoffe sowohl durch staubförmige Auswürfe (Flugasche, Flugkoks und Ruß) als auch durch gasförmige Schadstoffe (CO, SO_2 und SO_3). Eine Begrenzung der Emissionen, die zum Teil gesetzlich gefordert wird, er-

Tabelle 2.13 *Kosten der Wärmeenergie bei Verwendung verschiedener Energieträger*

Energieträger	Preis DM/Einheit	Heizwert kcal/Einheit	Wirkungsgrad %	Preis DM/10000 kcal
Koks	0,12 DM/kg	7000	65	0,26
Heizöl EL	0,12 DM/kg	10000	70	0,17
Stadtgas	0,12 DM/m³	4000	80	0,37
Erdgas	0,24 DM/m³	8000	80	0,37
Elektrizität	0,05 DM/kWh	860	100	0,58

fordert die genaue Kenntnis der Emissionsquellen. Als Maßnahme am Brennstoff selbst kann eine zweckmäßige Kohlenaufbereitung dienen, da die Neigung zur Rußbildung vom Anteil an flüchtigen Bestandteilen im Brennstoff abhängt. Der Schwefelgehalt fester Brennstoffe liegt mit 0,8 bis 1,2% auch relativ hoch.

Als *flüssige Brennstoffe* kommen für die Wärmeversorgung klimatechnischer Anlagen fast ausschließlich die mineralischen Heizöle in Betracht, die bei der Verarbeitung von Erdöl als Destillationsprodukt in den verschiedenen Temperaturstufen anfallen. Die brennbare Substanz der Heizöle besteht fast ausschließlich aus Kohlenstoff und Wasserstoff, die zu den verschiedenartigsten Molekülgruppen verbunden sind. Der Schwefelgehalt ist – durch die Herkunft bedingt – unterschiedlich. Er bleibt bei der Verarbeitung der Rohöle größtenteils in den Destillationsrückständen zurück und reichert sich in den schwereren Heizölsorten an. Die charakteristischen, zulässigen Grenzwerte der einzelnen Bestandteile verschiedener Heizölsorten sind in einer entsprechenden Norm[377] festgelegt. Wie daraus hervorgeht, werden in Deutschland entsprechend dem unterschiedlichen Fließverhalten (Viskosität) die folgenden vier Heizölsorten unterschieden:

Heizöl EL = extraleichtflüssiges Heizöl,
Heizöl L = leichtflüssiges Heizöl,
Heizöl M = mittelflüssiges Heizöl,
Heizöl S = schwerflüssiges Heizöl.

Infolge seiner großen Vorteile (gute Transport- und Lagerfähigkeit, gute Regelbarkeit mit geringem Bedienungsaufwand, hoher Heizwert und rückstandsfreie Verbrennung) hat der Verbrauch an Heizöl in Deutschland in den letzten Jahren stark zugenommen. Der Anteil des Erdöls am Primärenergieverbrauch in Deutschland betrug im Jahr 1965 nahezu 40%.

Ein wesentlicher Nachteil liegt bei der Heizölverbrennung in der im Schwefelgehalt des Brennstoffes begründeten SO_2-Emission. Die An-

---

[377] DIN 51603: Heizöle, Mindestanforderungen. Juni 1962.

wesenheit von SO_2 in der Außenluft führt zur Bildung von SO_3 und Schwefelsäure und kann so gesundheitliche Schäden und Korrosionen an Werkstoffen hervorrufen. Während eine Entschwefelung der Abgase schon möglich ist, kann das Entschwefeln des Heizöls selbst wirtschaftlich noch nicht durchgeführt werden.

Die *gasförmigen Brennstoffe* haben gegenüber den festen Brennstoffen die gleichen Vorteile wie die flüssigen, darüber hinaus aber noch den besonderen Vorzug der Vermeidung von Anfuhr und Lagerung des Brennstoffes. Der Anteil des Gases an der Weltenergieversorgung beträgt z.Z. etwa 16%. Dabei ist das Gas in den USA allein mit 33% an der Energiedeckung beteiligt. Infolge großer Erdgasfunde gewinnt auch in Europa Gas als Brennstoff immer größere Bedeutung, zumal die Gasheizung bezüglich der Reinhaltung der Luft und des Wassers sehr günstig ist. Voraussetzung für einen stärker wachsenden Anteil des Gases am europäischen Energieverbrauch ist allerdings eine wesentliche Verringerung des Wärmepreises unter die in Tab. 2.13 angegebenen Werte.

Neben den natürlichen und veredelten Brennstoffen (Kohle, Öl, Gas) haben andere Energiequellen nur eine untergeordnete Bedeutung erlangt. Wasserkraft steht in der Natur örtlich und zeitlich unregelmäßig zur Verfügung. Ihr Anteil an der Deckung des deutschen Gesamtenergiebedarfs ist seit Jahrzehnten mit 5 bis 7% nahezu konstant. Die Ausbeutung der Sonnenenergie ist bis heute noch nicht in wirtschaftlich durchführbarer Weise gelungen. Atomkraftwerke und Atomheizwerke werden erst in der Zukunft größere Bedeutung erreichen.

2.52 Wärmeerzeugung
mit festen, flüssigen und gasförmigen Brennstoffen

Hauptbestandteile der Erzeugung der in der Klimatechnik erforderlichen Wärmeenergie sind die Verbrennungsprozesse (vgl. S. 48) und die Übertragung der dabei entstehenden Wärme an einen Wärmeträger. Unabhängig von Art und Konsistenz des Brennstoffes (fest, flüssig, gasförmig) können technisch und wirtschaftlich einwandfreie Verbrennungs- und Wärmeübertragungsvorgänge nur in speziell hierfür entwickelten Anlagen (Kesselanlagen) durchgeführt werden, die so konstruiert sind, daß sie einen einwandfreien Verbrennungsablauf und eine möglichst gute Wärmeausnutzung gewährleisten. Die heiztechnischen Anforderungen, Prüfverfahren und die zur Kennzeichnung und Bewertung von Heizkesseln (Wärmeerzeugern) notwendigen technischen Begriffe sind in DIN 4702[378] einheitlich festgelegt. Als Heizkessel im Sinne dieser Norm gelten Wasser- und Dampfkessel mit Feuerungen für feste, flüssige und gas-

---

[378] DIN 4702, Blatt 1: Heizkessel. Begriffe, Nennleistung, Heiztechnische Anforderungen, Kennzeichnung. Januar 1967.

förmige Brennstoffe, soweit die Vorlauftemperatur bei Wasser als Wärmeträger 130 °C und der Betriebsdruck bei Dampf 1,5 atü nicht überschreiten. Damit sind praktisch die in der Klimatechnik eingesetzten Wärmeerzeugungsanlagen normaler Größe erfaßt. Für Großanlagen und solche zur Erzeugung von Hochdruckdampf bestehen besondere Richtlinien.

Für die *Verbrennung fester Brennstoffe* wurden in erster Linie gußeiserne Gliederkessel entwickelt. Sie bestehen aus einer bestimmten Anzahl gleicher gußeiserner Mittelglieder, die zusammengesetzt gleichzeitig Brennstoffvorratsraum, Verbrennungsraum, Rostfläche, Aschenraum, Heizgaszüge und Abgassammelkanal bilden. Das Vorderglied besitzt alle für Betrieb, Wartung und Pflege erforderlichen Türen und Klappen, das Endglied hat die Abgaseinrichtungen für den Schornsteinanschluß (Abb. 2.51). Die gußeisernen Kessel werden nach dem Wärmeträger in Warmwasser- und Niederdruckdampfkessel und nach der Art der Feuerung in Kessel mit oberem und unterem Abbrand eingeteilt. Beim oberen Abbrand (Durchbrand) kommt der ganze Brennstoffvorrat des Kessels zum Glühen und brennt allmählich ab. Beim unteren Abbrand (Unterbrand) glüht der Brennstoff nur in einer konstruktiv bedingten Höhe, die Verbrennungsgase ziehen seitlich ab (vgl. Abb. 2.52). Kessel mit

Abb. 2.51 Gußeiserner Gliederkessel für die Verbrennung fester Brennstoffe. Vorderansicht, teilweise geöffnet (Werkphoto Strebel).

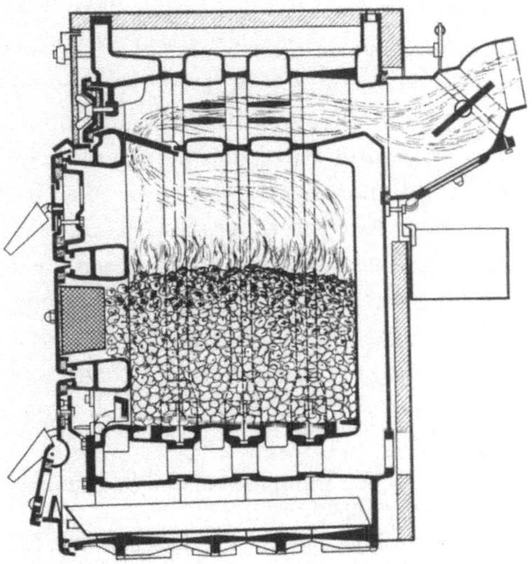

Abb. 2.52 Gußeiserner Gliederkessel mit unterem Abbrand und horizontaler Abgasführung (Werkbild Buderus).

unterem Abbrand sind besser regelbar und haben höhere Wirkungsgrade als Durchbrandkessel. Die beiden wesentlichen Vorteile gußeiserner Gliederkessel sind die hohe Korrosionsbeständigkeit des Kesselmaterials und die Vergrößerungsmöglichkeit der Kesselleistung durch Ansetzen weiterer Kesselglieder. Nachteilig ist besonders die bezüglich des Druckes begrenzte Verwendungsfähigkeit der gußeisernen Gliederkessel. In normaler Ausführung lassen sie sich für Drücke bis etwa 25 m WS einsetzen. Bei höheren Drücken (bis etwa 50 m WS) können Spezialausführungen (Hochhauskessel) verwendet werden, die sich von den normalen Bauarten durch stärkere Konstruktion und Verwendung einer besonderen Gußeisensorte unterscheiden.

Neben den Gußkesseln werden auch Stahlkessel mit den gleichen Konstruktionsmerkmalen (oberer und unterer Abbrand) für die Verfeuerung fester Brennstoffe angeboten. Stahlkessel sind bei abnormalen Betriebsverhältnissen (Wassermangel, Kesselstein, Einspeisen kalten Wassers) weniger gefährdet als Gußkessel, lassen höhere Heizflächenbelastungen zu und können auch bei höheren Temperaturen und Drücken eingesetzt werden. Da das verwendete Material (Stahlrohr, Stahlblech) durch wasser- oder rauchgasseitige Korrosion leichter zerstört wird als Gußeisen, ist die Lebensdauer von Stahlkesseln im allgemeinen geringer als die gußeiserner Heizkessel. Bezüglich der sehr zahlreichen Bauformen von Stahlheizkesseln für feste Brennstoffe muß auf die ausführlichen Darstellungen in dem einschlägigen Schrifttum[379, 380] verwiesen werden. Die Möglichkeit des automatischen Betriebs von kohlen- und koksgefeuerten Kesselanlagen sei jedoch noch besonders erwähnt (vgl. hierzu die Veröffentlichung von SCHNEIDER[381]). Um den Bedienungsaufwand der Anlagen zu vermindern und den Wirkungsgrad zu erhöhen, wurden Kesselkonstruktionen und Feuerungseinrichtungen mit automatischer und geregelter Brennstoffzuführung und mit staubfreier, automatischer Entaschung und Entschlackung entwickelt. Verbrennung und Wärmeerzeugung laufen bei diesen Kesseln selbsttätig in Abhängigkeit von der Raum- oder Außentemperatur ab. Eine im Kessel eingebaute Entschlackungsanlage entfernt die anfallenden Verbrennungsrückstände mit einer Steuerung nach der Kesselbelastung aus dem Brennraum.

Die *Verbrennung flüssiger Brennstoffe* erfordert eine dem Verbrennungsvorgang vorausgehende, vorbereitende Behandlung des Brennstoffes. Und zwar muß das Heizöl zunächst entweder verdampft oder

[379] ZINZEN, A.: Dampfkessel und Feuerungen, 2. Aufl., Berlin/Göttingen/Heidelberg: Springer 1957.

[380] RECKNAGEL-SPRENGER: Taschenbuch für Heizung, Lüftung, Klimatechnik, 55. Jahrg., München-Wien: Oldenbourg 1968, S. 402–421.

[381] SCHNEIDER, S.: Gestaltung neuzeitlicher Heizzentralen für feste Brennstoffe. 1968, S. 402–421. Sanitäre Technik 26 (1961), Nr. 7, S. 315–316.

in feine Tropfen zerstäubt und dann mit der Verbrennungsluft innig vermischt werden, um eine möglichst vollkommene Verbrennung bei geringstem Luftüberschuß zu erreichen. Hierzu sind als besondere Einrichtungen Ölbrenner erforderlich, die an die Kessel bekannter Bauart angebaut werden. Die für den Betrieb von voll- und halbautomatischen Ölbrennern (Zerstäubungsbrennern) und Ölfeuerungsautomaten gültigen Richtlinien sind in DIN 4787[382] zusammengestellt. Die Verwendung dieser Brenner in Heizungsanlagen wird in DIN 4755[383] geregelt. Ausgenommen von diesen Richtlinien sind Verdampfungsbrenner, für die die Bestimmungen nach DIN 4731[384] gelten und die in der Hauptsache zur zentralen Wärmeerzeugung in Etagen- und Mehrzimmerwarmluftheizungen eingesetzt werden. BULNHEIM[385], JUNG[386] und STREIT[387] beschreiben den Verdampfungsbrenner als einen billigen und anpassungsfähigen Ölbrenner, mit dem bei Ausrüstung mit elektrischer Zündung und Steuerung auch ein automatischer Betrieb zu erreichen ist.

Bei den meisten Ölbrennern wird der Brennstoff auf mechanischem Wege zerstäubt. Der bekannteste und für die Wärmeerzeugung in klimatechnischen Anlagen am meisten verwendete Zerstäubungsbrenner ist der Hochdrucköbrenner, bei dem das Öl durch eine elektrisch angetriebene Pumpe auf einen Druck von etwa 6 bis 20 atü gebracht und dann einer Zerstäubungsdüse zugeführt wird. In der Düse wird das Öl in feinste Teilchen vernebelt und anschließend in einer geeigneten Drallvorrichtung mit der Verbrennungsluft vermischt. Auf die ausführlichen Beschreibungen des Aufbaues und der Funktionsweise dieser und anderer gebräuchlicher Brennerbauarten (Injektorbrenner, Rotationszerstäuber u.a.) in den Buchveröffentlichungen von HANSEN[388], LANDFERMANN[389] und REINDERS[390] sei besonders hingewiesen.

Maßgebend für die Gemischbildung und die Güte der Verbrennung bei einer Ölfeuerungsanlage ist nicht nur die einwandfreie Funktionsweise

---

[382] DIN 4787: Ölbrenner. Begriffe, Anforderungen, Bau, Prüfung. Oktober 1967.

[383] DIN 4755: Ölfeuerungen in Heizungsanlagen. Richtlinien. Juli 1966.

[384] DIN 4731: Ölheizeinsätze mit Verdampfungsbrenner. Begriffe, Bau, Leistung, Güte und Prüfung. Mai 1966.

[385] BULNHEIM, H. U.: Die Gebläse-Verdampfungsbrenner, Aufbau und Arbeitsweise. Heiz.-Lüft.-Haustechn. 12 (1961), Nr. 7, S. 193–201.

[386] JUNG, A. L.: Vom Verdampfungsölbrenner. Heiz.-Lüft.-Haustechn. 13 (1962), Nr. 7, S. 214–220.

[387] STREIT, F.: Der vollautomatische Verdampfungsbrenner. Heiz.-Lüft.-Haustechn. 13 (1962), Nr. 7, S. 200–201.

[388] HANSEN, W.: Die Gebäudeheizung mit Heizöl, Berlin/Göttingen/Heidelberg: Springer 1956.

[389] LANDFERMANN, C. A.: Die Ölfeuerung bei Zentralheizungen, 4. Aufl., Berlin: Haenchen u. Jäh 1962.

[390] REINDERS, H.: Die Heizölfeuerung, Düsseldorf: VDI-Verlag 1960.

des Brenners im Sinne der hier genannten Forderungen, sondern das Zusammenwirken von Brenner und Brennraum des Kessels. Dabei ist besonders ein ausreichend großer Feuerraum zu fordern, der der Flamme die Möglichkeit des guten Ausbrennens gibt. Eine Berührung der Flamme mit wassergekühlten Kesselteilen muß vermieden werden, da sonst Ruß- und Ölkoksbildung auftritt (vgl. hierzu die Veröffentlichungen von STREIT[391], MARX[392] und TITTOR[393]). Die meisten für die Verbrennung fester Brennstoffe konstruierten Guß- und Stahlkessel lassen sich zwar durch relativ geringfügige Veränderungen (Auswechseln des Vorder-

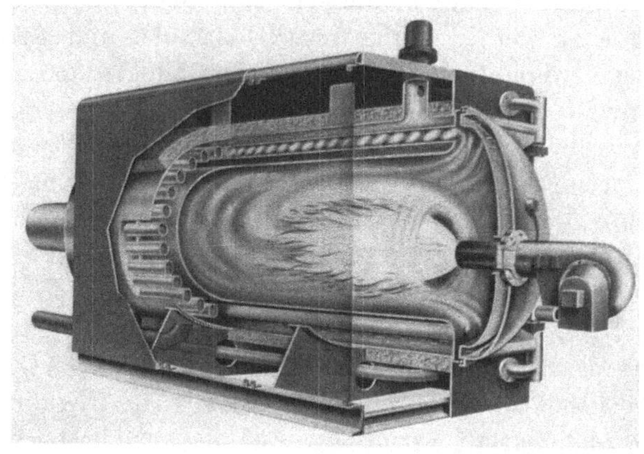

Abb. 2.53 Flammrohr-Rauchrohr-Kessel (Dreizugkessel) mit Ölfeuerung
(Werkphoto Ideal-Standard).

gliedes, Ausmauerung) für Ölfeuerung verwenden, Wirkungsgradeinbußen gegenüber Ölspezialkesseln sind aber unvermeidbar. In vielen Fällen der Kesselumstellung von festen auf flüssige Brennstoffe treten auch echte Schwierigkeiten auf, die sich in einer schlechten Abgaszusammensetzung, der Bildung von Ölkoksschichten an den Kesselwänden, örtlichen Überhitzungen, Zerstörung der Brennkammerauskleidung und des Kesselmaterials selbst äußern können. Bei den besonders für die Verbrennung flüssiger Brennstoffe konstruierten Ölspezialkesseln (Abb. 2.53) werden durch den Fortfall des Rostes und durch den großen Verbrennungsraum einwandfreie Verbrennungsverhältnisse und gute Wirkungs-

---

[391] STREIT, F.: Die Gestaltung von Feuerräumen im Hinblick auf die Rußentwicklung bei kleinen Ölfeuerungen. Heiz.-Lüft.-Haustechn. 12 (1961), Nr. 7, S. 207 bis 208.

[392] MARX, E.: Rußzahl, eine Kenngröße für die Güte der Verbrennung bei einer Ölfeuerung. Wärme-, Lüft.- und Gesundh.-Techn. 14 (1962), Nr. 3, S. 46–47.

[393] TITTOR, W.: Wechselbeziehungen zwischen Ölbrenner, Heizungskessel und Abgasführung. Öl- und Gasfeuerung 10 (1965), Nr. 1, S. 49–54 u. Nr. 2, S. 138–143.

grade erreicht. Sehr beliebt sind auch sog. Umstellbrandkessel, die zwar besonders für die Ölfeuerung gebaut werden, in denen aber im Bedarfsfall nach Entfernung der Ausmauerung und Ersetzen der Brennerplatte durch ein Feuerungsgeschränk auch feste Brennstoffe verbrannt werden können.

Bei der Wärmeerzeugung durch Heizölverbrennung stellt die Brennstofflagerung in sicherheitstechnischer Hinsicht hohe Anforderungen. Hierüber haben KRIENKE[394] und ENDRICH[395] ausführlich berichtet. Dabei dürfen Heizöle grundsätzlich nur in geschlossenen Behältern aus nicht brennbaren, bruchsicheren und ölbeständigen Werkstoffen unterirdisch oder oberirdisch gelagert werden. Für die Anordnung und Ausstattung der Lagerbehälter enthalten die DIN 4755 entsprechende Richtlinien. Über den Einbau unterirdischer Lagerbehälter geben die DIN 6608[396] genaue Vorschriften. Für die Anordnung von Heizölvorratsbehältern innerhalb von Gebäuden gelten die Bestimmungen der Heizraumrichtlinien[397] und der VDI-Richtlinien 2050[398].

Bei der *Verbrennung gasförmiger Brennstoffe* werden an den Wärmeerzeuger ganz spezielle Ansprüche gestellt, die sich von denen bei der Verfeuerung fester und flüssiger Brennstoffe wesentlich unterscheiden. Es ist zwar grundsätzlich möglich, in einer für feste Brennstoffe oder Öl entwickelten Kesselanlage Gas mit einem noch ausreichenden Verbrennungswirkungsgrad zu verfeuern. Mit einer Gasfeuerung in speziellen Gaskesseln können jedoch wesentlich bessere Wirkungsgrade erreicht werden. Die besonderen Merkmale von Gasspezialkesseln sind der gegenüber anderen Kesselbauarten relativ kleine Verbrennungsraum und die engen Rauchgasabzüge, in denen bei möglichst turbulenter Gasströmung gute Wärmeübergangsverhältnisse erreicht werden (Abb. 2.54).

Sehr wichtig ist bei der Gasfeuerung die Wahl des geeigneten Brenners. Als gebräuchlichste Bauarten werden dabei Leuchtflammenbrenner, Injektorbrenner und Gasgebläsebrenner unterschieden. Bei dem Leuchtflammenbrenner tritt das Gas aus einer oder mehreren kleinen Öffnungen aus, wird entzündet und nimmt sich so an der die Raumluft berührenden Oberfläche der Flamme den zur Verbrennung notwendigen Sauerstoff. Die

---

[394] KRIENKE, C. F.: Die Lagerung von Heizöl für ölbefeuerte Einzel- und Zentralheizungen. Heiz.-Lüft.-Haustechn. 12 (1961), Nr. 7, S. 203–207.

[395] ENDRICH, W.: Fragen der Heizöllagerung. Gewässerschutz – Tankschutz. Heizung 1 (1966), Nr. 9, S. 12–17.

[396] DIN 6608, Blatt 1–3: Tanks, unterirdisch. September 1962, März 1965 u. März 1963.

[397] Richtlinien für den Bau und die Einrichtung von zentralen Heizräumen und ihren Brennstofflagerräumen (Heizraumrichtlinien). Herausgegeben von der ARGE-BAU.

[398] VDI 2050: Heizzentralen. Technische Grundsätze für Planung und Ausführung. Oktober 1963.

Wärmeabgabe der Leuchtflammenbrenner erfolgt lediglich durch Strahlung. Wegen der relativ geringen Leistung wird diese Brennerbauart nur in Kleingeräten angewendet. Ein typischer Vertreter der Injektorbrenner ist der Bunsenbrenner, bei dem durch Injektionswirkung ein Teil der notwendigen Verbrennungsluft (Primärluft) schon vor dem Verbrennungsvorgang angesaugt und vermischt wird. Dadurch erhält die Flamme einen gewissen Luftüberschuß, wodurch eine nahezu vollständige Verbrennung erreicht wird. Bei dem Gasgebläsebrenner wird dem Gas die gesamte Verbrennungsluft vor der Verbrennung durch ein Gebläse zugeführt. Dadurch ergeben sich eine große Betriebssicherheit, die Möglichkeit des vollautomatischen Betriebes, eine genaue Dosierung der Luftmenge und eine gute Durchmischung. Die DIN 4788[399] gelten als Richtlinien für die Beschaffenheit und Funktionsweise automatischer und teilautomatischer Gasbrenner und Gasfeuerungsautomaten, deren Verwendung und Installation in Wärmeerzeugern verschiedener Art in DIN 4756[400] geregelt wird.

Wegen der Explosionsgefahr bei ausströmendem Gas erfordern Gasfeuerungen besondere Sicherheitseinrichtungen, wie sie bei keiner anderen Feuerungsart erforderlich werden. Dabei darf der Brenner nur mit Luftvorspülung gestartet werden, damit vor der Zündung der Brennraum im Kessel ausreichend durchlüftet ist. Zwei Gasventile sorgen dafür, daß während der Stillstandszeiten kein unverbranntes Gas in den Brennraum gelangt. Durch eine besondere Flammenüberwachung werden die Gasventile sofort geschlossen, wenn keine einwandfreie Verbrennung zustande kommt oder die Flamme während des Betriebes abreißt.

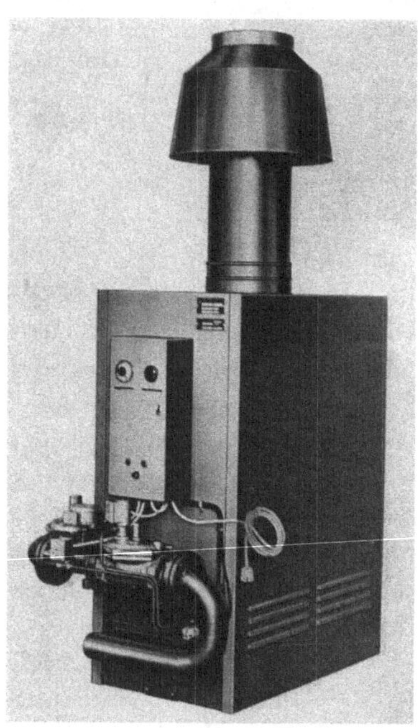

Abb. 2.54 Gußeiserner Gliederkessel mit Gasfeuerung (Werkphoto Strebel).

Der *Schornstein* ist ein wesentlicher Bestandteil einer Wärmeerzeugungsanlage mit Verbrennung fester, flüssiger und gasförmiger Brenn-

---

[399] DIN 4788: Gasbrenner. Begriffe, Anforderungen, Bau, Prüfung. Februar 1966.
[400] DIN 4756: Gasfeuerungen. Installation und sicherheitstechnische Richtlinien. Februar 1966.

stoffe. Er hat die Aufgabe, die gasförmigen Verbrennungsprodukte ins Freie abzuführen und gleichzeitig – insbesondere bei der Verbrennung fester Brennstoffe – dem Brennstoff die Verbrennungsluft in der erforderlichen Menge zuzuführen. Die Wirkung eines mit natürlichem Zug arbeitenden Schornsteins beruht auf dem Gewichtsunterschied zwischen den heißen Abgasen und der kalten atmosphärischen Außenluft. Diese Zugkraft des Schornsteins hat den Zugbedarf der Feuerung und die Eigenverluste des Schornsteins (Reibungsverluste) zu decken. Die Schornsteinverluste können durch entsprechende Dimensionierung (Querschnitt und Höhe) der Schornsteinanlage in angemessenen Grenzen gehalten werden (vgl. DIN 4705[401], DIN 18 160 0[402] und die Erläuterungen hierzu von Bub[403]). Bei der Verwendung von Formsteinen anstelle gemauerter Schornsteine können nach Winterberg[404] um 25 bis 30 % geringere Schornsteinquerschnitte gegenüber den Berechnungsergebnissen nach den Normen eingesetzt werden. Auf den unterschiedlichen Zugbedarf der verschiedenen Feuerungsarten und Kesselbauarten sei besonders hingewiesen. Geringe Schornsteinzüge lassen sich durch Anwendung von Überdruckfeuerungen (bei der Verbrennung flüssiger und gasförmiger Brennstoffe) oder durch Einsatz von Saugzuggebläsen korrigieren. Bei schwacher Belastung oder Überbemessung können Schäden durch Wasserdampfkondensation (Durchnässung, Durchsottung) auftreten. Eine gute Wärmeisolierung der Schornsteinanlage verbessert den wirksamen Zug und vermeidet Taupunktunterschreitungen der Abgase.

Durch *Korrosion und Kesselsteinausscheidung* sind alle die Wärmeerzeugungsanlagen gefährdet, bei denen Wasser als Wärmeträger verwendet wird. Die beiden, eng miteinander verbundenen Erscheinungen werden durch die im Wasser gelösten Gase (Sauerstoff, Kohlensäure) und Salze verursacht und durch hohe Temperaturen und Drücke begünstigt (vgl. hierzu die Ausführungen von Schikorr[405], Ulrich[406], Heinzelmann[407],

---

[401] DIN 4705: Berechnung der lichten Weite von Schornsteinen für Zentralheizungen. April 1944 (In Neubearbeitung).

[402] DIN 18160, Blatt 1: Feuerungsanlagen. Hausschornsteine, Bemessung und Ausführung. Dezember 1962.

[403] Bub, H.: Feuerungsanlagen – Hausschornsteine. Heiz.-Lüft.-Haustechn. 14 (1963), Nr. 10, S. 336–341.

[404] Winterberg, W.: Der richtige Schornstein. Heiz.-Lüft.-Haustechn. 14 (1963), Nr. 2, S. 55–57.

[405] Schikorr, G.: Die Grundlagen der wasserseitigen Korrosion in Heizungs- und Warmwasseranlagen unter besonderer Berücksichtigung der Betriebsbedingungen. Heiz.-Lüft.-Haustechn. 13 (1962), Nr. 10, S. 309–316.

[406] Ulrich, E. A.: Korrosion in Heizungsanlagen. Wärme-, Lüft.- u. Ges.-Techn. 15 (1963), Nr. 1, S. 10–13 u. Nr. 2, S. 12–24 u. 29–30.

[407] Heinzelmann, U.: Korrosionsprobleme und Korrosionsschutz in Heizungsanlagen. Sanitäre Techn. 28 (1963), Nr. 10, S. 464–467.

WORTMANN[408] und MATTING und ZIEGLER[409]). Zur Verminderung oder Verhinderung der Bildung von Kesselstein gibt es grundsätzlich drei Möglichkeiten: 1. Vorbehandeln des eingespeisten Wassers, 2. Zugabe von Chemikalien, die den Kristallisationsverlauf der Ausscheidung beeinflussen, und 3. konstruktive Maßnahmen an den Kesselanlagen, die die Abscheidung erschweren und die regelmäßige Reinigung erleichtern. Die Maßnahmen zur Verhütung von Korrosionen können in aktiven und passiven Korrosionsschutz eingeteilt werden (vgl. die einschlägigen VDI-Richtlinien[410]). Die Aufgabe des aktiven Korrosionsschutzes besteht in einer den jeweiligen Betriebsbedingungen entsprechenden Wasseraufbereitung. Als passiver Korrosionsschutz wird die geeignete Auswahl der Werkstoffe für den Bau der Anlage bezeichnet, gegebenenfalls unter Einsatz besonderer Schutzüberzüge. Die von BÖCKLE[411] und ANDERS[412] beschriebene Speisewasseraufbereitung bildet einen wirksamen Schutz sowohl gegen Korrosionserscheinungen als auch gegen Kesselsteinbildung und stellt somit einen wesentlichen Bestandteil moderner Wärmeerzeugungsanlagen dar.

2.53 Fernwärmeversorgung

Bei der Fernwärmeversorgung (Fernheizung) dient die zentral vorgenommene Wärmeerzeugung der Versorgung einer größeren Anzahl einzelner Abnehmer. Da die Wärmeversorgung mehrerer Gebäude nicht unbedingt eine Fernwärmeversorgung darstellen muß, dient das Vorhandensein von Unterstationen (Umformer- oder Reglerstationen) als typisches Kennzeichen einer Fernversorgung. Die Wärmeerzeugung erfolgt durch Verbrennung fester, flüssiger oder gasförmiger Brennstoffe in der bereits beschriebenen Art in größeren Heizzentralen oder Heizkraftwerken. Die erzeugte Wärme wird an einen Wärmeträger abgegeben und von diesem über das Fernwärme-Rohrnetz den einzelnen Hausstationen zugeführt.

Entsprechend der Art des Wärmeträgers werden Dampf-, Heißwasser- und Warmwasserfernheizungen unterschieden. Bei den Dampffernheizungen wird der in Dampfkesseln erzeugte Heizdampf mit Drük-

---

[408] WORTMANN, G.: Die wasserseitige Korrosion in Wasser- und Dampfheizungsanlagen. Techn. Überwachung 5 (1964), Nr. 8, S. 292–296.

[409] MATTING, A., u. R. ZIEGLER: Korrosionsprobleme in Warm- und Kaltwasseranlagen. Heiz.-Lüft.-Haustechn. 17 (1966), Nr. 11, S. 433–437.

[410] VDI 2034: Korrosionsschutz für Dampfheizungsanlagen. Januar 1957. – VDI 2035: Korrosionsschutz für Warmwasserheizungs- und Warmwasserbereitungsanlagen. März 1967.

[411] BÖCKLE, A.: Aufbereitung des Speisewassers für Heizkessel. Heiz.-Lüft.-Haustechn. 17 (1966), Nr. 11, S. 411–418.

[412] ANDERS, H.: Wasseraufbereitung für geschlossene Heizungssysteme. Heizung 1 (1966), Nr. 11, S. 11–12.

ken von 2 bis 12 atü in das Fernleitungsnetz gegeben und das Kondensat mit Pumpen zu der Zentrale zurückgefördert. Die Heißwasserfernheizung verwendet heißes Wasser mit Temperaturen über 110 °C (110 bei 180 °C) als Wärmeträger, das – ebenso wie das warme Wasser bei den Warmwasseranlagen (unter 110 °C) – durch Pumpen in dem Rohrnetz umgewälzt wird. Die Heißwasserfernheizung wird heute bevorzugt bei Stadtheizungen angewendet, bei denen neben klimatechnischen Anlagen (Heizungs-, Lüftungs- und Klimaanlagen) auch Abnehmer angeschlossen sind, die Wärme für gewerbliche Zwecke benötigen (Krankenhäuser, Großküchen, Wäschereien usw.). Die Fernwärmeversorgung mit Heißwasser hat sich heute fast vollständig gegenüber der früher üblichen Dampffernheizung durchgesetzt. Sie besitzt dieser gegenüber die Vorteile des Fortfalls der Kondensatwirtschaft und der damit verbundenen Verluste, der Vereinfachung in der Leitungsführung und der besseren Regelbarkeit.

Die zentrale Wärmeerzeugung und Fernwärmeversorgung bietet gegenüber dem Betrieb einzelner kleiner Wärmeerzeugungsanlagen große Vorteile. Hierzu gehören die Möglichkeit der Verwendung billiger Brennstoffe und eine große Wirtschaftlichkeit in der Brennstoffausnutzung, Platz- und Baukostenersparnis durch das Fehlen der Wärmeerzeugungsanlagen (Kessel- und Schornsteinanlage) in den einzelnen Gebäuden und eine Verringerung der Luftverunreinigung. EHRIG[413] berichtet ausführlich über die Zusammenhänge zwischen Fernwärmeversorgung und Luftreinhaltung und vertritt die Ansicht, daß allein aus Sorge um die Reinhaltung der Luft Wohngebiete zukünftig in immer stärkerem Maße von Fernheizwerken mit Wärme versorgt werden. Staub und Ruß lassen sich bei großen Anlagen durch Entstaubung mit wirtschaftlichen Mitteln nahezu vollständig aus den Abgasen entfernen, die SO_2-Emissionen von Heizwerken und Einzelfeuerstätten verhalten sich bei gleicher Wärmeleistung etwa wie 1 : 3.

Weitergehende Ausführungen zu der Fernwärmeversorgung würden den Rahmen dieses Buches überschreiten, und es muß deshalb auf die Darlegungen und Beschreibungen der einzelnen Systeme von RIETSCHEL/RAISS[414] und RECKNAGEL-SPRENGER[415] verwiesen werden. Auch die neueren Veröffentlichungen von KRÜGER[416],

[413] EHRIG, H.: Fernwärmeversorgung und Reinhaltung der Luft. Heiz.-Lüft.-Haustechn. 15 (1964), Nr. 9, S. 320–324.

[414] RIETSCHEL/RAISS: Lehrbuch der Heiz- und Lüftungstechnik, 14. Aufl., Berlin/Göttingen/Heidelberg: Springer 1963, S. 162–234.

[415] RECKNAGEL-SPRENGER: Taschenbuch für Heizung, Lüftung und Klimatechnik, 55. Jahrg. München-Wien: Oldenbourg 1968, S. 332–366.

[416] KRÜGER, N.: Das Städteheizwesen in den USA und in Deutschland. Wärme-, Lüftungs- u. Gesundh.-Technik 13 (1961), Nr. 12, S. 279–283. – Berechnung von Heißwasser-Fernheiznetzen. Wärme-, Lüftungs- u. Gesundh.-Techn. 14 (1962), Nr. 4, S. 77–85.

WIESE[417], BUCK[418], GARDIEWSKI[419], GOEPFERT[420], WOLF[421] und SCHWEDLER[422] über allgemeine und besondere Probleme der Fernwärmeversorgung seien besonders erwähnt.

2.6 Kälteversorgung bei klimatechnischen Anlagen

2.61 Verfahren der Luftkühlung in der Klimatechnik

Die Kühlung der Raumluft ist ein Verfahren, das neben den anderen bekannten Verfahren der Luftbehandlung – wie Heizen, Reinigen, Be- und Entfeuchten der Luft – in der Klimatechnik große Bedeutung besitzt. Sowohl in Industrieklimaanlagen als auch in Komfort-Klimaanlagen nehmen Einrichtungen zur Kälteerzeugung in vielen Anwendungsfällen einen relativ großen Raum ein und schlagen insbesondere bei den Installations- und Betriebskosten teilweise erheblich zu Buch. Es ist deshalb in jedem Fall berechtigt, die Auswahl des geeigneten Kälteerzeugungsverfahrens bei der Planung einer Klimaanlage in technischer wie in wirtschaftlicher Hinsicht sehr zu beachten[423].

In der Praxis bieten sich zur Kühlung der Luft innerhalb einer Klimaanlage im wesentlichen zwei Verfahren an:

1. Kühlung und gleichzeitige Be- oder Entfeuchtung der Luft im Naßluftkühler (Luftwäscher),

2. Kühlung und gleichzeitige Entfeuchtung der Luft im Oberflächenkühler.

In den Naßluftkühlern wird die Luft in eine direkte Berührung mit dem strömenden oder zerstäubten Wasser gebracht. Der Verlauf der Zustandsänderung der Luft ist dabei in erster Linie von der Wassertemperatur abhängig. Gegenüber dem Oberflächenkühler hat der Naßluftkühler als Kühleinrichtung den wesentlichen Vorteil, daß auch dann, wenn kal-

---

[417] WIESE, FR.-F.: Probleme der Fernwärmeversorgung. Brennstoff-Wärme-Kraft 14 (1962), Nr. 10, S. 457–465.

[418] BUCK, H.: Fernwärmeversorgung – ein Rück- und Ausblick. Ges.-Ing. 84 (1963), Nr. 1, S. 1–9.

[419] GARDIEWSKI, K.: Die Heizwasserverteilung in Fernheiznetzen mit direkt angeschlossenen Gebäudeheizungsanlagen. Heiz.-Lüft.-Haustechn. 14 (1963), Nr. 6. S. 194–200.

[420] GOEPFERT, J.: Die Druckhaltung geschlossener Heizwasser-Fernheizungsanlagen. Heiz.-Lüft.-Haustechn. 17 (1966), Nr. 3, S. 73–75.

[421] WOLF, M.: Neuere Heizkraftwerke. Heiz.-Lüft.-Haustechn. 17 (1966), Nr. 3. S. 98–102.

[422] SCHWEDLER, E.: Vorrangsschaltung für Warmwasserbereitung in Fernwärmenetzen. VDI-Berichte Nr. 106, Düsseldorf: VDI-Verlag 1966, S. 89–94.

[423] QUENZEL, K. H.: Klima-Kältetechnik. Ges.-Ing. 85 (1964). Nr. 10. S. 300 bis 305.

tes Wasser in ausreichender Menge nicht zur Verfügung steht, durch die Wasserverdunstung ein gewisser Kühleffekt erreicht wird (Abb. 2.55). Diese Verdunstungskühlung wird in der Klimatechnik sehr gerne angewendet, insbesondere im Zusammenhang mit einer erforderlichen Luftbefeuchtung. Dabei werden die Luftkühler mit Umlaufwasser betrieben, von dem nur die verdunstete Menge durch Frischwasser zu ersetzen ist. Die Zustandsänderung der Luft verläuft dabei entlang einer Linie konstanter Feuchtkugeltemperatur im günstigsten Fall bis zur Sättigungs-

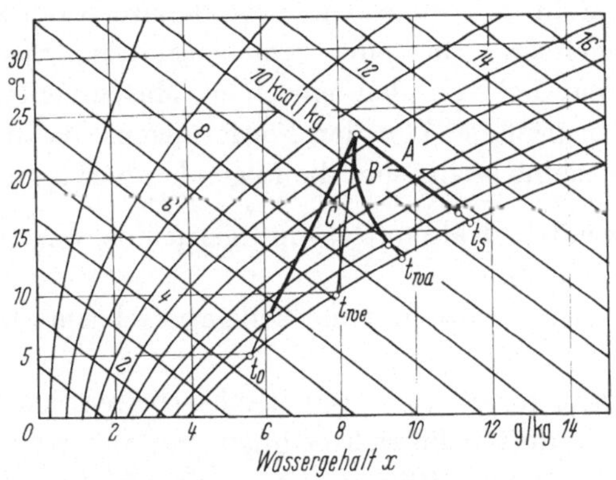

Abb. 2.55 Die verschiedenen Möglichkeiten der Luftkühlung in der Klimatechnik, dargestellt im Enthalpie-Konzentrations-Diagramm feuchter Luft.

Kurve A: Naßluftkühler mit Umlaufwasser;

Kurve B: Naßluftkühler mit Kaltwasser (Eintrittstemperatur t_{we}, Austrittstemperatur t_{wa}). Die Tangente an die Kurve B ist in jedem Punkt nach dem Zustandspunkt gesättigter Luft von Wassertemperatur gerichtet;

Kurve C: Oberflächenkühler (t_0 ist die Oberflächentemperatur des Kühlers).

linie. Darin liegt bereits der entscheidende Nachteil dieses Kühlverfahrens: Die erreichbare Temperatur der Luft am Austritt des Kühlers ist abhängig vom Lufteintrittszustand. Die Lufttemperatur kann auf diese Weise zwar um einen bestimmten Betrag abgesenkt werden, dabei steigt aber auch die Luftfeuchtigkeit, und eine gleichzeitige Regelung von Temperatur und Feuchtigkeit ist – wenn überhaupt – nur in engen Grenzen möglich (vgl. S. 35). MACSKÁSY und HALÁSZ[424] haben unter Erörterung der Investitions- und Energiekosten sowie betriebs- und regeltechnischer Gesichtspunkte die Frage untersucht, ob es bei Klimaanlagen verschiedener Aufgabenbereiche vorteilhafter ist, die Luftkühlung durch Oberflächenkühler oder Luftwäscher (Naßluftkühler) vorzunehmen.

Für eine weitergehende Regelung der Lufttemperatur kommt deshalb in der Klimatechnik nur die Wärmeabfuhr an einen Kälteträger in

---

[424] MACSKÁSY, A., u. L. HALÁSZ: Kritische Betrachtungen über Klimaanlagen mit verschiedenen Kühlverfahren. Heiz.-Lüft.-Haustechn. 10 (1959), Nr. 9, S. 247 bis 253 u. Nr. 10, S. 277–280.

Frage. Dieser kann kaltes Brunnenwasser sein, das nach einer Erwärmung um wenige Grade als Abwasser fortgeleitet wird. Nur in wenigen Fällen aber ist Brunnenwasser in ausreichender Menge und bei konstant niedriger Temperatur verfügbar. Für eine ausreichende Sommerklimatisierung mit Temperatur- und Feuchteregelung ist somit der Einsatz von Kältemaschinenanlagen unumgänglich.

Für die Kälteerzeugung in Anlagen der Klimatechnik sind grundsätzlich alle bekannten, klassischen Kälteerzeugungsverfahren mit Kompressions-, Absorptions- und Strahlkältemaschinen geeignet. Die Klimatechnik stellt allerdings einige besondere Anforderungen an die Kältemaschinenanlage, die eine sehr sorgfältige Systemwahl unter Berücksichtigung der von den einzelnen Maschinentypen gebotenen Möglichkeiten begründet. Von den Forderungen, die die Klimatechnik an die Kältemaschine stellt, sind die folgenden hervorzuheben:

1. Das verwendete Kältemittel muß geruchlos, ungiftig, unbrennbar und nicht explosiv sein;

2. der Betrieb der Kältemaschine soll geräuscharm und schwingungsfrei erfolgen;

3. die Kälteanlage soll vollautomatisch arbeiten, leicht regelbar sein und sich gut veränderten Betriebsbedingungen anpassen;

4. es muß ein wirtschaftlicher Betrieb mit möglichst niedrigen Anschaffungs- und Betriebskosten gewährleistet sein.

Es darf vorweg gesagt werden, daß alle diese Forderungen von keinem Anlagentyp voll erfüllt werden. Die Auswahl eines für einen bestimmten Bedarfsfall geeigneten Kälteerzeugungsverfahren stellt also immer einen Kompromiß dar, der die genaue Kenntnis der Vor- und Nachteile der einzelnen Anlagentypen erfordert. Ungefährliche Kältemittel stehen für alle drei genannten Maschinentypen zur Verfügung, und zwar die halogenierten Kohlenwasserstoffe für die Kompressionsmaschinen und Wasser für die Absorptions- und Strahlkältemaschinen. Dabei bietet sich gerade für die Zwecke der Klimatechnik mit Verdampfungstemperaturen zwischen 0 und 10 °C Wasser wegen seiner Billigkeit, Ungiftigkeit und Geruchlosigkeit als ideales Kältemittel an. Die Verwendung von Wasser als Kältemittel bedingt allerdings im Betrieb ein relativ hohes Vakuum, das aber technisch durchaus zu beherrschen ist. Die Forderung nach geräuscharmem und schwingungsfreiem Betrieb ist bei den Absorptions- und Strahlkältemaschinen gut, bei den Kompressionsmaschinen mit Turbokompressoren befriedigend und bei den Kompressionsmaschinen mit Kolbenkompressoren weniger gut erfüllt. Vollautomatische Arbeitsweise und leichte Regelbarkeit lassen sich bei allen Anlagentypen durch entsprechende Schaltungen mit mehr oder weniger großem Aufwand erreichen. Der jeweils erforderliche Aufwand ist dabei unter wirtschaftlichen Gesichtspunkten zu beurteilen, weshalb die Anlagengröße letzten Endes den Ausschlag gibt für ein bestimmtes Kälteerzeugungsverfahren.

2.62 Kälteerzeugung für Klimaanlagen großer Leistung

Zur Kälteerzeugung von Großklimaanlagen mit einem Kältebedarf von mehr als 500000 kcal/h kommen im wesentlichen Lithiumbromid-Absorptionskältemaschinen und Kompressionskältemaschinen mit Turbokompressoren in Betracht. Dabei hat sich die mit Wasser als Kältemittel und einer wäßrigen Lithiumbromidlösung als Absorptionsmittel arbeitende *Absorptionskältemaschine* nicht nur in den USA[425], sondern auch

Abb. 2.56 Lithiumbromid-Absorptionskältemaschine (Werkphoto Carrier).

in Europa einen beträchtlichen Marktanteil erobert. Diese Maschinen haben einen Leistungsbereich von etwa 200000 kcal/h bis 3,8 Gcal/h. Charakteristisch für die in Abb. 2.56 dargestellte Absorptionsmaschine ist die konstruktive Trennung von Austreiber und Kondensator einerseits sowie Verdampfer und Absorber andererseits in zwei übereinander angeordneten, für sich abgeschlossenen Einheiten. Eine Verringerung der Bauhöhe und der Umfangsflächen im Verhältnis zum Volum wurde bei der in Abb. 2.57 gezeigten Bauart durch die Zusammenfassung aller vier Anlagenteile in einem gemeinsamen Behälter erreicht. Beide Maschinen

---

[425] LOEWER, H.: Die Klima- und Kältetechnik in den USA im Jahr 1961. Kältetechnik 14 (1962), Nr. 5, S. 150–157. – Die Klima- und Kältetechnik in den USA im Jahre 1964. Kältetechnik 16 (1964), Nr. 5. S. 136–145.

besitzen hermetisch gekapselte Lösungspumpen, wodurch die wichtigsten Einzelquellen für das Eindringen von Luft – die Stopfbuchsen an den früher ungekapselten Pumpen – ausgeschaltet und die Korrosionsgefahr verringert wurde.

Wesentliche Vorteile der Lithiumbromid-Absorptionsmaschine, die speziell für die Anforderungen der Klimatechnik entwickelt wurde und deren Aufbau und Betriebsweise Rüedi[426] ausführlich beschrieben hat, sind der praktisch geräuschlose und vibrationsfreie Betrieb und die relativ einfache Leistungsregelung im Bereich von 0 bis 100 %, auf die es in der Klimatechnik durch den von Außentemperatur und Sonneneinstrah-

Abb. 2.57 Lithiumbromid-Absorptionskältemaschine (Werkphoto Trane).

lung abhängigen und stark schwankenden Kältebedarf sehr ankommt. Bei der erstgenannten Maschine (Abb. 2.56) wird diese Leistungsregelung durch Veränderung des Mengenstromes der vom Absorber zum Austreiber fließenden Lösung erreicht. Dieser Mengenstrom wird von der Kaltwassertemperatur gesteuert, und die überschüssige Lösung fließt im Kurzschluß in den Absorber zurück. Damit verringert sich der spezifische Energieverbrauch praktisch im gesamten Leistungsbereich und führt dadurch zu einem idealen Betriebsverhalten der Maschine. Als Nachteile der Absorptionsmaschine dürfen der relativ hohe Energieverbrauch und die hohe Kondensatorleistung mit dem dadurch bedingten großen Kühlwasserverbrauch nicht unerwähnt bleiben. Bei der Beurteilung des Energieverbrauchs ist aber die für den Betrieb der Kältemaschine erforderliche Energieform zu berücksichtigen. Keller[427] und

---

[426] Rüedi, J.: Die Lithiumbromid-Absorptions-Kältemaschine. Klimatechnik 6 (1964), Nr. 7, S. 6–14.

[427] Keller, G. M.: Gesichtspunkte zur Auswahl der Kältequelle für Klimaanlagen. Chemiefasern 10 (1960), Nr. 12, S. 790–801.

JERUSALEM[428] haben bereits darauf hingewiesen, daß der Energieaufwand für eine Absorptionskältemaschine im Rahmen einer gesamtwärmewirtschaftlichen Bilanz beurteilt werden muß. Das bedeutet, daß ein wirtschaftlicher Betrieb bei Absorptionsmaschinen besonders dann gegeben ist, wenn der Wärmepreis gegenüber dem Strompreis niedrig ist. Geringe Anschaffungskosten ergeben sich dann, wenn die Wärmelieferung von einem bereits vorhandenen Kessel aus erfolgen kann, der sonst nur im Winter in Betrieb wäre. Solche Kessel oder ein Anschluß an die Fernwärmeversorgung sind bei Klimaanlagen praktisch immer vorhanden und können im Sommer zum Antrieb der Absorptionskältemaschine verwendet werden. Der Gesamtwärmebedarf des zu klimatisierenden Gebäudes wird dadurch während des ganzen Jahres ausgeglichen, ein Umstand, der sich bei der Fernwärmeversorgung günstig auf den Tarif auswirken und bei einer Einzelwärmeerzeugung die Amortisation des Wärmeerzeugers vorteilhaft beeinflussen kann. Diese Punkte hat auch PLANK[429] unter Berücksichtigung amerikanischer Betriebserfahrungen besonders erwähnt. RICHTER[430] vertritt die Ansicht, daß die Verwendung von Absorptionsmaschinen erst dann wirtschaftlich wird, wenn die Kosten für die erforderliche Wärmeenergie nicht höher sind als 16,– bis 17,– DM je Gcal. Auf eine mögliche Verbesserung der Wirtschaftlichkeit durch die – später noch ausführlicher behandelte – Kombination zwischen Absorptions- und Kompressionskältemaschine sei schon an dieser Stelle hingewiesen. Weiterhin sei die amerikanische Entwicklungstendenz zu den direkt beheizten Lithiumbromid-Absorptionskältemaschinen großer Leistung erwähnt, die bei der sich bereits abzeichnenden Veränderung des Energieangebotes (Gas) auch in Europa gewisse Zukunftsaussichten haben.

Bei Industrieklimaanlagen, die in erster Linie den Bedürfnissen des Materials und dessen Verarbeitung angepaßt sein müssen, ist die für Komfortanlagen zu fordernde Verwendung ungiftiger Kältemittel bei der Kälteerzeugung kein so scharfes Gebot. Hier werden zum Teil noch Ammoniak-Absorptionsmaschinen eingesetzt, über deren Aufbau und Betriebsweise NIEBERGALL[431] umfassend berichtet hat.

Die *Kompressionskältemaschine mit Turbokompressor* ist im Gegensatz zu der Lithiumbromid-Absorptionsmaschine keine ausgesprochene Klima-

---

[428] JERUSALEM, H.: Kolben-, Turbo- und Absorptionskältemaschinen in Klimaanlagen – Kritischer Vergleich. Vortrag auf dem XVIII. Kongreß für Heizung, Lüftung, Klimatechnik. München, April 1964.

[429] PLANK, R.: Amerikanische Kältetechnik, Teil II: Absorptionskältemaschinen für Klimaanlagen. Kältetechnik 8 (1956), Nr. 10, S. 294–297.

[430] RICHTER, K.: Anforderungen der modernen Klimatechnik an die Kältetechnik (Vortragsreferat). Kältetechnik 13 (1961), Nr. 6, S. 240.

[431] NIEBERGALL, W.: Absorptions-Kälteanlagen für industrielle Klimatisierung. Chemiefasern 12 (1962), Nr. 10, S. 696–704.

kältemaschine. Sie bietet sich aber für den Einsatz in der Klimatechnik an, da der Turbokompressor für die Anwendung in Klimaanlagen äußerst günstige Voraussetzungen besitzt. Die verwendeten hochmolekularen Kältemittel aus der Gruppe der halogenierten Kohlenwasserstoffe – wie z. B. R 11 oder R 113 mit den Molekulargewichten 137 und 187 – sind nicht brennbar, nicht explosiv, nicht giftig und paniksicher. Der Platzbedarf der Turbokompressormaschinen ist gering, ihr gleichmäßiger und schwingungsfreier Lauf, ihre gute Regelbarkeit und der ölfreie Betrieb sind weitere, in diesem Zusammenhang besonders hervorzuhebende Vorteile. Dabei ist der letztgenannte Vorzug gegenüber den Kompressionskältemaschinen mit Kolbenkompressoren besonders in der Klimatechnik gar nicht hoch genug einzuschätzen: Die Wärmeaustauschflächen können durch das Fehlen des Öles im Kältemittelkreislauf minimale Größen haben, was vor allen Dingen die kompakte Bauweise auch für große Kälteleistungen stark begünstigt (vgl. hierzu die Veröffentlichungen von RÜEDI[432], HILBERT[433] und SCHUSTER[434]).

Wirtschaftlich vertretbar ist der Einsatz von Kältemaschinen mit Turbokompressoren bei Klimaanlagen großer Leistung, d. h. bei geforderten Kälteleistungen oberhalb 500 000 kcal/h. Dabei ist allerdings zu berücksichtigen, daß sich durch die technische Weiterentwicklung dieser Maschinen die genannte Grenze laufend nach unten verschiebt. Es sind heute bereits Turbokältesätze mit einer Leistung von 300 000 kcal/h auf dem Markt, was bedeutet, daß diese Maschinen auch im Bereich der Klimaanlagen mittlerer Leistung vertreten sind.

Bei den in Anlagen der Klimatechnik eingesetzten Kältemaschinen mit Turbokompressoren sind folgende Bauarten zu unterscheiden:

1. Maschine mit hermetisch geschlossenem Turbokompressor.
2. Maschine mit Kompressor in offener Bauweise,
3. Maschine in kompakter Bauweise (Kältesatz),
4. Maschine in getrennter Bauweise der einzelnen Anlagenteile.

Für den Leistungsbereich von 300 000 kcal/h bis etwa 1,2 Gcal/h wird die kompakte Bauweise mit Hermetikkompressor in der Klimatechnik bevorzugt angewendet (Abb. 2.58). Für größere Kälteleistungen bis zu 6 Gcal/h werden hermetische Turbokältemaschinen in nichtkompakter Bauweise geliefert. Darüber hinaus für Leistungen bis zu 16 Gcal/h hat sich die offene Bauweise der Turbokompressoren besonders deshalb bewährt, weil diese Maschinen wesentlich anpassungsfähiger in der Anwendung sind und praktisch jede Art von Antriebsmaschine und

---

[432] RÜEDI, Z.: Turbokompressoren in der Klimatechnik. Kältetechnik 14 (1962), Nr. 8, S. 250–253.

[433] HILBERT, G.: Turbo-Kältesätze in Klimaanlagen. Kältetechnik 15 (1963), Nr. 3, S. 80–84.

[434] SCHUSTER, G. D.: Turboverdichter: Einstufig und hochtourig oder zweistufig und niedertourig? Klimatechnik 8 (1966), Nr. 3, S. 3–5.

Getriebe eingesetzt werden kann. Dabei können Gasturbinen oder Verbrennungsmotoren als Antriebsmaschinen für offene Turbokompressoren wirtschaftlich von Interesse sein[435]. Steht Hochdruckdampf zur Verfü-

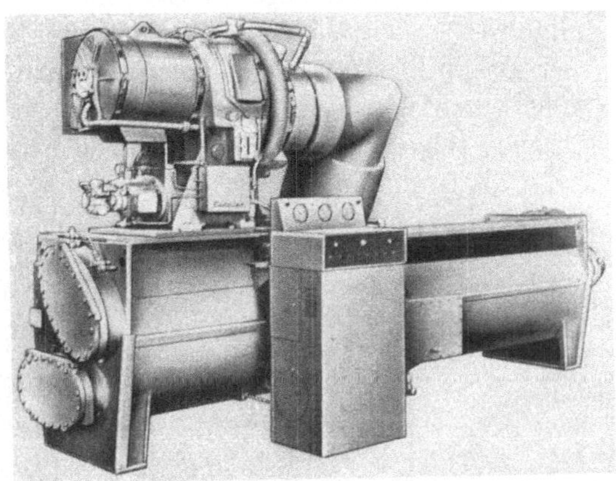

Abb. 2.58 Hermetischer Turbokältesatz (Werkphoto Carrier).

Abb. 2.59 Kompressionskältemaschine mit Turbokompressor in offener Bauweise
mit Dampfturbinenantrieb (Werkphoto Carrier).

gung, so ist der Dampfturbinenantrieb – unter Umständen in Kombination mit einer Absorptionskältemaschine zur Abdampfverwertung – zu erwägen[436]. Abb. 2.59 zeigt eine solche Kältemaschinenanlage mit einem offenen Turbokompressor, angetrieben von einer Dampfturbine.

[435] GILL, J. H.: Verbrennungsmotoren als Antriebselemente für die Kälteversorgung von Klima-Anlagen. Heating, Piping and Air Conditioning 33 (1961), Nr. 11, S. 152–156. Referat in Kältetechnik 14 (1962), Nr. 5, S. 167.

[436] LITTLE, P. F.: Auswahl von Kälteanlagen nach technischen und wirtschaftlichen Gesichtspunkten. Klimatechnik 4 (1962), Nr. 12, S. 3–11.

Die gute Leistungsregelung der Kompressionskältemaschine mit Turbokompressor war eingangs bereits als Vorteil dieses Maschinentyps erwähnt worden. Wegen der großen Bedeutung der Regelung in Anlagen der Klimatechnik erscheint eine kurze Beschreibung mit einer qualitativen Beurteilung der verschiedenen Regelmöglichkeiten bei Turbokompressoranlagen sinnvoll. Grundsätzlich lassen sich Turbokompressoren durch Änderung der Drehzahl, Drosselung der Saugleistung und Verstellung der Einlaßleitschaufeln regeln. Die Drehzahlregelung wird insbesondere bei der offenen Maschine mit Dampfturbinenantrieb angewendet. Wie die rein qualitative Darstellung der spezifischen, d.h. auf die Antriebsleistung bezogenen Kälteleistung bei verschiedener Belastung in Abb. 2.60 zeigt, ist bei der Drehzahlregelung der Wirkungsgrad zwischen 100 und 50 % Kälteleistung günstiger als bei Vollast. Für die Anwendung bei Hermetikkompressoren scheidet die Drehzahlregelung allerdings aus. Hier hat sich die Leitschaufelverstellung als gute Regelmöglichkeit eingeführt, die – wie aus der Darstellung in Abb. 2.60 ersichtlich – bezüglich des Teillastverhaltens der Drehzahlregelung noch überlegen ist. Die Saugdrosselung ist wegen des ungünstigen Verhaltens nach Möglichkeit zu vermeiden.

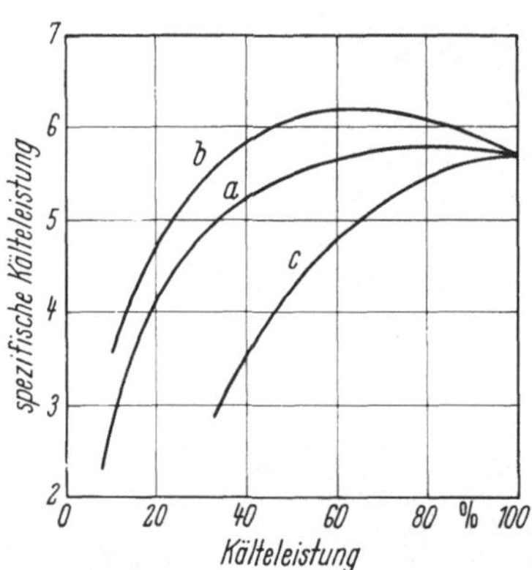

Abb. 2.60 Die spezifische Kälteleistung der Kompressionskältemaschine mit Turbokompressor bei Anwendung verschiedener Regelverfahren: *a* Drehzahländerung; *b* Leitschaufelverstellung; *c* Saugdrosselung.

Auf die Möglichkeit der Kombination von Turbokompressions- und Absorptionsmaschinen wurde bereits hingewiesen. Diese Art der Kälteerzeugung empfiehlt sich besonders dann, wenn Hochdruckdampf zum Antrieb einer Dampfturbine zur Verfügung steht. Der Abdampf der Turbine kann dann zur Beheizung des Austreibers einer oder mehrerer nachgeschalteter Lithiumbromid-Absorptionskältemaschinen verwendet werden. Über den Aufbau und die Wirkungsweise einer solchen Kälteerzeugungsanlage haben LAAKSO und MÄNZ[437] berichtet. Bei der von CHUM[438] beschriebenen Anlage dieser Art (Abb. 2.61) ist eine dampfturbinengetriebene Turbokompressionsmaschine mit zwei Lithiumbro-

---

[437] LAAKSO, H., u. W. MÄNZ: Kälteversorgung für die Klimaanlagen von Hochhäusern. Heiz.-Lüft.-Haustechn. 14 (1963), Nr. 8, S. 266–269.

[438] CHUM, V.: Die Wirtschaftlichkeit der Kombination Zentrifugalkompressor/Absorptions-Kältemaschine. Heating, Piping and Air Conditioning 33 (1961), Nr. 3, S. 108–109. Referat in Kältetechnik 13 (1961), Nr. 7, S. 264.

mid-Absorptionskältemaschinen zusammengeschaltet. Jede dieser Maschinen übernimmt bei voller Belastung 1/3 der Gesamtleistung. Bei der Planung einer solchen Anlage erscheint es wesentlich, die Leistungen der beiden Maschinentypen so aufeinander abzustimmen, daß der gesamte Turbinenabdampf in den Absorptionsmaschinen kondensiert werden kann, damit kein Dampfkondensator erforderlich wird.

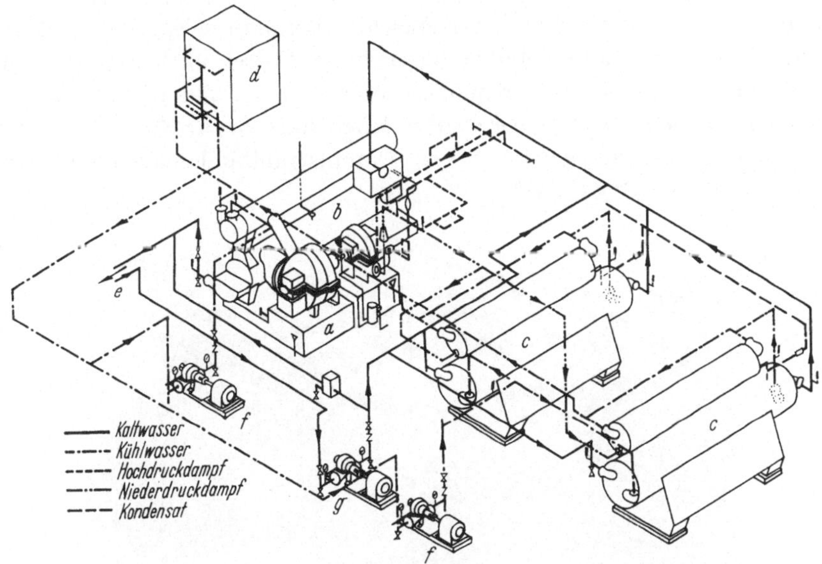

Abb. 2.61 Schema der Kombination zwischen einer Turbokompressionskältemaschine und zweier Absorptionskältemaschinen.

a Turbokompressor; *b* Dampfturbine; *c* Absorptionskältemaschinen; *d* Rückkühlwerk; *e* Kaltwasserleitung; *f* Kühlwasserpumpen; *g* Kaltwasserpumpe.

Die *Dampfstrahlkühlanlage* ist zwar grundsätzlich ebenfalls für die Kälteerzeugung bei Klimaanlagen geeignet, konnte bislang jedoch wegen ihres großen Platzbedarfs und des relativ hohen Kühlwasser- und Dampfverbrauches mit den bereits beschriebenen Kälteerzeugungsverfahren nur schwer konkurrieren. Charakteristisch für die Dampfstrahlkühlanlage ist die Erhöhung des spezifischen Dampfverbrauches und des spezifischen Kühlwasserverbrauches mit sinkender Kaltwassertemperatur, insbesondere unterhalb von 10 °C. Auch hohe Kühlwassertemperaturen (Rückkühlwasser) beeinflussen die Wirtschaftlichkeit dieses Kälteerzeugungsverfahrens ungünstig. Neben diesen zweifellos großen Nachteilen dürfen aber nicht die Vorteile der Dampfstrahlkühlanlage übersehen werden, die für besondere Anwendungsfälle, in denen kaltes Kühlwasser und billiger Abdampf zur Verfügung stehen, den Einsatz dieser Kältemaschine durchaus interessant gestalten können: Die Strahlmaschine ist einfach im Aufbau, besitzt keine bewegten Teile (wie die Kompressionsmaschine), bietet keine Korrosionsgefahren (wie die Absorptionsmaschine) und arbeitet somit außerordentlich betriebssicher und zuverlässig. Selbst nach längeren Stillstandszeiten, während denen die Anlage am besten mit einer Stickstoffüllung versehen wird, ist die Dampfstrahlkühlanlage jederzeit sofort betriebsbereit. Der Aufbau einer solchen Anlage ist aus Abb. 2.62 zu ersehen, in der eine einstufige Dampfstrahlkühlanlage zum Kühlen von 120 m³/h Wasser von 15 auf 10 °C (Kälteleistung 600000 kcal/h) abgebildet ist. Bei dieser Maschine konnten beispielsweise durch Aufteilung der Kältemittelkondensation auf drei nacheinander vom Kühlwasser durchströmte Kondensatoren Dampf- und Kühlwasserverbrauch gesenkt werden. Über weitere Möglichkeiten zur Gestaltung einer wirtschaftlichen Betriebsweise von Dampfstrahlkühlanlagen berichten MESSING[439] und SPENCER[440].

Abb. 2.62 Einstufige Dampfstrahlkühlanlage mit Oberflächenkondensation (Werkphoto Wiegand).

2.63 Kälteerzeugung für Klimaanlagen mittlerer und kleiner Leistung

Als mittlerer Leistungsbereich sollen Kühlleistungen zwischen 10000 und 500000 kcal/h verstanden werden. Dies ist im wesentlichen die Domäne der *Kompressionskältemaschine mit Kolbenkompressor*, abgesehen von dem Teilbereich zwischen 0,3 und 0,5 Gcal/h, in dem auch die beiden bereits beschriebenen Maschinentypen (Absorptionsmaschine und

---

[439] MESSING, TH.: Über den Energieverbrauch von Dampfstrahl-Kältemaschinen. Kältetechnik 6 (1954), Nr. 2, S. 38–41. – Dampfstrahl-Kältemaschinen für Klimaanlagen. Heiz.-Lüft.-Haustechn. 6 (1955), Nr. 2, S. 55–58.

[440] SPENCER, E.: Eine Neuentwicklung auf dem Gebiet der Dampfstrahl-Kältemaschinen. ASHRAE-Journal 3 (1961), Nr. 11, S. 59–65. Referat in Kältetechnik 14 (1962), Nr. 3, S. 91–92.

Turbokompressor) eingesetzt werden. Wie diese wird auch die Kompressionsmaschine mit Kolbenkompressor als kompakte, anschlußfertige Einheit in katalogisierten Typenreihen geliefert. Für den Bedarf der Klimatechnik stehen dabei Kaltwassersätze (Abb. 2.63) und Kompressor/Kondensatoreinheiten (Abb. 2.64) zur Verfügung.

Abb. 2.63 Kaltwassersatz mit Kolbenkompressoren (Werkphoto BBC).

Abb. 2.64 Kondensatoreinheit (Werkphoto Carrier).

Die Kaltwassersätze enthalten alle zu einer kompletten Kältemaschine gehörenden Anlagenteile, d. h. Kompressor, Kondensator und Verdampfer. Dieser Kaltwassersatz oder Flüssigkeitskühler[441] liefert dem Luftkühler der Klimaanlage das kalte Wasser mit den für die Kühlung der Luft erforderlichen und dem jeweiligen Belastungszustand entsprechenden Temperaturen und Mengenströmen. Für den Fall, daß Luft mittels direkter Verdampfung gekühlt werden kann, tritt die nur aus Kompressor und Kondensator bestehende Einheit an die Stelle der kompletten Kältemaschinenanlage in kompakter Bauweise. Der Verdampfer befindet sich jetzt direkt im Luftstrom, wobei sich ein für die Anlagenregelung sehr wichtiges Ineinandergreifen der Luft- und Kältemittelkreisläufe ergibt. Die direkte Verdampfung hat einige sehr wesentliche Vorzüge, wie z.B. die Einsparung des gesamten Kälteträgerkreislaufes mit Kühler, Leitungen, Pumpen usw., die mögliche höhere Verdampfungstemperatur der Kältemaschine und die damit verbundene Verringerung der Kompressorgröße und wirtschaftlichere Kälteerzeugung[442, 443]. Wegen der bei der direkten Verdampfung komplizierteren Leistungsregelung ist dieses System nicht für alle Anlagen anwendbar. Bei einem kaltwasserdurchflossenen Luftkühler läßt sich durch Änderung des Kaltwasserstromes und der Wassereintrittstemperatur auf die Kühleroberflächentemperatur und damit auf die Kühlerleistung beliebig einwirken. Diese Möglichkeit besteht bei einem Luftkühler mit direkter Verdampfung nicht. Die Proportionalregelung läßt sich auch bei modernen Kolbenkompressoren mit Vierstufenregelung nur annähernd verwirklichen. Ein in die Saugleitung eingebautes Drosselorgan mit Motorverstellung, die sog. Saugdruckdrossel, wird im Leistungsbereich zwischen 50 und 100% Vollast zur Leistungsregelung kleinerer Anlagen herangezogen.

Eine der möglichen Leistungsregelungen bei Kolbenkompressormaschinen[444] ist die Stillegung einzelner Zylinder, wobei die Leistungsaufnahme der abgeschalteten Zylinder möglichst gering gehalten werden sollte. Allerdings nimmt bei dieser Art der Regelung, die ja nur bei Mehrzylindermaschinen praktisch anwendbar ist, der spezifische Energieverbrauch mit kleiner werdender Belastung zu. Bei der einfachsten Leistungsanpassung in Form der sogenannten „Auf-Zu-Regelung", wie sie bei kleinen Einzylindermaschinen praktiziert wird, sollte nach Möglichkeit ein Kälteträger mit einem möglichst großen Wasserwert zwischen den Luft- und Kältemittelkreislauf eingeschaltet werden. Die Einzylinder-

---

[441] Selbstverständlich kann jede Art Flüssigkeit, u.a. auch Sole, gekühlt werden, in der Klimatechnik wird jedoch hauptsächlich Wasser als Kälteträger verwendet.

[442] SCHUSTER, G.D.: Konstruktion und Leistungsverhalten von Direktverdampfern. Klimatechnik 6 (1964), Nr. 7, S. 16–21.

[443] WAGNER, H.: Direktverdampfung als Kühlmethode in der Klimatechnik. Klimatechnik 8 (1966), Nr. 6, S. 10–16.

[444] LINGE. K.: Leistungsregelung von Kältemaschinen. Zeitschr. ges. Kälteindustrie 41 (1934), S. 79.

maschine ist deshalb für die direkte Verdampfung nicht gut geeignet (vgl. hierzu die Veröffentlichung von QUENZEL[445]).

Geräuscharmer und schwingungsfreier Betrieb ist eine wesentliche Forderung der Klimatechnik an die Kältemaschine. Durch seine exzentrisch umlaufenden und oszillierenden Massen ist der Kolbenkompressor immer eine Geräuschquelle und in diesem Punkt dem Turbokompressor und der Absorptionsmaschine eindeutig unterlegen. Verbesserungen in dieser Hinsicht wurden insbesondere durch neue Kompressorbauformen erreicht, bei denen die Kolben von Mehrzylindermaschinen gegeneinander, in V- oder W-Form angeordnet werden. Zu den Fragen der Geräuschdämpfung bei Kolbenkompressionsmaschinen und deren schwingungsfreie Aufstellung haben HILBERT[446] und QUENZEL[447] ausführlich Stellung genommen.

Ein ziemlich großer Teilbereich der Klimaanlagen mittlerer Leistung wird von den *kompakten Klimazentralen mit eingebauter Kältemaschine* beherrscht. Es handelt sich hierbei um den Leistungsbereich bis zu etwa 100 000 kcal/h. Derartige Anlagen werden u.a. eingesetzt zur Klimatisierung von Geschäftsräumen, Banken, Restaurants, kleineren Gewerbebetrieben und Wohnhäusern. Für diesen An-

Abb. 2.65 Großklimagerät für Mehrzonenbetrieb mit eingebauter Kältemaschine (Werkphoto Trane).

Abb. 2.66 Stehendes Klimagerät (Klimaschrank) mit eingebauter Kältemaschine (Werkphoto Rox).

---

[445] QUENZEL, K. H.: Regelung der Kälteleistung an Kältemaschinen in Klimaanlagen. Klimatechnik 4 (1962), Nr. 5, S. 3–9.

[446] HILBERT, G. S.: Zur Praxis der kältetechnischen Ausrüstung von Klimaanlagen. Ges.-Ing. 83 (1962), Nr. 2, S. 357–364.

[447] QUENZEL, K. H.: Der Einsatz von Kolbenverdichtern in der Klimatechnik. Heiz.-Lüft.-Haustechn. 14 (1963), Nr. 8, S. 257–264.

wendungsbereich haben sich Mehrzonenklimazentralen (Abb. 2.65) und Geräte in Schrankform eingeführt. Bei dem in Abb. 2.66 dargestellten Schrankgerät ist die Kältemaschine im linken Teil des Gerätes eingebaut. Klimaanlagen dieser Art sind vornehmlich mit Kolbenkompressormaschinen mit wassergekühlten Kondensatoren ausgerüstet, wobei sich allerdings bereits ein starker Trend zur Luftkühlung in diesem Leistungsbereich andeutet (vgl. hierzu die Veröffentlichung von SCHUSTER[448]).

Die Frage der bei jeder Kältemaschinenanlage notwendigen Kondensatorkühlung muß auch beim Einsatz von Kälteerzeugungsanlagen in der Klimatechnik sorgfältig geprüft werden. Bei kleinen und mittleren Kälte-

Abb. 2.67 Kaltwassersatz mit luftgekühltem Kondensator (Werkphoto Trane).

leistungen kann der luftgekühlte Kondensator u. U. in kompakter Bauweise mit der ganzen Kältemaschinenanlage (Abb. 2.67) wirtschaftlich eingesetzt werden. Großkältemaschinen erfordern eine Wasserkühlung des Kondensators insbesondere deshalb, weil die Größe der abzuführenden Kondensatorleistung bei Luftkühlung eine unwirtschaftlich große Wärmeaustauschfläche erfordern würde. Bei der Wasserkühlung empfiehlt sich aus Gründen der Wirtschaftlichkeit der Einsatz eines Rückkühlwerkes, wenn nicht gerade Kühlwasser in beliebiger Menge kostenfrei zur Verfügung steht. Eine Vereinigung von wassergekühltem Kondensator, Rückkühlwerk und Zirkulationssystem bietet sich in dem Verdunstungskondensator an. Ein Wirtschaftlichkeitsvergleich der verschiedenen Kondensatorbauarten kann nur unter Berücksichtigung von Kondensatorleistung, Klimaeinflüssen (Temperatur und Luftfeuchtigkeit) und Belastungsschwankungen erfolgen.

---

[448] SCHUSTER, G. D.: Der Klimaschrank in den USA. Kältetechnik 17 (1965), Nr. 1, S. 8–14.

Klimaanlagen kleiner Leistung sind solche Anlagen und Geräte, die zur Klimatisierung einzelner Räume oder Raumgruppen eingesetzt werden. Es handelt sich hierbei in erster Linie um Raumklimageräte mit Kälteleistungen bis zu etwa 10000 kcal/h, die POHL[449] und GLÖCKLER[450] ausführlich beschrieben haben. Die Kälteerzeugung erfolgt bei diesen Anlagen durchweg mit Hilfe kleiner Kompressionskältemaschinen mit hermetischen Kolbenkompressoren. – Die Anwendung des thermoelektrischen Effektes (vgl. Abschn. 1.35) zur Kälteerzeugung für Klimaanlagen kleiner Leistung befindet sich zur Zeit noch im Entwicklungsstadium[451]. Die Anschaffungskosten derartiger Geräte betragen im Augenblick noch ein Vielfaches der Kosten konventioneller Klimageräte, weshalb die Anwendung thermoelektrischer Klimageräte auf die Fälle beschränkt bleiben muß, bei denen es auf Raum- und Gewichtsersparnis ankommt oder wo der Geräuschfrage eine größere Bedeutung beigemessen wird als den Herstellungskosten.

2.64 Fernkälteversorgung

Im Gegensatz zu der bereits seit dem Ende des 19. Jahrhunderts bekannten und angewendeten Fernwärmeversorgung wurden Anlagen zur Kältefernversorgung erst vor wenigen Jahren mit einer von den USA ausgehenden Entwicklung erstmalig realisiert. Ähnlich wie bei der Wärmefernversorgung den Verbrauchern Wärme in Form von heißem Wasser oder Dampf geliefert wird, erhalten die an eine Kältefernversorgung angeschlossenen Abnehmer Kälte als gekühltes Wasser zur Verwendung in klimatechnischen Anlagen.

Bei der Fernkälteversorgung wird die Kälteerzeugung mit einer größeren Zahl von Kältemaschinenanlagen mit allen zum Betrieb erforderlichen Neben- und Hilfseinrichtungen ersetzt durch eine zentrale Kälteerzeugungsanlage, in der Wasser in einem größeren Mengenstrom abgekühlt und den auf verschiedene Gebäude verteilten Verbrauchern durch Rohrleitungen zugeführt wird. Da die Kälteversorgung gegenüber der Wärmeversorgung mit vergleichsweise geringen Temperaturdifferenzen zwischen Vor- und Rücklauf arbeitet, muß der auf die übertragene Wärmeeinheit bezogene Strom des umlaufenden Kälteträgers wesentlich größer sein als bei der Fernwärmeversorgung. Der wirtschaftliche Betrieb einer Fernkälteversorgung erfordert deshalb eine bestimmte Belastungsdichte (Verhältnis von Abnahmeleistung zu Leitungslänge), die im all-

---

[449] POHL, W.: Raumklimageräte. Ges.-Ing. 78 (1957), Nr. 1/2, S. 31–37.

[450] GLÖCKLER, H.: Die Kühlmaschine in der Raum-Klimatisierung. Elektro-Technik 42 (1960), Nr. 35/36, S. 310–313.

[451] NEWTON, A. B.: Thermoelektrische Anlagen zur Kühlung und Heizung. Klimatechnik 6 (1964), Nr. 6, S. 16–19.

gemeinen nur von Universitäts-, Krankenhaus- oder Verwaltungskomplexen erreicht wird, die in konzentrierter Zuordnung errichtet werden und einen hohen spezifischen Kältebedarf haben. Unter Umständen kann die Fernkälteversorgung auch für Fabrikanlagen oder Wohn- und Geschäftsviertel mit hohen Gebäuden wirtschaftlich interessant sein, wie einige in den USA ausgeführte Anlagen dieser Art (Hartford, Rochdale Village u. a.) gezeigt haben.

Vorteile bietet die Fernkälteversorgung gegenüber den Einzelanlagen hinsichtlich der maschinentechnischen Einrichtung, den Investitions- und Betriebskosten. Größere Maschineneinheiten ermöglichen günstigere Konstruktionen und Maschinenkombinationen mit besseren Wirkungsgraden und eine bessere Ausstattung mit Regel- und Kontrollgeräten. Die in der gemeinsamen Kältezentrale zu installierende Maschinenleistung kann wegen der Anwendung eines Gleichzeitigkeitsfaktors wesentlich geringer sein als die Summe der Einzelleistungen der angeschlossenen Gebäude, was sich auf die Investitionskosten günstig auswirkt. Die Betriebskosten lassen sich durch das wirtschaftlichere Teillastverhalten, den geringeren Personalaufwand und Einsparungen an Betriebs- und Hilfsmitteln vermindern. Insgesamt werden diese Einsparungen allerdings verringert um die Aufwendungen für die Herstellung des Verteilnetzes und um die für den Kaltwasserumlauf erforderlichen Energiekosten. Die für die Auslegung von Zentrale und Verteilnetz größerer Kaltwasserfernversorgungsanlagen wichtigen Gesichtspunkte haben JERUSALEM[452] und LIPPSCHÜTZ[453] ausführlich erläutert.

---

[452] JERUSALEM, H.: Die Fernkälteversorgung. Heiz.-Lüft.-Haustechn. 16 (1965), Nr. 6, S. 215–223.

[453] LIPPSCHÜTZ, H. W.: Fernkälte für Klimaanlagen aus deutscher Sicht. Kältetechnik-Klimatisierung 18 (1966), Nr. 7, S. 258–261.

3. Klimatechnische Anlagen
in verschiedenen Raum- und Gebäudearten

3.1 Wohngebäude

3.11 Anforderungen an das Wohnraumklima

Die Aufgabe der in reinen Wohngebäuden eingebauten klimatechnischen Anlagen ist in ganz besonderem Maße auf eine das körperliche Wohlbefinden der Bewohner hebende Korrektur des Raumklimas ausgerichtet. Die dabei wichtigen Einflußgrößen sind die Temperaturen von Raumluft und Raumumgrenzungsflächen und die Zusammensetzung der Raumluft (vgl. hierzu die Ausführungen über den Einfluß des thermischen Raumzustandes auf den Menschen in Abschn. 1.82 mit den dort beschriebenen Behaglichkeitsgrößen und die Veröffentlichung von ROEDLER[453a]).

Der *Temperaturzustand eines Raumes* wird nicht allein durch die Lufttemperatur gekennzeichnet. Vielmehr ist die Temperatur der Raumumgrenzungsflächen eine weitere, die Behaglichkeit in Wohnräumen beeinflussende Klimakomponente. Darauf wurde in Abschn. 1.82 bereits ausführlich hingewiesen. Es erscheint aber sinnvoll, im Zusammenhang mit der Beschreibung der für die Wohnraumheizung in Frage kommenden Anlagensysteme diese wärmephysiologischen Fragen erneut aufzugreifen.

Bei Warmwasserheizungen mit Radiatoren oder Plattenheizkörpern wird ein relativ großer Teil der Wärme durch Strahlung abgegeben. Durch strahlende Heizflächen im Raum wird die mittlere Temperatur der umgebenden Wandflächen – die die Temperatur der örtlichen Heizflächen einschließende mittlere Strahlungstemperatur – erhöht. Dabei kann der Einfluß der strahlenden Heizfläche auf die Größe der mittleren Strahlungstemperatur unter Umständen recht erheblich sein. Bei einer Heizflächengröße von etwa 5% der Größe der Raumumgrenzungsfläche und einer mittleren Heizflächentemperatur von 80 °C kann bei Anordnung dieser Heizfläche im Raum mit einer Erhöhung der mittleren Strah-

---

[453a] ROEDLER, F.: Die Gestaltung des Raumklimas im neuzeitlichen Wohnungsbau. VDI-Berichte Nr. 62 (1962) S. 15–20.

lungstemperatur um etwa 2 bis 3 °C – je nach Lage des Raumes – gerechnet werden. Für den ruhenden Menschen ist aber eine Veränderung der mittleren Strahlungstemperatur gleichbedeutend mit einer Änderung der Lufttemperatur um den gleichen Wert unter der Annahme, daß das arithmetische Mittel aus Wand- und Lufttemperatur, die sogenannte Empfindungstemperatur, einen brauchbaren Kennwert für den Erwärmungszustand eines Wohnraumes darstellt (vgl. hierzu die Ausführungen von RAISS[454]).

Für die Auswahl eines für die Wohnraumbeheizung geeigneten Heizungssystemes ergeben sich daraus in wärmephysiologischer Hinsicht bestimmte Konsequenzen. Bei einer Anlage ohne strahlende Heizkörper im Raum (Warmluftheizung) müssen möglichst hohe Oberflächentemperaturen der Umgrenzungswände durch Anwendung guter Wärmedämmung (Vollwärmeschutz) gefordert werden[455]. Auslegung und Betrieb derartiger Anlagen sollten mit um etwa 2 °C über den Normalwerten liegenden Raumlufttemperaturen erfolgen. Diese Forderung gilt besonders für Räume mit einem hohen Glasflächenanteil an den Außenwänden (z. B. Wohnräume in Einfamilienhäusern).

Im Gegensatz zur Warmwasserheizung kann bei der Luftheizung selbst bei vorsichtiger Auslegung der Anlage (geringe Luftwechselzahlen, große Luftdurchlaßquerschnitte) eine geringe Luftbewegung im Raum von empfindlichen Personen wahrgenommen werden. Da die Kurve größter Behaglichkeit mit wachsender Luftgeschwindigkeit zu höheren Temperaturen verläuft (vgl. Abb. 2.19), ist auch aus diesen Gründen eine Anhebung der Raumlufttemperatur bei der Luftheizung geboten. Entsprechend kann bei der Beheizung eines Wohnraumes mit einer Strahlungsheizung (Boden- oder Deckenheizung) eine etwas geringere Raumlufttemperatur angesetzt werden. Das gilt besonders für Räume, die mit einer Bodenheizung beheizt werden. Als wärmephysiologisch gute Lösung bietet sich die Ergänzung einer Luftheizung durch eine Fußbodenheizung insbesondere für bestimmte Räume, wie z. B. Bäder, an.

Die *Zusammensetzung der Raumluft* (vgl. Abschn. 1.83) ist eine weitere für das Wohnraumklima bedeutungsvolle Zustandsgröße, der bislang allerdings besonders in Mitteleuropa relativ wenig Beachtung geschenkt wurde. Dies drückt sich besonders darin aus, daß für Wohnhäuser die Fensterlüftung ohne Berücksichtigung von Raumart, Lage des Gebäudes, Witterungsverhältnissen und Art der Fensterkonstruktion grundsätzlich als ausreichend angesehen wird. Sicher wird mit einem ge-

---

[454] RAISS, W.: Strahlungs- oder Konvektionsheizung. Untersuchungen über das Raumklima. VDI-Berichte Bd. 21 (1957) S. 15–24.

[455] Die Ausführungen in Abschn. 2.11 enthalten auf S. 135 ausführliche Hinweise auf die in wärmephysiologischer und wirtschaftlicher Hinsicht notwendigen und sinnvollen Wärmeschutzmaßnahmen.

öffneten Fenster im Normalfall immer eine genügende Wohnraumlüftung erreicht. Dabei auftretende Zugerscheinungen, Luftschichtungen im Raum mit relativ niedrigen Temperaturen in Bodennähe und unkontrollierbar große Wärmeverluste führen insbesondere während der kalten Jahreszeit dazu, daß Wohnraumfenster praktisch dauernd geschlossen bleiben und die notwendige Lufterneuerung allein durch die Selbstlüftung bewerkstelligt wird.

Unter der *Selbstlüftung* eines Raumes versteht man die natürliche Lufterneuerung bei geschlossenen Fenstern und Türen. Sie erfolgt durch Tür- und Fensterspalten, Schlüssellöcher, nicht völlig abgedichtete Wanddurchführungen für Rohrleitungen und durch poröse Wände. Untersuchungen über die Selbstlüftung von Wohnräumen, die PETTEN-KOFER erstmals durchführte und über die er bereits 1858 berichtete (vgl. Seite 5), haben gezeigt, daß im Durchschnitt bei einer modernen Bauweise die stündliche Luftwechselzahl den Wert 1 kaum überschreitet. EFFENBERGER[456] erwähnt Versuchsergebnisse, die bei der Selbstlüftung auf eine mittlere Luftwechselzahl von etwa 0,7 schließen lassen. Die moderne Architektur ist bemüht, aus Gründen einer optimalen Wärmedämmung und guten Schallisolation eines Raumes, diesen durch sorgfältige Ausführung der Türen und Fenster und durch Verwendung besonderer Baustoffe so dicht wie möglich zu bauen. Durch diese Maßnahmen muß dann auch in Kauf genommen werden, daß die verringerte Selbstlüftung des Raumes nicht mehr die Anforderungen an die notwendige Lufterneuerung in Wohnräumen erfüllt. Sofern hier nicht durch Einbau von Lüftungsanlagen Abhilfe geschaffen wird, weisen solche Wohnungen in hygienischer Hinsicht eindeutige Mängel auf, die sich in zu hohem oder zu niedrigem Wassergehalt, einem hohen Anteil von Kohlendioxyd, Geruchsstoffen, Mikroorganismen, Tabakrauch und Verbrennungsgasen in der Raumluft ausdrücken können.

3.12 Die Beheizung von Wohngebäuden

Von den verschiedenen bekannten Klimatisierungsverfahren (Heizung, Kühlung, Befeuchtung, Trocknung und Reinigung der Raumluft) gilt die Heizung wohl als das älteste und besonders für Wohnräume wichtigste Verfahren (vgl. hierzu die Ausführungen über die historische Entwicklung der Klimatechnik, S. 1 bis 4). Das liegt in erster Linie daran, daß in den meisten Klimazonen der Erde mit einer großen Bevölkerungsdichte über einen mehr oder minder großen Zeitraum des Jahres die Beheizung von Wohnräumen dringend erforderlich ist.

---

[456] EFFENBERGER, E.: Ursachen und Auswirkungen schlechter Luft in Wohnräumen. Klimatechnik 8 (1966), Nr. 6, S. 22–31. – Die Selbstlüftung von Wohn- und Arbeitsräumen. Klimatechnik 9 (1967), Nr. 1, S. 20–25 u. 28.

Dabei muß von einer guten Gebäudeheizung zunächst erwartet werden, daß sie den der Bauweise des Gebäudes angepaßten Wärmebedarf deckt. Neben guter Regelbarkeit und gefahrlosem und wirtschaftlichem Betrieb der Heizungsanlage ist bei der Wahl und Ausgestaltung des in ein Wohngebäude zu installierenden Heizungssystems eine Berücksichtigung der baulichen Maßnahmen (Fensterflächen, Wärmeisolierung) zu fordern, um den wärmephysiologischen Ansprüchen entsprechend den Ausführungen in Abschn. 3.11 gerecht zu werden.

In zufriedenstellender Weise lassen sich diese Forderungen nur von einer Zentral- oder Sammelheizung erfüllen, die bekanntlich dadurch gekennzeichnet ist, daß die erforderliche Wärmeenergie zentral erzeugt und den einzelnen Räumen unter Verwendung eines Wärmeträgers (Wasser oder Luft) zugeführt wird. In Erkenntnis der großen Vorteile dieses Heizungssystems werden in den verschiedenen europäischen Ländern z.Z. etwa zwischen 60 und 90 % aller Neubauwohnungen mit Zentralheizungen ausgestattet. Die zentrale Wärmeerzeugung steht deshalb auch im Mittelpunkt einer genaueren Betrachtung der für Wohngebäude besonders geeigneten Heizungsanlagen.

Die *Warmwasserzentralheizung* (vgl. S. 169) ist als Heizungssystem in Wohngebäuden in Europa am stärksten verbreitet. Die Wärmeerzeugung (s. S. 234) erfolgt in einem mit festen, flüssigen oder gasförmigen Brennstoffen beheizten Kessel, der in den meisten Fällen im Kellergeschoß des Gebäudes aufgestellt wird. Eine besondere Ausführungsart der Warmwasserheizung in Wohngebäuden

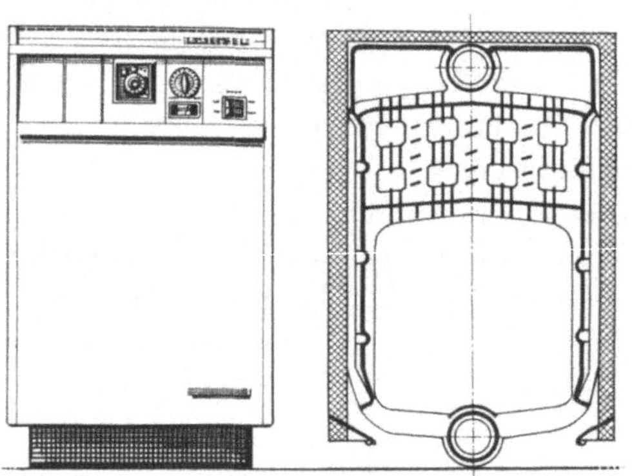

Abb. 3.1 Stockwerkskessel mit Gasfeuerung in Küchenausführung: links Ansicht, rechts Schnitt (Werkbild Buderus).

ist die Stockwerksheizung (Etagenheizung), bei der Kessel und Heizkörper auf gleicher Höhe in einem Stockwerk untergebracht sind. Die Stockwerksheizung wurde aus dem Bedürfnis zum nachträglichen Einbau einer Zentralheizung in bestehende Wohngebäude entwickelt und stellt, da sie jeweils nur einen bestimmten Teil eines Gebäudes, nämlich ein Stockwerk beheizt, eine Übergangsstufe von der örtlichen Heizung zur Zentralheizung dar. Ursprünglich wurde die Stockwerksheizung als reine Schwerkraftheizung gebaut, wobei die für den Wasserumlauf erforderliche Antriebskraft aus der Wasserabkühlung in der unisolierten

Vorlaufleitung gewonnen wurde. Bei modernen Stockwerksheizungen wird das Heizwasser fast ausschließlich durch Umwälzpumpen bewegt, wodurch relativ kleine Rohrleitungsquerschnitte und die Einrohrschaltung der Heizkörper möglich werden. Speziell für die Beheizung einzelner Stockwerke wurden Heizkessel kleiner Leistung für die Verbrennung fester, flüssiger und gasförmiger Brennstoffe entwickelt, die in einer Küche aufgestellt werden können und in ihren Abmessungen der modernen Kücheneinrichtung angepaßt sind (Abb. 3.1).

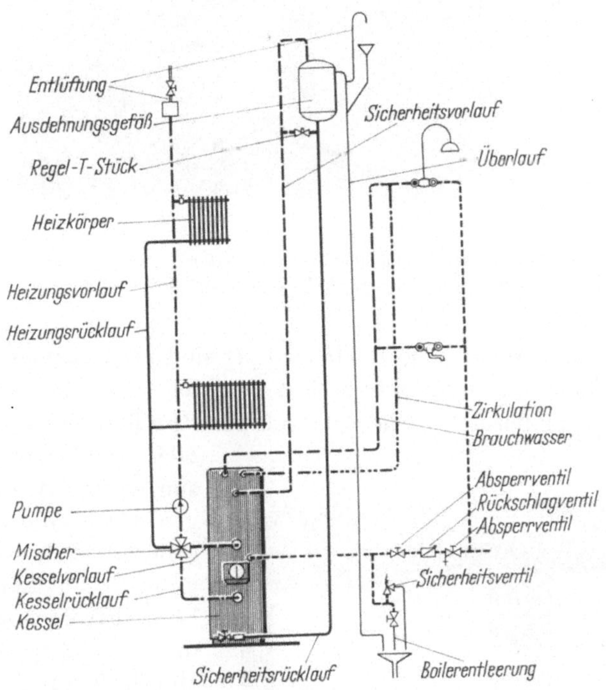

Abb. 3.2 Schematische Darstellung einer Heizungsanlage mit im Heizkessel eingebauter Brauchwasserbereitung.

Sehr beliebt ist sowohl bei kleineren als auch bei größeren Wohneinheiten die Kombination der Wohnraumbeheizung mit der Brauchwassererwärmung (Abb. 3.2 und 3.3). Hierfür stehen besondere Kesselkonstruktionen zur Verfügung, bei denen entweder Wärmeaustauscher als Durchlauferhitzer oder Warmwasserspeicher eingebaut sind (vgl. hierzu die Veröffentlichung von HERZOG[456a]). In beiden Fällen dient das Kesselwasser gleichzeitig der Raumheizung und der Erwärmung des Gebrauchs-

---

[456a] HERZOG, W.: Kombinationskessel in Wohnbauten. Vortrag auf dem 4. Internationalen Kongreß für Heizung und Klimatechnik. Paris, Mai 1967.

wassers. Der Vorteil des Boilerkessels gegenüber dem Kessel mit Durchlauferhitzer liegt in der größeren Leistungsfähigkeit bei Spitzenentnahmen.

Abb. 3.3 Heizzentrale eines Zweifamilienhauses: Ölbefeuerter Heizkessel mit eingebautem Durchlaufwarmwasserbereiter (Werkphoto Ideal-Standard).

Bauart und Anordnung der *Heizkörper* sind bei Heizungsanlagen in Wohngebäuden aus architektonischen Gründen von besonderem Interesse. Neben den normalen Gliederheizkörpern (Radiatoren) aus Gußeisen oder Stahl, deren Abmessungen und Wärmeleistungen in DIN 4720 und 4722[457] genormt sind, werden eine große Anzahl anderer Heizkörperbauarten angeboten, die eine Anpassung der Heizflächen an die verschiedenen Bedarfsfälle im Wohnungsbau ermöglicht. Von den zahlreichen Heizkörperkonstruktionen seien besonders die Platten- oder Flachheizkörper (Abb. 3.4), die Röhrenradiatoren (Abb.

Abb. 3.4 Flachheizkörper mit glatter Vorderfläche
(Werkphoto Gerhard und Rauh).

3.5) und die Konvektoren (Abb. 3.6) hervorgehoben. Plattenheizkörper stehen mit glatter und profilierter Oberfläche, ein- oder mehrlagig zur Verfügung. Bei den Röhrenradiatoren ist die, bezogen auf den Platzbe-

---

[457] DIN 4720: Gußradiatoren. Januar 1961. – DIN 4722: Stahlradiatoren. Januar 1961.

darf hohe spezifische Wärmeleistung als besonderer Vorteil zu erwähnen. Bei den aus Stahl- oder Kupferrippenrohren hergestellten Konvektoren erfolgt die Wärmeabgabe fast ausschließlich durch Konvektion. Konvektoren müssen deshalb immer mit einer Verkleidung versehen sein, deren Höhe die Heizleistung wesentlich beeinflußt. Bei der Auflösung ganzer Wände in Glasflächen können Konvektoren auch versenkt vor den Fenstern (Unterflur) angeordnet werden. Die richtige Luftführung ist bei dieser Anordnung besonders zu beachten. – Bei den Flächenheizungen (Decken- oder Fußbodenheizung) wird auf die Anordnung von Heizkörpern im Raum ganz verzichtet. Von den Flächenheizungen hat die Deckenheizung[458] die größere Bedeutung gewonnen. Die Fußbodenheizung hat sich insbesondere als Zusatzheizung bewährt, die die physiologisch erwünschte Erwärmung der unteren Raumzonen verstärkt. Die beheizten Flächen (Decke und Fußboden) dürfen bei beiden Systemen aus physiologischen Gründen nur mäßig erwärmt werden. Flächenheizungen mit einbetonierten Rohren sind relativ träge.

Abb. 3.5 Röhrenradiator (Werkphoto Bremshey).

Abb. 3.6 Konvektor mit besonderer Holzverkleidung im Wohnraum (Werkphoto GEA).

Die *Warmluftheizung* (vgl. S. 172) eignet sich als Wohnraumheizung besonders für den Einbau in Einfamilien- und kleineren Mehrfamilienhäusern. Zum Transport der Luft als Wärmeträger ist bei der Warmluftheizung ein Kanalsystem erforderlich, das einen größeren Platzbedarf

---

[458] KOLLMAR, A., u. W. LIESE: Die Strahlungsheizung. 4. Aufl., München: R. Oldenbourg 1957.

hat als das Rohrleitungssystem einer Warmwasserheizung. Deshalb bietet sich für den Einbau einer Luftheizung in erster Linie die eingeschossige Bauweise (vgl. Abb. 2.16) an, bei der die Luftkanäle entweder im Erdgeschoßfußboden oder unter der Kellerdecke untergebracht werden können. Bei einer mehrgeschossigen Bauweise sollten die zu beheizenden Räume möglichst in der Nähe der senkrechten Hauptkanäle liegen, um in den oberen Geschossen lange horizontale Luftwege zu vermeiden.

Abb. 3.7 Feuerlufterhitzer für Öl- und Gasfeuerung als Warmluftautomat
(Werkphoto Buderus).

Entsprechend der Lufterwärmung werden bei der Warmluftheizung Feuerluftheizungen und Dampf- bzw. Wasserluftheizungen unterschieden. Hauptbestandteil einer Feuerluftheizung ist das Heizaggregat (Abb. 3.7), das aus dem feuerungstechnischen Teil mit Brenner, Brennkammer, Wärmeaustauscher und Abgasteil, dem lufttechnischen Teil mit Ventilator und Luftfilter und der Regelanlage besteht. Die Steuerung der Anlage erfolgt im Normalfall von einem Raumthermostaten über einen Regler, der bei Wärmeanforderung vom Raum zunächst den Brenner einschaltet. Um das Einblasen kalter Zuluft und damit mögliche Zugerscheinungen zu vermeiden, wird der Ventilator erst dann zugeschaltet, wenn die Lufttemperatur im Wärmeaustauscher einen bestimmten Wert (etwa 60 °C) erreicht hat. Nach Erreichen der gewünschten Raumlufttemperatur wird zunächst wieder der Brenner ausgeschaltet. Der Ventilator läuft zur Ausnutzung der noch im Heizaggregat gespeicherten Wärme nach und schaltet erst bei Unterschreitung eines Lufttemperaturwertes von etwa 40 °C ab. Die Möglichkeit eines konstanten, vom Wärmebedarf unabhängigen Luftstromes besteht somit bei der Feuerluftheizung nicht. Dadurch bleibt die Lüftungswirkung, als besonderer Vorteil der Warmluftheizung gegenüber der Warmwasserheizung hervorgehoben, bei der Feuerluftheizung im Winterbetrieb auf die Zeiten beschränkt, in denen von den angeschlossenen Räumen Wärme angefordert wird. Eine konstante Belüftung mit einer dem Wärmebedarf proportionalen Veränderung der Lufttemperatur ist somit durch diese Art einer Auf-Zu-Regelung nicht möglich.

Die Dampf- oder Wasserluftheizung, bei der eine mittelbare Erwärmung der Luft in einem dampf- oder wasserbeheizten Gerät durchgeführt wird, erlaubt hingegen durch entsprechende Veränderung des Heizmittelstromes die mittlere Heizmitteltemperatur und damit die Lufttemperatur

bei konstantem Zuluftstrom zu verändern. Diese als Komfortwarmluft-
heizung oder Teilklimaanlage zu bezeichnende Ausführungsart der
Warmluftheizung besteht aus einem Gerät zur Luftaufbereitung mit
Filter, Ventilator und Wärmeaustauscher (Lüftungsgerät) und einem

Abb. 3.8 Kastengerät für die Luftaufbereitung einer Komfort-Warmluftheizung
(Werkphoto Rox).

unabhängig davon arbeitenden Wärmeerzeuger. Das Klimagerät kann
in liegender oder stehender Bauweise (Kasten- oder Schrankgerät) eingesetzt werden. Das in Abb. 3.8 dargestellte Kastengerät bietet in seiner
Baukastenbauweise den Vorteil der einfachen Erweiterungsmöglichkeit
durch einen Kühl- und Befeuchtungs-
teil. Die Wärmeversorgung des Klimagerätes wird im vorliegenden Fall von
einem Warmwasser-Zentralheizungskes-
sel üblicher Bauart durchgeführt, in dem
auch eine Brauchwasserbereitung eingebaut sein kann (vgl. die Ausführungen
auf S. 265). Um lange Rohrleitungen zu
vermeiden, sollten Wärmeerzeuger und
Klimageräte möglichst nahe beieinander
aufgestellt werden (Abb. 3.9). Bei Fernwärmeversorgung kann die Aufstellung
eines Heizkessels entfallen und der
Wärmeaustauscher des Klimagerätes
direkt an das Fernwärmenetz angeschlossen werden.

Abb. 3.9 Heiz- und Lüftungszentrale
einer Komfortwarmluftbeheizungsan-
lage mit Teilansicht von Wärmeerzeuger (rechts) und Lüftungsgerät (links).

SCHENK[459], HAPPEL[460] und die bereits
auf S. 173 zitierten Autoren MÜRMANN,
DAU und SCHMIDT haben in ihren Veröffentlichungen die Funktionsweise der

[459] SCHENK, E.: Die Berechnung von Warmluftheizungen. Heizung 1 (1966),
Nr. 1, S. 14–20 u. Nr. 2, S. 4–9.
[460] HAPPEL, H.: Kleinklimaanlagen für Einfamilienhäuser und Etagenwohnun-
gen. Heizung 1 (1966), Nr. 4, S. 4–8 u. Nr. 5, S. 16–20.

Warmluftheizung mit einer Gegenüberstellung der Vor- und Nachteile dieses Systems ausführlich beschrieben. Dabei haben sich als wesentliche Vorteile der Warmluftheizung herausgestellt:

1. kurze Aufheizzeiten bei unterbrochenem Betrieb und dadurch wirtschaftlicher Energieverbrauch,

2. keine Einfriergefahr für den Wärmeträger,

3. Platzersparnis in den zu beheizenden Räumen wegen des Fehlens der örtlichen Heizflächen,

4. Übernahme einer Lüftungsfunktion durch die Heizungsanlage mit der Möglichkeit zum weiteren Ausbau zu einer Klimaanlage durch Ergänzung von Luftbefeuchtung und Luftkühlung.

Abb. 3.10 Anordnung eines Bodengitterbandes entlang der Fensterfläche eines Wohnraumes.

Besonders im Einfamilienhaus werden oft große, bis zum Boden reichende Glasflächen angewendet. Dabei erweist es sich als vorteilhaft, wenn auf die Anordnung von Heizkörpern in den einzelnen Räumen verzichtet werden kann (Abb. 3.10).

Die Möglichkeit, die Warmluftheizung gleichzeitig als Lüftungsanlage zu betreiben, stellt ebenfalls einen sehr wesentlichen Vorteil dar. Durch Zusatz eines bestimmten Außenluftstromes kann damit während des Heizbetriebes auch bei geschlossenen Fenstern ein Lüftungseffekt erreicht werden, der von der in ihrer Leistung nur schwer regulierbaren und stark witterungsabhängigen Selbstlüftung des Raumes weitgehend unabhängig macht.

Als Nachteil der Warmluftheizung werden häufig Geruchs- und Geräuschübertragungen durch die Luftkanäle angeführt. Es darf nicht übersehen werden, daß die Gefahr für Geruchs- und Geräuschbelästigungen in den an eine Luftheizung angeschlossenen Wohnräumen grundsätzlich besteht. Derartige unerwünschte Nebenerscheinungen lassen sich jedoch durch geeignete Maßnahmen bei Planung und Ausführung weitgehend vermeiden. So sollte die Luft entweder über getrennte Luftkanäle vom Heizgerät zu den einzelnen Räumen (radiale Luftverteilung) oder über einen Hauptkanal mit Stichkanälen zu den Luftdurchlässen geführt werden. Dadurch wird auf jeden Fall eine Schallübertragung zwischen benachbarten Räumen (Telefonie) vermieden. Durch Auskleiden einzelner Kanalstrecken mit abriebfesten, schallschluckenden Matten oder durch Einbau von Kulissen aus dem gleichen Material kann die Übertragung des Ventilatorgeräusches auf die Räume praktisch völlig ausgeschaltet werden. Selbstverständlich sollte das Gerät mit einer möglichst niedrigen Ventilatordrehzahl betrieben werden. – Geruchsbelästigungen lassen sich dadurch vermeiden, daß aus Küchen und Bädern keine Umluft entnommen wird. Vielmehr sollte die Abluft dieser Räume durch Überdruck als Fortluft nach außen weggeführt werden. Entsprechende Öffnungen sind vorzusehen. Über weitere Planungs- und Betriebserfahrungen mit einer Komfortwarmluftheizung wurde an anderer Stelle ausführlich berichtet[461].

Bezüglich der Verwendung der *Elektrospeicherheizung* zur Wohnraumbeheizung wird auf die Ausführungen in Abschn. 2.22, S. 174 und die Veröffentlichung von JAKOBI[462] verwiesen.

3.13 Regelung der Raumtemperatur

Möglichst gleichmäßige, von den Witterungsverhältnissen unabhängige Temperaturverhältnisse in Wohnräumen und Wirtschaftlichkeit hinsichtlich des Brennstoffverbrauchs sind nur durch eine gute Regelung der Raumtemperatur zu erreichen. Grundlegende Voraussetzung jeder Raumtemperaturregelung ist das Vorhandensein eines Thermostaten im Heizkörper oder eines Temperaturreglers in der zentralen Heizungsanlage, die so in den Wärmekreislauf eingreifen, daß automatisch und unabhängig von allen Störeinflüssen bestimmte Raumtemperaturwerte eingehalten werden (vgl. hierzu die Ausführungen ,,Regelungs- und steuerungstechnische Grundlagen'' in Abschn. 1.6).

Die einfachste, in der Heizungstechnik oft verwendete Regeleinrichtung ist der Zweipunktregler, der nur die Zustände ,,Ein'' oder ,,Aus'' kennt und bei Überschreiten der Solltemperatur abschaltet. Die Wärmezufuhr wird unterbrochen, was zwangsläufig zu einem Absinken der Raumtemperatur führt. Nach Unterschreitung der Solltemperatur schaltet der Regler die Wärmequelle wieder ein. Die Temperatur führt somit bei stabiler Regelung eine abklingende Schwingung um den Sollwert aus (unstetige Regelung). Stetige Regeleinrichtungen (Proportional- und Integralregler) stellen bereits aufwendigere Heizungsregelungen dar, mit denen aber geringstmögliche Abweichungen zwischen Regelgröße und Führungsgröße erreicht werden.

Man unterscheidet bei den Systemen der Heizungsregelung die witterungsabhängige Steuerung der Heizwasser- oder Zulufttemperatur und

---

[461] LOEWER, H.: Die Luftheizung im Einfamilien-Wohnhaus. Heiz.-Lüft.-Haustechn. 19 (1968), Nr. 2, S. 60–64.

[462] JAKOBI, E.: Nachtstrom-Speicherheizung im Wohnungsbau. Heiz.-Lüft.-Haustechn. 14 (1963), Nr. 5, S. 167–172 u. Nr. 6, S. 200–206.

die raumtemperaturabhängige Regelung. Bei der witterungsabhängigen Steuerung (Abb. 3.11), die grundsätzlich von dem geschlossenen Kreislauf einer Regelung zu unterscheiden ist, wird abhängig von einer einstellbaren Heizkurve von der Heizzentrale aus auf konstanten Heizmitteldurchsatz gesteuert. Bei der raumtemperaturabhängigen Regelung wird die Raumtemperatur direkt erfaßt und bei Abweichungen vom Sollwert diesem angeglichen. Dabei sind zwei Systeme anwendbar, und zwar die raumthermostatische Regelung zentral von einem Pilotraum und die Einzelregelung je Heizkörper mit einem thermostatischen Ventil.

Neben diesen vollautomatischen Regelsystemen sind auch noch halbautomatische Systeme in Gebrauch, wie z. B. Mischregelanlagen für die Einstellung der Heizmitteltemperatur mit Handmischer, Rücklauftemperaturbegrenzer als Drosselorgane und Durchsatzmengenregelung jeweils als Zentralregelungen für einzelne Wohneinheiten oder einzelne Heizkörper.

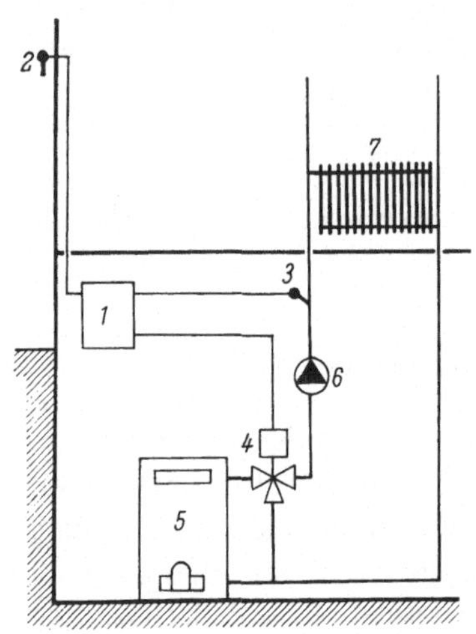

Abb. 3.11 Schematische Darstellung der witterungsabhängigen Heizungsregelung.

1 Zentralgerät; *2* Außenthermostat; *3* Vorlauffühler; *4* Mischventil; *5* Heizkessel; *6* Pumpe; *7* Heizkörper.

Diese verschiedenen Regelverfahren lassen sich noch durch Schalteinrichtungen ergänzen, wie z. B. durch Tages- oder Wochenprogrammschaltungen, durch die unterschiedliche Sollwerte aufgegeben werden können. Eine tabellarische Übersicht über die verschiedenen, in der Heizungstechnik gebräuchlichen Meß- und Regelverfahren findet sich in der Veröffentlichung von KOPP[463].

3.14 Die Wohnungslüftung

Bei der Zusammenfassung der an das Wohnraumklima zu stellenden Anforderungen (vgl. Abschn. 3.11) wurde bereits darauf hingewiesen, daß eine ausreichende Lüftung der Wohnräume eine Grundvoraussetzung für hygienisch einwandfreie Wohnraumverhältnisse darstellt. Für normale Wohn- und Schlafräume wird bislang in Mitteleuropa die Fensterlüftung bzw. die Selbstlüftung der Räume als ausreichend angesehen. Voraussetzung dafür sind allerdings Fensterbauarten, die dem Bewohner im

---

[463] KOPP, W.: Die Regelung der Raumtemperatur und die Begrenzung des Heizwasserdurchsatzes in der Zweileiter-Fernheizungsanlage mit und ohne Verbrauchsmessung. Heiz.-Lüft.-Haustechn. 17 (1966), Nr. 3, S. 83–90.

Rahmen einer ordentlichen und vernünftigen Wohnungsbetriebsweise die Möglichkeit geben, nach Bedarf schlechte Wohnungsluft durch Außenluft zu ersetzen. Weiterhin sollte trotz guter Bauweise der Fenster eine gewisse Fugendurchlässigkeit gewährleistet sein. Untersuchungen darüber hat SCHÜLE[464] an einer großen Zahl verschiedener Fenstertypen angestellt.

Die Problematik der Selbstlüftung (Fugenlüftung) der Räume liegt in der Abhängigkeit der Wirkung dieser Lüftung von Naturkräften, wie Windanfall und Differenz zwischen Außen- und Innentemperatur, deren Stärke in weiten Grenzen schwankt. So beträgt der Luftdurchsatz an einem Fenster bei Windstille, hervorgerufen durch thermische Druckdifferenzen, etwa 10 % des Luftdurchsatzes bei einer Windgeschwindigkeit von 4 m/s. Eine genaue Berechnung des Luftwechsels ist wegen der zahlreichen, nur schwer erfaßbaren Einflußgrößen kaum möglich, weshalb – aufbauend auf den ersten Versuchen von PETTENKOFER – verschiedene Verfahren zur praktischen Messung des natürlichen Luftwechsels von Räumen entwickelt wurden. Über eine solche Untersuchung berichtet LABOHM[465].

Den Veröffentlichungen von HOLST[466] und RYDBERG[467] ist zu entnehmen, daß die in Skandinavien gestellten Ansprüche an die Wohnraumlüftung wesentlich höher sind als in den übrigen europäischen Ländern. Dies beruht offensichtlich auf der Erkenntnis der immer größer werdenden Unzulänglichkeit der Selbstlüftung des Raumes und des Unvermögens der Bewohner, durch Fensteröffnen die Luftqualität in bestimmten Grenzen zu regeln. So wird in den skandinavischen Ländern grundsätzlich von den Behörden verlangt, daß alle Räume eines Wohngebäudes, einschließlich Küche und Bad, mit einer Luftabsaugung versehen werden. Ausnahmen von dieser Vorschrift sind nur für Wohnungen in Ein- und Zweifamilienhäusern zulässig. In Erfüllung dieser Auflage werden Mehrfamilienhäuser in Skandinavien mit verschiedenartigen Absaugsystemen mit natürlichem Luftabzug, mit Ventilator und mit Vorwärmung der Zuluft ausgestattet. Über Beispiele solcher Systeme berichtet RYDBERG in seiner Veröffentlichung.

Die *Lüftung von Küchen, Bädern und Toilettenanlagen* stellt insofern einen Sonderfall dar, als ihre Aufgabe in der Beseitigung eines oft nicht unerheblichen Schadstoffanfalls besteht. Diese Aufgabe ist – insbeson-

---

[464] SCHÜLE, W.: Untersuchungen über die Luft- und Wärmedurchlässigkeit von Fenstern. Ges.-Ing. 83 (1962), Nr. 6, S. 153–162.

[465] LABOHM, G.: Ein Beitrag zum Problem der Messung der Lüftung von Wohn- und Aufenthaltsräumen. Heiz.-Lüft.-Haustechn. 15 (1964), Nr. 7, S. 247–251.

[466] HOLST, S.: Dem Montagebau angepaßte Heizsysteme. Heiz.-Lüft.-Haustechn. 15 (1964), Nr. 3, S. 83–90.

[467] RYDBERG, J.: Wohnungslüftung in Skandinavien. Heiz.-Lüft.-Haustechn. 17 (1966), Nr. 12, S. 459–464.

dere in Küchen – mit der einfachen Fensterlüftung nicht mehr oder nur sehr mangelhaft zu bewältigen (vgl. hierzu die Veröffentlichungen von MUSEHOLD[468]). Die Aufgabe der Küchenlüftung wird in den VDI-Richtlinien 2052[469] wie folgt festgelegt:

„Die Arbeit in Kochküchen ist besonders erschwert durch Küchengerüche, hohe Luftfeuchtigkeit und hohe Lufttemperatur. Es ist daher Aufgabe der Lüftung, die Küchengerüche möglichst weitgehend zu beseitigen und gleichzeitig die Luftfeuchte und die Lufttemperatur in den Räumen herabzusetzen. Außerdem kann zusammen mit geeigneten baulichen Maßnahmen erreicht werden, daß sich Küchengerüche nicht in umliegende Räume ausbreiten. – Durch die Verringerung der Luftfeuchte sollen die Schwitzwasserbildung an Fenstern und Wänden herabgesetzt und damit Folgeschäden, wie Schimmelbildung, Pilzschäden u.a. am Bauwerk weitgehend vermindert werden.“

Besonders nachteilig wirkt sich bei der Fensterlüftung in Küchen und WC-Anlagen die Erscheinung aus, daß bei Windanfall Gerüche infolge des Staudruckes in die Wohnräume gedrückt werden. Abhilfe kann hier nur durch Einbau elektrisch betriebener Absauganlagen geschaffen werden. Die Lüfter können dabei in die Außenwand, in einen Abluftschacht

Abb. 3.12 Küchenabzugshaube über einer Kochstelle angeordnet (Werkphoto Eisenwerke Gaggenau).

oder auch behelfsmäßig in ein Fenster eingebaut werden. Ein recht guter Lüftungseffekt wird in Küchen mit Küchenabzugs- oder Wrasenhauben (Abb. 3.12) erreicht, mit denen die in einer Küche anfallenden Schadstoffe unmittelbar am Ort ihrer Entstehung abgesaugt werden können. Diese Absaugeinrichtungen sollten nach Möglichkeit mit der Außenluft in Verbindung stehen und die verunreinigte Raumluft unmittelbar nach außen führen.

Die Lüftung innenliegender Bäder und WC-Anlagen kann auch durch Anwendung verschiedener Schachtlüftungssysteme durchgeführt werden,

---

[468] MUSEHOLD, H.: Kann die Küchenlüftung der Belastung der Küche angepaßt werden? Heiz.-Lüft.-Haustechn. 12 (1961), Nr. 2, S. 29–31. – Die Hausfrau fordert eine ausreichende Lüftung für ihre Küche. Heizung 1 (1966), Nr. 12, S. 10–12.
[469] VDI 2052: Lüftung von Küchen. März 1960.

die in DIN 18017[470] genormt sind und die BAXMANN[471] ausführlich beschrieben hat. Bei diesen Lüftungssystemen wird die Aufwärtsströmung in den aus dem zu lüftenden Raum über Firsthöhe führenden Schächten (senkrechten Luftleitungen) durch den temperaturbedingten Auftrieb beeinflußt. Wird die Zuluft über eine besondere Leitung zugeführt, so spricht man von zweiseitiger Schachtlüftung. Bei Entnahme der Zuluft aus der Wohnung, etwa erleichtert durch Türschlitze, aber ohne Zuluftleitung, liegt einseitige Schachtlüftung vor.

3.2 Schulen

3.21 Hygienische Anforderungen an das Raumklima in Schulen

Mit der Sorge um die Gesunderhaltung der heranwachsenden Jugend und die Verbesserung ihrer Ausbildung erhebt sich grundsätzlich die Forderung nach einem möglichst optimalen Raumklima innerhalb der Schulräume. Daß sich günstige klimatische Verhältnisse in Schulklassen nicht – wie in manchen anderen Raumarten – ohne besondere Maßnahmen, d. h. von selbst einstellen, liegt an der besonderen Betriebsweise in Klassenräumen und den besonders hohen klimatischen Belastungen.

Da ein Klassenraum dem gleichzeitigen Aufenthalt einer größeren Personenzahl dient, ist er einmal als Versammlungsraum im Sinne der DIN 1946, Blatt 2 zu werten. Zum weiteren stellt die Forderung nach einer möglichst weitgehenden natürlichen Belichtung der Klassenräume mit den hierfür erforderlichen großen Fensterflächen eine zusätzliche Belastung dar, die die Einhaltung eines bestimmten Raumklimas nur durch gezielte und oft recht aufwendige technische Maßnahmen erreichen läßt.

Grundlage für die im Schulbau zu stellenden hygienischen Anforderungen ist das Normblatt DIN 18031[472], das in Übereinstimmung mit den maßgeblichen internationalen Entschließungen mindestens 1,7 m² (besser jedoch 2 m²) je Schüler und 60 bis 75 m² Raumgrundfläche bei einer lichten Höhe von mindestens 3,20 m vorschreibt. Die Norm gibt weiterhin an, daß die Möglichkeit zur Querlüftung vorhanden sein muß, entweder durch gegenüberliegende Fenster bei zweiseitig belichteten Klassenräumen oder durch Einbau von Lüftungsschächten bei Klassenzimmern mit nur einer Fensterfront. Weiterhin muß dem Raum ein Außenluftvolum von mindestens 20 m³/h je Schüler zugeführt werden können.

---

[470] DIN 18017: Lüftung von Bädern und Spülaborten ohne Außenfenster: Blatt 1 Einzelschachtanlagen, März 1960; Blatt 2 Sammelschachtanlagen, August 1961; Blatt 3 Anlagen mit Ventilator (in Vorbereitung).

[471] BAXMANN, H.-G.: Die natürliche Lüftung. Heiz.-Lüft.-Haustechn. 7 (1961), Nr. 11, S. 191–202.

[472] DIN 18031: Hygiene im Schulbau. Oktober 1963.

Die *Komponenten der Luftverschlechterung* in Schulräumen sind im wesentlichen Staub, Gerüche und übermäßig hohe Lufttemperaturen, Luftfeuchtigkeiten und CO_2-Gehalte. Der Anstieg der Lufttemperatur auf einen Wert, der oberhalb der Behaglichkeitsgrenze liegt, ist eine besonders typische Erscheinung des Schulraumklimas. Bedingt ist dies durch die Wärmeabgabe von Lehrer und Schülern, der während der Heizperiode bei einer einfachen Heizungsanlage kaum Rechnung getragen wird. Untersuchungen haben ergeben, daß ein Beheizen belegter Schulklassen erst bei Außentemperaturen unterhalb $+ 12$ bis $+ 14$ °C erforderlich ist, da die in den Räumen befindlichen Personen die Transmissionsverluste oberhalb dieser Temperatur selbst decken. Häufiger Wechsel in der Belegung eines Klassenraumes während des normalen Unterrichtsablaufes an einem Tag oder Vormittag, Unterschiede in der Belegstärke der verschiedenen Räume und der Eintritt unterschiedlich großer Außenluftmengen bei reiner Fensterlüftung machen die Einhaltung konstanter Lufttemperaturen bei der Ausstattung der Schulräume mit einfachen Heizungsanlagen zu einem regeltechnischen Problem, das nur unter Einsatz kostspieliger Regelungsanlagen gelöst werden kann, in den meisten Fällen aber auch mit hohem wirtschaftlichem Aufwand nicht befriedigend gelöst wird.

Die relative Luftfeuchtigkeit steigt ebenfalls bedingt durch die Wasserdampfabgabe der im Klassenraum versammelten Personen. Wegen der im Sommer höheren Grundfeuchtigkeit der Luft gegenüber dem Winterbetrieb kann der Feuchtezustand der Raumluft in einem Klassenraum bei unzureichender Außenluftzuführung Werte erreichen, die bereits im Schwülebereich liegen und damit zu einer starken Belästigung der Rauminsassen führen. In Abb. 3.13 ist der Verlauf von Lufttemperatur und relativer Luftfeuchtigkeit in einem besetzten Klassenraum über zwei Stunden hinweg eingetragen. Dabei wurden jeweils zwei verschiedene Lüftungsarten berücksichtigt: Die Luftwechselzahl $n = 0{,}75$ je Stunde als Erfahrungswert für den mittleren natürlichen Luftwechsel durch Fugenlüftung bei geschlossenen Fenstern und Türen und ein 4facher stündlicher Luftwechsel als Mindestwert beim Einsatz einer Lüftungsanlage. Bei der Beurteilung der Temperaturkurven in Abb. 3.13 ist zu berücksichtigen, daß die Temperatur der Zuluft nicht wesentlich unter der Raumlufttemperatur liegt. Nur dadurch ist der relativ geringe Einfluß der Steigerung der Luftwechselzahl von 0,75 auf 4 auf die Raumlufttemperatur zu verstehen.

In Abb. 3.14 ist die Veränderung des Kohlendioxydgehaltes, nach PETTENKOFER ein Maßstab für den Anteil der gasförmigen Luftverunreinigungen, in einem mit 40 Schülern besetzten Klassenraum von 200 m³ Rauminhalt über zwei Stunden aufgetragen. Dabei treten als Parameter die Luftwechselzahlen $n = 0$ als theoretisch ungünstigster Grenzfall,

$n = 0{,}75$ bei Fugenlüftung durch geschlossene Fenster und Türen, $n = 4$ bei Betrieb einer Lüftungsanlage und $n = 12$ bei Öffnen der Fenster während der Pausen auf. Als zulässiger Grenzwert für die CO_2-Konzentration (MAK-Wert) gelten 0,5 Vol.-%. Bereits bei einer CO_2-Konzentration von

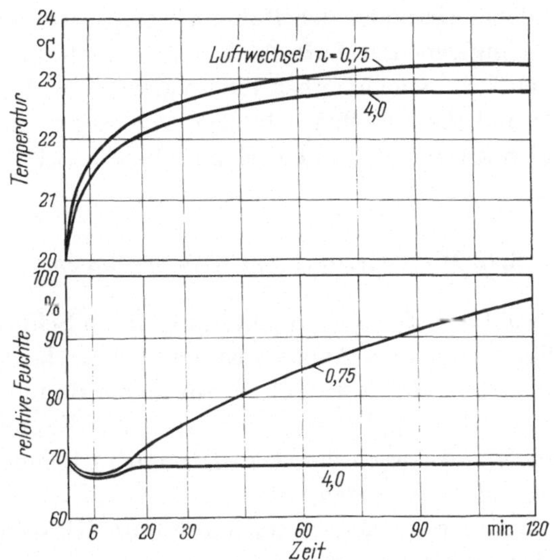

Abb. 3.13 Verlauf von Lufttemperatur und relativer Luftfeuchtigkeit in einem besetzten Klassenraum (nach ROEDLER[473]).

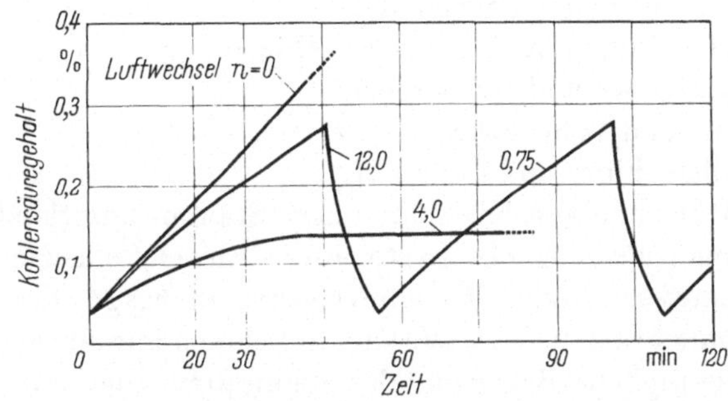

Abb. 3.14 Verlauf des CO_2-Gehaltes als Maßstab für die Luftverschlechterung in einem Klassenraum bei verschiedenen Luftwechselzahlen (nach ROEDLER[473]).

0,15 bis 0,2 Vol.-% beginnt sich Raumluft stark von frischer Außenluft zu unterscheiden, obwohl gesundheitliche Schädigungen noch nicht zu erwarten sind. Die Darstellung in Abb. 3.14 läßt deutlich erkennen: Bei 45 Minuten währenden Schulstunden mit jeweiligem Öffnen der Fenster

---

[473] ROEDLER, F.: Schullüftung als hygienisches Anliegen. VDI-Berichte Nr. 72, Heizung-Lüftung-Klimatisierung, Düsseldorf: VDI-Verlag 1963, S. 27–32.

von mindestens 10 Minuten zwischen den Unterrichtsstunden kann der CO_2-Gehalt der Raumluft in zulässigen Grenzen gehalten werden. Der Vorteil einer konstanten Außenluftzuführung und damit des konstanten CO_2-Pegels der Raumluft von etwa 0,15 Vol.-% ist aber nicht zu bestreiten, besonders im Hinblick auf das mit der starken Fensterlüftung während der Pausen verbundene Absenken der Raumlufttemperatur und der möglichen Zugerscheinungen und Luftschichtungen im Raum bei Winterbetrieb. Auf die Diskussionen über die hygienischen Verhältnisse in Schulräumen[474] und die Veröffentlichungen von SQUITIERI[475] und von HOLLMANN und SQUITIERI[476] zu dem Raumklima in Schulen sei besonders hingewiesen.

3.22 Die Beheizung von Klassenräumen

Für die Auswahl und richtige Projektierung der in Schulgebäuden erforderlichen klimatechnischen Anlagen ist eine Unterscheidung der verschiedenen Raumarten sehr wesentlich, da die an ein Raumklima zu stellenden Ansprüche mit dem Verwendungszweck des Raumes innerhalb des Schulgebäudes stark wechseln. Dabei treten in Schulgebäuden im wesentlichen folgende Raumarten auf:

Stammklassenräume, in denen eine bestimmte Klasse den größten Teil der Unterrichtszeit verbringt,

Sonderklassenräume für naturwissenschaftlichen Unterricht in Biologie, Chemie, Physik usw.,

Turnhallen und Gymnastikräume,

Verwaltungsräume (Rektor, Lehrer, Hausmeister u.a.),

Lehrmittelzimmer und Garderoben,

Werkräume und Lehrküchen,

Pausenhallen, Flure und Toiletten.

Für die Beheizung von Klassenräumen (Stamm- und Sonderklassenräume) kommen als mögliche Systeme die Einzelofenheizung und die zentrale Warmwasser- oder Warmluftheizung in Frage. Einzelöfen für die Verbrennung fester Brennstoffe sind in Schulen nur noch selten anzutreffen. Da die tägliche Beheizung der Schulräume auch unter dem Gesichtspunkt des Bedienungsaufwandes und der Sauberkeit des Betriebes zu betrachten ist, sind derartige Einzelofenanlagen höchstens noch für ländliche Kleinschulen wirtschaftlich. Selbst dort wurden sie in stärkerem

---

[474] Hygienische Forderungen an den neuzeitlichen Schulhausbau und -betrieb. Ein Rundgespräch. Ges.-Ing. 82 (1961), Nr. 5, S. 129–132.

[475] SQUITIERI, V. C.: Schulen, Erziehung, Raumklima. Heiz.-Lüft.-Haustechn. 14 (1963), Nr. 4, S. 119–122.

[476] HOLLMANN, W., u. V. SQUITIERI: Künstliche Lüftung in Schulen – Betrachtungen zum „Lernklima". Jahrbuch Oel und Gas. Band 7, Stuttgart: Verlag G. Kopf 1966, S. 105–140.

Maße durch Ölöfen abgelöst, die bezüglich des Bedienungsaufwandes günstigere Verhältnisse bieten.

Einzelofenanlagen mit einer zentralen Heizmittelversorgung sind hingegen als durchaus moderne Anlagensysteme für die Beheizung von Schulräumen anzusprechen. Hierzu gehören die Gaseinzelheizung und die elektrische Einzelofenheizung unter Verwendung von Nachtstromspeicheröfen. Die Verwendung von relativ teueren Energiearten wie Gas und Strom zur Wärmeerzeugung in Schulen kann wegen der dort herrschenden besonderen Betriebsverhältnisse durchaus wirtschaftlich interessant sein. So ist beispielsweise festzustellen, daß in einer einschichtig betriebenen Schule eine Wärmeversorgung nur an 6 bis 7 Stunden der 140 bis 150 jährlichen Heiztage erforderlich ist, d.h. daß eine Heizperiode nur etwa 1000 Vollbetriebsstunden der Heizungsanlage erfordert. Wegen des im allgemeinen wesentlich geringeren Investitionsaufwandes der Gaseinzelheizung und Elektrospeicherheizung gegenüber der Zentralheizungsanlage können derartige Einzelofenanlagen insbesondere bei kleineren Schulobjekten und entsprechend kurzen Benutzungszeiten trotz der möglicherweise höheren Energiekosten für Gas- und Strom wirtschaftliche Vorteile bieten. Entsprechend den Ausführungen von DAU[477] sind mit trägheitslosen Einzelofenanlagen mit Gasfeuerung in solchen Fällen zum Teil günstigere Jahresbetriebskosten als mit Warmwasserzentralheizungsanlagen erzielt worden. In dieser Veröffentlichung wird auf die Möglichkeit einer zentralen Schalt- und Regelbarkeit der Gaseinzelofenheizung besonders hingewiesen. Über die Einsatzmöglichkeiten der Elektrospeicherheizung in Schulen und über Betriebserfahrungen mit dieser Heizungsart haben REMMELE[478], KIRN[479], SCHÜTTE[480], STOY[481] und ENDE[482] ausführlich berichtet. Die Abb. 3.15 und 3.16 zeigen zwei verschieden gestaltete, in Klassenräumen eingebaute Speicherheizanlagen.

Die *Warmwasserzentralheizung* mit örtlichen Heizflächen in den einzelnen Klassenräumen hat sich für alle Schulklassen und Schularten als ein anpassungsfähiges, betriebssicheres und wirtschaftliches Heizungs-

---

[477] DAU, W.: Schulheizung mit Gaseinzelöfen unter Verwendung elektrischer Feuerungseinrichtungen. Ges.-Ing. 82 (1961), Nr. 9, S. 265–270.

[478] REMMELE, H.: Elektrische Speicherheizungsanlagen in Schulen. Elektrowärme 18 (1960), Nr. 7, S. 225–230.

[479] KIRN, H.: Nachtstromspeicherheizungen in Schulen, Kindergärten und Rathäusern. Klimatechnik 7 (1963), Nr. 1, S. 18–21.

[480] SCHÜTTE, A.: Elektrische Speicherheizung für große Schulen. Heiz.-Lüft.-Haustechn. 16 (1965), Nr. 5, S. 196-199.

[481] STOY, B.: Diskussionsbeitrag zum Thema „Elektrische Beheizung von Schulen und Kirchen". Heiz.-Lüft.-Haustechn. 17 (1966), Nr. 9, S. 327–336.

[482] ENDE, G.: Die elektrische Speicherheizung in Schulen und Kirchen. Heiz.-Lüft.-Haustechn. 17 (1966), Nr. 9, S. 337–344.

system bewährt. Dabei wird diese Heizungsanlage grundsätzlich als reine Pumpenheizung ausgelegt, um ein an wechselnde Belastungsfälle schnell anpassungsfähiges Heizsystem mit möglichst geringer Wärmekapazität zu erhalten. Die mittlere Heizmitteltemperatur ist aus hygienischen und sicherheitstechnischen Gründen auf 80 °C (Vorlauf 90 °C, Rücklauf 70 °C) zu begrenzen. Heißwasserheizungen mit Vorlauftemperaturen bis zu 130 °C bieten stärker die Gefahr der Staubverschwelung und der Verbrennung an den relativ heißen Oberflächen der Heizkörper.

Da die Funktionsweise der Warmwasserheizung als bekannt vorausgesetzt werden kann (vgl. hierzu die Ausführungen in Abschn. 2.22), sei sie an dieser Stelle

Abb. 3.15
Speicherheizgeräte in einem Klassenraum unter der Fensterbrüstung angeordnet (aus [481]).

Abb. 3.16 Speicherheizung mit Kachelmantel unter der Fensterbrüstung eines Klassenraumes (aus [481]).

nur mit den für die Anwendung im Schulbau charakteristischen Bauelementen erwähnt. Dazu gehören in erster Linie die Heizkörper, bei denen es sich am besten um unverkleidete und leicht zu reinigende Bauformen (Radiatoren, Plattenheizkörper) handeln sollte, die möglichst an den Außenwänden unterhalb der Fenster angeordnet werden. Die Heizkörperventile sollten nur mit Steckschlüsseln bedient werden können, um unbefugte Eingriffe durch Schüler zu vermeiden. Deckenstrahlungsheizungen sollten in Klassenräumen möglichst nicht eingebaut werden, da aus hygienischen Gründen niedrige Deckentemperaturen erforderlich wären, was wiederum zu relativ hohen Anlagekosten führen würde. Die einbetonierte Deckenheizung ist wegen der zu großen Trägheit des Systems abzulehnen. Abgehängte Heizdecken lassen sich zwar technisch und wirtschaftlich besser regeln, erfordern aber im Normalfall höhere Investitionskosten.

Die *Luftheizung* als Feuerluftheizung ist auch als wirtschaftliche Heizungsart für die Beheizung von Klassenräumen zu verwenden. Der besondere Vorteil der Luftheizung besteht neben der Möglichkeit, dem Raum einen bestimmten Anteil frischer Außenluft zuzuführen, in der äußerst geringen Trägheit dieses Heizungssystems, wodurch ein schnelles Aufheizen der Räume und eine Anpassung an wechselnde Besetzung erreicht werden kann. Ein Nachteil der Feuerluftheizung besteht aber darin, daß keine konstante, vom Wärmebedarf unabhängige Lüftungswirkung erzielbar ist (vgl. hierzu die genaueren Ausführungen in Abschn. 3.12). Im Hinblick auf die hohen Anforderungen an die Luftqualität in Klassenräumen sollte deshalb der Dampf- oder Wasserluftheizung der Vorzug gegeben werden, bei der der Lüftungseffekt im Vordergrund steht und die Heizwirkung durch Beeinflussung der Temperatur eines konstanten Zuluftstromes erreicht wird.

Als *Raumtemperaturen* für die Auslegung der Heizungsanlagen in Unterrichtsräumen (Klassenräumen) sind nach DIN 4701 20 °C anzusetzen. Es wird als zulässig angesehen, daß die Raumtemperatur in Unterrichtsräumen mit Fensterlüftung nach den Pausen kurzfristig auch unter 18 °C absinkt. Dabei wird von der Überlegung ausgegangen, daß bei Unterrichtsbeginn nach einer Pausenlüftung die Raumtemperatur durch die starke Belegung der Räume sowieso schnell ansteigt (vgl. Abb. 3.13) und zu hohe Raumtemperaturen die geistige Leistungsfähigkeit der Rauminsassen stark beeinträchtigen. Für die Auslegung der Heizflächen soll die Wärmeabgabe der Schüler mit 50 kcal/h und Person berücksichtigt werden. Daraus ergibt sich als Folgerung, daß ein Beheizen von Klassenräumen erst bei Außentemperaturen unter $+12$ bis $+14$ °C erforderlich werden kann, da oberhalb dieser Temperaturen die in den Räumen befindlichen Schüler mit ihrer Wärmeabgabe die Wärmeverluste des Raumes decken (vgl. hierzu die von

WILSON[483] mitgeteilten Ergebnisse amerikanischer Untersuchungen). Die von den Schülern abgegebene Wärme ist auch bei der Ermittlung des Jahreswärme- und Brennstoffbedarfs für Schulheizungen nach der VDI-Richtlinie 2067[484] entsprechend zu berücksichtigen, um zu hohe Verbrauchswerte zu vermeiden.

3.23 Die Lüftung von Klassenräumen

Nach den Richtlinien in DIN 18031 „Hygiene im Schulbau" werden an die Lufterneuerung in Klassenräumen hohe Ansprüche gestellt (vgl. hierzu die Ausführungen in Abschn. 3.41). Möglichkeiten zur Erfüllung dieser Ansprüche bieten grundsätzlich zwei Arten von Lüftungssystemmen: die natürliche Lüftung und die Lüftung mit Hilfe einer mechanischen Lüftungsanlage. Unter der Voraussetzung einer gut durchdachten und sorgfältig ausgeführten Fensterkonstruktion kann Fensterlüftung für Stammklassenräume und für Fachklassenräume ohne besondere Luftverunreinigung und häufige Verdunkelung als ausreichend gelten. Eine Ausnahme bilden Räume, bei denen eine kontinuierliche Fensterlüftung wegen ständiger Außenluftverunreinigung oder wegen eines zu hohen Außenlärmpegels unmöglich ist. STIGLBAUER[485] hat allerdings völlig zu Recht darauf hingewiesen, daß eine einfache und dennoch den Lüftungsregeln entsprechend ausgelegte Lüftungsanlage in der Anschaffung nicht teurer sein muß als der Einbau von Dreh- oder Kippflügelfenstern oder sonstigen Einrichtungen, die zur Erreichung der erforderlichen Querlüftung ohne Zugbelästigung erforderlich sind. Betriebskosten und Wartungsaufwand können allerdings bei mechanischen Lüftungsanlagen größer als bei Fensterlüftungen sein.

Charakteristisch für die Situation der Schullüftung in Europa sind die entsprechenden Forderungen und Zugeständnisse der vom Land Nordrhein-Westfalen herausgegebenen Richtlinien[486], aus denen der die Lüftung von Klassenräumen betreffende Abschnitt im folgenden wiedergegeben wird:

---

[483] WILSON, M.: These are the practical considerations in school climate control and system selection. Heat., Pip. and Air Cond. 33 (1961), Nr. 12, S. 112–117.

[484] VDI-Richtlinien 2067: Richtwerte zur Bestimmung der Wirtschaftlichkeit verschiedener Brennstoffe bei Warmwasser-Zentralheizungsanlagen, Düsseldorf: VDI-Verlag 1957 (in Neubearbeitung).

[485] STIGLBAUER, W.: Gedanken zur Planung von lufttechnischen Anlagen für Schulen und deren praktische Anwendung. VDI-Berichte Nr. 72, Heizung-Lüftung-Klimatisierung, Düsseldorf: VDI-Verlag 1963, S. 32–35.

[486] Richtlinien für Heizungs-, Lüftungs- und Warmwasserbereitungsanlagen in Schulen. Herausgegeben vom Minister für Wiederaufbau in Nordrhein-Westfalen. Essen: H. Wingen 1960 (mit Kommentar).

3.1 Lüftung von Klassenräumen

3.11 Bei den in Deutschland gegebenen klimatischen Verhältnissen reicht
      die Fensterlüftung für Klassen und Sonderräume im allgemeinen
      aus. Diese soll während des Unterrichts – zumindest eingeschränkt –
      durchführbar sein (Dauerlüftung). Es werden folgende Vorausset-
      zungen zugrunde gelegt:

      a) Normale Außenluftverhältnisse (Lufthygiene).
      b) Klassenräume in geräuschüblicher Lage.
         Grundpegel im unbesetzten und natürlich belüfteten Klassenraum
         während der Schulstunden nicht über 45 DIN-Phon [db (A)]. Mitt-
         lere kurzzeitige Spitze nicht über 60 DIN-Phon [db (A)]. Schall-
         hemmende Sonderkonstruktionen von Fenstern erlauben unter
         Umständen eine Dauerlüftung auch in Gebieten höherer Laut-
         stärke.
      c) Normale Nutzung und Besetzung.
         Schülerzahlen durchschnittlich nicht über 40 bis 45.
      d) Durchlüftung während der Pausen.
      e) Ausreichende Raumhöhe nach den Schulbaurichtlinien.

3.12 Die in den Schulbaurichtlinien geforderte ständige *Querlüftung* kann
      bei zweiseitig belichteten Klassen durch Lüftungsflügel in beiden
      Fensterfronten und bei einseitig belichteten Klassen durch Lüf-
      tungsflügel in den Fenstern in Verbindung mit innenliegenden, mög-
      lichst senkrechten Abzugsschächten erreicht werden.

3.13 Liegen zweiseitig belichtete Klassen mit einer Fensterseite zu einer
      Straße mit hohem Geräuschpegel, so muß angestrebt werden, die
      ständige Querlüftung während des Unterrichts durch Fenster-
      lüftung an der ruhigen Seite und Spaltlüftung über geräusch-
      dämmend ausgebildete Fensterkonstruktionen (oder in ähnlicher
      Weise) nach der lauten Seite durchzuführen.

3.14 Grundsätzlich sollten im oberen und unteren Teil der Fenster kleine
      Lüftungsflügel oder Dauerlüftungseinrichtungen vorgesehen wer-
      den. Schalleinleitende Fensterkonstruktionen sind zu vermeiden.

3.15 Lassen sich die Voraussetzungen nach 3.11, 3.12 und 3.13 nicht
      schaffen, so kann eine *mechanische Be- und Entlüftung* der betrof-
      fenen Klassenräume aus schulischen und hygienischen Gründen er-
      forderlich werden. Die Entscheidung, ob eine mechanische Lüftung
      eingebaut werden soll, ist bereits bei der Vorplanung zu treffen. Die
      Mehrkosten hierfür sind in den Kostenvoranschlägen (Kosten-
      schätzungen) zu berücksichtigen. Dabei ist zu beachten, daß eine
      mechanische Lüftung auch höhere Betriebs- und Unterhaltungs-
      kosten verursacht sowie eine qualifizierte Bedienung und einen lau-
      fenden Wartungsdienst erfordert (ggf. Wartungsvertrag).

3.16 Ob eine mechanische Lüftung örtlich durch Einzelgeräte, durch eine Gruppenanlage oder eine Zentralanlage erfolgt, hängt von den baulichen, örtlichen und schulischen Voraussetzungen ab. Beim Einbau von mechanischen Lüftungen sind die VDI-Lüftungsregeln (DIN 1946 Bl. 1 u. 2) zu beachten (Lufterwärmung, Filterung, zugfreie Luftverteilung usw.).

3.17 Soweit eine zusätzliche Fensterlüftung in den Pausen möglich ist, reicht für die mechanische Lüftungsanlage eine Außenluftrate von 20 m³/Schüler und Stunde aus.

3.18 Luftkühl- und Klimaanlagen für Klassen- und Sonderräume sind bei den in Deutschland herrschenden klimatischen Verhältnissen mit im allgemeinen nur kurzzeitig höherer Temperatur und relativer Feuchte der Außenluft nicht erforderlich. Sie sind daher auch mit Rücksicht auf die hohen Herstellungs- und Betriebskosten nicht vertretbar. Unzweckmäßige Bauplanungen (z.B. unzureichende Wärmedämmung der obersten Geschoßdecken oder große Fensterflächen ohne genügenden – außen angebrachten – Sonnenschutz) sollten nicht durch Einbau von Klimaanlagen ausgeglichen werden.

Die Vorteile mechanischer Lüftungsanlagen in Schulen sind zwar keineswegs zu bestreiten, jedoch wird deren Einsatz in Europa noch von den finanziellen Möglichkeiten und örtlichen Gegebenheiten abhängig gemacht. Die steigende Verkehrsdichte und die damit verbundenen Luftverunreinigungen und Lärmbelästigungen führen aber auch in Schulbauten zum vermehrten Einsatz mechanischer Lüftungsanlagen, bei denen die Luftwechselzahlen für die verschiedenen Raumarten den Richtlinien der DIN 1946[487] entsprechend gewählt werden sollen (vgl. Tab. 3.1).

Tabelle 3.1 *Luftwechselzahlen bei lüftungstechnischen Anlagen in Schulen* (nach DIN 1946, Blatt 5)

	stündliche Luftwechsel
Klassenräume	4–5
Projektionsräume	6–8
Chemieklassenräume	6–8
Naturwissenschaftliche Räume	4–5
Turnhallen und Lehrschwimmbäder	2–3
Gymnastikräume	4–6
Umkleideräume	8–10
Aborte einschließlich Vorräume	5

[487] DIN 1946: Lüftungstechnische Anlagen (VDI-Lüftungsregeln). Blatt 5: Lüftung von Schulen. August 1967.

Als Anlagensysteme stehen für die mechanische Lüftung und gleichzeitige Beheizung von Schulräumen im wesentlichen zwei Systeme zur Verfügung, und zwar:

1. Die zentrale Lüftungsanlage mit Luftheizung in der in Abschn. 2.23 beschriebenen Ausführungsart.

2. Die dezentrale Lüftungsanlage, bei der den einzelnen Räumen lediglich Wärme in Form von warmem Wasser oder Dampf zugeführt wird. In jedem Raum befindet sich ein Lüftungsgerät, das die Außenluft direkt ansaugt und den individuellen Bedürfnissen jedes Raumes entsprechend aufbereitet. Die Abluft wird zentral abgesaugt und als Fortluft weggeführt.

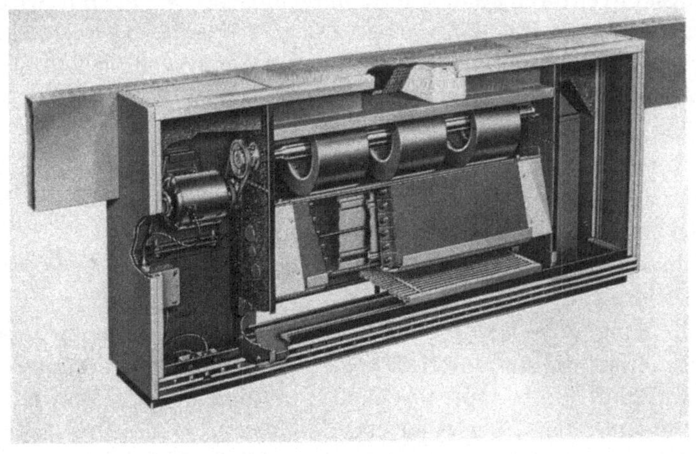

Abb. 3.17 Aufbau eines Lüftungskonvektors (Werkphoto Trane).

Das unter 2. genannte Anlagensystem hat sich mit einer von den USA ausgehenden Entwicklung als ein für die Schullüftung besonders geeignetes System auch in Europa gut eingeführt (vgl. hierzu die Ausführungen von DE LANGE[488] und SCHUSTER[489]). Die in den einzelnen Klassenräumen angeordneten Lüftungskonvektoren (unit ventilators) bestehen grundsätzlich aus einem oder mehreren Ventilatoren mit Antriebsmotor, Lufterhitzer, Umluft-/Außenluftklappen, Filter und Luftaustrittsgitter. Diese Anlagenteile sind alle in einem Blechgehäuse untergebracht (Abb. 3.17). Durch einen zusätzlich eingebauten Luftkühler kann in dem Lüftungskonvektor bei Sommerbetrieb auch eine Temperaturabsenkung und Entfeuchtung der Luft erreicht werden.

---

[488] DE LANGE, S.: Neue Wege der Beheizung und Belüftung von Klassenzimmern in nordamerikanischen Schulen. Heiz.-Lüft.-Haustechn. 14 (1963). Nr. 1, S. 17–21.

[489] SCHUSTER, G. D.: Lüftungskonvektoren für die Heizung und Lüftung von Schulen. Klimatechnik 5 (1963). Nr. 12, S. 18–20.

Die dezentrale Lüftungsanlage mit Lüftungskonvektoren bietet gegenüber der zentralen Anlage besonders für die Lüftung von Klassenräumen große Vorteile. Diese liegen in erster Linie in der individuellen Regelbarkeit, durch die häufige Wechsel in der Belegung eines Klassenraumes während eines Unterrichtstages, Unterschiede in der Belegstärke der verschiedenen Räume und unterschiedliche Wärmeeinstrahlungen und Beleuchtungswärmen leicht ausgeregelt werden können. Durch Verlängerung des Zuluftdurchlasses mittels eines schmalen Kanals entlang des ganzen Fensters (vgl. Abb. 3.17) kann eine gute Durchlüftung des Raumes erreicht werden.

Einen wesentlichen Bestandteil der dezentralen Lüftungsanlagen mit Lüftungskonvektoren stellt sowohl in technischer wie auch in wirtschaftlicher Hinsicht die Regelanlage dar. Der relativ hohe regeltechnische Aufwand, der auch mit entsprechenden Kosten verbunden ist, wird durch die ziemlich komplizierte Regelung jedes einzelnen Klimakonvektors erforderlich. Die Regelvorgänge sind dabei folgende:

1. Anwärmvorgang: Die Raumtemperatur liegt unterhalb des Thermostatsollwertes, die Außenluftklappen sind geschlossen, die Umluftklappen sind geöffnet, das Regelventil am Lufterhitzer ist offen. Es wird nur Raumluft umgewälzt und erwärmt, bis die Raumtemperatur den Sollwert erreicht hat.

2. Heizung und Lüftung: Hat die Raumtemperatur den Sollwert erreicht, öffnen die Außenluftklappen bis zu einem bestimmten Mindestwert, und die Umluftklappen schließen um den gleichen Betrag.

3. Lüftung: Bei Überschreitung des Raumtemperatursollwertes öffnen die Außenluftklappen weiter, bis ausschließlich Außenluft eingeführt wird. Um Zugerscheinungen zu vermeiden, kann die Zulufttemperatur mit Hilfe eines im Luftstrom hinter dem Lufterhitzer angeordneten Begrenzungsthermostaten nach unten begrenzt werden.

Die Abluft aus dem zu lüftenden Klassenraum wird bei dem Einsatz von Ventilatorkonvektoren über eine besondere Abluftanlage als Fortluft weggeführt. Dabei kann der Abluftstrom möglicherweise noch über den Flur geführt werden. Auf eine schalldämmende Auskleidung des Luftdurchlasses zwischen Klassenraum und Flur ist dabei besonders zu achten, damit über diese Verbindungsleitung keine Geräusche vom Flur in das Klassenzimmer und umgekehrt übertragen werden.

3.24 Klimatechnische Einrichtungen für Turn- und Schwimmhallen

Bei Turnhallen und Gymnastikräumen sind Lüftungs- und Heizungssysteme eng miteinander verbunden. Lüftungsanlagen mit Luftheizung genügen im allgemeinen den Forderungen nach Wirtschaftlichkeit, schneller Aufheizung und gleichmäßiger Temperaturverteilung. Auch hat sich die Fensterlüftung für Turnhallen ausreichend bewährt in Verbindung mit Deckenstrahlungsheizung oder Heizkörpern mit relativ hohem Strahlungsanteil an der Wärmeabgabe (z. B. Plattenheizkörper). Dabei ist zu berücksichtigen, daß sich mit einer Strahlungsheizung der Boden einer Turn- oder Gymnastikhalle besser erwärmen läßt als mit einer Warmluftheizung. Im Hinblick auf gymnastische Übungen und Bodenturnen kann einer ausreichenden Bodentemperatur größere Bedeutung zukommen als einer hohen Lufttemperatur.

Wegen des relativ großen Luftraumes in Turnhallen können die Luftwechselzahlen bei Einbau einer Lüftungsanlage entsprechend den Empfehlungen der DIN 1946, Blatt 5, relativ niedrig gehalten werden (vgl. Tab. 3.1). Dabei ist natürlich die Frage zu prüfen, ob die Halle ausschließlich von Schülern an einzelnen Stunden oder auch von Sportvereinen häufig, mehrere Stunden hintereinander und möglicherweise unter Zuschauerbeteiligung benutzt wird.

Nach den Richtlinien der DIN 18032[490] soll die Raumtemperatur in Turn- und Sporthallen zwischen 12 und 18 °C einstellbar sein. Turn-, Sport- und Gymnastikhallen sollten nach Möglichkeit getrennt beheizt werden oder zumindest einen besonderen Heizkreis erhalten. Das gilt besonders dann, wenn die Turnhalle auch außerhalb der Schulzeit (an Abenden, Sonn- und Feiertagen und während der Schulferien) als Turn- oder Versammlungshalle verwendet werden kann. Günstig gelöst wird das Heizproblem, wenn die Halle durch Teilbeheizung ständig auf etwa 8 bis 10 °C erwärmt wird und die Vollheizung erst kurz vor der Benutzung des Raumes eingeschaltet wird. Diese Art der Heizung garantiert neben der beschleunigten Erhöhung der Raumlufttemperatur auch ausreichend hohe Oberflächentemperaturen der Umgrenzungswände.

Gymnastikräume stellen bezüglich der Lüftung höhere Ansprüche als Turnhallen, da die Gymnastikräume mit verhältnismäßig kleiner Grundfläche und niedriger Höhe gebaut werden. Der Luftraum je Person ist hier also geringer als bei Turnhallen. Da bei einer Fensterlüftung vielfach Zugerscheinungen auftreten, erscheint der Einbau einer mechanischen Lüftungsanlage in einem Gymnastikraum unerläßlich.

Schwimmhallen (Lehrschwimmbäder) erfordern ebenfalls wegen des Feuchtigkeitsanfalls Lüftungsanlagen. Das gleiche gilt für die an Sport- und Schwimmhallen angeschlossenen Duschanlagen. Die Berechnung der für die Abführung des Wasserdampfes aus Schwimmhallen und Duschräumen erforderlichen Luftströme kann nicht unter Annahme bestimmter Luftwechselzahlen durchgeführt werden. Vielmehr müssen dabei die stündlich verdunstende Wassermenge und die zulässige Raumluftfeuchtigkeit beachtet werden (vgl. hierzu die Ausführungen in Abschn. 2.13).

---

[490] DIN 18032: Gymnastik, Turn- und Sporthallen – Richtlinien für den Bau. April 1965.

Auf den durch die Wasserverdunstung möglichen Wärmeentzug aus der Raumluft wird besonders hingewiesen. Die für die Verdampfung des Wassers erforderlichen Wärmen müssen dabei unter Umständen dem Raum zusätzlich zugeführt werden.

3.3 Krankenanstalten

3.31 Hygienische und wärmephysiologische Anforderungen an das Raumklima in Krankenanstalten

Die klimatechnischen Einrichtungen in Krankenanstalten haben entsprechend den zahlreichen unterschiedlichen Raumarten in einem Krankenhaus vielfältige Aufgaben zu erfüllen. In kaum einer anderen Gebäudeart sind derart viele Raumgruppen vertreten, die so unterschiedliche Ansprüche an die klimatischen Verhältnisse stellen. Um diese Problematik ganz zu erfassen, seien einige der für ein Krankenhaus besonders charaktersitischen Raumgruppen zusammengestellt. Es handelt sich dabei um Operationsräume, einschließlich der Vorbereitungs- und Sterilisationsräume, Räume für Frischoperierte und Frühgeburten, Röntgenräume, Bäder und Massageräume, sonstige Behandlungsräume, Bettenstationen, Räume für Hals-, Nasen- und Ohrenkranke, Tagesräume, Verwaltungsräume und Küchen, von denen nahezu jeder ein besonderes Raumklima verlangt. Die wichtigsten dieser Räume sind in Tab. 3.2

Tabelle 3.2 *Klimabedingungen in den einzelnen Räumen und Raumgruppen von Krankenanstalten* (nach DIN 1946, Blatt 4)

Raumart	Außentemperatur °C	Raumtemperatur °C	Raumluftfeuchte %	stündl. Luftwechsel
Operations-, Anästhesie- u. Vorbereitungsräume	$-15 - +32$	20–25 regelbar	65–50	8–10
Räume für Frischoperierte	bis 25 30 32	22 23 24	35–60	5–8
Räume für Frühgeburten	$-15 - +32$	22–25	60–50	5
Räume für Hals-, Nasen- u. Ohrenkranke	bis 20 25 30 32	22 23 25 26	50–65	3–5
Normale Bettenstationen	bis 20 25 30 32	22 23 25 26	35–60	2–3

mit den geforderten Raumluftzuständen und Luftwechselzahlen zusammengestellt.

Bettenstationen, Tagesräume, Behandlungs- und Untersuchungsräume stellen an die klimatechnischen Einrichtungen eines Krankenhauses die geringsten Ansprüche. Entsprechend den Richtlinien der DIN 1946[491] (vgl. hierzu auch den Kommentar von ROEDLER[492]) gelten lüftungstechnische Anlagen für diese Räume als entbehrlich. Ausgenommen davon sind allerdings Krankenzimmer auf Hals-, Nasen- und Ohrenstationen und diejenigen Krankenzimmer, bei denen eine Fensterlüftung wegen zu großer Geräuschbelästigung und zu starker Verunreinigung der Außenluft nicht möglich ist. In diesen Fällen sind lüftungstechnische Anlagen auch für die obengenannten Raumgruppen unentbehrlich.

Die Operationsraumgruppe einschließlich der Anästhesie-, Wasch- und Vorbereitungsräume, die Raumgruppen Strahlendiagnostik und -therapie (Röntgen- und Bestrahlungsräume), Geburtshilfe, physikalische Therapie (Bäder- und Massageräume) erfordern klimatische Verhältnisse, die den Einsatz lüftungstechnischer Anlagen unentbehrlich machen. In den Operationsräumen müssen zur Verhütung von Bränden und Explosionen infolge elektrostatischer Aufladungen hohe relative Luftfeuchtigkeiten eingehalten werden, die nur mit Lüftungsanlagen mit zusätzlichen Befeuchtungseinrichtungen erreichbar sind. Erwünscht sind für diese Raumart Klimaanlagen mit Temperatur- und Feuchteregelung.

Bei der zentralen Klimatisierung von Krankenanstalten ist die Frage der Luftreinigung besonders zu beachten. Es muß auf jeden Fall vermieden werden, daß Bakterien von einem Raum in den anderen übertragen und dadurch Infektionen im Krankenhaus verbreitet werden. Hierfür sind in vielen Fällen besondere Maßnahmen, wie das sorgfältige Filtern der Luft sowie die Verwendung sterilisierender Lampen und anderer keimtötender Mittel, erforderlich. Den Einsatz von Feinstaubfilter erfordern der Operationstrakt und die Diagnostik- und Therapieräume. Die Zuluft für die Raumgruppe Geburtshilfe sollte mit Hilfe von Feinststaubfiltern gereinigt werden. Eine weitgehend keimarme Lüftung mit sehr hohen aseptischen Anforderungen, z. B. für Gelenk- oder Brustkorboperationen, ist nur unter Anwendung von Schwebstoffiltern Sonderstufe S zu erreichen.

Wie bei den Versammlungsräumen sind auch für die verschiedenen Raumarten in Krankenanstalten die geforderten Raumlufttemperaturen in Abhängigkeit von der Außenlufttemperatur gestaffelt (vgl. Tab. 3.2). Dabei sind für die Räume für Frischoperierte niedrigere Raumtempera-

---

[491] DIN 1946: Lüftungstechnische Anlagen (VDI-Lüftungsregeln). Blatt 4: Lüftung in Krankenanstalten. Mai 1963.

[492] ROEDLER, F.: Die neuen Krankenhauslüftungsregeln. Ges.-Ing. 84 (1963), Nr. 3, S. 72–76.

turen angesetzt als für die übrigen Krankenzimmer. Die Operationsräume erfordern im Hinblick auf die unterschiedlichen Operationsverfahren und die voneinander abweichenden ärztlichen Forderungen regelbare Raumlufttemperaturen.

Mit dem Einbau lüftungstechnischer Anlagen in Krankenhäusern dürfen keine Geräuschbelästigungen verbunden sein. Die diesbezüglichen Forderungen in Blatt 4 der DIN 1946 sind schärfer als bei allen anderen Raum- und Gebäudearten mit einer mechanischen Lüftungsanlage. Danach gelten als maximal zulässige Grenzwerte der Lautstärke für

Operationsräume und Räume für Frischoperierte 30 db (A),
normale Kranken- und Untersuchungsräume   35 db (A),
alle anderen dem Aufenthalt von Patienten
dienenden Räume   40 db (A).

Diese Werte gelten mit einer Toleranz von $+2$ db (A). Zusätzlich wird im Hinblick auf die größere Lästigkeit von Geräuschen niedriger Frequenzen der höchstzulässige Schallpegel in den einzelnen Oktavbereichen festgelegt.

3.32 Die Wärmeversorgung von Krankenhäusern

Da in Krankenanstalten Wärme für vielerlei Zwecke benötigt wird, ist die Wärmeversorgung der klimatechnischen Einrichtungen nur im Rahmen der Gesamtwärmeversorgung zu betrachten. Außer für die Raumheizung werden noch relativ große Wärmeströme benötigt für Wirtschaftszwecke (Küchen, Wäscherei), medizinische Zwecke (Desinfektion, Sterilisation) und für die Warmwasserbereitung.

Die Planung der erforderlichen Wärmeversorgungsanlagen wird durch den Umstand wesentlich erschwert, daß für die verschiedenen Verwendungszwecke Wärme unterschiedlicher Art und Temperatur notwendig ist. So ist für normale Heizungsanlagen mit örtlichen Heizflächen in den zu beheizenden Räumen eine Wärmeversorgung durch Warmwasser 90/70 (Vorlauf 90 °C, Rücklauf 70 °C) erwünscht. Für die Fernverteilung innerhalb eines größeren Gebäudekomplexes kann die Vorlauftemperatur aus Gründen der Transportkostenverringerung auf 110 oder 130 °C angehoben werden. Die Lufterhitzer von Lüftungs- und Klimaanlagen werden ebenfalls über Wasser als Wärmeträger mit Wärme versorgt, da sich warmwasserbeheizte Lufterhitzer besser regeln lassen als dampfbeheizte. Die Heizmitteltemperatur ist bei der Lufterhitzerheizung von geringerer Bedeutung als bei der Raumheizung. Die Vorlauftemperatur kann deshalb bei Lufterhitzern 90 bis 130 °C betragen.

Für alle anderen genannten Bedarfsfälle wird in Krankenhäusern Wärme in Form von Dampf benötigt. Die Küchenanlagen erfordern

Niederdruckdampf (0,5 atü), Wäschereien und Sterilisationsanlagen
Dampf mit höherem Druck und höherer Temperatur (bis zu etwa 6 atü).
Für die Warmwasserbereitung wird Dampf bevorzugt, da die Leistung
der Warmwasserbereiter mit einer bestimmten Heizfläche bei der Dampf-
kondensation mit einer konstanten Heizmitteltemperatur von über 100°C
günstiger ist als bei der Warmwasserbeheizung. Für den Zweck der

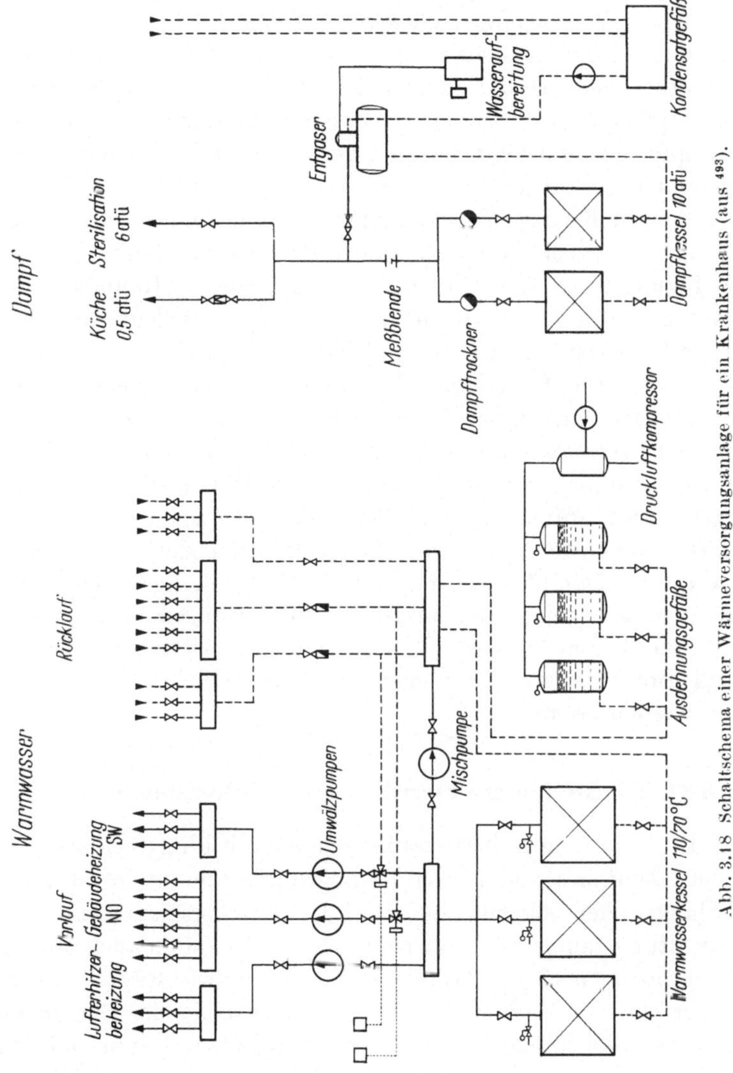

Abb. 3.18 Schaltschema einer Wärmeversorgungsanlage für ein Krankenhaus (aus [493]).

---

[493] KRÜGER, W., u. F. ROEDLER: Heiz- und lüftungstechnische Anlagen in
Krankenanstalten – Richtwerte und Ausführungsbeispiele. Ges.-Ing. 83 (1962),
Nr. 7, S. 190–200.

19*

Brauchwassererwärmung kann aber auch Warmwasser verwendet werden, wenn Dampf nicht oder in unzureichender Menge zur Verfügung steht.

Die Wärmeerzeugungsanlage eines Krankenhauses muß also mit mindestens zwei verschiedenartigen Wärmeerzeugern ausgestattet sein, und zwar mit Warmwasser- und Hochdruckdampfkesseln. In dem in Abb. 3.18 dargestellten Beispiel wird die Wärmeerzeugung für die Raumheizung von drei Warmwasserkesseln mit einer Vorlauftemperatur von 110 °C und einer Rücklauftemperatur von 70 °C übernommen. Die Dampfverbraucher werden von zwei Dampfkesseln versorgt, die Hochdruckdampf von 10 atü erzeugen. Für die einzelnen Verbraucher wird der Dampfdruck dem Verwendungszweck entsprechend jeweils auf einen niedrigeren Wert reduziert.

Der Anschluß eines Krankenhauses an eine Fernwärmeversorgung ist nur dann sinnvoll, wenn ganzjährig Wärme mit hoher Temperatur zur Verfügung steht. Die rein auf die Bedürfnisse der Raumheizung ausgerichteten städtischen Fernwärmeversorgungen werden in den meisten Fällen mit gleitenden, d.h. den Witterungsverhältnissen angepaßten Vorlauftemperaturen betrieben. Für die Gesamtwärmeversorgung eines Krankenhauses sind diese Heizmitteltemperaturen nicht ausreichend. Da von dem gesamten Wärmebedarf einer Krankenanstalt etwa je die Hälfte für Raumheizung und für wirtschafts- bzw. medizinische Zwecke verwendet wird, wäre von einer Wärmefernversorgung mit gleitenden Heizmitteltemperaturen nur der halbe Wärmebedarf des Hauses zu decken. Für die Dampferzeugung sind in jedem Fall die mit einer eigenen Wärmeerzeugungsanlage verbundenen Einrichtungen erforderlich, die dann meistens ohne größeren technischen und wirtschaftlichen Mehraufwand zur Erzeugung der gesamten erforderlichen Wärme herangezogen werden können.

3.33 Klimatechnische Einrichtungen in Behandlungsräumen

Für die Ausstattung eines Krankenhauses mit klimatechnischen Einrichtungen sind besonders zwei Raumgruppen zu unterscheiden: Die Behandlungs- oder Betriebsräume und die Bettenstationen. Die Gruppe der Verwaltungsräume hat zwar bei größeren Anstalten auch noch einen ziemlich großen Anteil am Raumbedarf. Da sich diese Räume aber kaum von entsprechenden Räumen in reinen Verwaltungs- oder Bürogebäuden unterscheiden, sei bezüglich der Ausstattung dieser Räume mit klimatechnischen Anlagen auf die ausführliche Darstellung in Abschn. 3.4 verwiesen.

Zu den Behandlungs- oder Betriebsräumen einer Krankenanstalt gehören insbesondere die Operationsräume mit den angeschlossenen

Nebenräumen, die Raumgruppe Geburtshilfe und die Pathologische Abteilung. Lüftungs- und Klimaanlagen sind für diese Räume aus den in Abschn. 3.31 dargelegten Gründen unentbehrlich. Besonders hohe Ansprüche an die Ausstattung mit klimatechnischen Einrichtungen stellt dabei die Operationsgruppe, für die deshalb ohne Beachtung der Versorgung des übrigen Gebäudes eine besondere Klimaanlage vorgesehen werden sollte. Dies empfiehlt sich sowohl wegen der besonderen Aufbereitung der Operationsraumluft als auch aus wirtschaftlichen Gründen. Ein Betrieb der Klimaanlage der Operationsraumgruppe ist nur tagsüber und in kleineren und mittleren Anstalten sogar nur an bestimmten Stunden der Wochentage erforderlich. Eine durchgehende Klimatisierung dieser Räume zusammen mit den übrigen Raumgruppen des Hauses wäre wirtschaftlich nicht tragbar. Dabei sollte aber in den Räumen der Operationsgruppe mit Außenwänden auf eine Anordnung von örtlichen Heizflächen nicht verzichtet werden, um auch bei abgeschalteter Klimaanlage eine Mindesttemperatur in diesen Räumen zu gewährleisten. Ein schnelles Aufheizen der Operationsräume mit der Klimaanlage kurz vor Beginn des Operationsbetriebes ist aus wärmephysiologischen Gründen nicht zu empfehlen, da hierbei die Temperaturen der Raumumgrenzungsflächen noch längere Zeit hinter den Lufttemperaturen zurückbleiben.

Für die Auslegung und Planung einer Anlage zur Klimatisierung von Operationsräumen ist die Frage von besonderer Bedeutung, ob die Räume mit Fenstern versehen werden oder nicht. Es hat den Anschein, als ob sich der fensterlose Operationsraum mehr und mehr durchsetzt, da hierbei Geräuschbelästigungen und Sonneneinstrahlung durch die Fenster vermieden werden. Von der Lüftungsmöglichkeit durch die vorhandenen Fenster in Notfällen wird sicher kaum Gebrauch gemacht, da bei der allgemein für ein Krankenhaus vorgesehenen Notstromversorgung ein Ausfall der Klimaanlage kaum zu befürchten ist.

Eine vollständige Klimaanlage für Operationsräume besteht – den hohen Ansprüchen an das Klimatisierungsverfahren entsprechend – aus Außenluftklappe, Vorerhitzer, Grobfilter, Zuluftventilator, Schalldämpfer, einem besonderen OP-Klimagerät, Feinfilter, Zuluftdurchlässen und Abluftanlage. Eine solche, für die Klimatisierung mehrerer Operationsräume geplante Anlage ist in Abb. 3.19 dargestellt. Bei dieser Lösung ist die Klimaanlage dem Wunsch nach kurzen Luftleitungen entsprechend unmittelbar über den Operationsräumen untergebracht. Die Außenluft wird vor dem Durchgang durch den Ventilator vorgewärmt und in einem möglichst automatischen Grobfilter von groben Verunreinigungen befreit. Die Luft tritt dann in speziell für die Klimatisierung von Operationsräumen entwickelte Klimageräte, die in kompakter Bauweise alle für die Aufbereitung dieser Luft erforderlichen Einrichtungen besitzen

(Abb. 3.20). Die Luft wird erwärmt und befeuchtet bzw. gekühlt und entfeuchtet und erhält in Nachheizkörpern die richtige Endtemperatur. Dabei ist besonders zu erwähnen, daß der Befeuchtungsteil des Gerätes

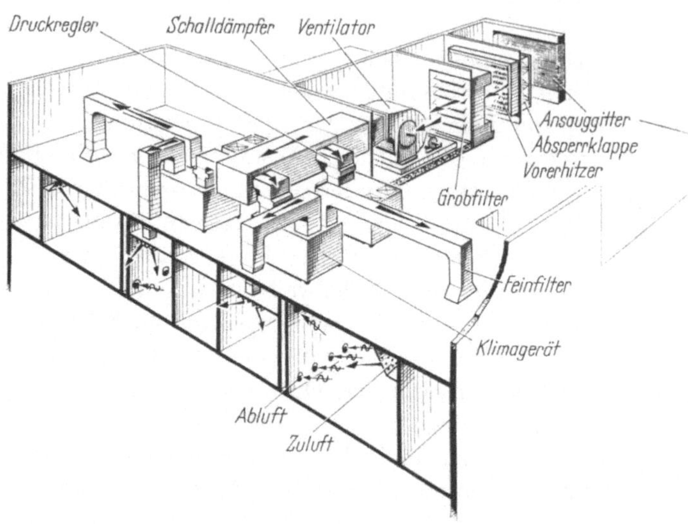

Abb. 3.19 Anlage zur Klimatisierung von Operationsräumen
(Werkbild SF Luft- und Wärmetechnik).

Abb. 3.20 Spezialgerät für die OP-Klimatisierung.
Oben links im Bild: Feinfilteranlage im Zuluftkanal
(Werkphoto SF Luft- und Wärmetechnik).

nur mit Frischwasser betrieben wird, um die Gefahr einer Zunahme an Bakterien in dem Wassertank bei Umlaufbetrieb auszuschalten. Der Kühler ist an die Kaltwasserversorgung einer Kältemaschinenanlage angeschlossen. Die Filter der in Abb. 3.19 dargestellten Anlage sind als Feinfilter mit einem Entstaubungsgrad von 99,9% in besonderen Filtergehäusen möglichst nahe bei dem Eintritt der Zuluft in den Operationsraum angeordnet, um den Weg der gereinigten Luft kurz zu halten und erneute Verunreinigungen zu vermeiden. Einzelheiten bezüglich Aufbau und Funktionsweise dieser speziellen OP-Klimaanlage können den Veröffentlichungen von SCHEINGRABER[494] und DAHLBÄCK[495] entnommen werden.

Von der Operationsraumluft muß naturgemäß ein hoher Reinheitsgrad an mechanischen Verunreinigungen und insbesondere ein hohes Maß an Keimfreiheit erwartet werden. Um eine einwandfreie, diesen hygienischen Ansprüchen genügende Luftqualität zu erhalten, ist der Einsatz hochwertiger Fein- und Feinststaubfilteranlagen notwendig (vgl. hierzu die Ausführungen über die Einteilung und Bauweise von Luftfilteranlagen in Abschn. 2.46). Nach den Forderungen der DIN 1946, Blatt 4 sind für alle Räume der Operations- und Geburtshilfenraumgruppen Feinstaubfilter (Güteklasse B) erforderlich. Für Operationsräume mit sehr hohen aseptischen Anforderungen (z. B. für Brustkorboperationen) werden Schwebstoffilter der Sonderstufe S erforderlich. Die in unmittelbarer Nähe des Zuluftdurchlasses anzuordnenden Filter sollten möglichst auf der Seite des Operationsraumes mit einer dicht schließenden Klappe versehen werden, die sich automatisch schließt, wenn der Zuluftventilator ausgeschaltet wird. Dadurch wird verhindert, daß bei Stillstand der Klimaanlage verunreinigte Luft vom Operationsraum auf die saubere Filterfläche gelangt. – Die Ultraviolettbehandlung der Zuluft ist als zusätzliche keimerniedrigende Maßnahme zu betrachten, kann aber keineswegs die vorgeschriebene Filterung der Luft ersetzen, da sie keine durch feste Partikel durchdringende Wirkung besitzt. Die Veröffentlichungen von OCHS[496] und RABBEL[497] befassen sich eingehend mit dem Aufbau verschiedener Luftfilterbauarten und deren Eignung und Einsatz für klinische Zwecke.

Der Frage der *Luftführung* innerhalb des Raumes bei der Klimatisierung von Operationsräumen ist entsprechend ihrer Bedeutung in den Krankenhauslüftungsregeln (DIN 1946, Blatt 4) ein besonders breiter Raum eingeräumt. Dort heißt es unter Ziff. 2.51:

„In Operationsräumen muß ein eindeutiger, den gesamten Raum umfassender Spüleffekt erreicht und aufrechterhalten werden, bei dem das Abführen entzündbarer Narkosegasgemische über den Kopf des Patienten hinweg aus dem Operationsbereich heraus gewährleistet ist. Um vor allem Ätherdämpfe, die unter ungünstigen Bedingungen mehrere Meter

---

[494] SCHEINGRABER, K.: Klimatisierung von Operationssälen. Heiz.-Lüft.-Haustechn. 16 (1965), Nr. 7, S. 255–257.

[495] DAHLBÄCK, O.: Luftbehandlung in einer schwedischen Klinik. Heiz.-Lüft.-Haustechn. 17 (1966), Nr. 8, S. 296–297.

[496] OCHS, H.-J.: Über die Einplanung von Luftfiltern bei Klinik-Neubauten. Heiz.-Lüft.-Haustechn. 16 (1965), Nr. 7, S. 265–271.

[497] RABBEL, G.: Luftfilter für den Einsatz in Krankenhäusern. Heiz.-Lüft.-Haustechn. 17 (1966), Nr. 8, S. 285–288.

auf dem Fußboden entlangfließen können, sicher zu erfassen, empfiehlt es sich, die Einführung der Zuluft unter der Decke oder durch die Decke mit möglichst breiter gerichteter Beflutung des Operationsfeldes vorzunehmen (Abb. 3.21). Da alle heute verwendeten Narkosegase und -dämpfe schwerer als Luft sind, soll die Unterkante der Abluftdurchlässe unter Berücksichtigung der Einblasrichtung der Zuluft unmittelbar über dem Fußboden angeordnet werden. Bei Lüftungsanlagen darf der örtliche Temperaturunterschied im Operationsbereich nicht größer als

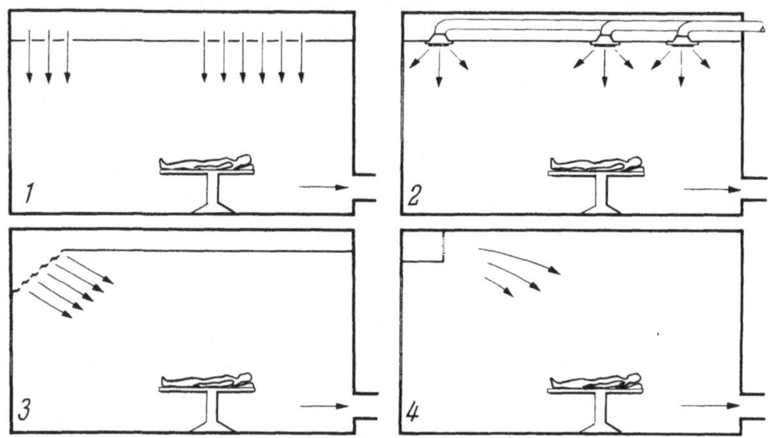

Abb. 3.21 Möglichkeiten der Luftführung in Operationsräumen.
1 Lufteinlaß zonenweise über eine Lochdecke; *2* Lufteinlaß über Anemostate; *3* Lufteinlaß durch geneigten Lochdeckenstreifen; *4* Strahllüftung. Die Abluft wird in allen Fällen auf der Flurseite in Bodennähe weggeführt.

2 °C sein. Bei Lüftungsanlagen mit Kühlung und bei Klimaanlagen darf die Abweichung vom Sollwert im gleichen Bereich nicht größer als ± 1 °C sein.“

Von den zahlreichen Möglichkeiten der Luftführung in Operationsräumen, auf die MERKLE im zweiten Teil seiner Veröffentlichung[498] sehr ausführlich und unter Beschreibung mehrerer Beispiele eingegangen ist, sind in Abb. 3.21 die wichtigsten zusammengestellt. Es muß allerdings darauf hingewiesen werden, daß über die Zweckmäßigkeit der Anordnung von Lochdecken und Anemostaten im Operationsraum die Meinungen geteilt sind. Immerhin besteht bei dieser Art von Luftdurchlässen die Gefahr, daß sich bei abgestellter Klimaanlage Staub und Bakterien in den Zwischenräumen absetzen und bei Inbetriebnahme der Anlage in den Raum geblasen werden. Hingegen hat sich die Einführung der Zu-

---

[498] MERKLE, E.: Lüftung von Krankenzimmern und Klimatisierung von Operationsräumen. Ges.-Ing. 84 (1963), Nr. 8, S. 225–234 u. Nr. 9, S. 257–260.

luft über geneigte Lochdeckenstreifen in modernen Anlagen offensichtlich gut bewährt. Durch diese Anordnung erhält man eine relativ große Einblasfläche. Die gelochten Bleche sollten allerdings so angebracht werden, daß sie zum Reinigen in regelmäßigen Zeitabständen leicht abgenommen werden können.

Eine wesentliche Voraussetzung für einen hygienisch einwandfreien Betrieb einer Operationsklimaanlage ist die Forderung, daß keine verunreinigte Luft aus Nachbarräumen in den Operationssaal eindringt. Das läßt sich dadurch erreichen, daß in den Operationsraum mehr Luft eingeblasen als abgesaugt und dadurch in dem OP-Raum ein Überdruck gegenüber den angrenzenden Räumen erhalten wird. Dabei kann das Verhältnis von Zuluft und Abluft etwa 4 : 3 betragen.

3.34 Klimatechnische Einrichtungen in Bettenstationen

Die Krankenräume einer Krankenanstalt sind zum Zwecke einer guten Betreuung der Patienten in Pflegeeinheiten (Stationen) zusammengefaßt. Die Anzahl der Betten je Station richtet sich nach der Größe des Krankenhauses und wird im Normalfall zwischen 20 und 50 liegen. Während früher eine große Zahl von Patienten in einem Raum untergebracht wurden, bestehen die Bettenstationen heute aus kleineren Räumen, die je nach Pflegeklasse mit etwa ein bis fünf Patienten belegt sind.

Die Krankenzimmer der in kälteren bis gemäßigten Klimaregionen gelegenen Krankenanstalten müssen mindestens ausreichend beheizt werden. Dabei wird die Warmwasserheizung mit der Anordnung einzelner Heizkörper unter den Fenstern weiterhin als bewährte Heizungsanlage eingesetzt. Wegen des Vorranges der hygienischen Forderungen im Krankenhausbau müssen leicht zu reinigende Heizkörperbauarten verwendet werden, die möglichst frei und von allen Seiten zugänglich aufgestellt werden sollten. Besonders geeignet hierfür sind Flachheizkörper mit glatten Flächen in der in Abb. 3.4 dargestellten Art. Gegen die Verwendung von Konvektoren in Krankenzimmern bestehen wegen der möglichen Staubablagerungen hygienische Bedenken. Ebenfalls aus hygienischen Gründen sollte die Heizmitteltemperatur niedrig gehalten und nicht höher als 90 °C für den Vorlauf und 70 °C für den Rücklauf gewählt werden.

Neben der Heizung ist eine gute Lüftung der Krankenräume außerordentlich wichtig, da eine einwandfreie Raumluft auf den Patienten einen heilsamen Einfluß ausüben und so zur Beschleunigung des Heilungsprozesses beitragen kann. Sofern die Lage des Gebäudes ein Öffnen der Fenster zuläßt, gilt die Fensterlüftung für die meisten Krankenzimmer bislang noch als ausreichend (vgl. die Ausführungen in Abschn. 3.31). Der Zwang zur Aufgabe der Fensterlüftung auch für Bettenstationen wird mit der wachsenden Luftverunreinigung und Geräuschbelästigung in Stadtnähe und den Windeinflüssen auf die Lüftung bei freistehenden Bettenhäusern immer stärker begründet. MERKLE[499] hat gerade die hiermit zusammenhängenden Fragen der Lüftung von Krankenzimmern eingehend untersucht. Für Infektions- und Hals-, Nasen-, Ohrenstationen sind mechanische Lüftungsanlagen in der DIN 1946, Blatt 4 bereits als unentbehrlich bezeichnet.

Bei der Verwendung mechanischer Lüftungs- oder Klimaanlagen kann der erforderliche Luftdurchsatz für die einzelnen Räume über die in DIN 1946, Blatt 4 empfohlenen Luftwechselzahlen (vgl. Tab. 3.2) hinausgehend abhängig von der Kühllast der Räume bestimmt werden müssen. Die dabei ermittelten Luftleistungen haben einen wesentlichen Einfluß auf die Wahl des zu verwendenden Lüftungssystems.

Bei geringer Luftleistung mit einem der Norm entsprechenden zwei- bis dreifachen stündlichen Luftwechsel bietet sich das Niederdrucksystem an, bei dem die Luftaufbereitung vollkommen zentral erfolgt und die aufbereitete Luft den einzelnen Räumen in einem bestimmten Zustand zugeführt wird. Eine individuelle Regelung des Raumklimas verschiedener Krankenzimmer ist nur unter Zusammenfassung mehrerer Räume zu einzelnen Zonen mit wirtschaftlich vertretbarem Aufwand möglich.

Individuelle Raumtemperaturen und hohe Luftleistungen lassen sich mit den Hochdrucksystemen[500] erreichen, die zwar aufwendiger und kostspieliger als das Niederdrucksystem sind, dafür aber wesentlich mehr Komfort bieten. Speziell für den Einsatz in Krankenräumen wurden Klimakonvektoren und Klimaradiatoren entwickelt, deren besondere Kennzeichen das Fehlen jeg-

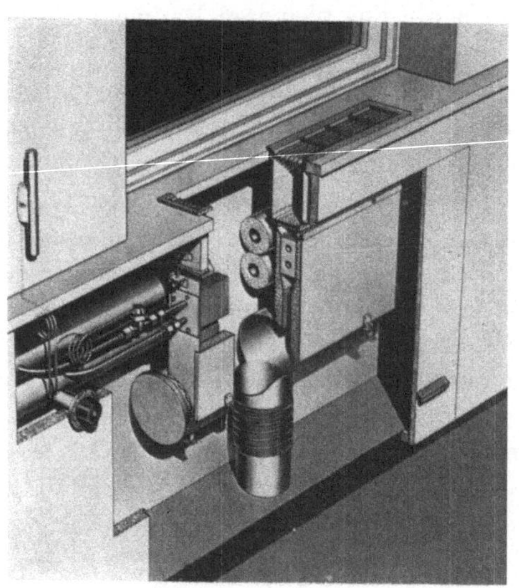

Abb. 3.22 Klimakonvektor für den Einsatz in Krankenhausklimaanlagen (Werkphoto SF Luft- und Wärmetechnik).

---

[499] MERKLE, E.: Probleme der Heizung und Lüftung in Krankenhäusern. Heiz.-Lüft.-Haustechn. 17 (1966), Nr. 8, S. 305–311.

[500] Eine ausführliche Beschreibung der verschiedenen Hochdrucksysteme enthalten die Ausführungen über Klimaanlagen in Bürohäusern in Abschn. 3.42.

lichen Umluftbetriebes (also keine Ansaugung von Raumluft) und eine
möglichst gute Reinigungsmöglichkeit sind. Der in Abb. 3.22 dargestellte Klimakonvektor stellt einen Induktionskonvektor ohne Induktion
von Sekundärluft dar, den SAMUELSSON[501] in Zusammenhang mit dem
gesamten Klimatisierungssystem ausführlich beschreibt. Bei diesem
System wird die Primärluft über einen nachgeschalteten Wärmeaustauscher geleitet und in den Raum
geführt. Die gewünschte Raumtemperatur läßt sich individuell in jedem
Raum durch wasserseitige Regelung
erreichen.

Abb. 3.23 stellt einen von LAUX[502]
beschriebenen Klimaradiator dar,
der in hygienischer Hinsicht dem
Klimakonvektor gegenüber einige
Vorteile bietet. Die Primärluft strömt
hier raumseitig vor einen Plattenwärmeaustauscher und wird dabei
mit induzierter Raumluft vermischt.
Durch das Geräteinnere kann dabei
konstruktionsbedingt keine Sekun-

Abb. 3.23 Klimaradiator (Werkphoto Rox)

därluft treten. Der Plattenwärmeaustauscher ist sehr leicht und wesentlich besser sauber zu halten als der Konvektor mit seinen engstehenden
Lamellen.

Auf die die Lüftung und Klimatisierung von Bettenstationen behandelnden Veröffentlichungen von RÁKÓCZY[503] und WHEELER[504] sei noch
besonders hingewiesen. Die Veröffentlichung von WHEELER verdient deshalb besondere Beachtung, weil der Verfasser aufgrund von wirtschaftlichen Untersuchungen zu dem Ergebnis kommt, daß die Kosten für eine
Klimatisierung von Krankenzimmern in den USA im Verhältnis zu den für
den Krankenhausbetrieb insgesamt aufzuwendenden Mitteln nahezu vernachlässigbar gering sind. Aus diesem Grund sollte die Möglichkeit der
Beschleunigung des Genesungsprozesses der Patienten durch Schaffung
optimaler Raumluftzustände immer in Erwägung gezogen werden.

[501] SAMUELSSON, K. E.: Klimatisierung von Krankenhaus-Bettenstationen.
Heiz.-Lüft.-Haustechn. 16 (1965), Nr. 7, S. 258–261.

[502] LAUX, H.: Induktionsgeräte zur Klimatisierung von Krankenräumen. Heiz.-
Lüft.-Haustechn. 17 (1966), Nr. 8, S. 298–301.

[503] RÁKÓCZY, T.: Mechanische Be- und Entlüftung (Klimatisierung) von Bettenstationen in neuzeitlichen Krankenhäusern. Heiz.-Lüft.-Haustechn. 16 (1965), Nr. 8,
S. 312–314. – Die Klimatisierung von Bettenstationen in Krankenhäusern. Klimatechnik 8 (1966), Nr. 5, S. 3–6.

[504] WHEELER, A. E.: Air conditioning concepts for the patient care unit.
ASHRAE-Journ. 8 (1966), Nr. 11, S. 51–56.

3.4 Büro- und Geschäftshäuser

3.41 Die Wirtschaftlichkeit
der Klimatisierung von Büro- und Geschäftshäusern

Büro- und Verwaltungsgebäude und Geschäftshäuser sind besonders charakteristische Anwendungsfälle der modernen Klimatechnik mit allen bei ihr verfügbaren Verfahren. Der Grund liegt zunächst darin, daß Büro- und Verwaltungsbauten und auch Geschäftshäuser unter möglichst rationeller Ausnutzung des vorhandenen, meist teueren Baugeländes erstellt werden müssen. Dadurch ergibt sich bei den Büro- und Verwaltungsgebäuden zwangsläufig eine relativ große Gebäudehöhe, die wegen des Windanfalls zu einem festen Verschließen der Fenster und damit zu einer mechanischen Lüftung des Gebäudes zwingt. Außerdem müssen bei dieser Gebäudeart innenliegende Räume vollwertig genutzt werden, was wiederum wegen der anfallenden Beleuchtungswärme eine Luftkühlung erfordert.

Die Ausstattung von Büro- und Geschäftshäusern mit modernen Klimaanlagen wird außerdem durch eine gegenüber anderen Gebäudearten unterschiedliche Beurteilung der Herstellungs- und Betriebskosten erleichtert. Und zwar lassen sich, wie HALL[505] ausführlich erläutert hat, die Kosten für die Klimaanlage eines Büro- oder Geschäftshauses im Verhältnis zu den am Arbeitsplatz anfallenden Produktionskosten bzw. zu dem erzielten Umsatz betrachten. Wenn die in einem Bürogebäude beschäftigten Arbeitskräfte im Durchschnitt je etwa 8 m² Nutzfläche benötigen, die durchschnittlichen Arbeitsplatzkosten etwa DM 20000,– je Jahr betragen und die zusätzlich zu den Kosten für den Betrieb einer normalen Heizung auftretenden Betriebskosten für die Klimatisierung des Gebäudes (einschl. Kapitaldienst) mit 50,– DM/m² Nutzfläche und Jahr angesetzt werden, so errechnet sich der Kostenanteil der Vollklimatisierung an den Produktionskosten zu

$$\frac{50 \cdot 8}{20000} \cdot 100 = 2{,}0\,\% \; .$$

Das bedeutet, daß die Klimaanlage sich bereits selbst amortisiert, sofern sie nur eine Leistungssteigerung der in einem Bürogebäude beschäftigten Arbeitskräfte von 2% ermöglicht. Jeder darüber hinausgehende Leistungsanstieg würde sich als echter wirtschaftlicher Gewinn darstellen. Aus den in Tab. 3.3 zusammengestellten Betriebskosten für die Vollklimatisierung verschiedener Gebäudearten, die das Ergebnis ame-

---

[505] HALL, W. M.: Die Wirtschaftlichkeit von Hochdruck-Klimaanlagen. Ges.-Ing. 86 (1965), Nr. 1, S. 2–13.

rikanischer Untersuchungen darstellen, ist der besonders niedrige Anteil der Klimatisierungskosten bei Bürogebäuden zu erkennen. Durch die erhöhte Leistungsfähigkeit des Personals in klimatisierten Räumen kann im Durchschnitt eine Personalkostenersparnis von etwa 10% in den USA und von etwa 3 bis 6% in Europa in Anrechnung gebracht werden.

Tabelle 3.3 *Vergleich des Kostenanteils für Vollklimatisierung mit den Kapitaldiensten für Gesamtbaukosten und Einrichtungskosten und den Personalkosten bei verschiedenen Gebäudearten in den USA* (Stand 1964, Lebensdauer der Klimaanlage 20 Jahre)

	Baukosten DM/m² Jahr	Einrichtung DM/m² Jahr	Personalkosten DM/m² Jahr	Kosten Vollklima DM/m² Jahr	Anteil Klima an Pers.-Kost. in %
Bürogebäude	122	84	2 760	23,50	0,8
Fertigungs-betrieb	80	300	1 510	19,20	1,3
Warenhaus	94	169	420	17,10	4,1
Krankenhaus	240	830	1 110	34,00	2,8
Schule	93	13	271	10,80	4,0

Als *Baukostenerhöhung* bei Einbau einer Klimaanlage können einschließlich des installationstechnischen und baulichen Nebenaufwandes in Europa ungefähr 7 bis 20% angenommen werden. Im Vergleich zu einer einfachen Warmwasserzentralheizung sind die Kosten für eine Klimaanlage drei- bis siebenmal höher. Dabei werden die Herstellungskosten innerhalb dieser Grenzen von folgenden Faktoren beeinflußt:
Art, Konzeption, Größe und Konstruktion des Gebäudes.
Größe der spezifischen Kühl- und Heizlast.
Komfortanspruch und Anlagensystem,
Art der Kälteversorgung,
Klimabedingungen und örtliche Preisverhältnisse.

3.42 Anlagensysteme für die Bürohausklimatisierung

Für die Klimatisierung größerer Büro- und Verwaltungsgebäude scheidet das konventionelle Niederdrucksystem mit zentraler Luftaufbereitung in der Regel aus (vgl. hierzu die Ausführungen in Abschn. 2.21 und 2.23). Der Grund dafür liegt in der Natur dieses Anlagensystems, bei dem die den klimatisierten Räumen zugeführte Luft nur etwa zu einem Viertel aus Außenluft und zu drei Vierteln aus Umluft besteht, die nur die Funktion eines Wärmeträgers ausübt. Die relativ großen, umlaufenden Luftströme erfordern große Kanalquerschnitte und damit viel Raum. Außerdem entsteht durch den hohen Umluftanteil sehr oft eine unerwünschte Geruchsvermischung innerhalb des Gebäudes.

Eine wesentliche Verbesserung dieser Situation können konventionelle Anlagen bringen mit einer in jedem Stockwerk angeordneten Luftaufbereitung in Form von einzelnen Klimaschränken der in Abb. 2.66 gezeigten Bauweise. Dabei zirkuliert die Umluft nicht mehr im ganzen Gebäude, sondern nur noch innerhalb der einzelnen Geschosse oder Zonen. Diese Anlagen können je nach Gebäudekonzeption und den gestellten Anforderungen in zwei Ausführungen gebaut werden, und zwar mit zentraler Außenluftaufbereitung oder mit dezentraler Außenluftentnahme. Bei der ersten Ausführungsart wird die für das ganze Gebäude erforderliche Außenluft zentral aufbereitet, während in den einzelnen, als Unterstationen zu betrachtenden Stockwerksgeräten Außen- und Umluft zusammengeführt und auf den gewünschten Zustand gebracht werden. Bei den Anlagen mit dezentraler Außenluftentnahme übernimmt das Klimagerät in einem Stockwerk die Aufbereitung der gesamten Zuluft einschließlich des Außenluftanteils. Dieses Anlagensystem besteht aus mehreren, jeweils für ein Stockwerk wirkenden Einzelanlagen, die für die Klimatisierung des gesamten Gebäudes alle mit einer Dezentralisierung verbundenen Vor- und Nachteile aufweisen.

Eine wesentliche Querschnittsverminderung sowohl der senkrechten Hauptkanäle als auch der Verteilkanäle in den einzelnen Geschossen bewirkt die Anwendung des *Hochdruck- oder Hochgeschwindigkeitssystems* (vgl. hierzu die Ausführungen von BECHTLER[506] und HALL[507]). Dieses System hat sich deshalb besonders für die Klimatisierung großer Vielraumgebäude, wie sie die Verwaltungs- und Bürohäuser darstellen, besonders eingeführt. Das Prinzip dieses Anlagensystems besteht darin, daß die Luft mit erheblich höheren Luftgeschwindigkeiten als bei den Niederdruckanlagen gefördert wird. Dabei können Luftgeschwindigkeiten bis zu 25 m/s auftreten, die wegen des damit verbundenen starken Anstiegs der Strömungswiderstände entsprechend hohe Förderdrücke der Ventilatoren erfordern. Die Bezeichnung dieses Anlagensystems als „Hochdruckanlage" weist auf diese, eigentlich nur sekundäre Erscheinung der Erhöhung des Ventilatordruckes hin.

Bei den Hochdruckanlagen werden zwei Bauarten unterschieden, und zwar

die Zweikanal-Hochdruckanlage und

die Hochdruck-Induktionsanlage (Primärluftanlage).

Bei der Zweikanal-Hochdruckanlage (Abb. 3.24) wird aufbereitete Luft in zwei parallelen Strömen (Warm- und Kaltluft) durch das Gebäude geführt. Die beiden Luftströme werden in Mischapparate (Abb. 3.25)

---

[506] BECHTLER, H. C.: Die Hochdruck-Klimaanlage im modernen Großbau. Heiz.-Lüft.-Haustechn. 7 (1956), Nr. 11, S. 203–208.

[507] HALL, W. M.: Entwicklungstendenzen der Büroklimatisierung durch Hochdruck-Klimaanlagen. Klimatechnik 8 (1966), Nr. 3, S. 18–34 u. Nr. 4, S. 20–24.

geleitet, in denen warme und kalte Luft den Bedürfnissen der angeschlossenen Räume entsprechend durch thermostatisch gesteuerte Ventilkombinationen gemischt wird unter Konstanthaltung des Mischluft-

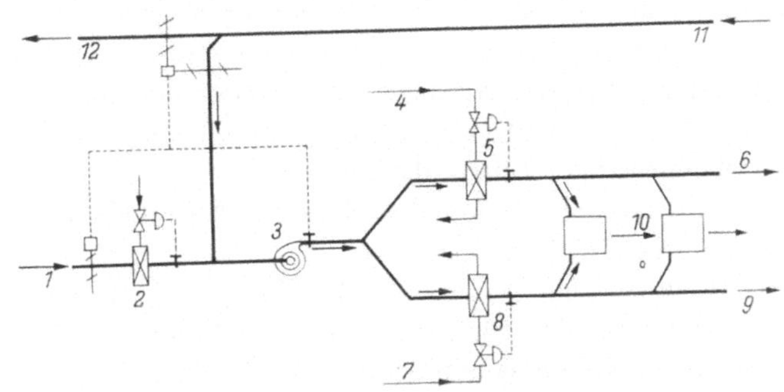

Abb. 3.24 Schema einer Zweikanal-Hochdruckanlage mit Umluftbetrieb und Lufttemperaturregelung durch Kalt- und Warmwasserventilbetätigung.

1 Außenluft; *2* Vorwärmer, *3* Ventilator; *4* Warmwasser; *5* Lufterhitzer; *6* Warmluft; *7* Kaltwasser; *8* Luftkühler; *9* Kaltluft; *10* Mischapparate; *11* Abluft; *12* Fortluft.

stromes. Die Mischapparate dienen gleichzeitig zur Entspannung der Luft und als Schalldämpfer. Zweikanalanlagen bieten den Vorteil, daß bei vollständiger zentraler Aufbereitung der Luft Räume mit großer Tiefe und im Gebäudekern liegende Raumgruppen gemeinsam versorgt werden können und daß in der Übergangszeit die Außenluft ohne Einsatz einer Kältemaschine als Kaltluftstrom verwendet werden kann. Die Veröffentlichungen von CONSTANTINO[508] und SHELTON[509] enthalten ausführliche Beschreibungen des Zweikanalsystems mit einer Zusammenstellung der charakteristischen Eigenschaften. Außerdem werden von den Verfassern der Einfluß auf die Baugestaltung untersucht, Angaben über Kosten und Art der Betriebsführung gemacht und einige Beispiele ausgeführter Anlagen erläutert.

Abb. 3.25 Mischkasten einer Zweikanalklimaanlage (Werkphoto Seveso)

---

[508] CONSTANTINO, M.: Klimaanlagen mit Zweikanalsystem und ihre Verwendung in Hochhäusern. Heiz.-Lüft.-Haustechn. 16 (1965), Nr. 1, S. 23–34.

[509] SHELTON, S. J.: Die Anwendung des Zweikanalsystems bei der Klimatisierung moderner Gebäude. Heiz.-Lüft.-Haustechn. 17 (1966), Nr. 5, S. 179–183 u. Nr. 7, S. 264–269.

In einer Arbeit von HOCHSTRASSER[509a] wird die Zweikanalklimaanlage mit der Induktionsanlage verglichen.

Es erscheint allerdings wesentlich, in diesem Zusammenhang darauf hinzuweisen, daß bei dem Zweikanalsystem trotz der gegenüber den Niederdruckanlagen zwei- bis dreimal höheren Geschwindigkeit relativ große Luftmengen transportiert werden müssen. Außerdem sind für den Anschluß der Mischapparate Kreuzungen zwischen den einzelnen Kanälen erforderlich, die relativ viel Platz beanspruchen. Insgesamt ist bezüglich des Platzbedarfs das Zweikanalsystem als eine zwischen der konventionellen Niederdruckanlage und der Hochdruck-Induktionsanlage liegende Lösung zu betrachten.

Die *Hochdruck-Induktionsanlage* (Abb. 3.26) gilt nach dem heutigen Stand der Technik als das für große Büro- und Verwaltungsgebäude, insbesondere in Hochhausausführung, geeignetste Klimatisierungssystem. Das kennzeichnende Funktionsmerkmal dieses Anlagensystems ist eine gewisse Dezentralisierung der Luftaufbereitung ähnlich der in Abschn. 3.23 beschriebenen Ventilatorkonvektoranlage und eine Kombination von Luft und Wasser als Wärmeträger. Die wesentlichen Kennzeichen der Hochdruck-Induktionsanlage sind:

1. es wird nur soviel Zuluft in die zu klimatisierenden Räume eingeführt, wie aus hygienischen Gründen erforderlich ist,

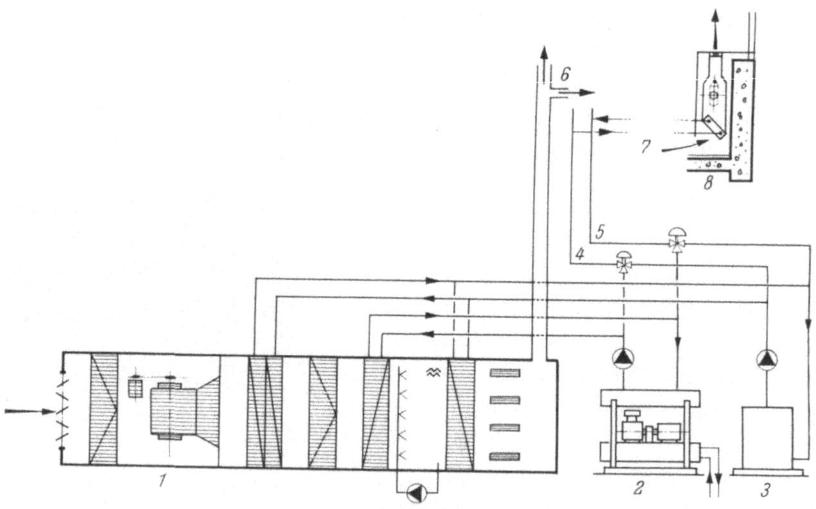

Abb. 3.26 Schema einer Hochdruck-Induktionsanlage im Zweileitersystem.
1 Primärluftaufbereitung; *2* Kältemaschine; *3* Wärmeerzeuger; *4* Wasservorlauf; *5* Wasserrücklauf; *6* Primärluft; *7* Sekundärluft; *8* Induktionskonvektor.

---

[510] HOCHSTRASSER, W.: Dreirohr- und Zweikanal-Klimaanlagen. Heiz.-Lüft.-Haustechn. 13 (1962), Nr. 12, S. 397–406.

2. relativ große Temperaturdifferenzen zwischen Raumluft und Zuluft,

3. hohe Einblasgeschwindigkeiten,

4. hohe Strömungsgeschwindigkeiten in den Luftkanälen,

5. Einblasen der Zuluft in Fensternähe.

Hauptbestandteile der Induktionsanlage, die auch als Primärluftanlage bezeichnet wird, sind die in den Räumen jeweils unter den Fenstern anzuordnenden Induktionskonvektoren (Abb. 3.27 und 3.28), die für die Primärluft als Luftauslaß und für die Sekundärluft als Luftaufbereitungsanlage dienen (vgl. die ausführliche Beschreibung des Aufbaus des Induktionskonvektors bei der Behandlung der Luftdurchlässe in Abschn. 2.45). Als Heiz- bzw. Kühlmedium für den Wärmeaustauscher im Konvektor wird Wasser verwendet, das je nach Art des Systems (Zweileiter-, Dreileiter- oder Vierleitersystem) in gemeinsamen oder getrennten Leitungen geführt wird. Eine Beschreibung dieser verschiedenen Systeme und ihrer Bedeutung für die Regelmöglichkeit der Klimaanlage ist in Abschn. 2.21 enthalten.

Mit jedem eingeblasenen Kubikmeter Primärluft werden bei der Induktionsanlage etwa 3 bis 4 m³

Abb. 3.27 Induktionskonvektor (Werkphoto LTG).

Abb. 3.28 Induktionskonvektoren im eingebauten Zustand (Werkphoto LTG).

Sekundärluft angesaugt. Wegen der geringen Zuluftströme, der großen Temperaturdifferenzen und der hohen Strömungsgeschwindigkeiten können die Kanalquerschnitte auf etwa 20% der bei Niederdruckanlagen notwendigen Querschnitte verringert werden. Außerdem fällt das Umluftkanalsystem fort, so daß sich beträchtliche Einsparungen an nutzbarer Grundfläche und Geschoßhöhe ergeben. Daneben ist die individuelle Regelbarkeit als besonderer Vorteil dieses Klimaanlagensystems hervorzuheben. Bei Nichtbenutzung der Räume (nach Geschäftsschluß) ist keine Lüftung erforderlich. Die Geräte geben dann durch natürliche Konvektion noch so viel Wärme ab, daß die Räume nicht stark auskühlen. Die statische Wärmeleistung der Geräte kann mit etwa 30 bis 40% der Leistung bei Lüftungsbetrieb angenommen werden.

Die *Abluft* kann in einem der Primärluft gleichen Strom aus den klimatisierten Räumen über die Flure und Nebenräume im Kern des Gebäudes weggeführt werden. Eine der möglichen Abluftführungen besteht darin, die Abluft durch schallgedämpfte Öffnungen in den Schrankwänden zur Flurzwischendecke und von dort in den Flur strömen zu lassen. Dabei wirkt der Flur als Luftkanal. Abluftventilatoren in jedem Geschoß fördern die Luft über die Toilettenanlagen unmittelbar ins Freie.

Die Bedeutung der Hochdruck-Induktionsklimaanlage für die Klimatisierung großer Büro- und Verwaltungsgebäude wurde durch zahlreiche Veröffentlichungen[511] bestätigt, die sich insbesondere mit der Funktionsweise dieses Systems, Planungs- und Betriebserfahrungen, Energieversorgung und Regelung beschäftigen. In einigen dieser Veröffentlichungen werden Anlagen dieser Art in besonders typischen und bekannten Gebäuden, wie das Bayer-Hochhaus und das Europa-Center in Berlin, beschrieben.

Daß die Klimatisierung eines großen Verwaltungsgebäudes nicht unbedingt nur mit Hilfe einer einzigen Anlage oder eines Anlagensystems durchgeführt werden muß, zeigt das Beispiel des BASF-Hochhauses,

---

[511] DORN, R.: Klimaanlagen mit Hochdruck-Induktionsgeräten. Heiz.-Lüft.-Haustechn. 16 (1965), Nr. 1, S. 7–12. – LAAKSO, H.: Planungs- und Betriebserfahrungen an Induktionsklimaanlagen für Hochhäuser. Heiz.-Lüft.-Haustechn. 16 (1965), Nr. 1, S. 13–16. – ZEDDIES, F.: Heiz- und Kühlwasserverteilungsnetze für Induktionsklimaanlagen. Heiz.-Lüft.-Haustechn. 16 (1965), Nr. 1, S. 16–23. – LAUX, H.: Neuzeitliche Hochdruck-Induktionsgeräte zur Klimatisierung von Großbauten. Wärme-, Lüft.- u. Ges.-Techn. 18 (1966), Nr. 10, S. 245–253 u. Nr. 11. S. 271–276. – LAAKSO, H., D. WÜRSTLIN u. M. HALM: Lüftungs- und Klimaanlagen im Hochhaus der Farbenfabriken Bayer AG, Leverkusen. Ges.-Ing. 85 (1964), Nr. 4. S. 97–107. – LAAKSO, H.: Klimaanlagen der drei Bayer-Bürohochhäuser und ihre Kälteversorgung. Der Kälte-Klima-Praktiker 5 (1965), Nr. 1, S. 2–7. – STIWI, N.. u. G. APING: Die Klimaanlagen im Hochhaus des Europa-Center in Berlin. Ges.-Ing. 86 (1965), Nr. 9, S. 258–268. – ARNOLD, J.: Hochdruckklimaanlagen, insbesondere Anlagen mit Klimakonvektoren. Ges.-Ing. 82 (1961), Nr. 5, S. 133–144.

über dessen Klimaanlagen UNTERSTENHÖFER[512] berichtet. Hier sind die Bürogeschosse an eine zentrale Klimaanlage (Hochdruckanlage mit Induktionskonvektoren) angeschlossen, während die Eingangshalle, ein Restaurant und ein Konferenzraum von getrennten Klimaanlagen versorgt werden, die teilweise durch örtliche Heizungen ergänzt sind. Diese Art der Klimatisierung eines größeren Gebäudes kann sich dann als notwendig oder sinnvoll erweisen, wenn für verschiedene Raumgruppen (Büros, Restaurant, Konferenzraum) unterschiedliche Benutzungsarten und Benutzungszeiten zu erwarten sind.

Da die entwickelten Geräusche häufig als Nachteil von Hochdruckklimaanlagen mit Induktionskonvektoren (Primärluftanlagen) genannt werden, wurden bei dem erwähnten Hochhausprojekt der BASF verschiedene Fabrikate subjektiv (Höreindruck) und objektiv (Messung) geprüft. Dabei zeigte sich, daß praktisch alle angebotenen Konvektoren unter den gegebenen Bedingungen so leise arbeiteten, daß sie ohne Bedenken auch für Einzelbüros zu verwenden waren. Als ungünstigster Wert wurde bei Geräuschmessungen 27 DIN-phon [db (A)] in 1 m Entfernung bei 20 DIN-phon [db (A)] Grundpegel ermittelt.

3.43 Klimatechnische Anlagen in Warenhäusern und Verkaufsgeschäften

In Warenhäusern und Verkaufsgeschäften soll die Luftkonditionierung neben der während der kalten Jahreszeit unbedingt notwendigen Beheizung der Verkaufsräume im wesentlichen eine Verkaufshilfe darstellen. Durch eine der Jahreszeit entsprechend richtig temperierte Luft, die frei von störenden Gerüchen ist, soll der Kunde zu einem möglichst langen Aufenthalt in den Verkaufsräumen und damit zu einem umsatzfördernden Studium des Warenangebots veranlaßt werden. Diese Verkaufspraxis gilt gleichermaßen für große Warenhäuser wie für kleinere Einzelhandelsgeschäfte und Supermärkte.

Die klimatechnischen Einrichtungen eines Warenhauses können vielfältiger Art sein und richten sich in System und Ausführungsart nach den speziellen Ansprüchen und der Bauweise des Gebäudes. Der Einbau einer einfachen Heizungsanlage ohne mechanische Lüftung der Verkaufsräume reicht im Normalfall für ein modernes Warenhaus wegen der fehlenden Möglichkeit der Fensterlüftung und der anfallenden Beleuchtungswärme nicht aus. Außerdem bereitet die Aufstellung örtlicher Heizflächen innerhalb der Verkaufsräume häufig Schwierigkeiten, weshalb der Luftheizungsanlage der Vorzug zu geben ist, die mit Außenluftzuführung gleichzeitig der Lüftung und mit einer Kälteversorgung der Kühlung der Verkaufsräume dient.

---

[512] UNTERSTENHÖFER, L.: Installation der Klimaanlage. Das Hochhaus der BASF, Stuttgart: J. Hoffmann 1958.

In bestimmten Abteilungen des Warenhauses, wie z. B. in den Lebensmittelabteilungen, in denen auf die Zuführung besonders sauberer, staubfreier und einwandfrei erwärmter bzw. gekühlter Luft Wert gelegt werden muß, ist der Einbau einer Klimaanlage oder einzelner Klimageräte unumgänglich. Für Supermärkte und größere Verkaufsgeschäfte gilt diese Forderung entsprechend. Durch die Klimaanlage kann in den Verkaufsräumen ein leichter Überdruck eingehalten werden, wodurch beim Öffnen der Türen nur Luft von innen nach außen strömt und Staub und Gerüche der Straße aus dem Verkaufsraum ferngehalten werden können.

Abb. 3.29 Schrankgerät für die Klimatisierung eines Verkaufsraumes (Werkphoto Carrier).

Für die Klimatisierung einzelner Abteilungen eines Warenhauses und von Verkaufsgeschäften haben sich die Klimageräte in Schrankbauweise mit eingebauter Kältemaschine gut eingeführt (vgl. die Ausführungen in Abschn. 2.63). Sie haben den Vorteil des geringen Platzbedarfs und des möglichen nachträglichen Einbaues in bestehende Verkaufsräume und können an geeigneter Stelle des Ladens frei aufgestellt werden, ohne daß möglicherweise der Anschluß von Luftkanälen erforderlich ist (Abb. 3.29). Größere Verkaufsräume lassen sich durch Einbau mehrerer Geräte in verschiedene Lüftungsbereiche einteilen, wobei die Luft jeder Abteilung besonders behandelt wird. Diese Möglichkeit kann zur Vermeidung von Geruchsübertragungen zwischen einzelnen Abteilungen und zur Einhaltung unterschiedlicher Temperaturen in den Abteilungen erwünscht sein. Bei einer zentralen Anlage, bei der die Luft aller Abteilungen zusammengefaßt und miteinander vermischt wird, läßt sich diese Wirkung nur im reinen Außenluftbetrieb (ohne Umluftbeimischung) und mit Zonennachbehandlung der Zuluft erreichen.

Das *Beschlagen von Schaufenstern* ist eine Erscheinung, die im Falle ihres Auftretens in Verkaufsgeschäften als große Belästigung empfunden wird und der man mit Verfahren der Klimatechnik begegnen kann. Es handelt sich hierbei um eine Ausscheidung von Luftfeuchtigkeit auf der inneren Scheibenoberfläche bei Abkühlung dieser Oberfläche unter den Taupunkt der Luft. Für den Fall, daß der Schaufensterraum nicht von dem Verkaufsraum getrennt ist, hat sich die Anordnung von Heizkörpern unterhalb des Schaufensters zur Vermeidung der Schwitzwasserbildung gut bewährt. Sind Schaufensterraum und Laden durch eine Wand dicht voneinander getrennt, stellt die natürliche Lüftung durch obere und untere Öffnungen zur Erzeugung einer Luftbewegung zwischen dem Schaufensterraum und der Außenluft eine wirksame Abhilfe dar. In diesem Fall wird dafür gesorgt, daß die Temperatur der Luft in unmittelbarer Nähe der inneren Scheibenoberfläche von der Temperatur der Scheibe nur geringfügig abweicht.

3.44 Lufttüren

Lufttüren (Luftschleieranlagen) sind Einrichtungen zur Abtrennung zweier Räume mit verschiedenen Luftzuständen ohne Einbau einer festen Wand bzw. normaler Türen. Lufttüren gestatten einen ungehinderten Durchgang und werden besonders in größeren Ladengeschäften und Warenhäusern zur Trennung des Verkaufsraumes gegenüber der Außenluft eingesetzt. Sie bieten gegenüber einfachen Türen besonders dann Vorteile, wenn starker Publikumsverkehr herrscht bzw. wenn mit der geöffneten Kaufhaustür zum Betreten der Verkaufsräume eingeladen werden soll.

Die Funktionsweise der Lufttür besteht darin, daß ein bestimmter Strom aufbereiteter Luft in der Ebene der Eingangsöffnung geführt wird, wodurch Luftströmungen senkrecht zum Öffnungsquerschnitt weitgehend zu vermeiden versucht werden. Es soll somit das Abströmen warmer Raumluft, mehr aber noch das Eindringen kalter Außenluft in die Verkaufsräume und dabei auftretende Zugerscheinungen verhindert werden. Dabei ist eine möglichst gleichmäßige Luftverteilung über dem ganzen Öffnungsquerschnitt anzustreben. Entsprechend der Luftführung werden verschiedene Bauarten von Lufttüren unterschieden, und zwar Anlagen mit Luftführungen von oben nach unten, von oben nach beiden Seiten, von unten nach oben, mit waagerechter Luftführung und solche mit gegenläufigem Luftstrom (Doppelschleier).

Die klassische Lufttür ist die mit Luftführung von oben nach unten (Abb. 3.30), bei der die Zuluft über die ganze Breite der Türöffnung gleichmäßig ausgeblasen und durch ein Bodengitter wieder angesaugt wird. Die Luftaufbereitung (Filtern und Erwärmen) kann sowohl unterhalb als auch oberhalb der Türöffnung durchgeführt werden. In beiden Fällen ist eine Kanalverbindung zwischen dem oberen und unteren Teil der Anlage erforderlich. Da es sich bei Lufttüren immer um große Luftströme handelt, ist der Platz für entsprechend große Kanalquerschnitte bei der Bauplanung vorzusehen. Diese Art der Luftführung ist möglich bei allen Eingängen mit einer normalen lichten Öffnungshöhe von etwa 2,20 m.

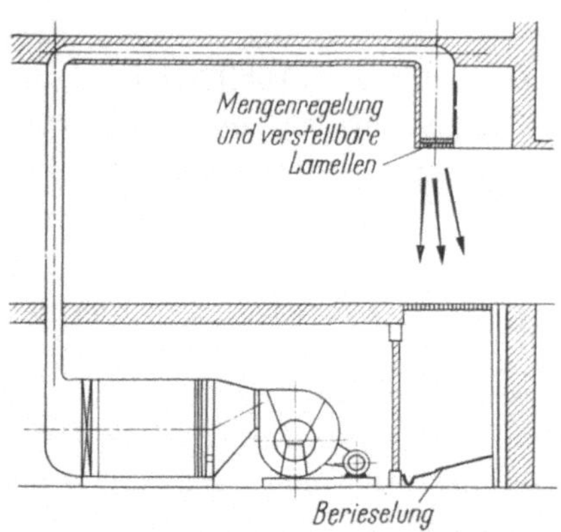

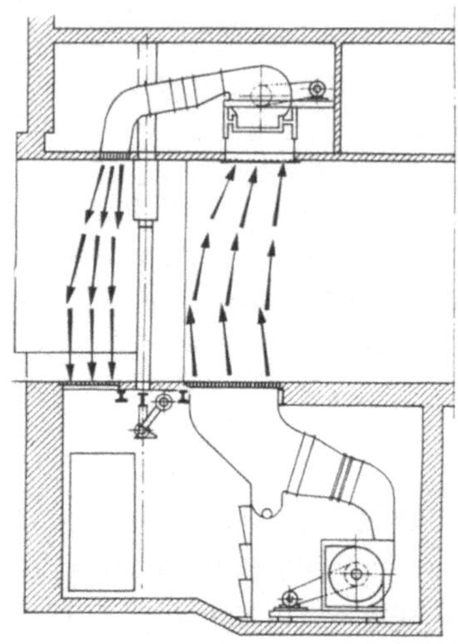

Abb. 3.30 Schnittdarstellung einer Lufttür mit Luftführung von oben nach unten.

Abb. 3.31 Schematischer Aufbau einer Doppelschleierlufttür (System Pollrich).

Die seitliche Absaugung der Abluft bei gleichzeitiger oberer Zulufteinführung kann nur bei geringer Eingangsbreite angewendet werden und sollte auch da wegen der Gefahr des Kaltlufteintritts in Bodennähe möglichst vermieden werden. Waagerechte Luftführungen werden bei hohen und relativ schmalen Türöffnungen verwendet. Anlagen mit gegenläufigem Luftstrom (Abb. 3.31) bieten zwei wesentliche Vorteile: Doppelte Sperrwirkung der Luftströmung und Wegfall der Kanalverbindung von unten nach oben. Hierfür sind allerdings zwei Ventilatoraggregate erforderlich, von denen je eines oberhalb und unterhalb der Türöffnung aufgestellt werden muß.

Einzelheiten zu der Berechnung von Lufttüren können den Veröffentlichungen von KLÄUSLER[513], WIRZ[513a] und KÜKEN[514] entnommen wer-

---

[513] KLÄUSLER, J.: Luftschleusen für Geschäfts- und Warenhäuser. Ges.-Ing. 79 (1958), Nr. 10, S. 296–299.

[513a] WIRZ, W.: Die Luftschleiertüre. Techn. Rundsch. Sulzer 43 (1961), Nr. 3, S. 28–32.

[514] KÜKEN, H.: Zur Praxis der Planung und Berechnung von Lufttüren. Ges.-Ing. 85 (1964), Nr. 12, S. 360–362.

den. Die beiden erstgenannten Arbeiten enthalten auch Ausführungsbeispiele und Hinweise für die Regelung der Anlagen.

Eingangsbeheizungen werden oft mit Lufttüren der hier beschriebenen Bauarten verwechselt, unterscheiden sich aber von diesen in ihrer Funktionsweise sehr wesentlich. Und zwar wird bei einer Eingangsbeheizung im Normalfall nur warme Luft im Eingangsbereich ausgeblasen, ohne daß die Luft in Bodennähe abgesaugt wird. Die Sperrwirkung, das charakteristische Merkmal einer Lufttür, fehlt deshalb bei derartigen Eingangsbeheizungen nahezu völlig. Sie sind somit nur geeignet zur Beheizung von relativ kleinen Geschäftseingängen, deren Türen höchstens bei milden Außentemperaturen ganz geöffnet bleiben, die aber grundsätzlich durch Türen verschließbar sind.

3.5 Verkehrs- und Transportmittel (Fahrzeuge)

Das Transportwesen stellt ein Anwendungsgebiet der Klimatechnik dar, das durch die Entwicklung der Verkehrstechnik und die steigenden Komfortansprüche bereits eine beachtliche und noch ständig wachsende Bedeutung erreicht hat. An die klimatechnischen Einrichtungen von Land-, See- oder Luftfahrzeugen müssen dabei Anforderungen gestellt werden, die sich von denen bei Gebäudeklimaanlagen wesentlich unterscheiden (vgl. DIN 1946, Blatt 3[515]).

Es ist zu berücksichtigen, daß der je Person zur Verfügung stehende Luftraum im allgemeinen in Fahrzeugen relativ gering ist. Während für normale Versammlungsräume ein Raumvolum von 3 m³/Person gefordert wird, steht beispielsweise in Reiseomnibussen nur ein Luftraum von etwa 1 m³/Person, in Omnibussen des Stadtlinienverkehrs bis herunter zu 0,5 m³/Person zur Verfügung. Weiterhin ist der Wärme- und Kühlbedarf für ein Fahrzeug nicht nur abhängig vom Zustand der Außenluft, sondern auch von dem Bewegungszustand des Fahrzeuges (Stillstand, Fahrt, Größe der Geschwindigkeit). Das Eigengewicht der klimatechnischen Einrichtungen im Fahrzeug soll möglichst gering sein, da der Transport zusätzlicher Lasten die Bewegungsfreiheit des Fahrzeugs einschränkt und eine Vergrößerung der erforderlichen Antriebsenergie bedeutet. Und schließlich soll die für die Klimatisierung des Transportraumes erforderliche Energie nach Möglichkeit aus der Abfallenergie (Abwärme) gewonnen werden, die bei dem Energieverbrauch zum Antrieb des Fahrzeuges anfällt.

---

[515] DIN 1946: Lüftungstechnische Anlagen (VDI-Lüftungsregeln). Blatt 3: Lüftung von Fahrzeugen. Juni 1962.

3.51 Klimatisierung von Schienenfahrzeugen

Die einfachste und älteste klimatechnische Einrichtung in Reisezugwagen stellt die über Thermostaten geregelte Dampfheizung dar, bei der die Wärme entweder vom Dampf direkt oder unter Zwischenschaltung eines Wasserkreislaufes an die zu beheizenden Räume abgegeben wird. Diese Art der Wagenbeheizung hat sich insbesondere in der Bauart mit Warmwasserkreislauf bis heute erhalten. Ihre Aufgabe besteht darin, bei Außentemperaturen zwischen $+ 16$ und $- 20\,°\mathrm{C}$, bei Geschwindigkeiten von 0 bis 140 km/h im besetzten und im leeren Abteil die Innentemperaturen in den Abteilen in den Grenzen zwischen 18 und 23 °C je nach Wunsch der Reisenden einzustellen und konstant zu halten. Wegen des mit 8 bis 12 m³ relativ geringen Volums der einzelnen Abteile und der Wärmeabgabe der Reisenden (80 bis 100 kcal/h und Person) stellt sich die Beheizung der Reisezugwagen infolge der stark schwankenden Belastungen besonders als ein regelungstechnisches Problem dar.

Die Forderung nach einem möglichst trägheitslosen Heizungssystem verbunden mit einer Lüftungsmöglichkeit für die Abteile führte zu der Entwicklung der Warmluftheizung als Vorstufe der Klimaanlage in Reisezugwagen (vgl. hierzu die Ausführungen von BÖHM[516]). So beschränken sich im wesentlichen die Eisenbahnverwaltungen beim Bau neuer Reisezugwagen auf den Einbau von Luftheiz- und Lüftungsanlagen, bei denen die Außenluft von einem Ventilator angesaugt und in einem Hohlraum zwischen Wagendach und Decke aufbereitet (gefiltert und erwärmt) wird. Von hier aus wird die Luft entweder durch eine Lochdecke, über Anemostate oder Luftdurchlässe in den Längswänden in das Wageninnere eingeblasen. Diese Anlagen arbeiten mit einem 10 bis 12fachen stündlichen Luftwechsel.

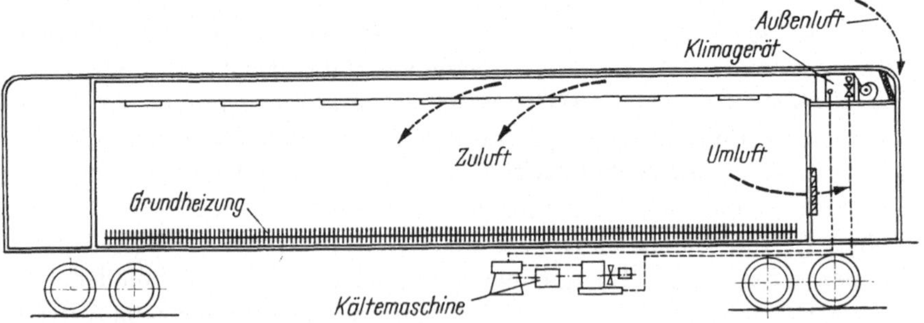

Abb. 3.32 Schematische Darstellung einer Eisenbahnklimaanlage in Standardbauweise.

---

[516] BÖHM, F.: Klimaanlagen in Fahrzeugen der europäischen Eisenbahnverwaltungen. VDI-Berichte 34 (1959) S. 53–84. Kurzfassung in Kältetechnik 10 (1958), Nr. 12, S. 394–400.

Der Einbau von Klimaanlagen in Eisenbahnfahrzeugen hat sich insbesondere bei den europäischen Eisenbahnverwaltungen zunächst nur für hochwertige Fahrzeuge wie Schlaf-, Speise- und Salonwagen und Triebwageneinheiten (TEE-Züge) als Notwendigkeit erwiesen. Für diesen Anwendungszweck wurde zunächst eine Standardform einer Klimaanlage entwickelt, die in amerikanischen und teilweise auch in europäischen Reisezugwagen eingesetzt wird (Abb. 3.32). Die besonderen Kennzeichen dieses Anlagentyps sind

eine thermostatisch geregelte Grundheizung,
Anordnung des Klimagerätes und der Zuluftkanäle im Dachraum,
Einführung der Zuluft über die Wagendecke,
Abluftführung über die Nebenräume,
Anordnung der Kältemaschinen unter dem Wagen,
Stromversorgung durch von der Achse angetriebene Generatoren.

Abweichend von dieser Standarbauart wurden von den europäischen Eisenbahnverwaltungen verschiedene Anlagentypen entwickelt, die den verschiedenartigen Bedingungen bezüglich der verfügbaren Antriebsarten (Dampf, Strom, Dieselmotor) und der Wagenbauarten angepaßt werden mußten. Dabei lassen sich drei Hauptgruppen unterscheiden und zwar:

1. Klimaanlagen in Triebwageneinheiten, deren Einzelfahrzeuge nicht getrennt werden,

2. Klimaanlagen in Zugeinheiten, deren Einzelfahrzeuge ebenfalls nicht oder nur selten getrennt werden,

3. Klimaanlagen in freizügig verwendbaren Einzelfahrzeugen.

Von einigen europäischen Eisenbahnverwaltungen in ihre Fahrzeuge eingebaute Klimaanlagen hat BÖHM[516] in Aufbau und Funktionsweise ausführlich beschrieben. Auf die Veröffentlichungen von LIENHARD[517], TRENKOWITZ[518] und NESTLER[519] über die Klimatisierung von Eisenbahnfahrzeugen wird ebenfalls besonders hingewiesen. DORN[520] beschäftigt sich in einer Arbeit besonders mit der Klimatisierung von Untergrundbahnen.

---

[517] LIENHARD, G.: Lüftung und Klimatisierung von Schienenfahrzeugen. Techn. Rundsch. Sulzer 40 (1958), Nr. 1, S. 33. Referat in Kältetechnik 10 (1958), Nr. 8, S. 277–278.

[518] TRENKOWITZ, G.: Klimaanlagen für den internationalen Schienenverkehr. BBC-Nachrichten 42 (1960), Nr. 1, S. 52–61.

[519] NESTLER, D.: Klimaanlagen in Eisenbahn-Fahrzeugen. Klimatechnik 8 (1966), Nr. 12, S. 26–32 u. 9 (1967), Nr. 1, S. 26–27.

[520] DORN, R.: Klimaanlagen für U-Bahn-Wagen. Klimatechnik 8 (1966), Nr. 12, S. 20–26.

3.52 Klimatechnische Einrichtungen in Kraftfahrzeugen

Heizungsanlagen gehören heute zur Standardausrüstung von Kraftfahrzeugen aller Art (Personenwagen, Lastkraftwagen, Omnibusse). Dabei steht für die Beheizung des Wageninneren entweder Abgaswärme oder Kühlwasserwärme des Motors zur Verfügung. Obwohl der Strom der anfallenden Abgaswärme in der Regel größer ist als der der Kühlwasserwärme und das höhere Temperaturgefälle zwischen Abgas und Luft kleinere Wärmeaustauscher erfordert, wird der Fahrzeugheizung mit warmem Kühlwasser aus Sicherheitsgründen und insbesondere wegen der besseren Regelbarkeit wo möglich (wassergekühlte Motoren) der Vorzug gegeben.

Eine ausreichende Lüftung der Fahrgasträume von Kraftfahrzeugen ist noch nicht in gleichem Maße wie die Beheizung als eine Selbstverständlichkeit zu bezeichnen. Zwar sind die meisten Kraftfahrzeuge mit irgendeiner Einrichtung versehen, durch die dem Innenraum zumindest während der Fahrt Außenluft zugeführt werden kann. BAUM und FISCHER[521] haben in einer Untersuchung festgestellt, daß durch die meisten Lüftungsanlagen dieser Art bei Fahrt oder eingeschaltetem Außenluftgebläse gleichzeitig Luftverunreinigungen, wie Autoabgase und Staub in das Wageninnere eingeführt werden. Hierdurch kann die Fahrtüchtigkeit des Fahrers vermindert und die Unfallgefahr erhöht werden. Das Fahren in sich langsam bewegenden Fahrzeugkolonnen kann für die Fahrzeuginsassen sogar gesundheitsgefährdend sein. Wirksame Lüftungsaggregate für Kraftfahrzeuge sind deshalb nur solche, die das Eindringen von Luftverunreinigungen in das Wageninnere verhindern. Hierzu gehören Filteranlagen zur Reinigung der Außenluft von Staub und gasförmigen Schadstoffen.

Die an eine ideale, zugfreie Durchlüftung der Fahrgasträume von Omnibussen zu stellenden Anforderungen hat REINHARDT[522] untersucht. Er kam dabei zu dem Ergebnis, daß die Durchsatzbelüftung eine wirkungsvolle Fahrzeuglüftung darstellt, bei der unter Berücksichtigung der Strömungsverhältnisse der Außenluft im Innern des Fahrzeuges nur eine Bewegungsrichtung der Luft in Fahrtrichtung, d. h. von hinten nach vorn, eingehalten wird. Entsprechend müssen die Anlagen zur Wärmeübertragung an die Luft im hinteren Teil des Omnibusses angeordnet werden.

Die Ausrüstung von Fahrzeugen für die Personenbeförderung mit Klimaanlagen[523] ist z.Z. in einer starken Entwicklung begriffen. In den

---

[521] BAUM, F., u. K. FISCHER: Eindringen verunreinigter Luft in das Innere von Kraftfahrzeugen. Heiz.-Lüft.-Haustechn. 15 (1964), Nr. 9, S. 324–327.

[522] REINHARDT, E.: Lüftung und Temperierung von Personenfahrzeugen. Heiz.-Lüft.-Haustechn. 10 (1959), Nr. 12, S. 338–341.

[523] Obwohl diese Anlagen als „Klimaanlagen" bezeichnet werden, handelt es sich in Wirklichkeit um Luftkühlanlagen ohne Feuchteregelung.

USA ist die Zahl der mit Klimageräten ausgerüsteten Personenfahrzeugen von etwa 100 000 im Jahre 1954 auf etwa 2 Millionen im Jahre 1967 angestiegen. Ein großer Teil dieser Geräte wird in den USA wie in Europa in Omnibusse eingebaut, wobei je nach Busgröße und klimatischen Verhältnissen Anlagen mit Kälteleistungen zwischen 7500 und 25 000 kcal/h erforderlich sind. Die Kältemaschinen werden über besondere Regelgetriebe vom Fahrzeugmotor angetrieben. Dabei muß erreicht werden, daß die Klimaanlage auch im Stand oder bei langsamer Fahrt, nämlich bei der größten Kühllast, voll wirksam ist. Die Luftumwälzung innerhalb des Fahrgastraumes erfolgt mit Hilfe von Spezialventilatoren mit einer Förderleistung von etwa 1 500 bis 2 000 m³/h und einer Außenluftansaugung auf dem Dach des Fahrzeuges. Die gekühlte Zuluft kann über Deckenkanäle in den Fahrgastraum eingeführt werden.

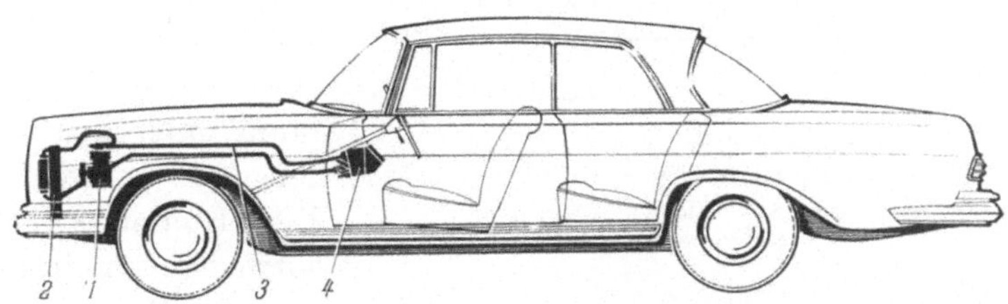

Abb. 3.33 Anordnung der Klimaanlage in einem Personenkraftwagen (Werkbild Behr).
1 Kompressor; *2* Kondensator; *3* Kältemittelleitungen; *4* Verdampfer mit Gebläse, Thermostat und Bedienungsknöpfen.

Ähnliche Klimaanlagen stehen auch für Personenkraftwagen zur Verfügung. Bei den meisten Anlagen dieser Art ist der Kältekompressor im Motorraum untergebracht und wird über eine abschaltbare Magnetkupplung vom Fahrzeugmotor aus angetrieben (Abb. 3.33). Der Kondensator befindet sich vor dem Motorkühler. Die Leistung des Kühlerventilators muß im allgemeinen vergrößert werden, um den höheren Druckverlust der beiden hintereinandergeschalteten Wärmeaustauscher bei gleichem Luftstrom zu überwinden. Im Fahrgastraum befindet sich lediglich ein aus Verdampfer, Gebläse und den erforderlichen Bedienungsknöpfen bestehendes Gerät, das in den meisten Fällen unterhalb des Arma-

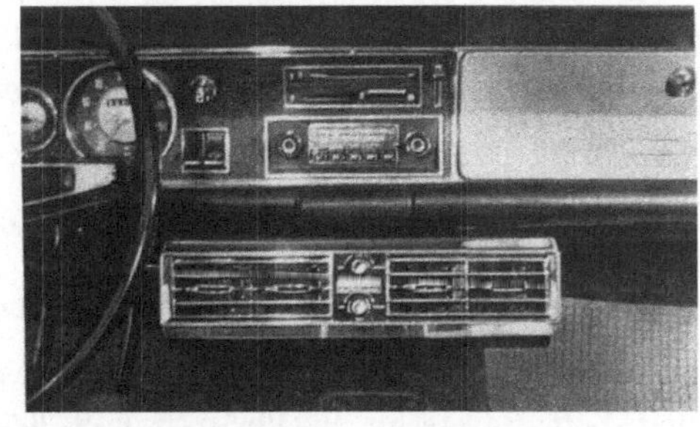

Abb. 3.34 Anordnung des Verdampfergehäuses einer Autoklimaanlage unter dem Armaturenbrett eines Personenkraftwagens (Werkphoto Konvekta).

turenbrettes angeordnet werden kann (Abb. 3.34). Lufttemperatur und Zuluftstrom sind einstellbar.

Die mit der Anwendung klimatechnischer Verfahren in Personenfahrzeugen zusammenhängenden Fragen sind in ausführlicher Form in einer Buchveröffentlichung von VEIL[524] behandelt. Darüberhinaus wird auf die Arbeiten von SCHENK[525], FIALA[526], DIETZSCH[527] und VEIL und DIETZSCH[528] verwiesen.

Zur Klimatisierung von Laderäumen kleinerer Güterfahrzeuge werden Klimageräte von einem ähnlichen Aufbau und in ähnlicher Anordnung wie bei Personenwagen eingesetzt (Abb. 3.35). Der Verdampfer mit Gebläse ist im Laderaum unter dem Fahrzeugdach angeordnet. Der Kompressor wird entweder hydraulisch oder über Riemenscheibe

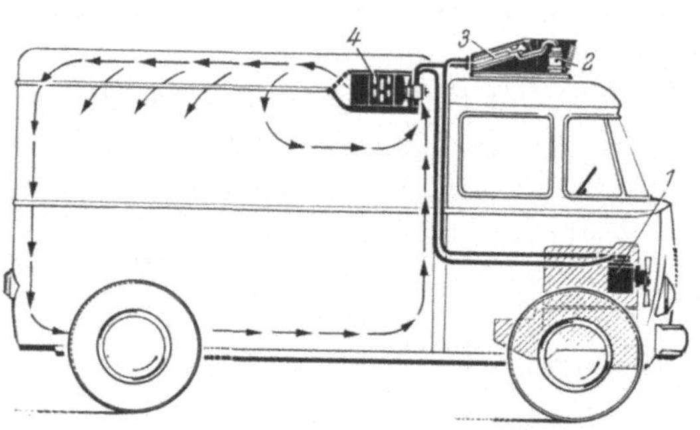

Abb. 3.35 Laderaumklimatisierung bei kleineren Güterfahrzeugen (Werkbild Behr).

1 Kompressor; *2* Flüssigkeitsbehälter; *3* Kondensator; *4* Verdampfer.

vom Fahrzeugmotor angetrieben. In den Zeiten des Be- und Entladens und zum Vorkühlen kann der Kompressor mit einem an die normale Stromversorgung anzuschließenden Elektromotor angetrieben werden. Größere Kühlfahrzeuge erhalten meist Kälteanlagen mit eigenem Antriebsmotor, die teilweise zusätzlich mit einem Elektromotor für die Kühlung während der Standzeiten ausgerüstet sind.

3.53 Klimatisierung von Flugzeugen und Schiffen

Moderne *Verkehrsflugzeuge* sind mit sogenannten Druckklimaanlagen ausgestattet, die weniger dem Komfort der Fluggäste dienen als vielmehr für den Aufenthalt von Menschen in den üblichen Reiseflughöhen von

---

[524] VEIL, W.: Lüften, Heizen und Kühlen in Personenfahrzeugen, Düsseldorf: VDI-Verlag 1965.

[525] SCHENK, W.: Die Kälteanlage im Fahrzeug als Heizungs- und Kühlanlage. VDI-Berichte 34 (1959) S. 5–10.

[526] FIALA, E.: Lüftungstechnische Anlagen in Personenkraftwagen. VDI-Berichte 34 (1959) S. 47–52.

[527] DIETZSCH, K.: Klimaanlagen in Straßenfahrzeugen für den Personenverkehr. Heiz.-Lüft.-Haustechn. 16 (1965), Nr. 8, S. 305–312.

[528] VEIL, W., u. K. DIETZSCH: Belüftung, Heizung und Kühlung des Innenraumes von Kraftfahrzeugen. Beitrag zu BUSSIN: Automobiltechnisches Handbuch. 18. Aufl., Berlin: H. Cram.

10 000 bis 12 000 m unerläßlich sind. Dabei stellt der Flugzeugrumpf von Strahlflugzeugen einen Druckluftbehälter dar mit einem höheren Druck der eingeschlossenen Luft gegenüber der Umgebungsluft, deren Druck in 10 km Höhe nur etwa 0,25 at beträgt. Die erforderliche Kabinenluft wird dabei von Kompressoren geliefert, die die atmosphärische Luft ansaugen und auf den Kabinendruck verdichten. Die Anlagen arbeiten fast ausschließlich im Außenluftverfahren, also ohne jeden Zusatz von Umluft.

Durch die bei der adiabatischen Luftverdichtung mit einem relativ hohen Verdichtungsverhältnis von etwa 1:5 eintretende Lufterwärmung wird eine Beheizung der Luft überflüssig. Die dagegen erforderliche Luftkühlung kann entweder durch die Entspannung verdichteter Luft in einer Expansionsturbine oder mit Hilfe einer Kompressionskältemaschine erreicht werden. Hohe Drehzahlen und dabei kleine Abmessungen und geringes Gewicht sind die charakteristischen Kennzeichen der hierfür eingesetzten Turbokompressoren (vgl. hierzu die Ausführungen in [529]). Die Vorteile der beiden Kühlsysteme liegen bei der Luftentspannung in dem geringeren Gewicht, bei der Turbokältemaschine in der Möglichkeit der Kühlung während des Aufenthaltes des Flugzeuges am Boden.

Schiffsklimaanlagen sind Komfortanlagen mit der Aufgabe, den an Bord befindlichen Personen zu jeder Jahreszeit und in allen Klimazonen eine ausreichende Behaglichkeit zu schaffen. Bedingt durch den Aufbau von Schiffsklimaanlagen sowie durch die Konstruktion und den Fahrbereich des Schiffes ergeben sich für Entwurf und Ausführung von Schiffsklimaanlagen einige Probleme, die für diesen Anlagentyp charakteristisch sind und auf die DRAEGER[530] besonders hingewiesen hat. Diese Probleme beziehen sich insbesondere auf die Ermittlung der Kühllast und die Festlegung der erforderlichen Kälteleistung. Da die Kosten der Kälteanlage etwa 30 bis 40% der Kosten der gesamten Schiffsklimaanlage ausmachen, sollte die Kühllast nicht zu hoch angenommen werden. Die Luftleistungen der Anlagen sollten nur die aus hygienischen Gründen erforderlichen Luftströme umfassen, um große Kanalquerschnitte zu vermeiden und damit Raum und Gewicht zu sparen. Als Anlagensysteme kommen für die Schiffsklimatisierung je nach Größe des Schiffes die zentrale oder dezentrale Luftaufbereitung in Betracht, jeweils mit zentraler Wärme- und Kälteerzeugung. Für die Wärmeversorgung der klimatechnischen Einrichtungen steht in den meisten Fällen die Abwärme der Antriebsmaschinen zur Verfügung.

---

[529] ASHRAE Guide and Data Book. Applications 1966/1967. Chapter 22: Aircraft, S. 315–322.

[530] DRAEGER, L.: Probleme beim Entwurf von Klimaanlagen auf Seeschiffen. Kältetechnik 15 (1963), Nr. 3, S. 73–79.

Allgemeine Literatur

Buchveröffentlichungen, die sich mit dem Gesamtgebiet oder Teilgebieten
der Klimatechnik befassen.

[1] RIETSCHEL/RAISS: Lehrbuch der Heiz- und Lüftungstechnik, 14. Aufl., Berlin/Göttingen/Heidelberg: Springer 1963.

[2] RECKNAGEL/SPRENGER: Taschenbuch für Heizung, Lüftung und Klimatechnik, 55. Ausgabe, München-Wien: Oldenbourg 1968.

[3] KLINGER: Taschenbuch für Heizungs-, Lüftungs- und Badetechniker, 53. Ausgabe, Berlin: Marhold 1968.

[4] SCHAERER, F.: Klimatechnik, 3. Aufl., Zürich-Stuttgart: Rascher-Verl. 1959.

[5] HARRIS, N. C.: Modern Air Conditioning Practice, New York/Toronto/London: McGraw-Hill 1959.

[6] JENNINGS and LEWIS: Air Conditioning and Refrigeration, 4. Aufl., Scranton, Pa. (USA): International Textbook Comp. 1959.

[7] WOOLRICH-WOOLRICH: Air Conditioning, New York: The Ronald Press Comp. 1957.

[8] GARMS, M.: Handbuch der Heizungs- und Lüftungstechnik. Band 1: Zentralheizungen, 6. Aufl., Berlin: VEB Verl. f. Bauwesen 1962.

[9] BERGMANN, A.: Der Heizungsingenieur. Bd. 1: Warmwasserschwerkraftheizung mit unterer Verteilung und Niederdruckdampfheizung. 1961. Bd. 2: Die Pumpenheizung. 1962. Bd. 3: Lüftung und Luftheizung, 1965, Düsseldorf: Werner-Verlag.

[10] KOPP, L.: Die Wasserheizung. Warmwasser- und Heißwasser-Heizungsanlagen, Berlin/Göttingen/Heidelberg: Springer 1958.

[11] KÄMPER/HOTTINGER/VON GONZENBACH: Die Heiz- und Lüftungsanlagen in den verschiedenen Gebäudearten, 3. Aufl., Berlin/Göttingen/Heidelberg: Springer 1954.

[12] BÄCKSTRÖM-EMBLIK: Kältetechnik, 3. Aufl., Karlsruhe: Braun 1965.

[13] PLANK, R.: Handbuch der Kältetechnik. Band 2: Thermodynamische Grundlagen. 1953. Band 11: Der gekühlte Raum, der Transport gekühlter Lebensmittel und die Eiserzeugung. 1962. Band 12: Die Anwendung der Kälte in der Verfahrens- und Klimatechnik, Biologie und Medizin. Sicherheitsvorschriften. 1967, Berlin/Heidelberg/New York: Springer.

[14] CAMMERER, J. S.: Wärme- und Kälteschutz in der Industrie, 4. Aufl., Berlin/Göttingen/Heidelberg: Springer 1962.

[15] GRAMBERG, A.: Technische Messungen bei Maschinenuntersuchungen und zur Betriebskontrolle, 7. Aufl., Berlin/Göttingen/Heidelberg: Springer 1963.

[16] SCHMIDT, E.: Einführung in die technische Thermodynamik, 10. Aufl., Berlin/Heidelberg/New York: Springer 1963.

[17] BAEHR, H.-D.: Thermodynamik, 2. Aufl., Berlin/Heidelberg/New York: Springer 1966.

[18] HAEDER/PANNIER: Physik der Heizungs- und Lüftungstechnik, 2. Aufl., Berlin: Marhold 1963.

[19] GEISLER, K.: Chemie der Heizungs- und Klimatechnik, Berlin: Marhold 1966.

[20] PANNIER/RÖTSCHER: Elektrotechnik für Heizungs- und Klima-Ingenieure, 2. Aufl., Berlin: Marhold 1965.

Sachverzeichnis